westermann

Holger Kampen, Gabriele Kosaca, Detlev Müller

Herausgeber: Detlev Müller

Zukunft Elektrotechnik

Betriebstechnik
Lernfelder 5–8

1. Auflage

Bestellnummer 49623

Zusatzmaterialien zu Zukunft Elektrotechnik Betriebstechnik Lernfelder 5–8

Für Lehrerinnen und Lehrer

BiBox Einzellizenz für Lehrer/-innen (Dauerlizenz)
BiBox Klassenlizenz Premium für Lehrer/-innen und bis zu 35 Schüler/-innen (1 Schuljahr)
BiBox Kollegiumslizenz für Lehrer/-innen (Dauerlizenz)
BiBox Kollegiumslizenz für Lehrer/-innen (1 Schuljahr)

Für Schülerinnen und Schüler

BiBox Einzellizenz für Schüler/-innen (1 Schuljahr)
BiBox Einzellizenz für Schüler/-innen (4 Schuljahre)
BiBox Klassensatz PrintPlus (1 Schuljahr)

Druck und Bindung: Westermann Druck GmbH, Georg-Westermann-Allee 66, 38104 Braunschweig

ISBN 978-3-427-49623-6

Wichtige Formeln und Umstellungen

Leiterwiderstand

$R_{Ltg} = \frac{l}{\gamma \cdot A}$	$l = R_{Ltg} \cdot \gamma \cdot A$	$A = \frac{l}{R_{Ltg} \cdot \gamma}$

Temperaturabhängigkeit des Widerstands

$R_{\vartheta} = R_{20} \cdot (1 + \alpha \cdot \Delta\vartheta)$	$\Delta\vartheta = \vartheta_{neu} - \vartheta_{20}$	$\Delta R = R_{20} \cdot \alpha \cdot \Delta\vartheta$

Spannungsfall Gleichstrom

$\Delta U = \frac{2 \cdot I \cdot l}{\gamma \cdot A}$	$A = \frac{2 \cdot I \cdot l}{\gamma \cdot \Delta U}$	$l = \frac{\Delta U \cdot \gamma \cdot A}{2 \cdot I}$

Spannungsfall Wechselstrom

$\Delta U = \frac{2 \cdot I \cdot l \cdot \cos\varphi}{\gamma \cdot A}$	$A = \frac{2 \cdot I \cdot l \cdot \cos\varphi}{\gamma \cdot \Delta U}$	$l = \frac{\Delta U \cdot \gamma \cdot A}{2 \cdot I \cdot \cos\varphi}$

Spannungsfall Drehstrom

$\Delta U = \frac{\sqrt{3} \cdot I \cdot l \cdot \cos\varphi}{\gamma \cdot A}$	$A = \frac{\sqrt{3} \cdot I \cdot l \cdot \cos\varphi}{\gamma \cdot \Delta U}$	$l = \frac{\Delta U \cdot \gamma \cdot A}{\sqrt{3} \cdot I \cdot \cos\varphi}$

Größen und Einheiten

l	Länge in Meter (m)
γ	elektrische Leitfähigkeit ($56 \frac{m}{\Omega\, mm^2}$ für Kupfer bei 20 °C)
A	Querschnittsfläche in mm^2
α	Temperaturkoeffizient in $\frac{1}{K}$
$\Delta\vartheta$	Temperaturdifferenz in $\frac{1}{K}$
ΔU	Spannungsfall in Volt (V)

Transformatoren

$\frac{U_1}{U_2} = \frac{N_1}{N_2}$	$U_1 = U_2 \cdot \frac{N_1}{N_2}$	$U_2 = U_1 \cdot \frac{N_2}{N_1}$
	$N_1 = N_2 \cdot \frac{U_1}{U_2}$	$N_2 = N_1 \cdot \frac{U_2}{U_1}$
$\frac{I_2}{I_1} = \frac{N_1}{N_2}$	$I_2 = I_1 \cdot \frac{N_1}{N_2}$	$I_1 = I_2 \cdot \frac{N_2}{N_1}$
	$N_1 = N_2 \cdot \frac{I_2}{I_1}$	$N_2 = N_1 \cdot \frac{I_1}{I_2}$

U_1	Primärspannung in Volt (V)
U_2	Sekundärspannung in Volt (V)
N_1	Windungszahl Primärseite
N_2	Windungszahl Sekundärseite
I_1	Primärstrom in Ampere (A)
I_2	Sekundärstrom in Ampere (A)

Drehstrommotoren

$P_{mech} = 2 \cdot \pi \cdot n \cdot M$	$M = \frac{P_{mech}}{2 \cdot \pi \cdot n}$	$n = \frac{P_{mech}}{M \cdot 2 \cdot \pi}$
Praxisformel: $P_{mech} = \frac{M \cdot n}{9549}$ P_{mech} in kW, M in Nm, n in $\frac{1}{min}$		
$s = \frac{n_s - n}{n_s} \cdot 100\,\%$	$n = n_s - \frac{s \cdot n_s}{100\,\%}$	$n_s = \frac{n}{1 - \frac{s}{100\,\%}}$
$n_s = \frac{f}{p}$	$p = \frac{f}{n_s}$	$f = n_s \cdot p$
$\omega = 2 \cdot \pi \cdot n$	$n = \frac{\omega}{2 \cdot \pi}$	

P_{mech}	Mechanische Leistung (abgegebene Leistung) in W
M	Drehmoment in Newtonmeter (Nm)
n	Drehzahl (Läuferdrehzahl) in $\frac{1}{s}$
n_s	Drehfelddrehzahl in $\frac{1}{s}$
p	Polparzahl
s	Schlupf in %
ω	Winkelgeschwindigkeit in $\frac{1}{s}$

Vorwort

„Zukunft Elektrotechnik" ist eine Fachbuchreihe mit neuem Lernkonzept für Auszubildende in elektrotechnischen Berufen in Industrie und Handwerk. Die Reihe besteht aus einem Grundstufenangebot und dazugehörigen Fachstufen für die fortgeschrittene Ausbildung. Zu allen Schülerbüchern werden umfangreiche editierbare BiBoxen mit Material vor allem mit fertig vorbereiteten Unterrichtsplänen zum sofortigen Einsatz in der Klasse angeboten.

Die Fachstufe Betriebstechnik LF 5-8 umfasst alle Inhalte der Lernfelder 5-8 nach Rahmenlehrplan 2020 für die Berufsausbildung für Elektroniker und Elektronikerinnen für Betriebstechnik in verständlicher Sprache, mit vielen Visualisierungen und lernfeldorientierten Inhalten. Neben dieser erscheinen weitere Fachstufenbände für das zweite und dritte Ausbildungsjahr für den Bereich Energie- und Gebäudetechnik sowie Fachstufen der Lernfelder 5-13 für die Bereiche Automatisierungs- und Geräte- und Systemtechnik.

Die Fachstufe zeichnet sich durch eine durchdachte Kombination aus aktuellem Lehrbuchwissen und einer umfangreichen digitalen Erweiterung in der BiBox aus. Ein weiterer Pluspunkt ist die klare Struktur und die Kompaktheit des Buches, welches dennoch alle prüfungsrelevanten Inhalte und Anforderungen beinhaltet, die sowohl die IHK als auch die HWK an Auszubildende stellen. Durch die fachsystematische Darstellung innerhalb der Lernfelder kann das Buch ebenfalls als Nachschlagewerk genutzt werden. Das Lernen wird durch gut gekennzeichnete Formelboxen, Merksätze und Infokästen erleichtert.

Das Ziel, den Auszubildenen eine umfassende Handlungs- und Entscheidungskompetenz zu vermitteln, wird durch das umfangreiche und zielgruppengerechte Zusatzmaterial in der BiBox ermöglicht. Für jedes Lernfeld stehen in der BiBox u. a. eine Vielzahl an didaktisch-methodisch aufgearbeiteten und in Unterrichtspläne eingebunden Lernsituationen, mit entsprechenden Materialien zu Verfügung. Diese stehen als editierbare Worddokumente inkl. Lösungen zur Verfügung, ermöglichen eine Anpassung an individuelle Unterrichtsvoraussetzungen von Auszubildenden und ersetzen klassische Arbeitshefte, die SuS im Unterricht häufig nicht zur Hand haben. Verpackt in digitale Jahrespläne wird Ihnen somit nicht nur die Unterrichtsplanung erleichtert, sondern ebenfalls eine effektive und kurzfristige Unterrichtsvertretung ermöglicht, wovon vor allem SuS profitieren. Die von erfahrenen Lehrkräften entwickelten Lernsituationen starten mit einer konkreten und praxisnahen Ausgangssituation, benennen wesentliche zu erlernende Kompetenzen, konkretisieren Inhalte und zählen methodische Umsetzungsmöglichkeiten auf, die individuell auf Ihre SuS angewendet werden können.

Perfekt ergänzt wird das digitale Zusatzmaterial in der BiBox durch fächerübergreifende digitale Lerneinheiten, mit der auch Grundlagen- und Zusatzwissen zeitgemäß vermittelt werden können.

Der Plattformcharakter der BiBox ermöglicht Ihnen einen intuitiven und ortsunabhängigen Zugriff von unterschiedlichen Endgeräten, der Ihnen sowohl mehr Freiraum als auch Flexibilität in der Unterrichtsplanung gibt. Dank der Upload Funktion können Sie bewährtes Material hochladen und weiterhin für einen spannungsgeladenen Elektrotechnikunterricht nutzen.

LERNFELD 5

Elektroenergieversorgung und Sicherheit von Betriebsmitteln gewährleisten

Handlungskompetenzen

- Elektroenergieversorgungen für Anlagen planen
- Anlagen unter Berücksichtigung von Netzsystemen und Schutzmaßnahmen dimensionieren
- Vorschriften zum Schutz gegen elektrischen Schlag einhalten
- Ortsfeste und ortsveränderliche elektrische Betriebsmittel prüfen

1 Wechselstrom

In den Energieverteilungsnetzen in Gebäuden und Anlagen wird **sinusförmiger Wechselstrom** verwendet. Der Unterschied zwischen Gleichstrom und Wechselstrom ist in den Abb. 1 a) bis d) am Beispiel einer einfachen Schaltung mit Spannungsquelle und Lampe dargestellt.

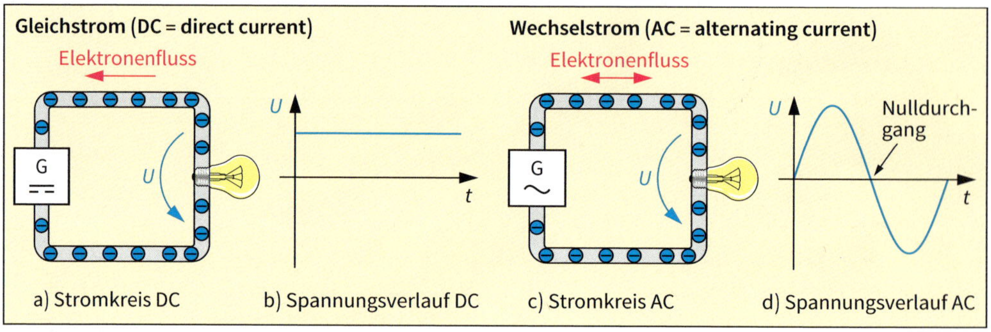

Abb. 1 a) bis d): Gleichstromkreis und Wechselstromkreis im Vergleich

Im **Gleichstromkreis** (Abb. 1 a) fließt der Strom immer nur in eine Richtung. Die Elektronen bewegen sich hier also von der Spannungsquelle durch die Lampe und wieder zurück zur Spannungsquelle. Wenn man die Spannung U an der Lampe misst und den zeitlichen Verlauf in einem Diagramm darstellt, so ergibt sich eine gerade Linie (Abb. 1 b).

Im **Wechselstromkreis** (Abb. 1 c) wechselt der Strom immer seine Richtung. Die Elektronen ändern also immer ihre Bewegungsrichtung und durchlaufen nie den ganzen Stromkreis. Die Leuchtwirkung der Lampe ist jedoch gleich, da der Lampendraht glüht, sobald sich Elektronen in ihm bewegen. Die Spannung hat einen sinusförmigen Verlauf (Abb. 1 d). Bei jedem Richtungswechsel werden Spannung und Stromstärke für einen kurzen Augenblick gleich Null (**Nulldurchgang**). In diesem Moment leuchtet die Lampe nicht. Dies wird jedoch nicht wahrgenommen, da das menschliche Auge dafür zu träge ist. (Bei der üblichen Netzspannung von 230 V/50 Hz gibt es 100 Nulldurchgänge pro Sekunde.)

1.1 Kenngrößen der Wechselstromtechnik

Die Kenngrößen einer Wechselspannung können mithilfe des **Liniendiagramms** bestimmt werden. Dieses kann z. B. durch Messung mit einem Oszilloskop erzeugt werden. Folgende Größen können direkt abgelesen werden (Abb. 2):

- Der **Scheitelwert $\hat{u}$** (auch Spitzenwert, Maximalwert oder Amplitude) ist der Höchstwert der Spannung. Sein Betrag ist im positiven und im negativen Bereich gleich groß. Die Differenz von positivem und negativem Scheitelwert wird als **Spitze-Spitze-Wert u_{SS}** (auch Spitze-Tal-Wert $\hat{\check{u}}$) bezeichnet.
- Die **Periodendauer T** gibt die Dauer einer ganzen Schwingung in Sekunden an. Eine Schwingung (Periode) besteht immer aus zwei **Halbperioden**.

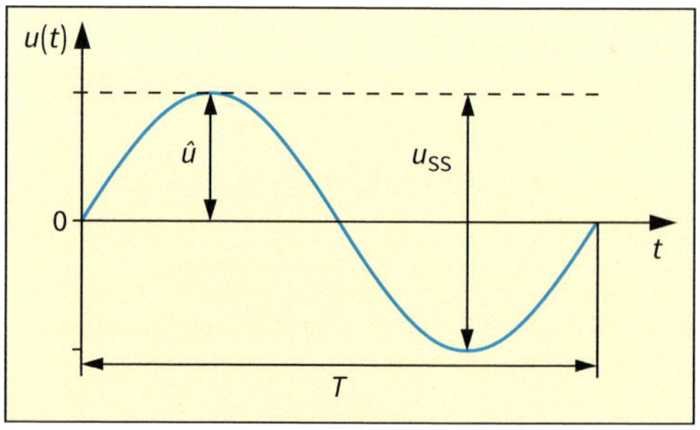

Abb. 2: Liniendiagramm mit Kenngrößen

Weitere Kenngrößen können aus den abgelesenen Werten berechnet werden:

- Die **Frequenz** f gibt die Anzahl der Schwingungen pro Sekunde an. Die Frequenz wird in **Hertz** (**Hz**) gemessen und aus der Periodendauer T berechnet.
- Der **Effektivwert** U (auch U_{eff} oder U_{RMS}) ist ein **Mittelwert**, der über die Wechselstromleistung definiert ist (siehe Kap 1.5). Er beträgt ca. 70 % vom Scheitelwert $\hat{u}$ (Abb. 1).

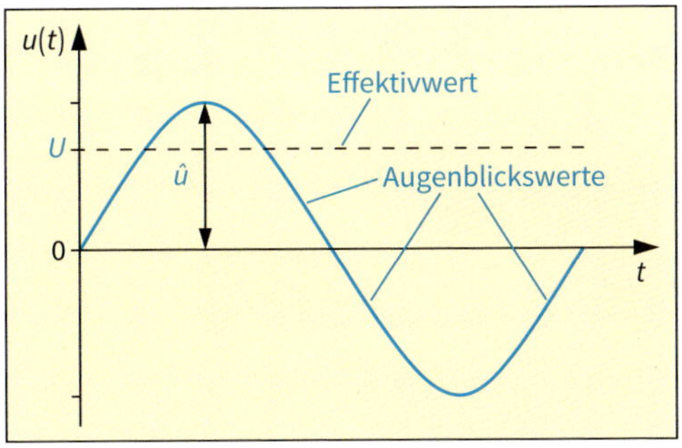

Abb. 1: Effektivwert und Augenblickswerte

Die Glühlampen in den Beispielschaltungen (vorige Seite) erscheinen gleich hell, wenn der Effektivwert der Wechselspannung U gleich groß ist wie der Gleichspannungswert U.

In der Praxis werden meist die Effektivwerte von Spannung, Stromstärke und Leistung verwendet.

> **Heinrich Hertz:**
> Deutscher Physiker (1857–1894). Er erforschte elektromagnetische Wellen.

Frequenz f in Hz	Effektivwert der Spannung U in V	Effektivwert der Stromstärke I in A
$f = \frac{1}{T}$	$U = \frac{\hat{u}}{\sqrt{2}}$	$I = \frac{\hat{i}}{\sqrt{2}}$

T: Periodendauer in s
f: Frequenz in Hz
$\hat{u}$: Scheitelwert der Spannung in V
$\hat{i}$: Scheitelwert der Stromstärke in A
U: Effektivwert der Spannung in V
I: Effektivwert der Stromstärke in A

Der **Augenblickswert** (Momentanwert) ist der genaue Wert einer sinusförmigen Wechselgröße zu einem bestimmten Zeitpunkt.
Er kann mithilfe von Scheitelwert und Frequenz berechnet werden. Dabei wird meist die Darstellung mit der **Kreisfrequenz** ω (sprich: „Omega") verwendet:

> **Kenngrößen der Wechselspannung in Deutschland:**
> $U = 230$ V $f = 50$ Hz
> $\hat{u} = 325$ V $T = 20$ ms

Augenblickswerte von Spannung und Strom

$$u(t) = \hat{u} \cdot \sin(\omega t) = \hat{u} \cdot \sin(2 \cdot \pi \cdot f \cdot t) \qquad \omega = 2 \cdot \pi \cdot f$$

$$i(t) = \hat{i} \cdot \sin(\omega t) = \hat{i} \cdot \sin(2 \cdot \pi \cdot f \cdot t) \qquad \omega = \text{Kreisfrequenz in } \frac{1}{s}$$

Hinweis: Bei Verwendung dieser Formeln muss der Taschenrechner auf RAD umgestellt werden oder π durch 180° ersetzt werden!

> **Augenblickswerte und Effektivwerte:**
> Augenblickswerte werden immer mit Kleinbuchstaben bezeichnet (z. B. u, i oder $u(t)$, $i(t)$) Im Gegensatz dazu werden Effektivwerte mit Großbuchstaben bezeichnet (z. B. U, I). Sie sind als Mittelwerte unabhängig von der Zeit.

1.2 Erzeugung von Wechselstrom

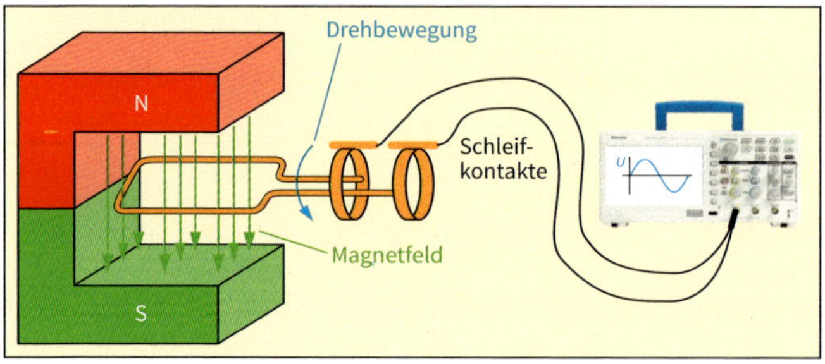

Abb. 1: Funktionsprinzip eines Generators

Induktion:
Erzeugung von Spannung mit Hilfe eines Magnetfeldes.

In Abb. 1 ist das Prinzip eines Wechselstromgenerators dargestellt. Eine Leiterschleife wird in einem Magnetfeld in Drehung versetzt.

Durch **Induktion** entsteht in der Leiterschleife eine sinusförmige Spannung. Die Frequenz der Spannung hängt von der Drehgeschwindigkeit der Leiterschleife ab. Eine Frequenz von 50 Hz erreicht man, wenn der Generator mit 3000 Umdrehungen pro Minute dreht. Dieses Funktionsprinzip wird auch beim Fahrraddynamo oder bei der Lichtmaschine eines Autos verwendet.

1.3 Verbraucher im Wechselstromkreis

Das Verhalten von Strom und Spannung im Wechselstromkreis hängt von der **Art des Verbrauchers** ab. Man unterscheidet zwischen drei Arten von Verbrauchern (Abb. 2):

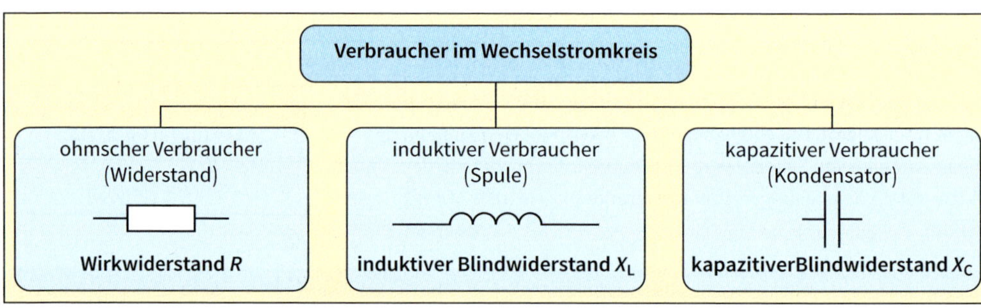

Abb. 2: Arten von Verbrauchern im Wechselstromkreis

Wirkwiderstand R:
In einem Wirkwiderstand wird durch den Stromfluss elektrische Energie in eine andere Energieform umgewandelt (z. B. Wärme).
Der Wirkwiderstand ist an AC und DC gleich.

Blindwiderstand X:
Ein Blindwiderstand entsteht nur an AC, z. B. durch das magnetische Feld in der Spule.
Im idealen Blindwiderstand entsteht keine Wärme.

Scheinwiderstand (Impedanz) Z:
Er bezeichnet den Gesamtwiderstand im Wechselstromkreis und besteht aus Wirk- und Blindanteil:

$$Z = \sqrt{R^2 + X^2}$$

1.3.1 Widerstand im Wechselstromkreis (ohmscher Verbraucher)

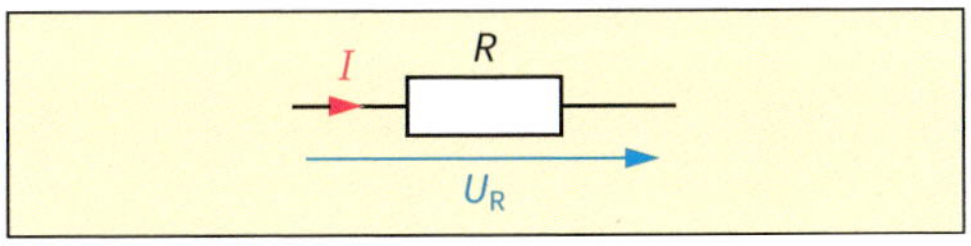

Der zeitliche Verlauf von Spannung und Stromstärke an einem ohmschen Widerstand ist in Abb. 1 dargestellt.

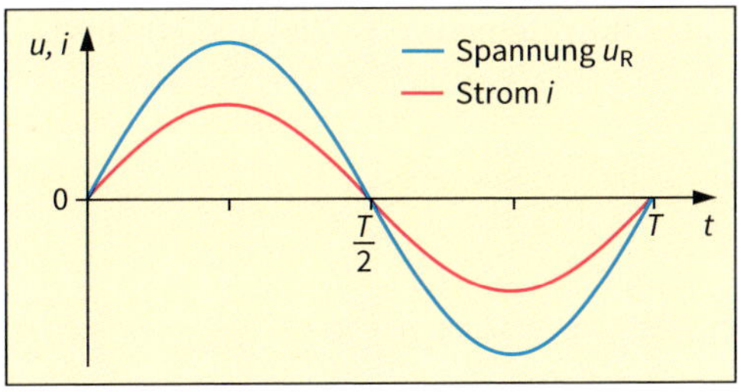

Abb. 1: Spannungs- und Stromverlauf am Wirkwiderstand

Beide Größen erreichen zur gleichen Zeit ihren Maximalwert und der Nulldurchgang findet im gleichen Augenblick statt. **Strom und Spannung sind *phasengleich*.** Der Widerstand *R* wird auch als **Wirkwiderstand** bezeichnet.

1.3.2 Spule im Wechselstromkreis (induktiver Verbraucher)

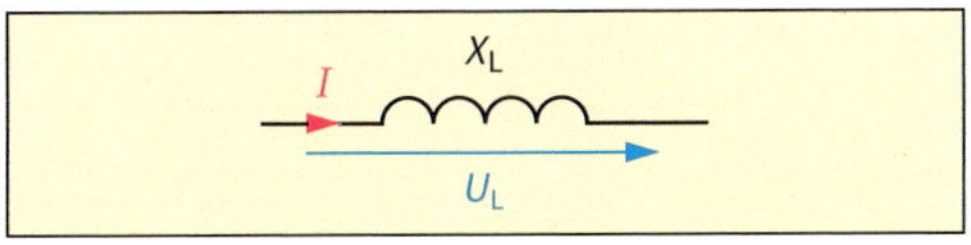

Bei einer Spule ergibt sich an Wechselspannung eine zeitliche Verschiebung zwischen Spannung und Strom. **Der Strom eilt der Spannung um die Zeit Δt nach** (Abb. 2). Diese „Verspätung" des Stroms entsteht durch die Induktionswirkung des magnetischen Feldes in der Spule (Selbstinduktion). Die Induktivität *L* der Spule beschreibt die Größe dieser magnetischen Wirkung.

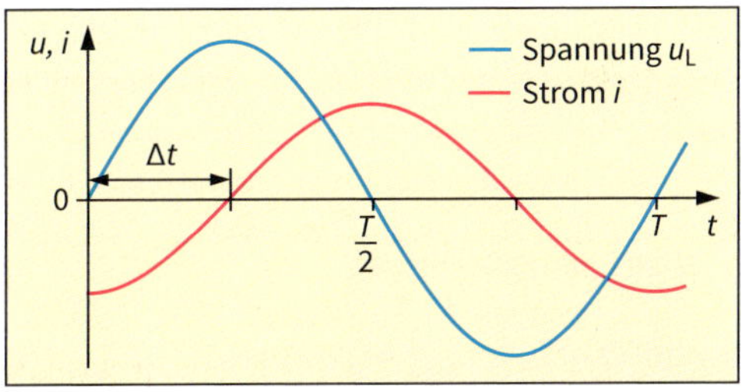

Abb. 2: Spannungs- und Stromverlauf an der idealen Spule

Bei einer **idealen Spule** (ohne Wirkwiderstand) beträgt die zeitliche Differenz $\Delta t = \frac{T}{4}$. Dies ist gleichbedeutend mit einer **Phasenverschiebung von +90°** (siehe Kap. 1.4).

Die ideale Spule stellt im Wechselstromkreis einen **induktiven Blindwiderstand X_L** dar, der von der Frequenz abhängig ist.

Induktiver Blindwiderstand X_L in Ω

$$X_L = \omega \cdot L = (2 \cdot \pi \cdot f) \cdot L$$

ω: Kreisfrequenz in $\frac{1}{s}$
L: Induktivität in Henry (H)
f: Frequenz in Hz

Merksatz:
„Induktivitäten: Ströme verspäten sich!"

Eine **reale Spule** (z. B. Netzdrossel, Abb. 4) hat einen Drahtwiderstand, der einen Wirkwiderstand *R* darstellt. Bei Wechselspannung entsteht zusätzlich der Blindwiderstand X_L. Der Gesamtwiderstand besteht daher aus einem Wirkanteil *R* und einem Blindanteil X_L (Abb. 3). Es ergibt sich der Scheinwiderstand *Z* mit $Z = \sqrt{(R^2 + X_L^2)}$. Die Phasenverschiebung ist hier kleiner als 90°. (siehe auch Kap. 1.7, RL-Schaltung)

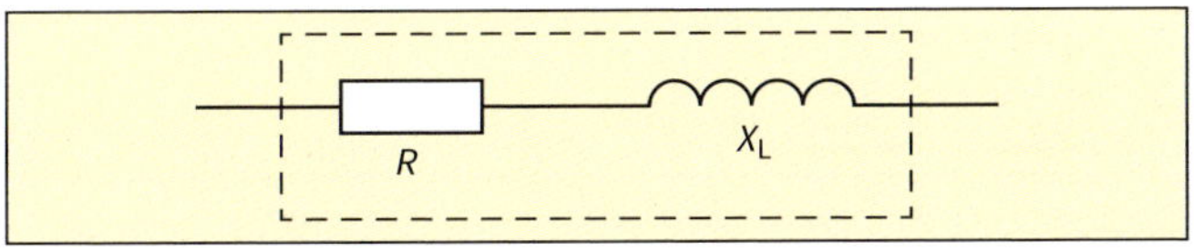

Abb. 3: Ersatzschaltbild der realen Spule

Abb. 4: Reale Spule (Netzdrossel)

1.3.3 Kondensator im Wechselstromkreis (kapazitiver Verbraucher)

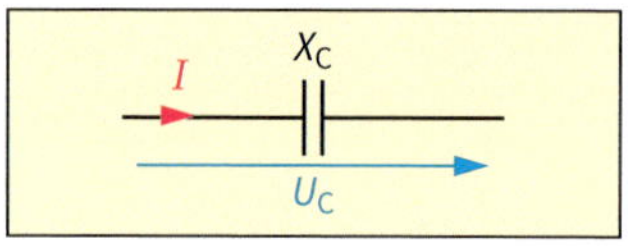

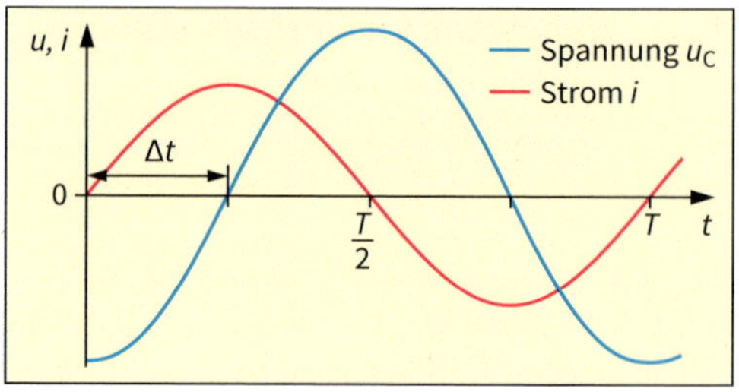

Abb. 1: Spannungs- und Stromverlauf am idealen Kondensator

Im Wechselstromkreis wird der Kondensator ständig ge- und entladen. Dadurch tritt eine zeitliche Verschiebung zwischen Strom und Spannung auf.

Hier eilt der der Strom der Spannung um Δt voraus (Abb. 1).

Die zeitliche Differenz beträgt beim idealen Kondensator (ohne Wirkwiderstand) $\Delta t = \frac{-T}{4}$. Dies entspricht einer Phasenverschiebung von -90°.

Der Kondensator stellt im Wechselstromkreis einen **kapazitiven Blindwiderstand X_C** dar, der von der Frequenz abhängig ist.

Beim realen Kondensator (Abb. 2) wird durch das Dielektrikum auch ein Wirkwiderstand verursacht. Der Gesamtwiderstand besteht daher aus einem Wirkanteil R und einem Blindanteil X_C (Abb. 3). Der Wirkanteil kann in der Praxis aber fast immer vernachlässigt werden.

Kapazitiver Blindwiderstand X_L in Ω

$$X_C = \frac{1}{\omega \cdot C} = \frac{1}{(2 \cdot \pi \cdot f) \cdot C}$$

ω: Kreisfrequenz in $\frac{1}{s}$
C: Kapazität in F
f: Frequenz in Hz

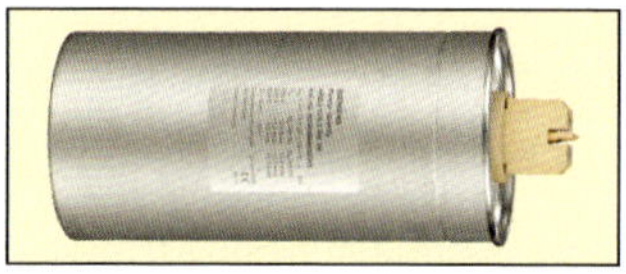

Abb. 2: Realer Kondensator

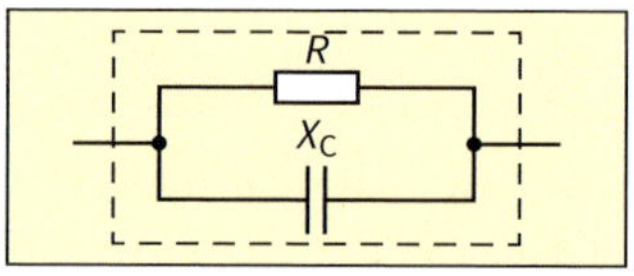

Abb. 3: Ersatzschaltbild realer Kondensator

Merksatz:
„Kondensator: Strom eilt vor!"

1.4 Phasenverschiebungswinkel φ ("Phi")

Die Phasenverschiebung zwischen zwei Wechselgrößen kann auf mehrere Arten dargestellt werden. Neben der zeitlichen Darstellung ist die Winkeldarstellung üblich (Abb. 4).

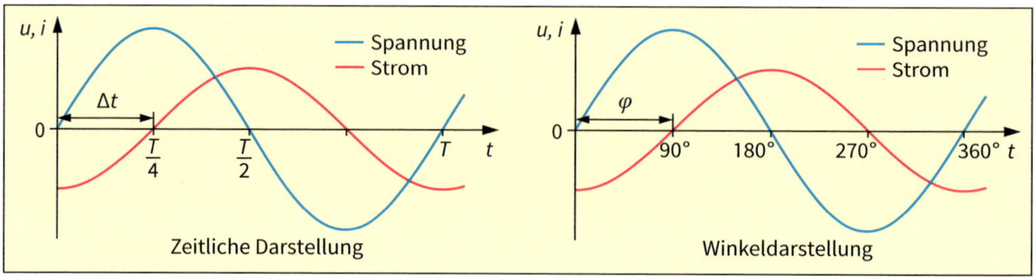

Abb. 4: Darstellungsarten einer Phasenverschiebung (hier: $\varphi = 90°$)

Die Periodendauer T entspricht immer einem Winkel von 360°. Der Phasenverschiebungswinkel (kurz: Phasenwinkel) φ in Grad kann aus der gemessenen zeitlichen Verschiebung Δt einfach berechnet werden:

$$\varphi = \frac{\Delta t}{T} \cdot 360°$$

Reale Spulen und Kondensatoren besitzen auch einen Wirkwiderstand.
Daher ist die **Phasenverschiebung bei realen Bauelementen immer kleiner als 90°.**

1.5 Zeigerdarstellung von Wechselgrößen

Bei Berechnungen an Wechselstromkreisen ist zu beachten, dass phasenverschobene Größen nicht wie Gleichstromgrößen berechnet werden können.

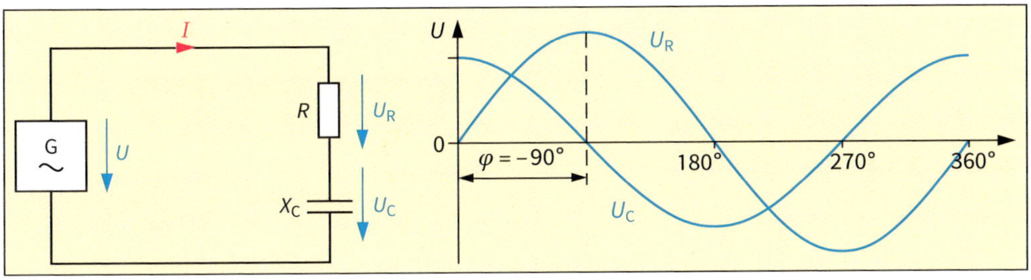

Abb. 1: Spannungen im Wechselstromkreis

Abb. 1 zeigt eine Reihenschaltung eines Widerstandes und eines idealen (verlustfreien) Kondensators. Addiert man die Effektivwerte der Spannungen U_R und U_C nach den Regeln der Reihenschaltung, so führt dies zu einem falschen Ergebnis: $\boldsymbol{U_R + U_C \neq U}$. Dies liegt daran, dass die Spitzenwerte der Spannungen nicht zu gleichen Zeit auftreten (Kondensatorspannung eilt der Spannung am Widerstand um 90° nach).

Das richtige Ergebnis erhält man durch die **geometrische Addition** mithilfe eines **Zeigerdiagramms**.

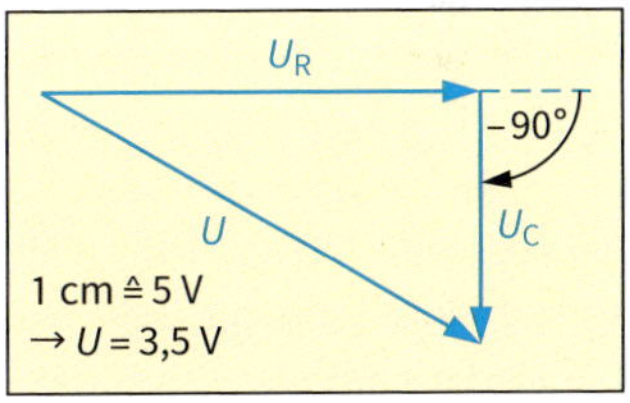

Abb. 2: Spannungsdreieck zur Berechnung der Gesamtspannung U (Beispiel)

Hierzu werden die Spannungen U_R und U_C maßstabsgerecht als Pfeile gezeichnet, die durch den Phasenverschiebungswinkel verschoben sind. Die Länge der Pfeile entspricht der Größe der Spannungen. Die Gesamtspannung U ergibt sich aus der Länge des resultierenden Pfeils im sogenannten **Spannungsdreieck** (Abb. 2).

Regeln zum Zeichnen der Zeigerdiagramme:
- Nicht phasenverschobene Größen werden waagerecht gezeichnet.
- Die einzelnen Pfeile werden aneinandergefügt.
- Die Richtung der Pfeile ergibt sich aus dem Phasenverschiebungswinkel.
- Der Phasenverschiebungswinkel wird gegen den Uhrzeigersinn positiv gezählt.

Die Größe der Gesamtspannung U kann nach den Regeln der Geometrie auch mithilfe des Satzes des Pythagoras berechnet werden.

$$U^2 = U_R^2 + U_C^2 \rightarrow U = \sqrt{U_R^2 + U_C^2}$$

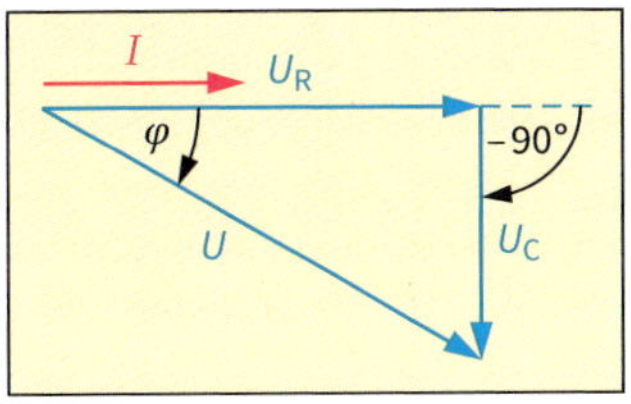

Abb. 3: Phasenverschiebung φ zwischen Gesamtspannung U und Strom I

Phasenverschiebung zwischen Strom und Spannung

Am Widerstand R sind Spannung und Strom nicht phasenverschoben (U_R und I sind phasengleich). Daher kann aus dem Spannungsdreieck auch der **Phasenverschiebungswinkel** $\boldsymbol{\varphi}$ in Grad zwischen dem Strom I und der Gesamtspannung U abgelesen werden (Abb. 3).

Vektordarstellung:
Phasenverschobene Größen können als Vektoren dargestellt werden. Vektoren haben immer einen Betrag und eine Richtung. Sie werden mit einem Pfeil gekennzeichnet. Schreibweise: $\overrightarrow{U} = \overrightarrow{U_R} + \overrightarrow{U_C}$

1.6 Leistung im Wechselstromkreis

In einem Wechselstromkreis unterscheidet man zwischen drei Leistungsarten:

Scheinleistung *S*
gesamte erzeugte Leistung

Wirkleistung *P*
- erzeugt z. B. Wärme oder Bewegung
- nutzbare Leistung
- entsteht im Wirkwiderstand
- fließt vom Erzeuger zum Verbraucher

Blindleistung *Q*

induktiv Q_L
erzeugt das magnetische Feld in der Spule

kapazitiv Q_C
erzeugt das elektrische Feld im Kondensator

- nicht direkt nutzbare Leistung
- entsteht im Blindwiderstand
- pendelt zwischen Erzeuger und Verbraucher

An einem **Wirkwiderstand** sind Spannung und Strom phasengleich. Wenn man Spannung und Strom zu jedem Zeitpunkt multipliziert, erhält man den zeitlichen Verlauf der Leistung: $p(t) = u(t) \cdot i(t)$.
Die Fläche unter der Leistungskurve entspricht der **Wirkarbeit**. Abb. 1 zeigt den Verlauf in der Winkeldarstellung. Die Leistung ist immer **positiv**.

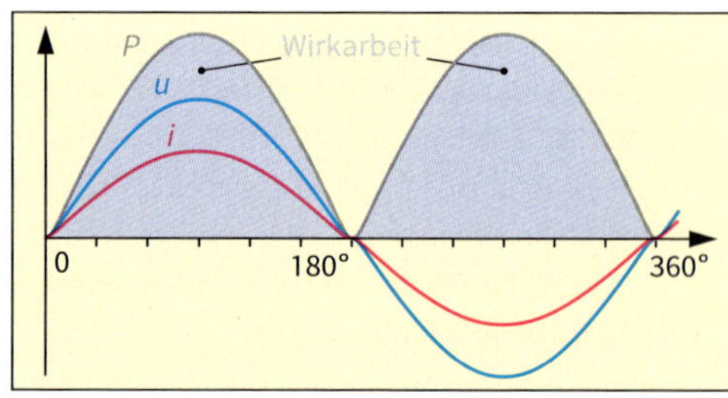

Abb. 1: Verlauf der Leistung am Wirkwiderstand

An einem **Blindwiderstand** sind Spannung und Strom phasenverschoben. Abb. 2 zeigt den Verlauf der Leistung an einer idealen Spule ($\varphi = 90°$). Das Produkt von Spannung und Strom ist immer dann negativ, wenn Spannung und Strom nicht das gleiche Vorzeichen haben.
Die Fläche unter der Kurve entspricht der induktiven **Blindarbeit**. Der negative Bereich bedeutet, dass die Blindleistung auch zum Erzeuger zurückfließt.

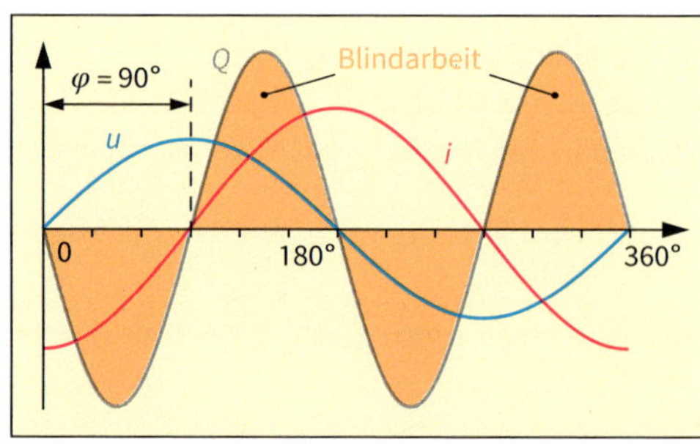

Abb. 2: Verlauf der Leistung am Blindwiderstand (induktiv)

Abb. 3 zeigt den Leistungsverlauf an einer **realen Spule**. Die Phasenverschiebung ist hier kleiner als 90°, da die Spule neben dem induktiven Blindwiderstand auch einen Wirkwiderstand besitzt. Der Wirkwiderstand entsteht durch den Leiterwiderstand der Spulenwicklung. Die gesamte erzeugte **Scheinleistung *S*** enthält daher Wirkleistung *P* und Blindleistung *Q*.

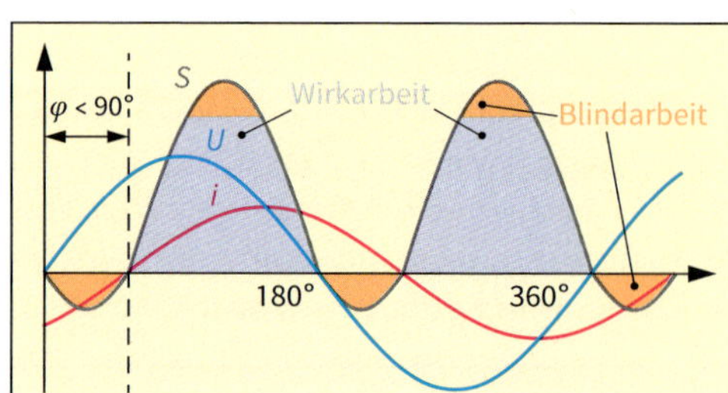

Abb. 3: Verlauf der Leistung am Scheinwiderstand der realen Spule

$+Q_L$ und $-Q_C$:
Induktive und kapazitive Blindleistungen haben unterschiedliche Vorzeichen. Die Blindleistung einer Spule kann daher durch Zuschalten eines Kondensators verringert (kompensiert) werden.

Anhand des **Leistungsdreiecks** (Abb. 1) lassen sich die Bestandteile der **Scheinleistung S** gut darstellen. Die **Wirkleistung P** wird immer waagerecht gezeichnet. Die **Blindleistung Q** steht dazu immer senkrecht (induktiv: nach unten, kapazitiv: nach oben). Der **Phasenwinkel φ** entspricht der zeitlichen Verschiebung zwischen Spannung und Strom.

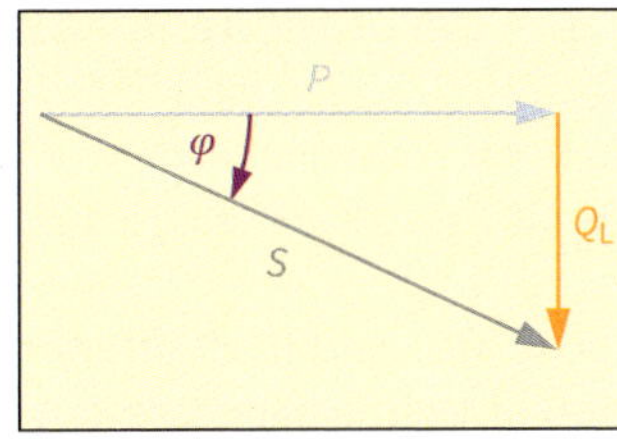

Abb. 1: Leistungsdreieck einer realen Spule (realer induktiver Verbraucher)

Die Regeln der Geometrie führen zu den **allgemeinen Berechnungsformeln** für Leistungen im Wechselstromkreis. Zur leichteren Unterscheidung haben die verschiedenen Leistungsarten auch **unterschiedliche Einheiten**:

Wirkleistung P in W	**Blindleistung Q in var**	**Scheinleistung S in VA**
$P = U \cdot I \cdot \cos\varphi$	$Q = U \cdot I \cdot \sin\varphi$	$S = \sqrt{P^2 + Q^2}$ $S = U \cdot I$
Einheit: Watt (W)	Einheit: Volt Ampere Reaktiv (var)	Einheit: Volt Ampere (VA)

U: Spannung in V
I: Stromstärke in A
φ: Phasenverschiebungswinkel in °

1.6.1 Leistungsfaktor cos φ

Der cos φ ist ein wichtiger Kennwert von Betriebsmitteln. Er wird auch als Wirkfaktor, Wirkleistungsfaktor oder Verschiebungsfaktor bezeichnet.

Der cos φ bezeichnet das **Verhältnis von Wirkleistung zu Scheinleistung.** Je größer der Leistungsfaktor ist, desto kleiner ist die Phasenverschiebung φ und desto mehr der eingespeisten Gesamtleistung wird in Wirkleistung umgesetzt.

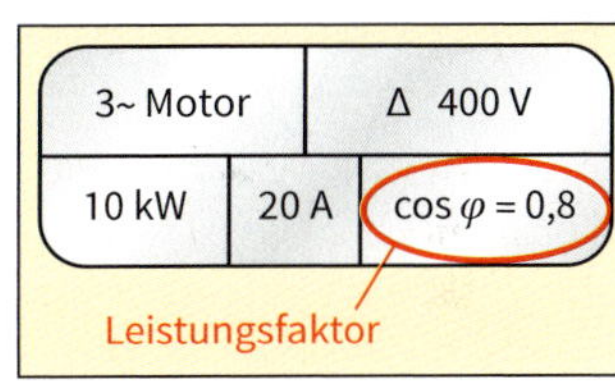

Abb. 2: Leistungsschild eines Drehstrommotors (Beispiel)

Bei Betriebsmitteln ohne Phasenverschiebung ist $\varphi = 0$, daher ist der Leistungsfaktor $\cos\varphi = 1$. Der Leistungsfaktor wird dann nicht extra angegeben. Bei Motoren befindet sich die Angabe jedoch immer auf dem Leistungsschild (Abb. 2).

Der Leistungsfaktor cos φ darf nicht mit dem Wirkungsrad $\eta = \frac{P_{ab}}{P_{zu}}$ verwechselt werden, der die Verluste in den Betriebsmitteln beschreibt.

Die Berechnungsformel des cos φ leitet sich aus den Leistungsformeln ab:

Leistungsfaktor cos φ

$$\cos\varphi = \frac{P}{S}$$

Einheit: ohne

cos φ und λ:
Der cos φ ist der Leistungsfaktor bei rein sinusförmigem Spannungsverlauf. Weicht die Spannung von der Sinusform ab (z. B. bei Netzen mit Oberschwingungen), wird das Verhältnis von P zu S als Leistungsfaktor λ (sprich: Lambda) bezeichnet.

Das Verhältnis von Blindleistung zu Scheinleistung wird auch als Blindfaktor sin φ bezeichnet: $\sin\varphi = \frac{Q}{S}$

1.7 Verbraucherschaltungen im Wechselstromkreis

In der Wechselstromtechnik werden oft Spulen und Kondensatoren eingesetzt, um bestimmte Effekte zu erzielen. Die Eigenschaften einiger Standardschaltungen sind hier mit **idealen Bauelementen** dargestellt.

1.7.1 RC- und RL-Reihenschaltung

In der **Reihenschaltung** fließt der gleiche Strom I durch alle Bauteile. Der Strom I ist immer phasengleich mit der Spannung U_R am Widerstand. Die Gesamtspannung U ist gegenüber dem Strom I um den Winkel φ phasenverschoben.

RC-Reihenschaltung		RL-Reihenschaltung (reale Spule)	
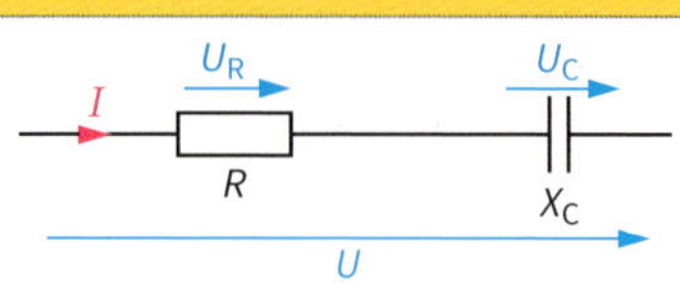		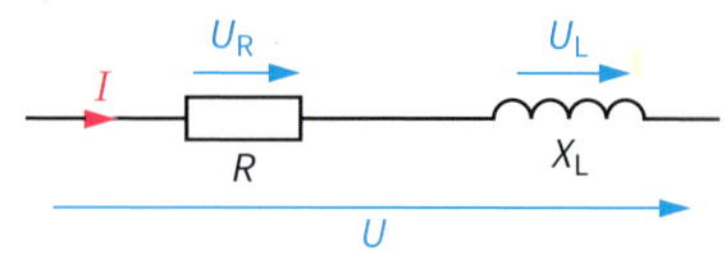	
Spannungsverlauf			
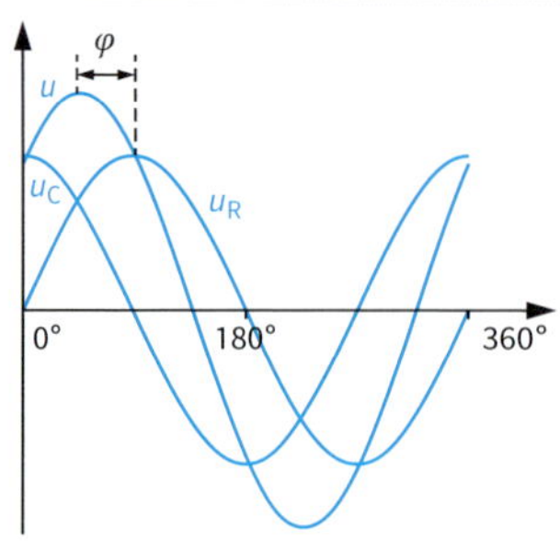	Der Strom eilt der Gesamtspannung vor: I vor U → U_R vor U	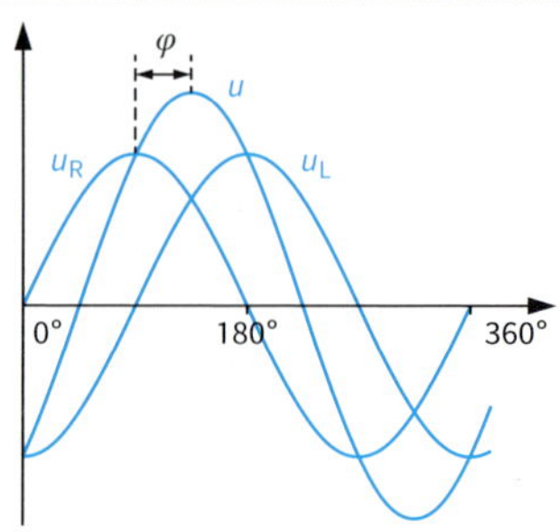	Der Strom eilt der Gesamtspannung nach: I nach U → U_R nach U
Spannungen und Strom			
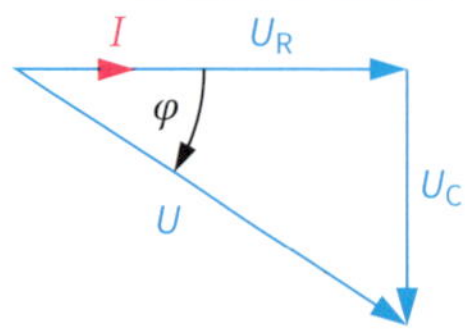	$U_R = U \cdot \cos\varphi$ $U_C = U \cdot \sin\varphi$ $U = \sqrt{U_R^2 + U_C^2}$ $I = \frac{U_R}{R} = \frac{U_C}{X_C} = \frac{U}{Z}$	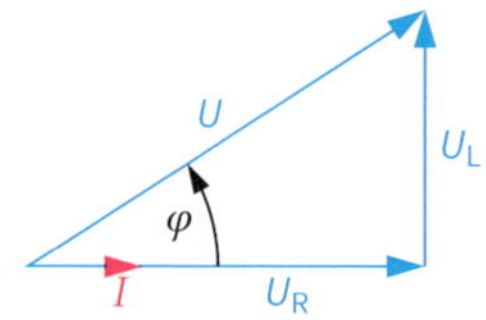	$U_R = U \cdot \cos\varphi$ $U_L = U \cdot \sin\varphi$ $U = \sqrt{U_R^2 + U_L^2}$ $I = \frac{U_R}{R} = \frac{U_L}{X_L} = \frac{U}{Z}$
Widerstände			
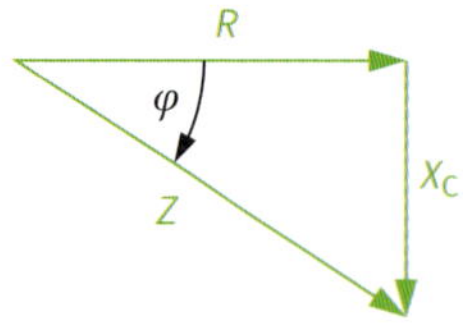	$R = Z \cdot \cos\varphi$ $X_C = Z \cdot \sin\varphi$ $Z = \sqrt{R^2 + X_C^2}$	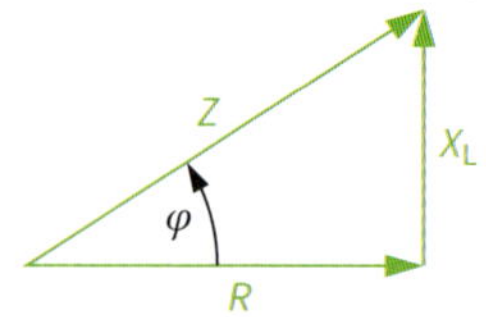	$R = Z \cdot \cos\varphi$ $X_L = Z \cdot \sin\varphi$ $Z = \sqrt{R^2 + X_L^2}$
Leistungen			
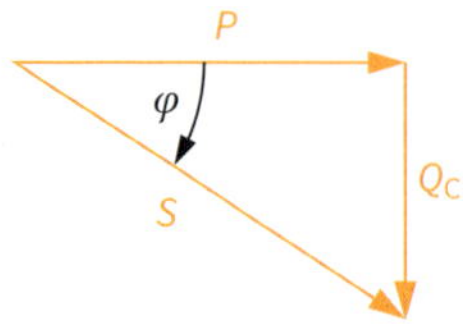	$P = S \cdot \cos\varphi$ $Q_C = S \cdot \sin\varphi$ $S = \sqrt{P^2 + Q_C^2}$	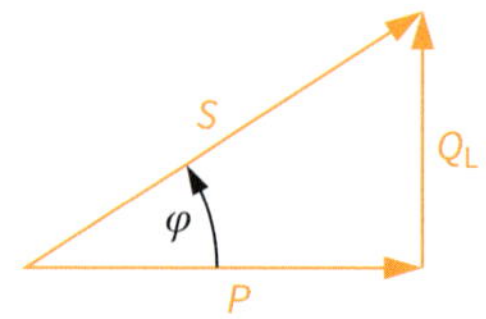	$P = S \cdot \cos\varphi$ $Q_L = S \cdot \sin\varphi$ $S = \sqrt{P^2 + Q_L^2}$

1.7.2 RC- und RL-Parallelschaltung

In der **Parallelschaltung** liegt die gleiche Spannung U an allen Bauelementen an. Die Spannung U ist immer phasengleich mit dem Strom I_R im Widerstand R. Der Gesamtstrom I ist gegenüber der Spannung U um den Winkel φ phasenverschoben.

RC-Parallelschaltung (realer Kondensator)		**RL-Parallelschaltung**	
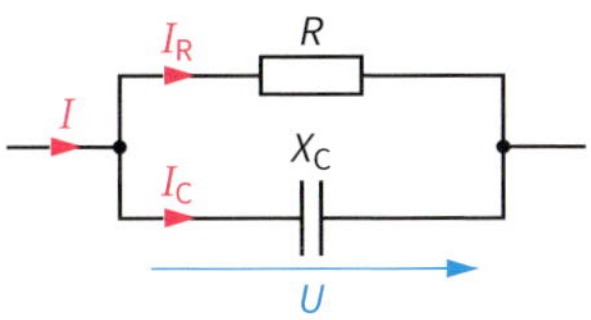		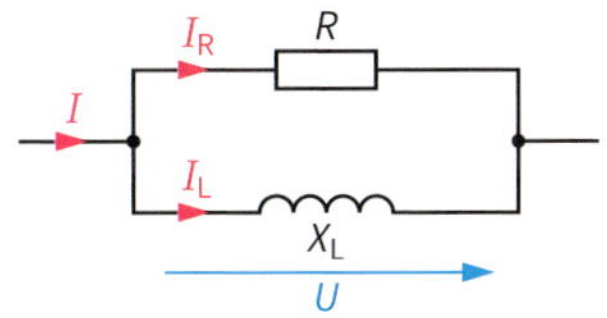	
Stromverlauf			
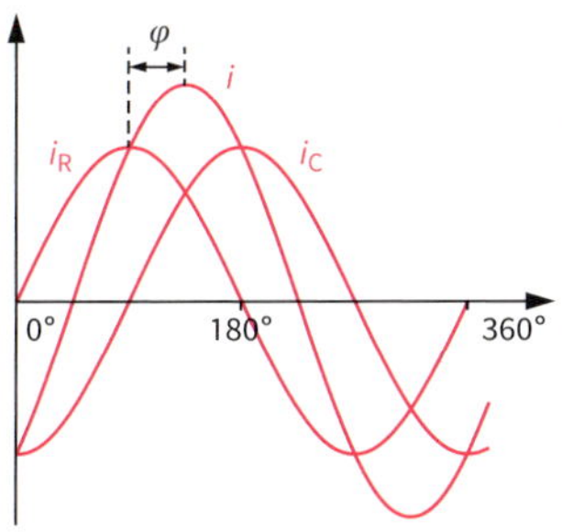	Der Strom I_C am Kondensator eilt vor $\rightarrow I$ vor I_R	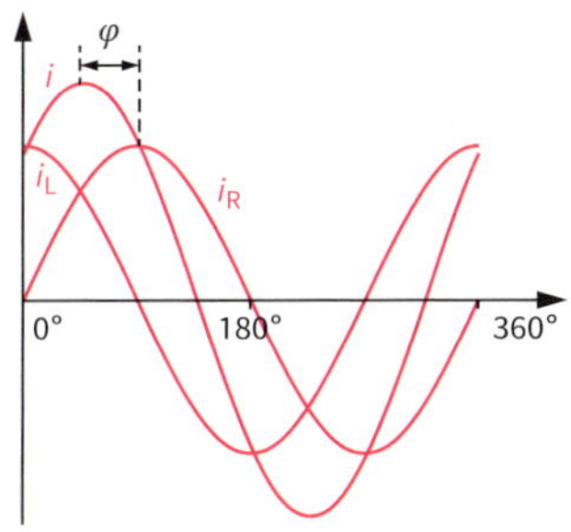	Der Strom I_L an der Spule eilt vor $\rightarrow I_R$ vor I
Ströme und Spannung			
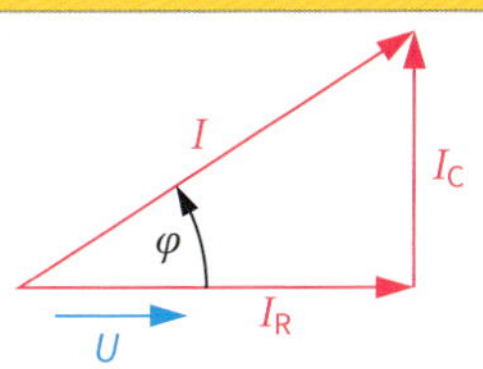	$I_R = I \cdot \cos\varphi$ $I_C = I \cdot \sin\varphi$ $I = \sqrt{I_R^2 + I_C^2}$ $I_R = \frac{U}{R}$ $I_C = \frac{U}{X_C}$ $I = \frac{U}{Z}$	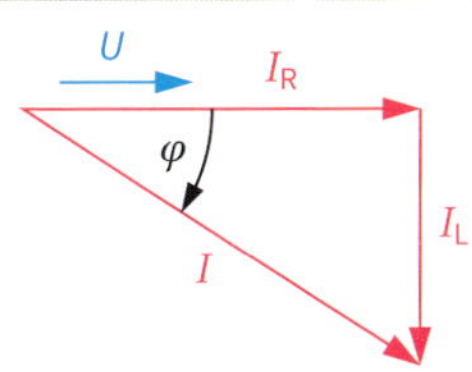	$I_R = I \cdot \cos\varphi$ $I_L = I \cdot \sin\varphi$ $I = \sqrt{I_R^2 + I_L^2}$ $I_R = \frac{U}{R}$ $I_L = \frac{U}{X_L}$ $I = \frac{U}{Z}$
Widerstände			
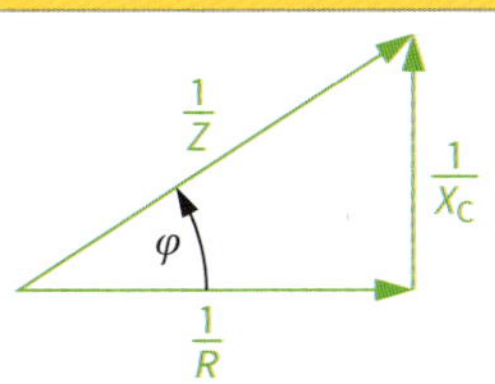	$R = Z \cdot \cos\varphi$ $X_C = Z \cdot \sin\varphi$ $\frac{1}{Z} = \sqrt{\left(\frac{1}{R}\right)^2 + \left(\frac{1}{X_C}\right)^2}$	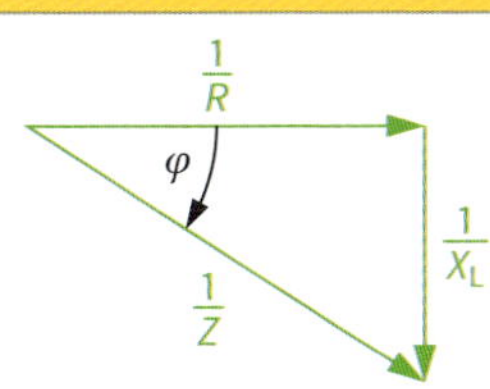	$R = \frac{Z}{\cos\varphi}$ $X_L = \frac{Z}{\sin\varphi}$ $\frac{1}{Z} = \sqrt{\left(\frac{1}{R}\right)^2 + \left(\frac{1}{X_L}\right)^2}$
Leistungen			
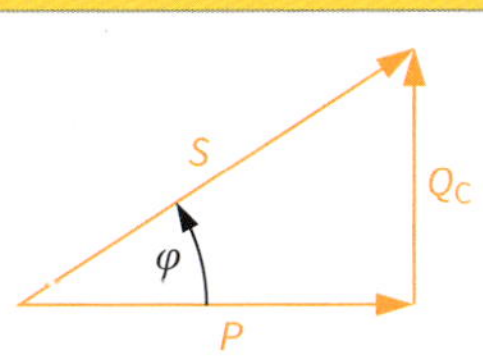	$P = S \cdot \cos\varphi$ $Q_C = S \cdot \sin\varphi$ $S = \sqrt{P^2 + Q_C^2}$	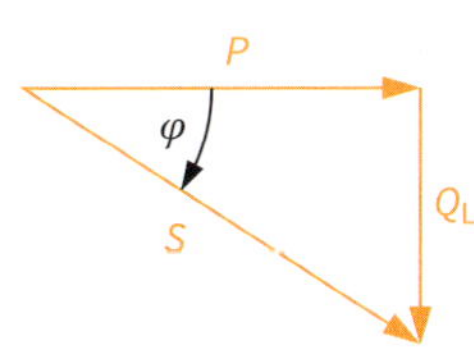	$P = S \cdot \cos\varphi$ $Q_L = S \cdot \sin\varphi$ $S = \sqrt{P^2 + Q_L^2}$

Hinweis: Anstelle der Widerstandswerte kann in der Parallelschaltung auch mit Leitwerten gerechnet werden. Es gilt dann $Y = \sqrt{G^2 + B^2}$ mit $Y = \frac{1}{Z}$; $G = \frac{1}{R}$ und $B = \frac{1}{X}$.

1.7.3 RLC-Schaltungen

Die Wirkungen von Kondensator und Spule sind entgegengesetzt.

Die Eigenschaft der Schaltung hängt daher davon ab, ob der Blindwiderstand X_L der Spule größer oder kleiner als der Blindwiderstand X_C des Kondensators ist.

Wenn sich die Blindanteile von Spule und Kondensator gegenseitig genau aufheben, wirkt die Schaltung wie ein Wirkwiderstand R. Diesen Sonderfall nennt man **Resonanz** (siehe auch Kap 1.8).

Im Resonanzfall können an Kondensator und Spule Spannungen und Ströme auftreten, die wesentlich höher sind als die durch das Netz vorgegebenen Nennwerte. Es ist daher vorher zu prüfen, ob die Betriebsmittel dafür geeignet sind!

> **Gefahren durch Resonanz**
> Wenn es in Energieverteilungsanlagen ungewollt zu Resonanzen kommt, entstehen Überspannungen und Überströme, die Betriebsmittel beschädigen können! Resonanzen können z. B. durch Oberschwingungen verursacht werden.

<table>
<tr><th colspan="2">RLC-Reihenschaltung</th><th colspan="2">RLC-Parallelschaltung</th></tr>
<tr><td colspan="2">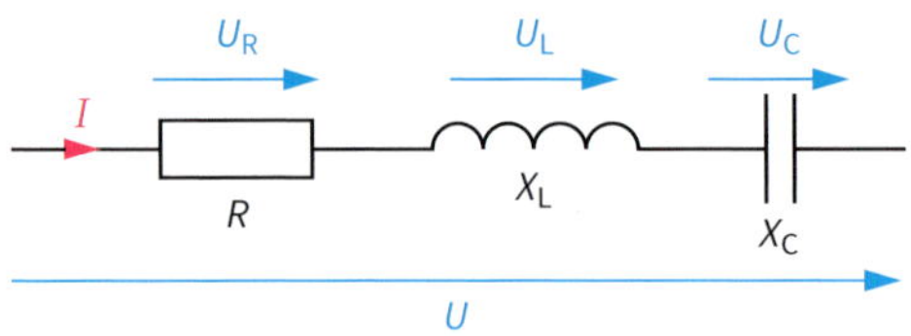
</td><td colspan="2">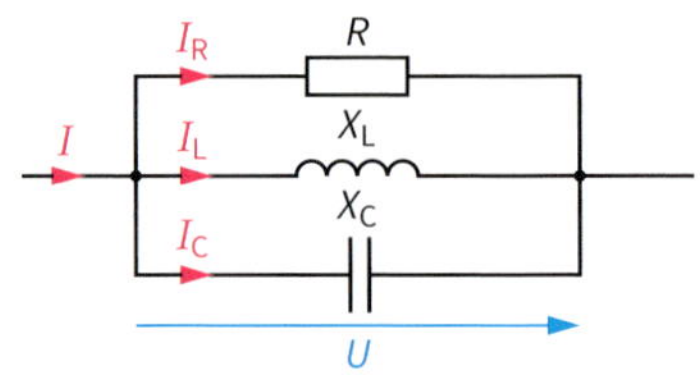
</td></tr>
<tr><td colspan="2">Zeigerbilder für den Fall $U_L > U_C$:
Die Schaltung wirkt induktiv.</td><td colspan="2">Zeigerbilder für den Fall $I_L > I_C$:
Die Schaltung wirkt induktiv.</td></tr>
<tr><th colspan="2">Spannungen</th><th colspan="2">Stromstärke</th></tr>
<tr><td>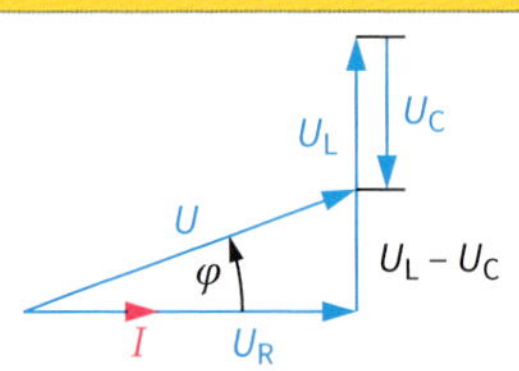
</td><td>$U_R = U \cdot \cos\varphi$
$U_L - U_C = U \cdot \sin\varphi$
$U = \sqrt{U_w^2 + (U_L - U_C)^2}$</td><td>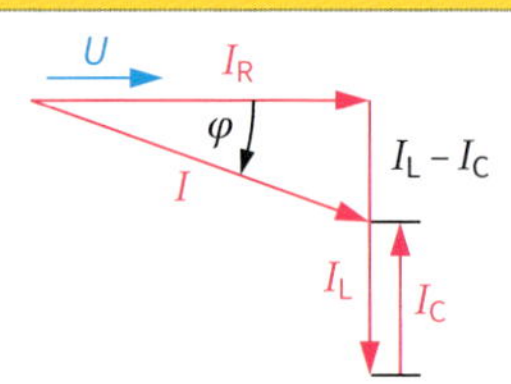
</td><td>$I_R = I \cdot \cos\varphi$
$I_L - I_C = I \cdot \sin\varphi$
$I = \sqrt{I_w^2 + (I_{bL} - I_{bC})^2}$</td></tr>
<tr><th colspan="4">Widerstände</th></tr>
<tr><td>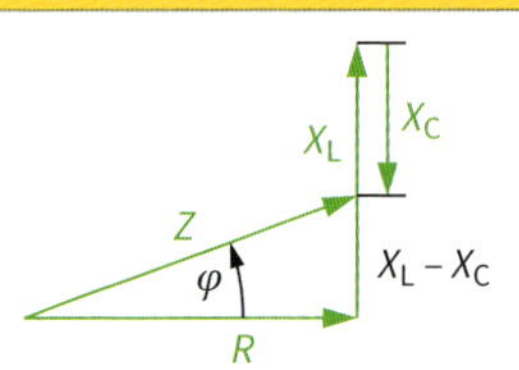
</td><td>$R = Z \cdot \cos\varphi$
$X_L - X_C = Z \cdot \sin\varphi$
$Z = \sqrt{R^2 + (X_L - X_C)^2}$</td><td>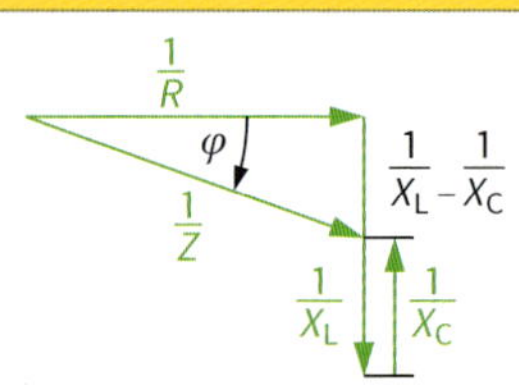
</td><td>$R = \frac{Z}{\cos\varphi}$
$\left(\frac{1}{X_L} - \frac{1}{X_C}\right)^{-1} = \frac{Z}{\sin\varphi}$
$\frac{1}{Z} = \sqrt{\left(\frac{1}{R}\right)^2 + \left(\frac{1}{X_L} - \frac{1}{X_C}\right)^2}$</td></tr>
<tr><th colspan="4">Leistungen</th></tr>
<tr><td>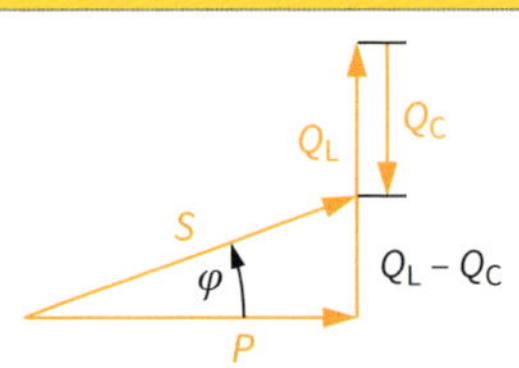
</td><td>$P = S \cdot \cos\varphi$
$Q_L - Q_C = P \cdot \sin\varphi$
$S = \sqrt{P^2 + (Q_L - Q_C)^2}$</td><td>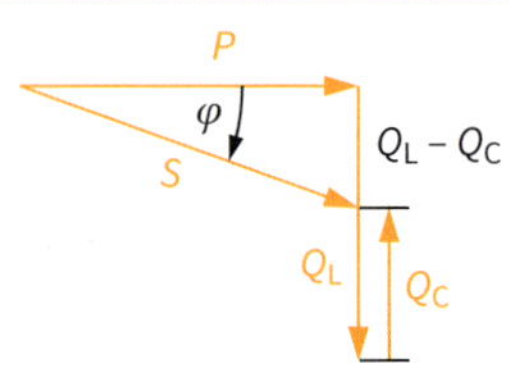
</td><td>$P = S \cdot \cos\varphi$
$Q_L - Q_C = S \cdot \sin\varphi$
$S = \sqrt{P^2 + (Q_L - Q_C)^2}$</td></tr>
</table>

1.8 Schwingkreise

Liegen ein Kondensator und eine Spule zusammen in einem Stromkreis, so bilden sie einen Schwingkreis.

Wenn ein Schwingkreis einmal durch eine äußere Wechselspannung angeregt ist, erfolgt ein fortlaufender Austausch der magnetischen Energie der Spule mit der elektrischen Energie des Kondensators. Immer, wenn sich der Kondensator entlädt, lädt sich die Spule auf.

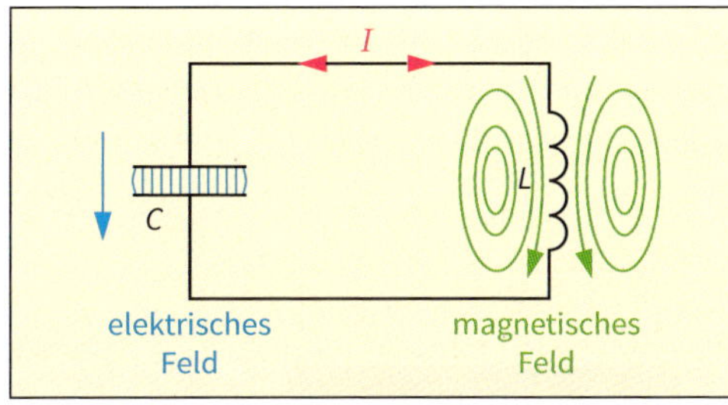

Abb. 1: Energieaustausch im Schwingkreis

Im verlustfreien (ungedämpften) Schwingkreis **pendelt die Energie** über den Stromfluss mit einer bestimmten Frequenz f_r hin und her (Abb. 1). Diese sogenannte **Resonanzfrequenz f_r** wird durch die Größe der Bauelemente bestimmt.

Resonanzfrequenz f_r in Hz

$$f_r = \frac{1}{2 \cdot \pi \cdot \sqrt{L \cdot C}}$$

L: Induktivität der Spule in Henry (H)

C: Kapazität des Kondensators in Farad (F)

1.8.1 Reihenschwingkreis

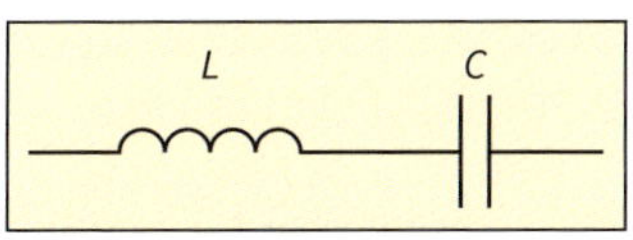

Der **Gesamtwiderstand (Impedanz *Z*)** eines Reihenschwingkreises hängt von der Frequenz ab. Bei der Resonanzfrequenz gilt: $X_L = X_C$. Die **Impedanz *Z* wird minimal** und entspricht im Wesentlichen dem ohmschen Widerstand der realen Spule. Dadurch kommt es zu sehr großen Strömen (Abb. 2).

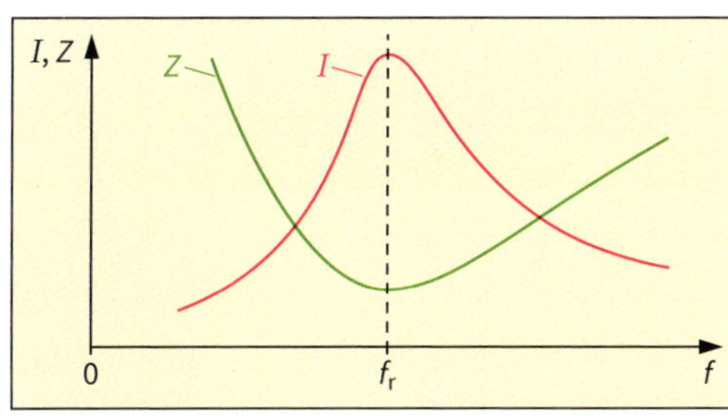

Abb. 2: Impedanz *Z* und Stromstärke *I* im Reihenschwinkreis

1.8.2 Parallelschwingkreis

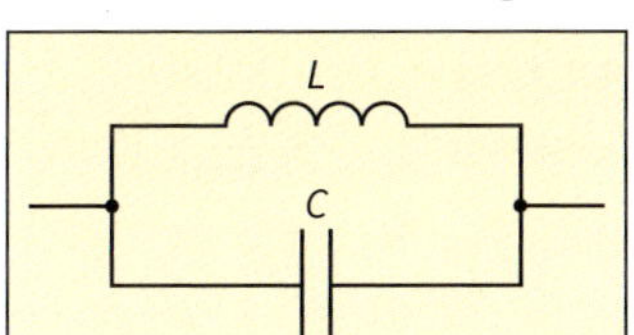

Auch im Parallelschwingkreis gilt bei Resonanz $X_L = X_C$. Der **Gesamtwiderstand** (**Impedanz *Z***) wird in diesem Fall jedoch **maximal** (Abb. 3).

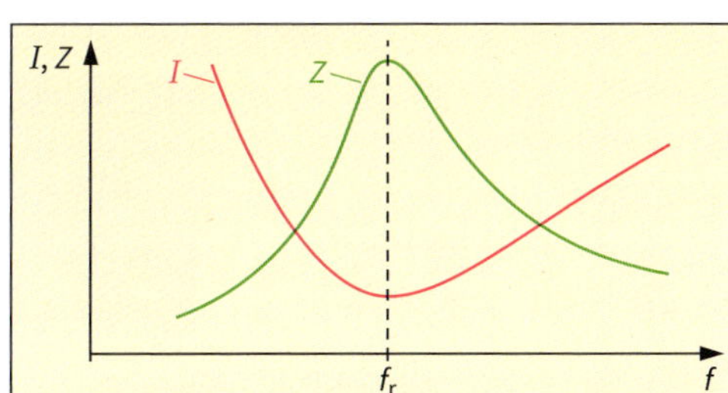

Abb. 3: Impedanz *Z* und Stromstärke *I* im Parallelschwingkreis

Schwingkreise als Filter
Schwingkreise werden verwendet, um störende Frequenzen aus dem Netz zu entfernen. In der Energietechnik werden z. B. *Oberschwingungsfilter* verwendet.
- Der Parallelschwingkreis hat bei Resonanz den größten Widerstand und wirkt als **Sperrkreis**.
- Der Reihenschwingkreis hat bei Resonanz den kleinsten Widerstand und wirkt als **Saugkreis**.

1.9 Messen von Wechselgrößen (Oszilloskop)

Ein Oszilloskop stellt den zeitlichen Verlauf einer Wechselgröße dar. Oszilloskope können nur Spannungen messen. Um Stromstärken zu messen nutzt man eine Spannungsmessung an einem Hilfswiderstand. Mehrkanal-Oszilloskope können mehrere Spannungen gleichzeitig darstellen. So kann man z.B. Phasenverschiebungen bestimmen.

Schaltzeichen Oszilloskop

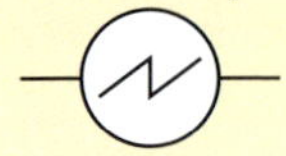

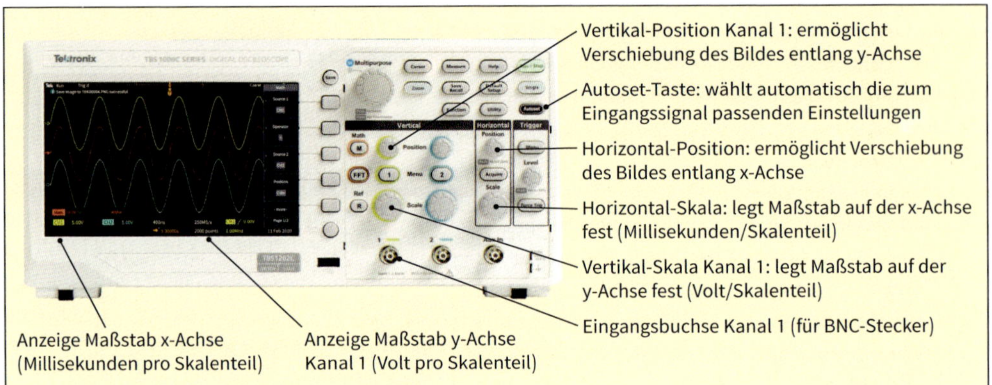

Abb. 1: Bedienelemente eines Zweikanal-Oszilloskops

Beispiele für Messschaltungen

Anschlussschema	Anzeige	Ablesebeispiel
Messen von Gleichspannung		
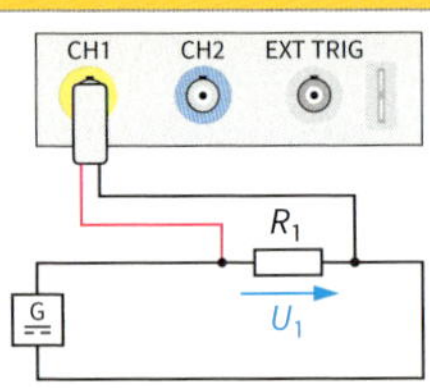	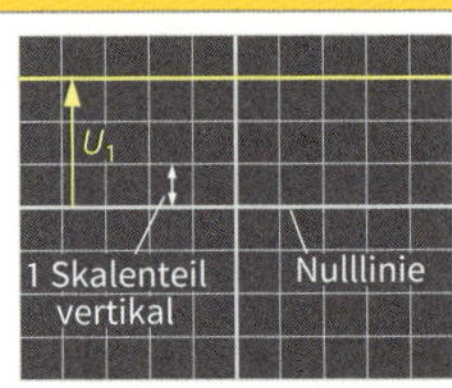	Maßstab y-Achse: 3 V/Skalenteil $U_1 = 3\text{ Skalenteile} \cdot \frac{3\text{ V}}{\text{Skalenteil}} = 9\text{ V}$ (1 Skalenteil = Abstand zwischen zwei Markierungslinien auf dem Bildschirm)
Bestimmen der Frequenz *f* einer Wechselspannung		
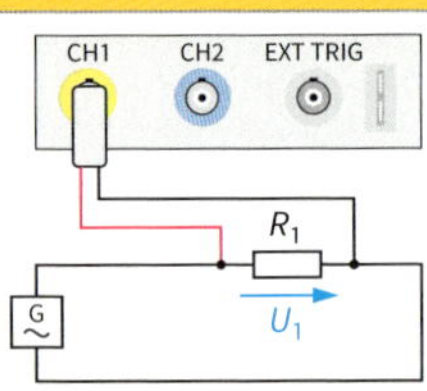	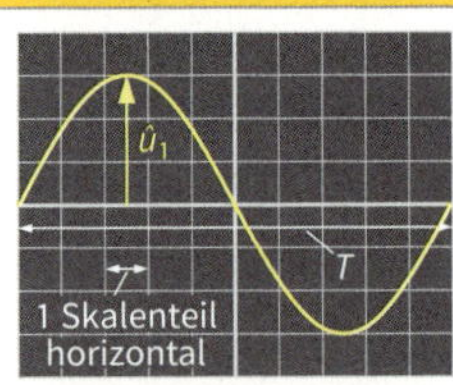	Maßstab x-Achse: 2 ms/Skalenteil $T = 10\text{ Skalenteile} \cdot \frac{2\text{ ms}}{\text{Skalenteil}} = 20\text{ ms}$ Berechnung von *f*: $f = \frac{1}{T} = \frac{1}{0{,}002\text{ s}} = 50\text{ Hz}$
Zweikanalmessung zum Bestimmen der Phasenverschiebung φ		
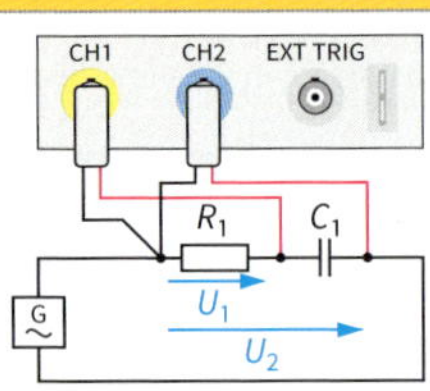	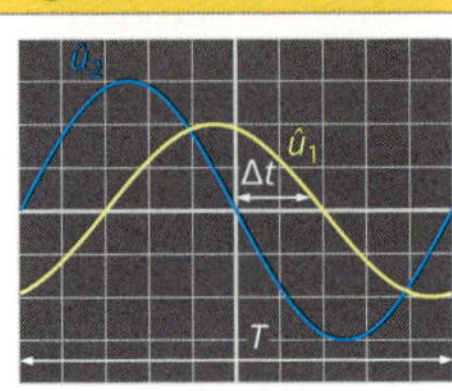	Maßstab x-Achse: 2 ms/Skalenteil $\Delta t = 2\text{ Skalenteile} \cdot \frac{2\text{ ms}}{\text{Skalenteil}} = 4\text{ ms}$ Umrechnung in Grad: $\varphi = \frac{\Delta t \cdot 360°}{T} = \frac{4\text{ ms} \cdot 360°}{20\text{ ms}} = 72°$
Bei Zweikanalmessung immer beide Spannungen gegen gleiches Bezugspotential messen!		

2 Drehstrom (Dreiphasenwechselstrom)

2.1 Spannungserzeugung und Spannungsarten

Im Drehstromnetz werden drei um 120° phasenverschobene Wechselspannungen verwendet (**Dreiphasenwechselspannung**). Die Spannungen werden von einem Drehstromgenerator mit drei räumlich um 120° versetzten Wicklungen erzeugt.

Abb. 1: Drehstromgenerator mit Dieselantrieb

Funktionsprinzip eines Drehstromgenerators (Abb. 2):

- Ein drehbar gelagerter Dauermagnet wird von einer äußeren Kraft angetrieben.
- Das Magnetfeld des Dauermagneten dreht sich mit und wird daher **Drehfeld** genannt.
- Das Drehfeld erzeugt in jeder Wicklung eine Spannung durch **Induktion**.
- Da die Wicklungen räumlich versetzt sind, entstehen die Spannungen zeitlich versetzt und sind um genau 120° phasenverschoben.

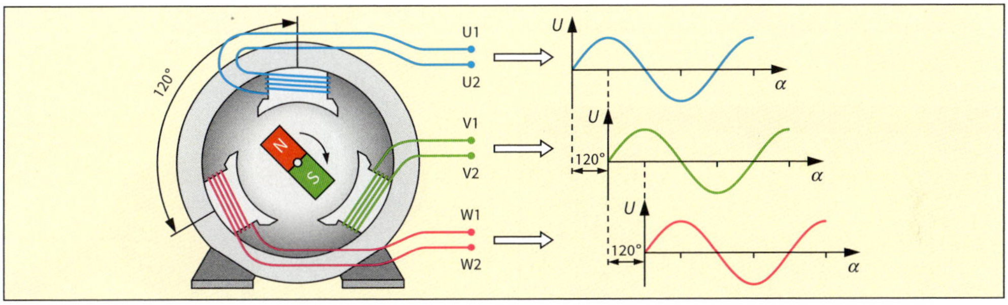

Abb. 2: Erzeugung von Dreiphasenwechselspannung

Verkettung

Für die drei Wechselspannungen werden eigentlich 6 Leiter (jeweils L und N) benötigt. Man kann jedoch 2 Leiter einsparen, wenn man die Spulenenden im sogenannten **Sternpunkt** zusammenschaltet (Abb. 3).
Die drei Spannungen heißen nun **verkettete Spannungen**. Im Drehstromnetz werden die Phasen mit L1, L2 und L3 bezeichnet und haben einen gemeinsamen Neutralleiter, der im Sternpunkt angeschlossen ist (Abb. 4).

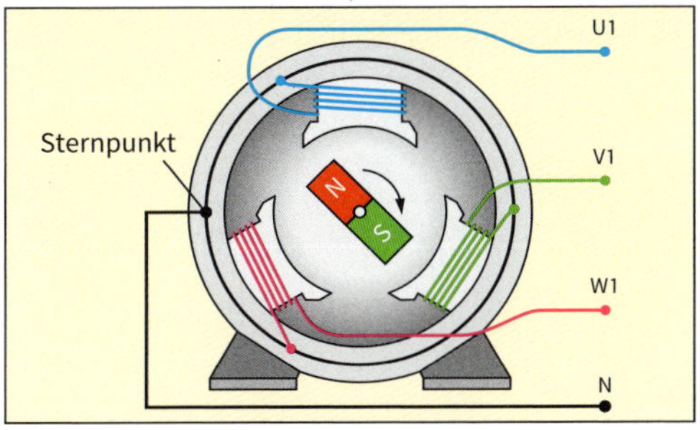

Abb. 3: Verkettung im Sternpunkt des Generators

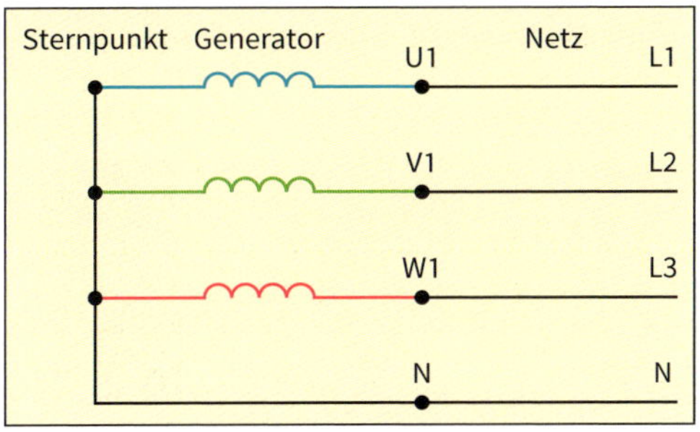

Abb. 4: Schaltbild eines Drehstromnetzes

Die drei verketten Spannungen werden üblicherweise in einem gemeinsamen Diagramm dargestellt (Abb. 1). Bei einer Netzfrequenz von 50 Hz (dies entspricht einer Generator-Drehzahl von 50 Umdrehungen pro Sekunde) beträgt die zeitliche Verschiebung der Spannungen jeweils 6,67 ms.

Durch die Verkettung sind im Drehstromnetz zwei unterschiedliche Spannungen nutzbar (Abb. 2):

- Die **Leiterspannung *U*** (Außenleiterspannung) ist die Spannung zwischen zwei Außenleitern: $U = 400\ V = U_{12} = U_{23} = U_{31}$
- Die **Strangspannung U_{Str}** ist die Spannung zwischen einem Außenleiter und dem Neutralleiter: $U_{Str} = 230\ V = U_{1N} = U_{2N} = U_{3N}$
  Meist wird der Sternpunkt des Netzes geerdet. Dann wird statt des N-Leiters ein PEN-Leiter mitgeführt. Die Strangspannung ist dann gleich der **Spannung gegen Erde U_0**:
  $U_{Str} = U_0 = 230\ V$

Das Verhältnis von Leiterspannung zu Strangspannung wird **Verkettungsfaktor** genannt und beträgt im Dreiphasennetz $\sqrt{3}$.

Verkettungsfaktor

$$\frac{U}{U_{Str}} = \sqrt{3} \approx \frac{400\ V}{230\ V}$$

U: Leiterspannung in Volt
U_{Str}: Strangspannung in Volt
$\sqrt{3}$: Verkettungsfaktor

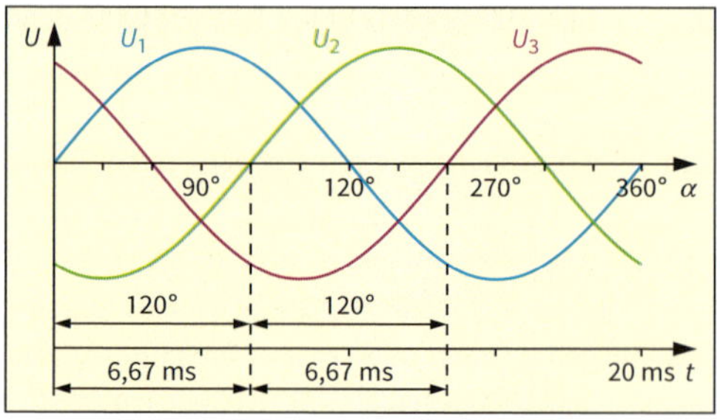

Abb. 1: Phasenverschiebung der Leiterspannungen

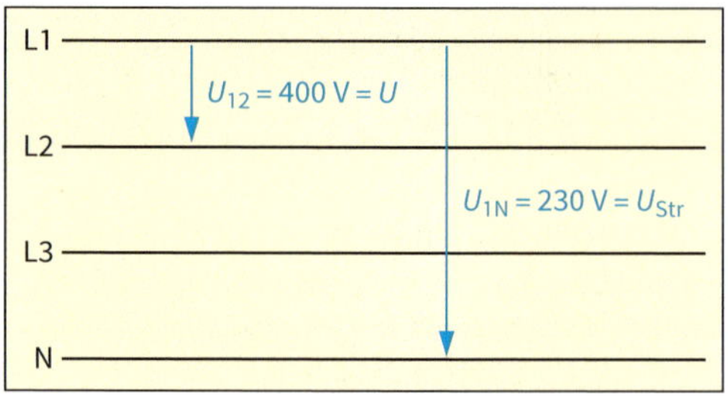

Abb. 2: Leiterspannung U und Strangspannung U_{Str}

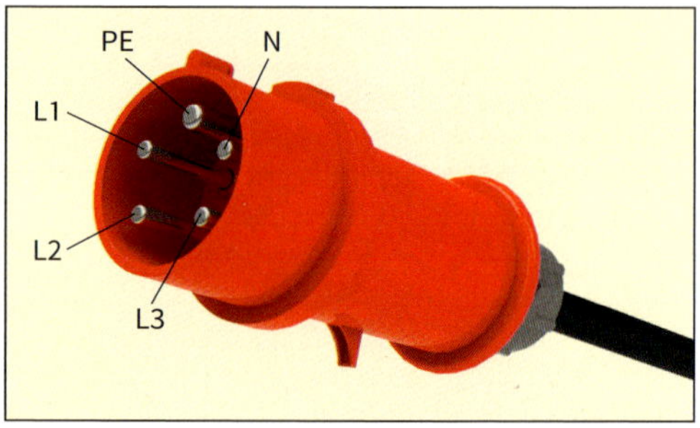

Abb. 3: CEE-Steckvorrichtung für Drehstrom

Berechnung der Leiterspannung

Eine Leiterspannung kann aus der Differenz zweier Strangspannungen ermittelt werden. Dies kann durch Subtraktion der Augenblickswerte im Liniendiagramm oder mithilfe des Zeigerdiagramms geschehen (Abb. 4).

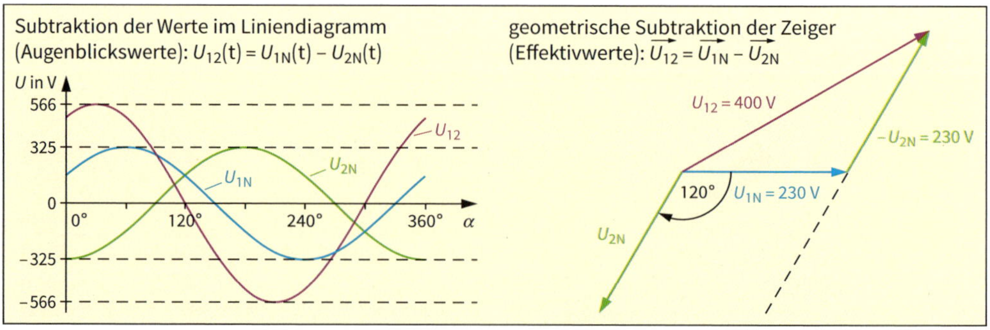

Abb. 4: Beispiel der Berechnung der Leiterspannung U_{12} aus den Strangspannungen U_{1N} und U_{2N}.

2.2 Verbraucher im Drehstromnetz

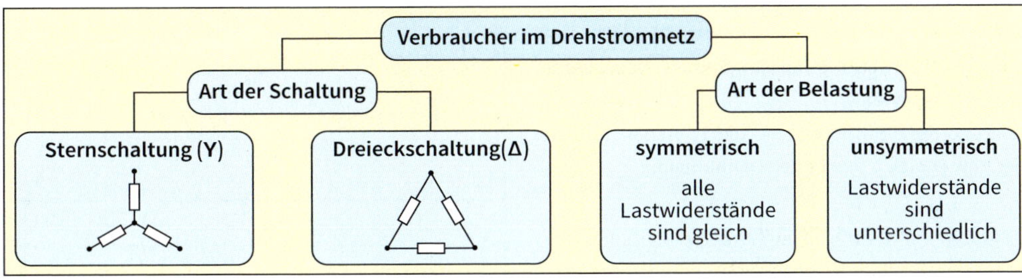

Verbraucher können entweder in Sternschaltung (Y) oder in Dreieckschaltung (Δ) an das Drehstromnetz angeschlossen werden. Die Last sollte möglichst gleichmäßig auf die drei Phasen verteilt werden. Wenn **die Lastwiderstände genau gleich** sind, spricht man von **symmetrischer Belastung.**

2.2.1 Sternschaltung (Y-Schaltung)

Abb. 1 zeigt eine Sternschaltung mit drei gleichen Verbraucherwiderständen (symmetrische Last). Die Spannung an den Widerständen heißt **Strangspannung U_{Str}**. Sie ist um den Faktor $1/\sqrt{3}$ kleiner als die **Leiterspannung U**: $U_{Str} = \frac{U}{\sqrt{3}}$

Die Ströme in den Widerständen werden **Strangströme** genannt. Sie sind alle gleich groß: $I_{Str} = \frac{U_{Str}}{R}$

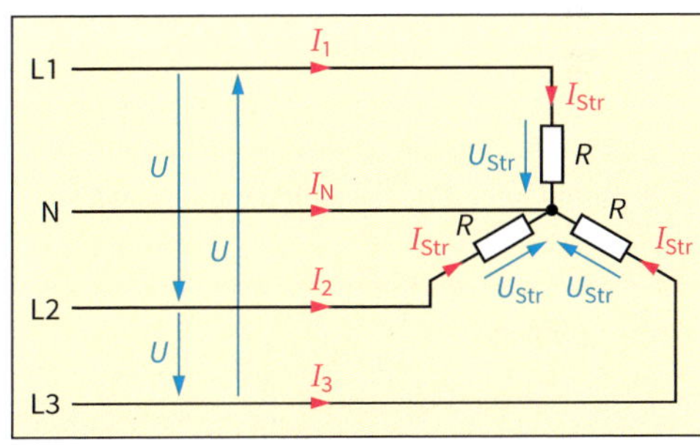

Abb. 1: Spannungen und Ströme in der Sternschaltung

Außerdem sind sie auch gleich den **Leiterströmen I**: $I = I_{Str} = I_1 = I_2 = I_3$

Die drei Leiterströme fließen im Sternpunkt zusammen. Aufgrund der Phasenverschiebung im Drehstromnetz ergibt die Summe der Ströme jedoch Null. **Der Neutralleiter führt daher keinen Strom** und kann entfallen. Dies kann durch Addition der Augenblickswerte im Liniendiagramm oder mithilfe des Zeigerdiagramms gezeigt werden (Abb. 3).

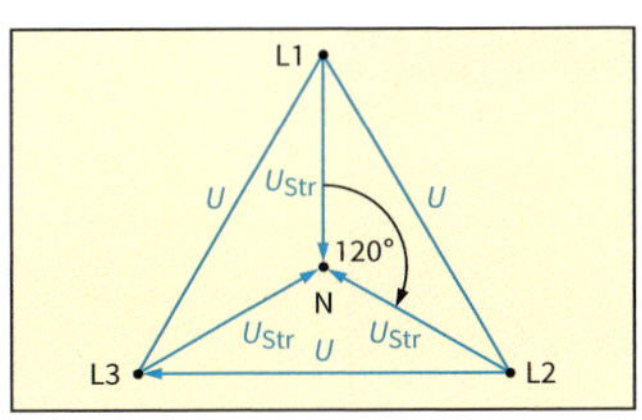

Abb. 2: Zeigerdiagramm der Spannungen in der Sternschaltung

Sternschaltung (symmetrische Last)

$U_{Str} = \frac{U}{\sqrt{3}}$ $\quad I = I_{Str} \quad$ $I_{Str} = \frac{U_{Str}}{R}$

U: Leiterspannung in V
U_{Str}: Strangspannung in V
I: Leiterstrom in A
I_{Str}: Strangstrom in A
R: Strangwiderstand in Ω

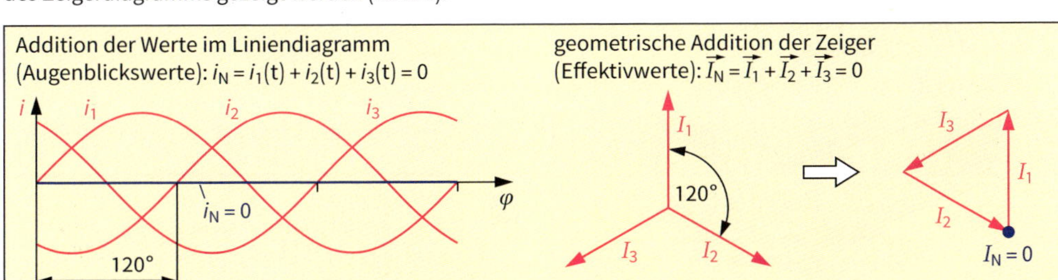

Abb. 3: Verfahren zur Berechnung des Neutralleiterstromes

2.2.2 Dreieckschaltung (Δ-Schaltung)

Abb. 1 zeigt eine Dreieckschaltung mit drei gleichen Verbraucherwiderständen (symmetrische Last).

Eine Dreieckschaltung besitzt keinen Neutralleiter (= **Dreileitersystem**).

Aufgrund der Anordnung sind die Strangspannungen hier immer gleich den Leiterspannungen:

$$U_{Str} = U$$

Die Leiterströme sind alle gleich groß:

$$I_1 = I_2 = I_3 = I$$

Wenn die Verbraucher Wirkwiderstände sind, haben die Ströme die gleiche Phasenlage wie die durch das Netz vorgegebenen Spannungen.

Die Summe der Ströme ist an jedem Knotenpunkt gleich Null (Knotenregel).

Ein Leiterstrom lässt sich daher durch geometrische Addition der Ströme am Knoten ermitteln (Abb. 2).

Ein Leiterstrom ist immer größer als ein Strangstrom.

In Abb. 3 sind alle Ströme in richtiger Phasenlage dargestellt.

Hier ergibt sich für den Strom I_1 aus der Geometrie des Zeigerdiagramms:

$$\frac{I_1}{2} = I_{Str} \cdot \cos 30° = I_{Str} \cdot \frac{\sqrt{3}}{2}$$

$$\rightarrow I_1 = \sqrt{3} \cdot I_{Str} \text{ oder } I_{Str} = \frac{I}{\sqrt{3}}$$

Dreieckschaltung (symmetrische Last)

$U_{Str} = U$ $\qquad I_{Str} = \frac{I}{\sqrt{3}}$ $\qquad I_{Str} = \frac{U_{Str}}{R}$

U: Leiterspannung in Volt
U_{Str}: Strangspannung in Volt
I: Leiterstrom in A
I_{Str}: Strangstrom in A
R: Strangswiderstand in Ω

Abb. 4: Drehstrommotor

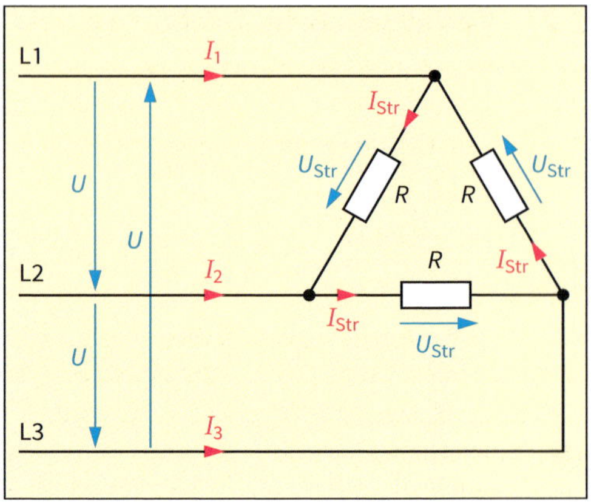

Abb. 1: Spannungen und Ströme in der Dreieckschaltung

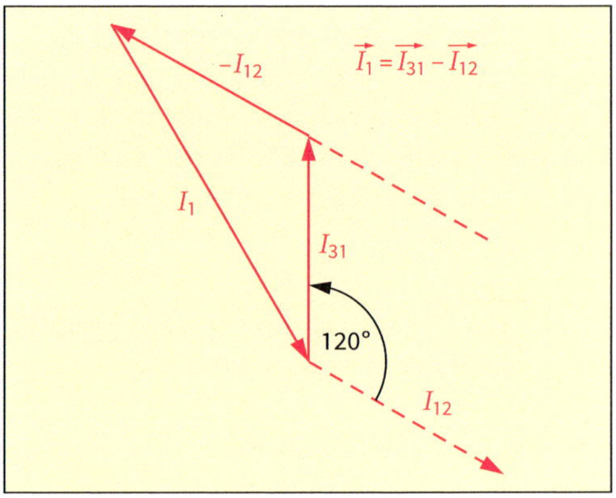

Abb. 2: Beispiel zur Ermittlung des Stromes I_1

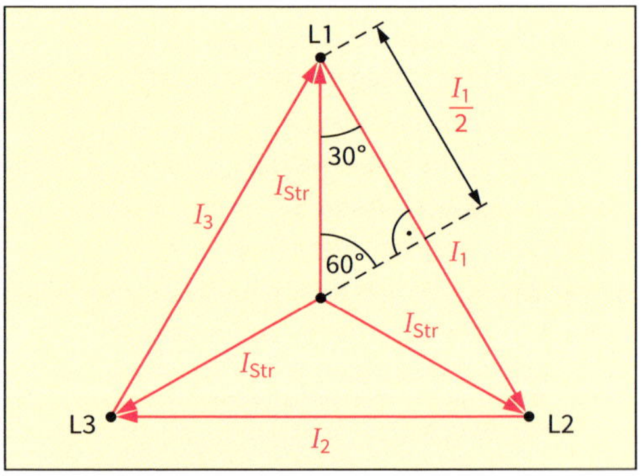

Abb. 3: Zeigerdiagramm der Ströme in der Dreieckschaltung

Ein Drehstrommotor ist eine symmetrische Last, da er drei gleiche Spulen besitzt.
Er wird meist in Dreieckschaltung betrieben.
Er braucht auch in der Sternschaltung keinen Neutralleiter.

2.2.3 Unsymmetrische Belastung im Drehstromsystem

Unsymmetrische Belastung entsteht, wenn an den drei Leitern unterschiedliche Wirkwiderstände oder auch Verbraucher mit unterschiedlichem Leistungsfaktor ($\cos \varphi$) angeschlossen werden (z. B. Spulen oder Kondensatoren).

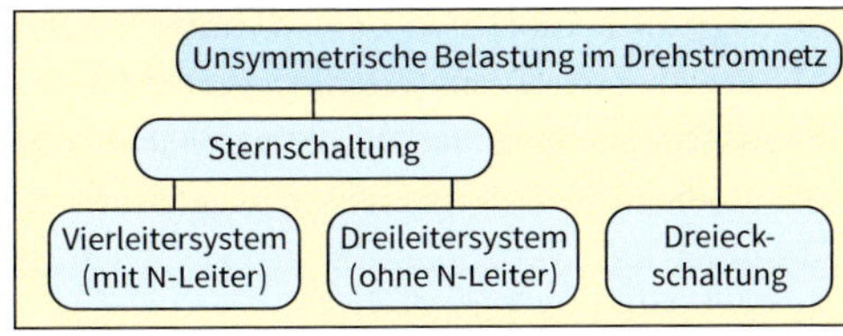

Sternschaltung im Vierleitersystem

Abb. 1 zeigt ein Vierleitersystem mit drei unterschiedlichen Verbrauchern. Die Stromstärken lassen sich mit den gegebenen Widerstandswerten und der Strangspannung (230 V) berechnen. Da die Phasenverschiebung von 120° vom Netz vorgegeben ist, lässt sich der Neutralleiterstrom I_N mithilfe des Zeigerdiagramms bestimmen (Abb. 2). Der **Neutralleiterstrom ist ungleich Null**. Er ist umso größer, je unterschiedlicher die Widerstandswerte sind.

Unsymmetrisch belastetes Vierleitersystem:
Neutralleiterstrom $I_N \neq 0$
$U_{Str} = 230\text{ V}$

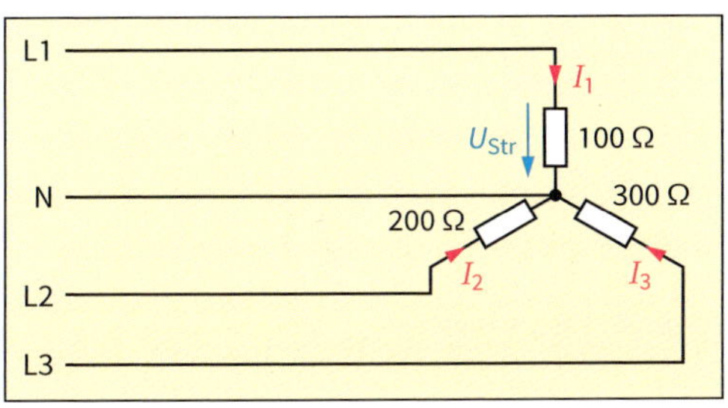

Abb. 1: Unsymmetrisch belastetes Vierleitersystem

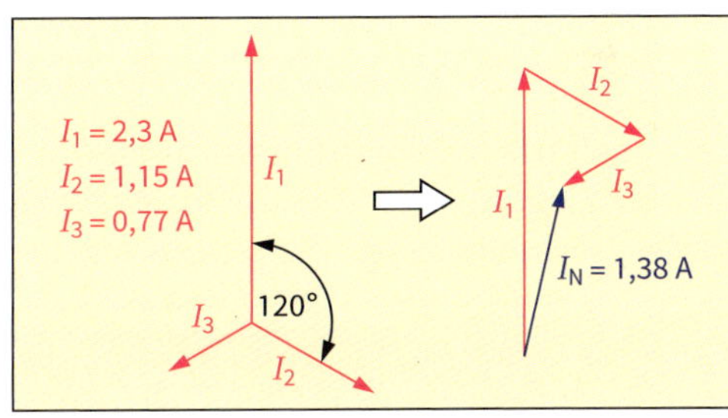

Abb. 2: Bestimmung des Neutralleiterstromes

In elektrischen Anlagen sollten die Wechselstromverbraucher möglichst gleichmäßig auf die drei Phasen (L1, L2, L3) verteilt werden, damit der Neutralleiterstrom möglichst klein bleibt. Trotzdem ist z. B. in Hausinstallationen die unsymmetrische Belastung die Regel, da nie alle Verbraucher gleichzeitig eingeschaltet sind.

Sternschaltung im Dreileitersystem

Im Dreileitersystem (Abb. 3) sind die Leiterspannungen U in Größe und Phasenlage vom Netz vorgegeben (400 V, 120°). Die unsymmetrische Belastung führt zu einer **Veränderung der Größe und Phasenlage der Strangspannungen**. Es können Unter- oder **Überspannungen** auftreten. Im Zeigerdiagramm treffen sich die Strangspannungen nicht mehr im Mittelpunkt. Dies bezeichnet man als **Sternpunktverschiebung** (Abb. 4).

Unsymmetrisch belastetes Dreileitersystem:
Verbraucherspannung ändert sich:
$U_{Str} \neq 230\text{ V}$
Phasenverschiebung:
$\varphi \neq 120°$
Verkettungsfaktor $\sqrt{3}$ gilt nicht mehr.

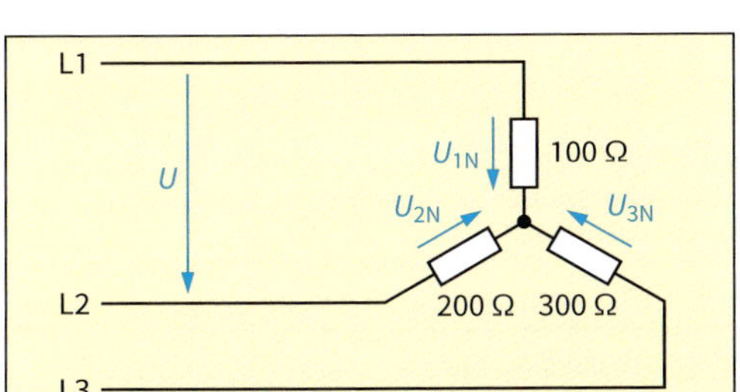

Abb. 3: Unsymmetrisch belastetes Vierleitersystem

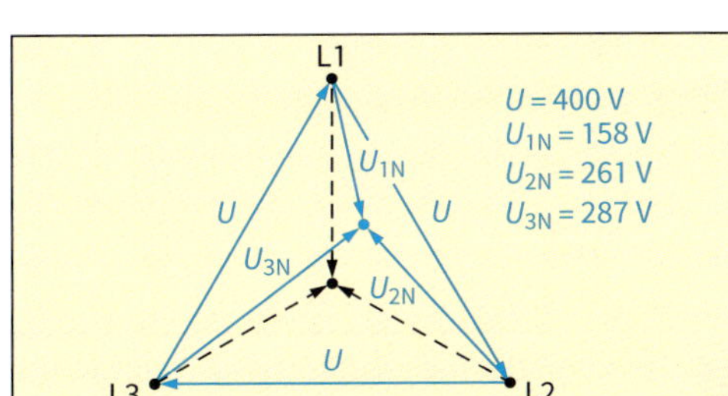

Abb. 4: Sternpunktverschiebung (Beispiel)

Unsymmetrisch belastete Dreieckschaltung

Abb. 1 zeigt ein Beispiel einer unsymmetrisch belasteten Dreieckschaltung. Die Strangspannungen U_{Str} sind in Größe und Phasenlage vom Netz vorgegeben (400 V/120°).

Die Strangströme sind unterschiedlich groß und in ihrer Phasenlage gleich den Strangspannungen. Die geometrische Addition der Strangströme ergibt jedoch eine **abweichende Phasenlagen für die Leiterströme** (Abb. 3).

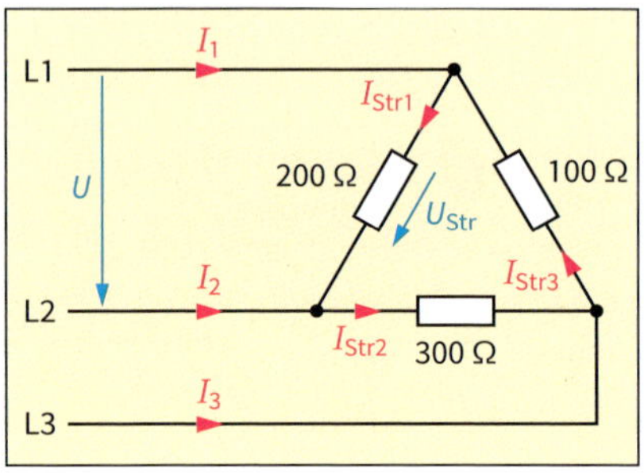

Abb. 1: Unsymmetrisch belastete Dreieckschaltung

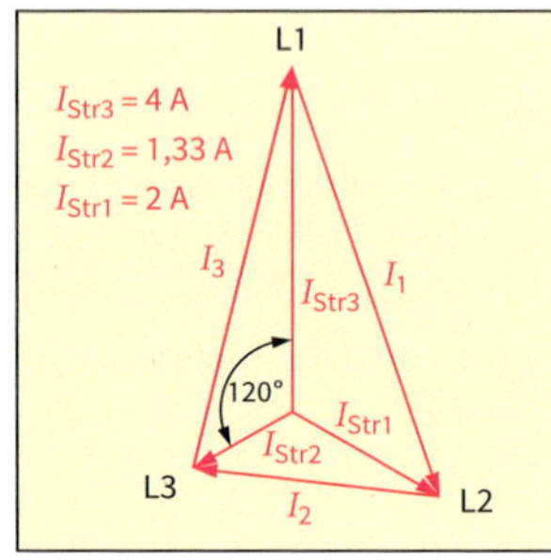

Abb. 2: Zeigerdiagramm der Ströme

> **Unsymmetrisch belastete Dreieckschaltung:**
> Phasenlage der Leiterströme ändert sich: $\varphi \neq 120°$

2.2.4 Leiterbruch im Drehstromsystem

Fallen ein Außenleiter oder ein Lastwiderstand aus, entsteht ein Wechselstromsystem. Es kann dann die Strangspannung oder die Leiterspannung anliegen. Die Gesamtleistung P sinkt. Beispiele möglicher Fehler:

Auswirkungen von Leiterbruch im Drehstromsystem		
Sternschaltung mit Neutralleiter: Ausfall eines Außenleiters		
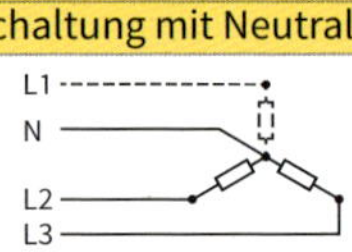	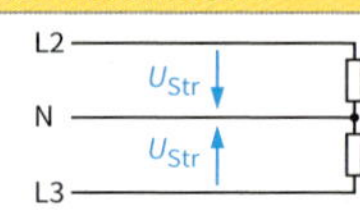	$P_{Neu} = \frac{2}{3} \cdot P$
Sternschaltung ohne Neutralleiter: Ausfall eines Außenleiters		
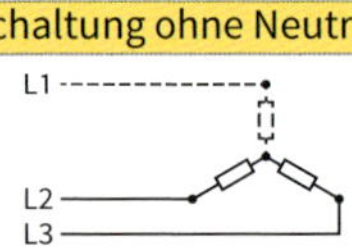	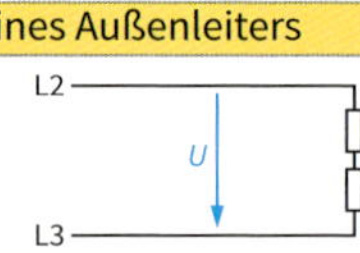	$P_{Neu} = \frac{1}{2} \cdot P$
Dreieckschaltung: Ausfall eines Außenleiters		
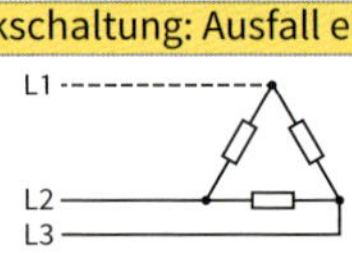	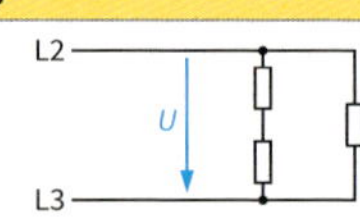	$P_{Neu} = \frac{1}{2} \cdot P$
Dreieckschaltung: Ausfall eines Verbrauchers		
	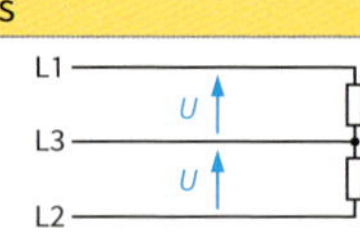	$P_{Neu} = \frac{2}{3} \cdot P$
Sternschaltung: Neutralleiterbruch		
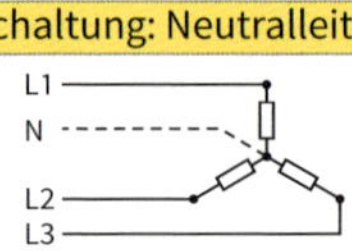	• symmetrische Last: keine Auswirkung • unsymmetrische Last: Sternpunktverschiebung. **Gefahr durch Überspannungen!**	

> **Gefahr bei Neutralleiterbruch in der Zuleitung einer elektrischen Anlage:**
> Geräte können durch Überspannungen beschädigt werden!

2.3 Drehstromleistung

Die Gesamtleistung ergibt sich unabhängig von der Schaltungsart immer aus der Summe der drei Strangleistungen: $\boldsymbol{P_{Gesamt} = 3 \cdot P_{Str}}$

Da die Strangwerte U_{Str} und I_{Str} meist schwer zu messen sind, ist es üblich für Leistungsberechnungen die Leiterwerte U und I zu verwenden. Zum Vergleich von Stern- und Dreieckschaltung betrachten wir im Folgenden reine Wirkwiderstände:

Sternschaltung (Y)

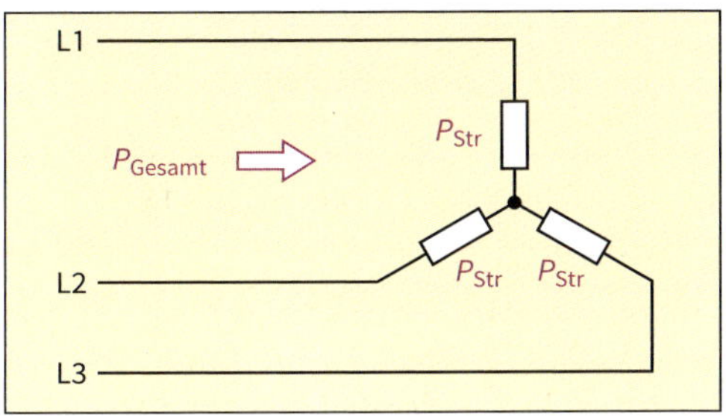

$P_{Gesamt} = 3 \cdot P_{Str} = 3 \cdot U_{Str} \cdot I_{Str}$

mit $U_{Str} = U$ und $I_{Str} = \frac{I}{\sqrt{3}}$ folgt:

$P_{Gesamt} = 3 \cdot U \frac{I}{\sqrt{3}} \leftrightarrow P_{Gesamt} = \sqrt{3} \cdot U \cdot I$

Dreieckschaltung (Δ)

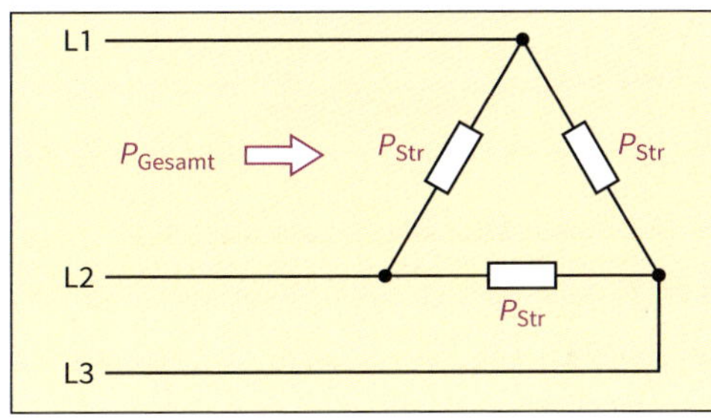

$P_{Gesamt} = 3 \cdot P_{Str} = 3 \cdot U_{Str} \cdot I_{Str}$

mit $U_{Str} = \frac{U}{\sqrt{3}}$ und $I_{Str} = I$ folgt:

$P_{Gesamt} = 3 \frac{U}{\sqrt{3}} \cdot I \leftrightarrow P_{Gesamt} = \sqrt{3} \cdot U \cdot I$

Zur Berechnung der Gesamtleistung kann also bei beiden Schaltungen die gleiche Formel verwendet werden. Allgemeingültig wird die Formel, wenn sie durch den Leistungsfaktor des Verbrauchers ergänzt wird:

$$P = \sqrt{3} \cdot U \cdot I \cdot \cos\varphi$$

Dies bedeutet jedoch nicht, dass die Leistung in beiden Schaltungen gleich groß ist. Bei gleichen Widerständen ergibt sich:

Sternschaltung:

$P_{Str} = U_{Str} \cdot I_{Str} = \frac{U_{Str}^2}{R}$

$\rightarrow P_{Str} = \frac{U^2}{3 \cdot R}$ (mit $U_{Str} = \frac{U}{\sqrt{3}}$)

$\rightarrow P_{Gesamt} = 3 \cdot P_{Str} = \frac{U^2}{R}$

Dreieckschaltung:

$P_{Str} = U_{Str} \cdot I_{Str} = \frac{U_{Str}^2}{R}$

$\rightarrow P_{Str} = \frac{U^2}{R}$ (mit $U_{Str} = U$)

$\rightarrow P_{Gesamt} = 3 \cdot P_{Str} = 3 \cdot \frac{U^2}{R}$

Die Leistung ist also **in der Dreieckschaltung dreimal so groß** wie in der Sternschaltung.

Das gleiche gilt auch für die Stromstärke: $I_\Delta = 3 \cdot I_Y$

Drehstromleistung bei symmetrischer Last

$S = \sqrt{3} \cdot U \cdot I$ $\quad P = \sqrt{3} \cdot U \cdot I \cdot \cos\varphi$ $\quad Q = \sqrt{3} \cdot U \cdot I \cdot \sin\varphi$

$P_\Delta = 3 \cdot P_Y$ $\quad I_\Delta = 3 \cdot I_Y$

S: Scheinleistung in VA
P: Wirkleistung in W
Q: Blindleistung in var
U: Leiterspannung in V
I: Leiterstrom in A
φ: Phasenverschiebungswinkel
P_Δ: Wirkleistung in Dreieckschaltung
P_Y: Wirkleistung in Sternschaltung
I_Δ: Stromstärke in Dreieckschaltung
I_Y: Stromstärke in Sternschaltung

Stern-Dreieck:
In der Dreieckschaltung sind **Leistung und Stromstärke dreimal so groß** wie in der Sternschaltung.

2.4 Kompensation

Die Aufgabe eines Energieverteilungsnetzes ist es, die Energie möglichst ohne Verluste zum Verbraucher zu übertragen. Die Verluste im Leiter hängen von der Stromstärke ab. Durch **Blindleistungskompensation** kann die Stromstärke in der Zuleitung verringert werden.

Ohne Kompensation

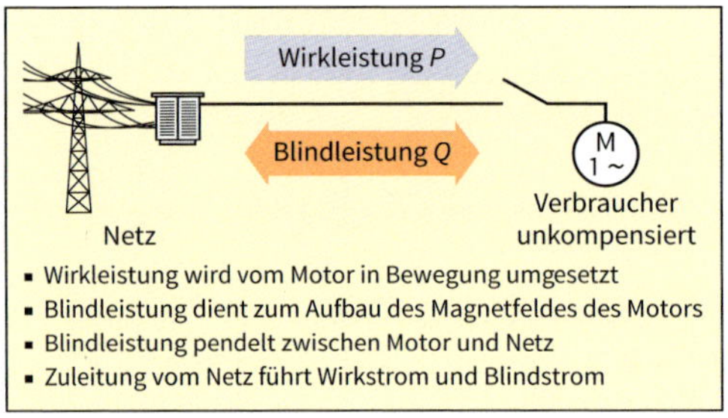

Abb. 1: Unkompensierter Verbraucher

Mit Kompensation

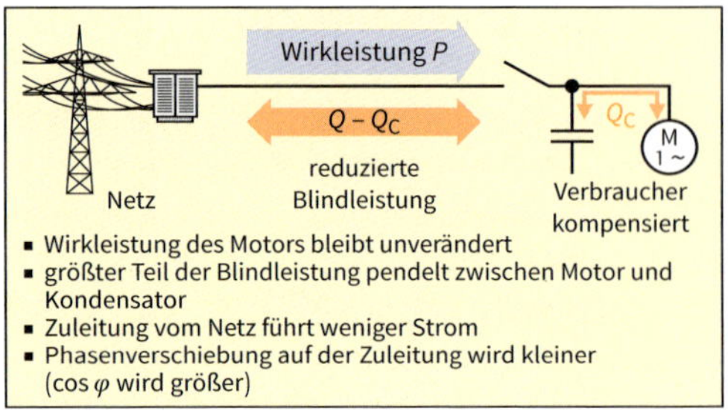

Abb. 2: Verbraucher mit Kompensationskondensator

Abb. 1 zeigt den Leistungsfluss zwischen dem öffentlichen Stromnetz und einer Verbraucheranlage (Motor). Da der Motor ein induktiver Verbraucher ist, entsteht durch die Phasenverschiebung auch Blindleistung (siehe Kap. 1.6). Diese dient zum Aufbau des Magnetfeldes der Spulen im Motor.
Wenn man einen Kondensator hinzuschaltet, wirkt die kapazitive Blindleistung des Kondensators der induktiven Blindleistung des Motors entgegen (Abb. 2). Die Blindleistung, und damit auch der Blindstrom, pendeln nun zum Großteil nur zwischen Motor und Kondensator hin und her. Die Zuleitung wird daher vom Blindstrom entlastet! Dadurch wird auch die Phasenverschiebung zwischen Strom und Spannung auf der Zuleitung verkleinert und der Netztrafo muss weniger Blindleistung zur Verfügung stellen. Die Verhältnisse lassen sich gut im **Zeigerdiagramm** darstellen:

Ohne Kompensation

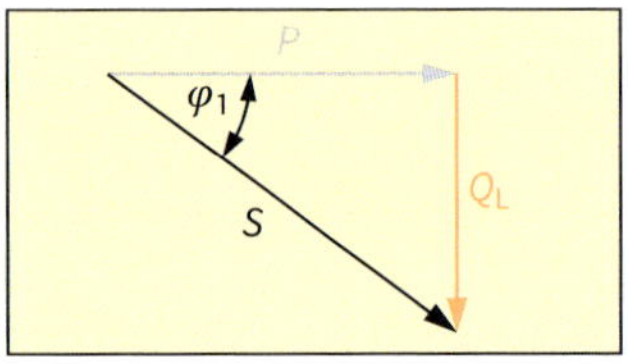

Abb. 3: Leistungsdreieck unkompensiert

Mit Kompensation

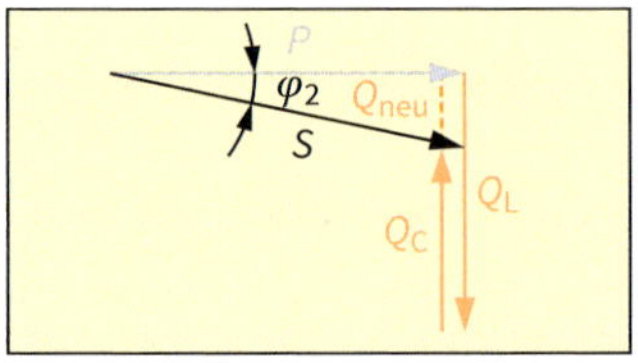

Abb. 4: Leistungsdreieck kompensiert

Es gelten die allgemeinen Formeln:

$S^2 = P^2 + Q^2$ $\qquad$ $\cos \varphi = \frac{P}{S}$

In Abb. 3 ist das Leistungsdreieck des unkompensierten Motors mit der induktiven Blindleistung Q_L dargestellt. In Abb. 4 kommt die Blindleistung Q_C des Kondensators hinzu. Die neue Blindleistung ergibt sich zu $Q_{neu} = Q_L - Q_C$. Dies führt zu einer Reduzierung des Phasenwinkels φ. Da auch die Scheinleistung S sinkt, reduziert sich ebenfalls die Gesamtstromstärke.

In den technischen Anschlussbedingungen (TAB) der Energieversorger wird üblicherweise gefordert, dass der Leistungsfaktor von Verbraucheranlagen nicht kleiner als $\cos \varphi = 0{,}9$ sein darf.

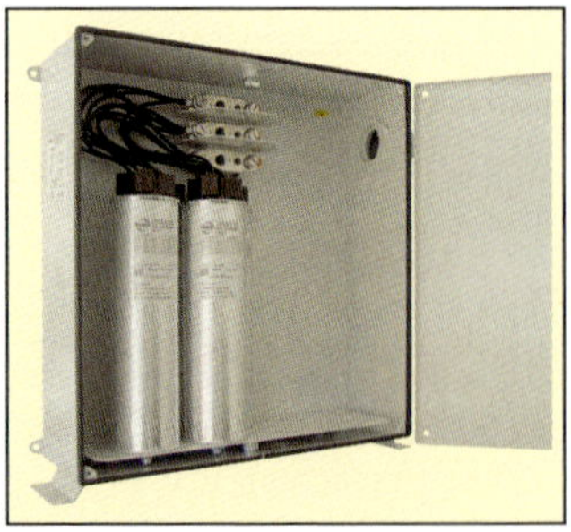

Abb. 5: Kompensationskondensatoren

2.4.1 Kompensationsarten

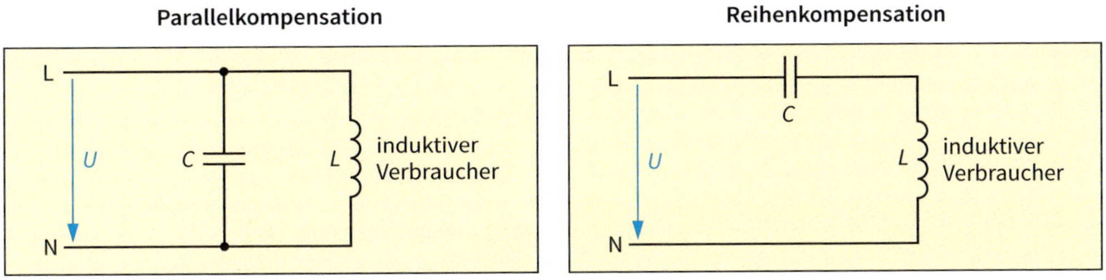

Abb. 1: Schaltungsarten von Kompensationskondensatoren

Grundsätzlich kann der Kompensationskondensator in Reihe oder parallel zum Verbraucher geschaltet werden (Abb. 1). **Elektrische Anlagen werden immer parallel kompensiert.** Die Reihenkompensation wurde früher bei Leuchtstofflampen verwendet und hat heutzutage in Niederspannungsinstallationen keine Bedeutung mehr. Zur Bestimmung der Kompensationskondensatoren werden folgende Formeln benötigt (siehe auch Beispiel auf Folgeseite):

zu kompensierende Blindleistung (Kondensatorblindleistung) in var	gesamte Kondensatorkapazität in F	Einzelkapazität bei Dreieckschaltung
$Q_C = P_{zu} \cdot (\tan \varphi_1 - \tan \varphi_2)$	$C_{Ges} = \frac{Q_C}{\omega \cdot U^2}$ mit $\omega = 2 \cdot \pi \cdot f$	$C_\Delta = \frac{C_{Ges}}{3}$

Q_C: Kondensatorblindleistung in var
P_{zu}: Zugeführte Wirkleistung W
φ_1: Phasenwinkel vor Kompensation
φ_2: Phasenwinkel nach Kompensation

C: Kapazität in F
U: Außenleiterspannung in V
ω: Kreisfrequenz in 1/s
f: Frequenz in Hz

Entladewiderstände

Abb. 1 zeigt eine Einzelkompensation mit in Dreieck geschalteten Kondensatoren. Um gefährliche Restspannungen zu vermeiden, müssen Entladewiderstände montiert werden. Die Kondensatoren müssen nach VDE 0560-61 innerhalb von 60 Sekunden auf eine ungefährliche Spannung von 50 V entladen sein.

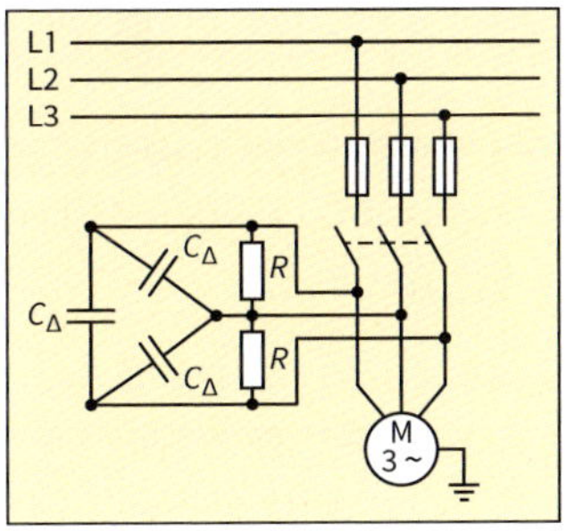

Abb. 1: Entladewiderstände

Näherungsformeln

Zur überschlägigen Berechnung der Kondensatorkapazität können auch folgende Näherungsformeln verwendet werden.

Näherungsformeln für die Kondensatorkapazität bei 50 Hz:

bei Drehstrom

$$C = 20\,\mu\text{F} \cdot \frac{Q_C}{\text{kvar}}$$

bei Wechselstrom

$$C = 60\,\mu\text{F} \cdot \frac{Q_C}{\text{kvar}}$$

2.4.2 Berechnung der Kompensationskondensatoren

Um den passenden Kompensationskondensator auszuwählen, muss vorher ermittelt werden, wieviel der gesamten Blindleistung kompensiert werden soll. Eine vollständige Kompensation auf $\cos\varphi = 1$ wird nicht durchgeführt, da sonst die Gefahr von Überspannungen durch Resonanz (siehe Kap 1.7.2) besteht. Zur Berechnung der Kondensatoren sind vier Schritte nötig.

Berechnungsverfahren:

1. Zugeführte elektrische Leistung P_{zu} der Verbraucher ermitteln

Achtung: Bei Motoren ist auf dem Leistungsschild die mechanische Leistung P_{ab} angegeben.

Die elektrische Leistung P_{zu} kann über Wirkungsgrad η oder über U und I berechnet werden.

2. Zu kompensierende Blindleistung Q_C bestimmen (Kondensatorblindleistung)

- Q_C aus zugeführter elektrischer Leistung P_{zu} und den Phasenwinkeln berechnen:
  $Q_C = P_{zu} \cdot (\tan\varphi_1 - \tan\varphi_2)$
  φ_1 = vor der Kompensation
  φ_2 = nach der Kompensation
- Die Winkel φ können mit der Taste (Cos⁻¹) des Taschenrechners aus dem $\cos\varphi$ ermittelt werden.

3. Gesamtkapazität C_{Ges} berechnen

- Kapazität C_{Ges} aus Q_C und U berechnen:
  $C_{Ges} = \frac{Q_C}{2 \cdot \pi \cdot f \cdot U^2}$
  mit: $U = 400$ V bei Drehstrom
  $U = 230$ V bei Wechselstrom
  $2 \cdot \pi \cdot f = \omega \cong 314 \frac{1}{s}$ im 50 Hz-Versorgungsnetz

4. Einzelkapazität berechnen (nur bei Drehstrom)

- Je nach Schaltungsart C_Δ oder C_Y:
  $C_\Delta = \frac{C_{Ges}}{3}$ $C_Y = C_{Ges}$

z.B. **Beispiel:**

Ein Drehstrommotor mit dem gegebenen Leistungsschild soll nach Vorgabe des Netzbetreibers auf $\cos\varphi = 0{,}9$ kompensiert werden. Die Kondensatoren sollen im Dreieck geschaltet werden.

3~ Motor		Δ 400 V
10 kW	20 A	$\cos\varphi = 0{,}8$

1. $P_{zu} = \sqrt{3} \cdot U \cdot I \cdot \cos\varphi$

   $P_{zu} = \sqrt{3} \cdot 400\ \text{V} \cdot 20\ \text{A} \cdot 0{,}8 = \mathbf{11085\ W}$

2. $Q_C = P_{zu} \cdot (\tan\varphi_1 - \tan\varphi_2)$

   Mit:

   $\varphi_1 = \cos^{-1}(0{,}8) = 36{,}87°$

   $\varphi_2 = \cos^{-1}(0{,}9) = 25{,}84°$

   $\rightarrow Q_C = 11085\ \text{W} \cdot (\tan 36{,}87 - \tan 25{,}84)$

   $Q_C = 11085\ \text{W} \cdot (0{,}75 - 0{,}48)$

   $Q_C = \mathbf{2993\ var}$

3. $C_{Ges} = \frac{Q_C}{\omega \cdot U^2} = \frac{2993\ \text{var}}{314 \frac{1}{s} \cdot (400\ \text{V})^2} = \mathbf{59{,}6\ \mu F}$

4. $Q_\Delta = \frac{C_{Ges}}{3} = \frac{59{,}6\ \mu\text{F}}{3} = \mathbf{19{,}9\ \mu F}$

   Es müssen drei Kondensatoren mit je 19,9 µF im Dreieck geschaltet werden.

3 Planen von Energieversorgungen

3.1 Spannungsebenen

Elektrische Anlagen und Betriebsmittel werden an einer Netzspannung von 230 V oder 400 V betrieben (Niederspannung). Zur Übertragung von Energie über weite Strecken werden jedoch höhere Spannungen benutzt. Dies hat den Vorteil, dass bei gleicher Leistung die Stromstärke kleiner ist und weniger Leitungsverluste auftreten. Abb. 1 zeigt die Spannungsebenen mit Beispielen für Erzeuger- und Verbraucheranlagen.

> Spannungen unter 1000 V werden als **Niederspannung** bezeichnet.

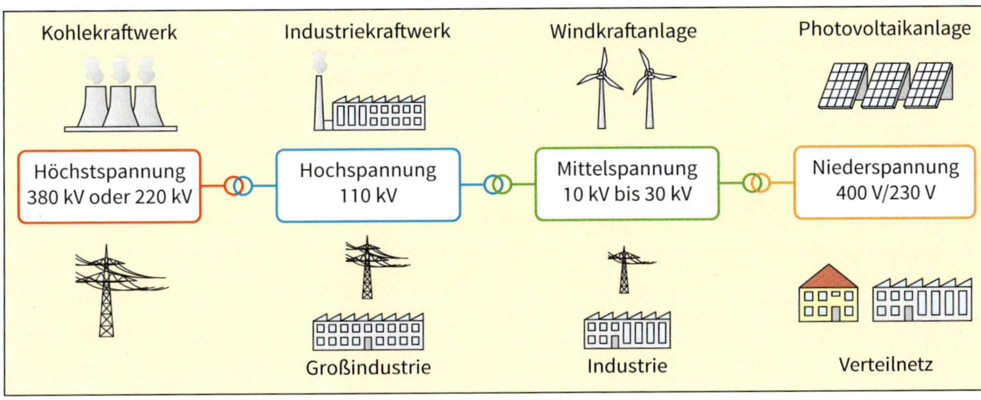

Abb. 1: Spannungsebenen mit Erzeugern und Verbrauchern (Beispiel)

3.2 Netzsysteme (Verteilungssysteme)

Die Energieversorgung von elektrischen Anlagen erfolgt grundsätzlich mit Dreiphasenwechselstrom (Drehstrom). Daher werden immer die drei Außenleiter L1, L2, L3 verwendet. Die Art der Erdung und der Anschluss von Neutralleiter N und Schutzleiter PE sind je nach Netzsystem unterschiedlich. Dementsprechend wird auch der Schutz durch automatische Abschaltung im Fehlerfall je nach Netzsystem unterschiedlich realisiert.
Die Kennzeichnung der Netzsysteme ist international festgelegt und erfolgt mit drei bis vier Buchstaben:

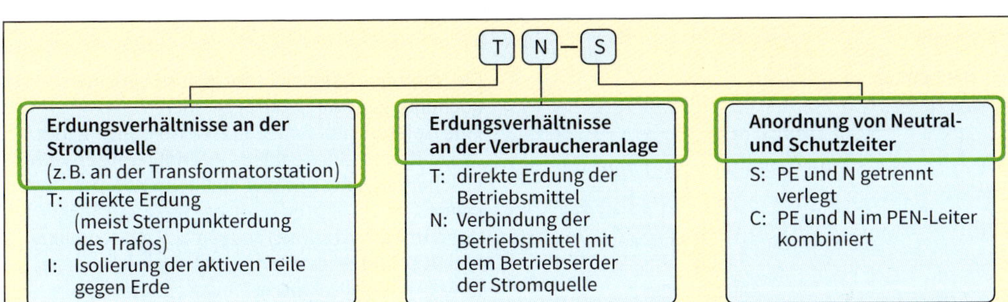

> **Bedeutung der Buchstaben** (aus dem Französischen):
> **T**: Erde (terre) – **N**: neutral (neutre) – **S**: getrennt (separé) – **C**: kombiniert (combiné) – **I**: isoliert (isolé)

Übersicht über die Netzsysteme (Darstellung mit dreiphasigem Verbraucher)

TN-C-System

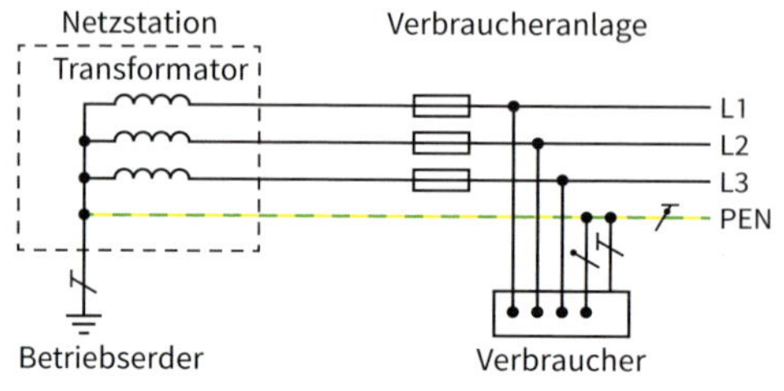

- Schutzleiter und Neutralleiter sind gemeinsam als PEN-Leiter geführt. → Dies hat einen geringeren Materialaufwand zur Folge.
- Gefahr bei PEN-Bruch: Gehäuse von Verbrauchern kann Spannung führen.
- RCD ist nicht einsetzbar.
- Schlechte EMV-Eigenschaften*
- Wird im Wohnungsbau nicht mehr verwendet.
- In Altbauten noch vorhanden (klassische Nullung).

TN-S-System

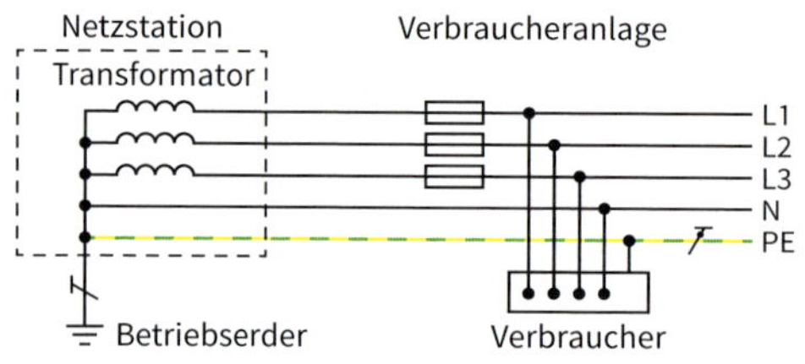

- Schutzleiter und Neutralleiter sind getrennt geführt → hoher Materialaufwand.
- Überstromschutzeinrichtungen (z. B. LS-Schalter) und RCD sind einsetzbar.
- Gute EMV-Eigenschaften.

TN-C-S-System

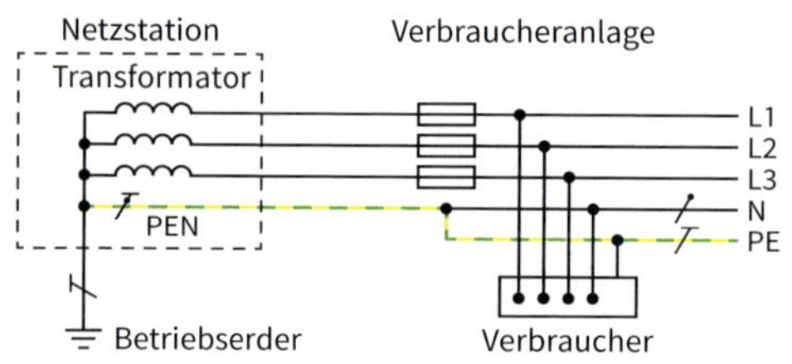

- Kombination aus TNC und TNS.
- Der PEN- Leiter wird meist im Hausanschlusskasten in N und PE aufgeteilt.
- Überstromschutzeinrichtungen (z. B. LS-Schalter) und RCD sind einsetzbar.
- Häufigstes System bei Neuanlagen.
- Mäßige EMV-Eigenschaften.

TT-System

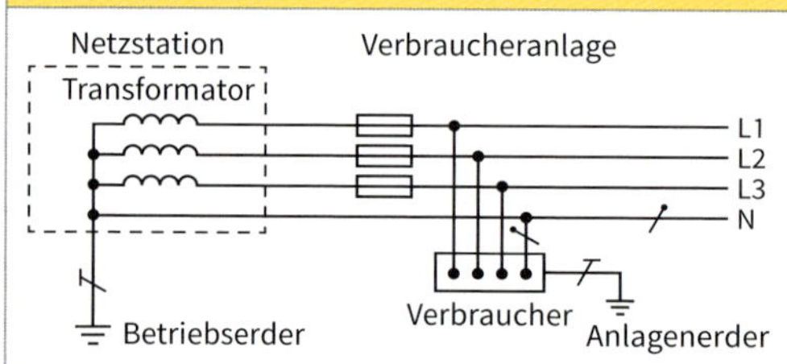

- Keine PE-Verbindung zwischen Netz und Verbraucheranlage.
- Die Verbraucher müssen extra geerdet werden.
- Für den Schutz durch automatische Abschaltung ist meist ein RCD zusätzlich zur Überstromschutzeinrichtung erforderlich.
- Gute EMV-Eigenschaften.

IT-System

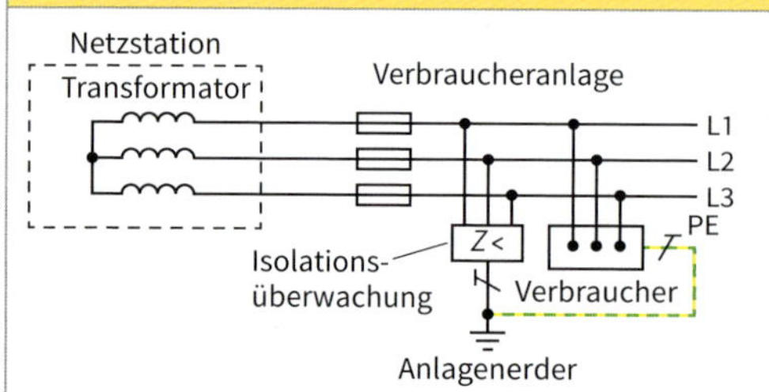

- Die Stromquelle ist nicht (bzw. nur über einen hochohmigen Widerstand) geerdet.
- Eine Isolationsüberwachungseinrichtung meldet das Auftreten eines Fehlers, es erfolgt jedoch keine Abschaltung, diese erfolgt erst beim zweiten Fehler.
- Überstromschutzeinrichtungen (z. B. LS-Schalter) und RCD sind einsetzbar.
- Gute EMV-Eigenschaften.

*EMV: Elektromagnetische Verträglichkeit
Maß für die gegenseitige Beeinflussung von elektrischen Geräten, z. B. durch elektromagnetische Felder.

3.3 Schutz durch automatische Abschaltung im Fehlerfall

Die automatische Abschaltung der Stromversorgung soll verhindern, dass am Körper eines Betriebsmittels eine gefährliche Berührungsspannung anliegt, wenn in der Anlage ein Isolationsfehler (Körperschluss) auftritt. Eine schnelle Abschaltung ist nur gewährleistet, wenn der **Fehlerstrom I_F** größer oder gleich dem **Abschaltstrom I_a** der Schutzeinrichtung ist.
Ein großer Fehlerstrom fließt jedoch nur, wenn der Widerstand auf dem gesamten Stromweg (der Fehlerschleife) klein ist. Dieser Gesamtwiderstand wird als **Schleifenimpedanz Z_S** bezeichnet (auch: Fehlerschleifenimpedanz). Die sogenannte **Abschaltbedingung** stellt sicher, dass die Schleifenimpedanz klein genug ist und somit die Abschaltung schnell erfolgt.
Der Stromweg ist abhängig von der Art der Erdung im Netzsystem. Die maximal zulässigen Abschaltzeiten hängen nach DIN-VDE 0100-410 vom Netzsystem und der Art des Stromkreises ab.

3.3.1 Schutz im TN-System

Im TN-System sind alle Betriebsmittel über den PE oder den PEN mit dem geerdeten Punkt des Versorgungsnetzes verbunden. In Abb. 1 ist ein Körperschluss im TN-C-S-System dargestellt. Der Fehlerstromkreis schließt sich über Außenleiter, PE und PEN bis zum Netztransformator. Die Abschaltbedingung gilt für alle TN-Systeme (auch TNC und TNS).

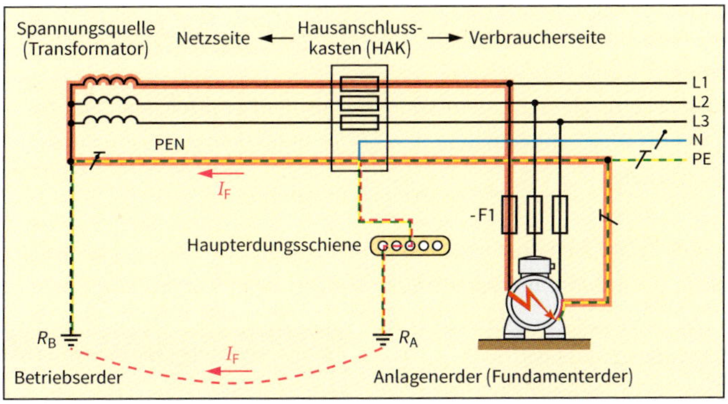

Abb. 1: Fehlerstromschleife im TN-C-S-System

Um die Abschaltbedingung zu überprüfen, muss der Abschaltstrom der Schutzeinrichtung bekannt sein. Dieser ist bei **LS-Schaltern** durch die Auslösecharakteristik gegeben.

Abschaltbedingung im TN-System

$$Z_S \leq \frac{U_0}{I_a}$$

Z_S: Schleifenimpedanz in Ω
U_0: Spannung gegen Erde in V
I_0: Abschaltstrom der Schutzeinrichtung in A (z. B. für LS-Schalter Typ B: $I_a = 5 \cdot I_n$)

Maximal zulässige Abschaltzeiten im TN-System bei $U_0 \leq 230$ V

	DIN VDE 0100-410: 2018-10
Endstromkreise bis 63 A und fest angeschlossene Verbraucher bis 32 A	0,4 s
Verteilstromkreise und sonstige Stromkreise	5 s

Beispiele für Abschaltströme und zulässige Schleifenimpedanzen von LS-Schaltern (sofortiges Abschalten beim x-fachen Nennstrom):

B 16 A → sofortiges Abschalten bei $I_a = 5 \cdot I_n = 5 \cdot 16\text{ A} = 80\text{ A} \rightarrow Z_S \leq \frac{U_0}{I_a} = \frac{230\text{ V}}{80\text{ A}} = 2{,}88\ \Omega$

C 20 A → sofortiges Abschalten bei $I_a = 10 \cdot I_n = 10 \cdot 20\text{ A} = 200\text{ A} \rightarrow Z_S \leq \frac{U_0}{I_a} = \frac{230\text{ V}}{200\text{ A}} = 1{,}15\ \Omega$

Bei **Schmelzsicherungen** muss der Abschaltstrom passend zur zulässigen Abschaltzeit aus der Kennlinie abgelesen werden. Der Abschaltstrom einer Schmelzsicherung Typ gG liegt bei einer Abschaltzeit von 0,4 s beim Sieben- bis Zehnfachen des Nennstroms.

3.3.2 Schutz im TT-System

Im TT-System gibt es **keine PE-Verbindung** zwischen Netztransformator und Verbraucheranlage. Die Verbraucher müssen einzeln geerdet werden oder gemeinsam über den **Anlagenerder** geerdet werden.

Im Falle eines Körperschlusses fließt daher der Fehlerstrom I_F **über die Erde** zum Betriebserder des Netztransformators (Abb. 1).

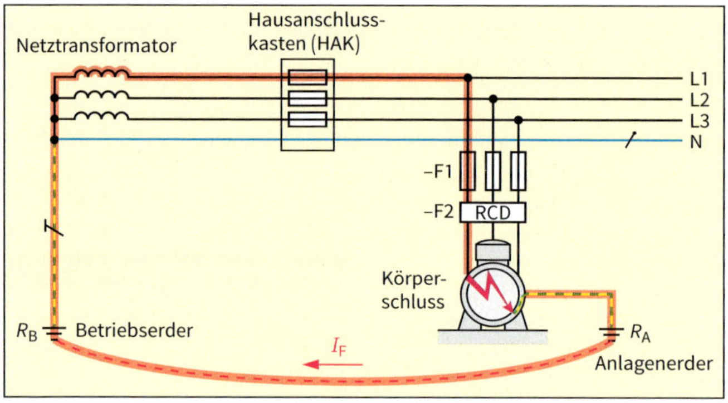

Abb. 1: Fehlerstromschleife im TT-System

Maximal zulässige Abschaltzeiten im TN-System bei $U_0 \leq 230$ V	
DIN VDE 0100-410: 2018-10	
Endstromkreise bis 63 A und fest angeschlossene Verbraucher bis 32 A	0,2 s
Verteilstromkreise und sonstige Stromkreise	1 s

Der Gesamtwiderstand auf dieser Fehlerschleife (Schleifenimpedanz) ist stark vom Erdungswiderstand abhängig.

Je nach Bodenbeschaffenheit ist es oft schwierig, einen kleinen Erdungswiderstand zu erreichen. Die Schleifenimpedanz ist daher meist zu groß, um die Abschaltbedingung $Z_S \leq \frac{U_0}{I_a}$ für Überstromschutzeinrichtungen (LS-Schalter oder Schmelzsicherungen) zu erfüllen.

Daher werden beim TT-System in der Regel **RCDs** (Fehlerstromschutzeinrichtungen) zum Fehlerschutz eingesetzt. Statt der Schleifenimpedanz ist dann der **Erdungswiderstand R_a** zu prüfen:

Beispiele für den erforderlichen Erdungswiderstand je nach RCD-Typ:

RCD 300 mA → $R_a \leq \frac{50\,\text{V}}{I_{\Delta N}} = \frac{50\,\text{V}}{0{,}3\,\text{A}} = 166\,\Omega$

RCD 30 mA → $R_a \leq \frac{50\,\text{V}}{I_{\Delta N}} = \frac{50\,\text{V}}{0{,}03\,\text{A}} = 1666\,\Omega$

Erdungswiderstand im TT-System

$$R_a \leq \frac{50\,\text{V}}{I_{\Delta N}}$$

R_a: Erdungswiderstand in Ω
50 V: zulässige Berührungsspannung (bei AC)
$I_{\Delta N}$: Bemessungsdifferenzstrom des RCD in A

Da hier das Ziel nicht der Personenschutz ist, dürfen auch RCDs mit einem Auslösestrom größer als 30 mA eingesetzt werden. Die Überstromschutzeinrichtungen werden auch weiterhin für den Schutz vor **Überlast und Kurzschluss** benötigt.

Anwendung

Das TT-System wird wegen des einfachen Aufbaus z. B. auf Baustellen oder in landwirtschaftlichen Betrieben eingesetzt.

3.3.3 Schutz im IT-System

Im IT-System ist der **Sternpunkt des Netztransformators isoliert** (d. h. nicht geerdet oder nur über eine hochohmige Impedanz geerdet). Beim Auftreten eines Fehlers kommt kein geschlossener Stromkreis zustande, da es keine Verbindung zwischen PE oder Erde und dem Netztransformator gibt (Abb. 1).

IT-System:

Keine Abschaltung beim ersten Fehler.

Es gelten die Abschaltzeiten des TN-Systems.

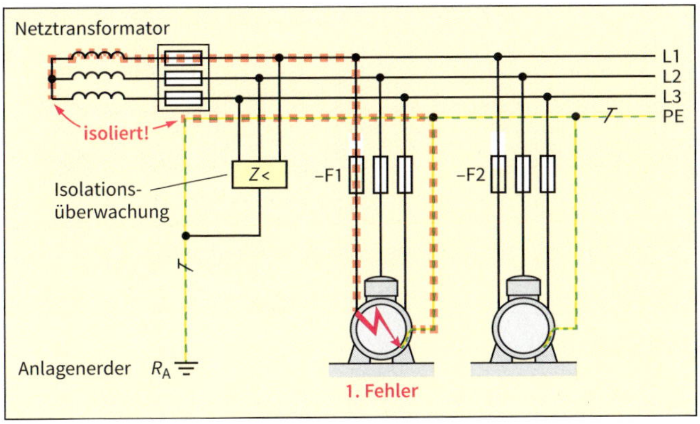

Abb. 1: Kein geschlossener Stromkreis beim ersten Fehler.

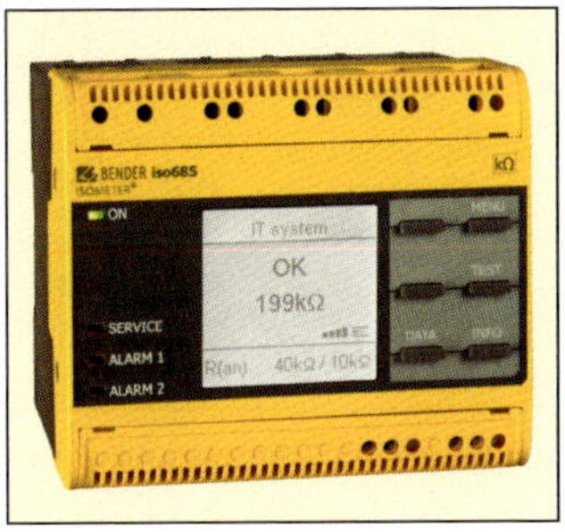

Abb. 2: Isolationsüberwachung

Die Überstromschutzeinrichtungen lösen daher auch nicht aus. Eine **Isolationsüberwachungseinrichtung** (Abb. 2) meldet jedoch den Fehler.

Wenn jedoch ein zweiter Fehler auf einem anderen Außenleiter auftritt, bildet sich ein geschlossener Stromkreis über beide Fehlerstellen (Abb. 3). Der Fehlerstrom I_F führt dann zum Abschalten von mindestens einer der vorhandenen Überstromschutzeinrichtungen.

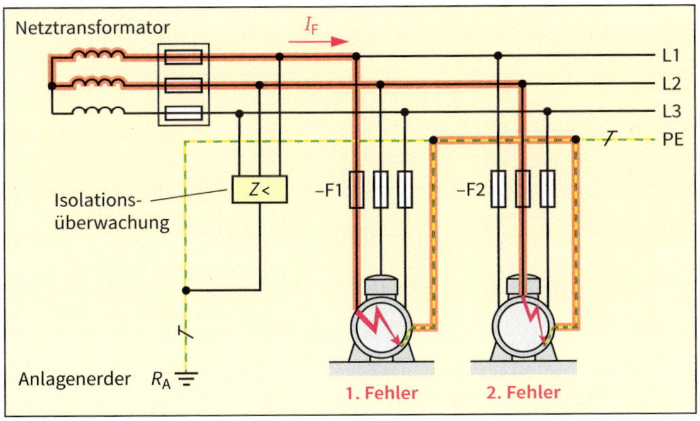

Abb. 3: Geschlossener Stromkreis bei zwei gleichzeitigen Fehlern.

Abschaltbedingung im IT-System

Bei gemeinsamem PE für alle Verbraucher.

Anlagen ohne Neutralleiter:

$$Z_S \leq \frac{U}{2 \cdot I_a}$$

Anlagen mit Neutralleiter:

$$Z_S \leq \frac{U_0}{2 \cdot I_a}$$

Z_S: Schleifenimpedanz in Ω
U: Außenleiterspannung in V
U_0: Spannung gegen N in V
I_a: Abschaltstrom der Schutzeinrichtung in A

Anwendung

Das IT-System wird beispielsweise in Operationssälen in Krankenhäusern verwendet, damit lebenswichtige Systeme beim ersten elektrischen Fehler nicht abschalten. Eine Operation kann dann beispielsweise noch beendet werden, bevor die Anlage zur Fehlerbehebung abgeschaltet wird.

3.4 Planen von Niederspannungs-Energieverteilungen

Der grundsätzliche Aufbau einer Niederspannungs-Energieverteilung ist in Abb. 1 beispielhaft dargestellt.

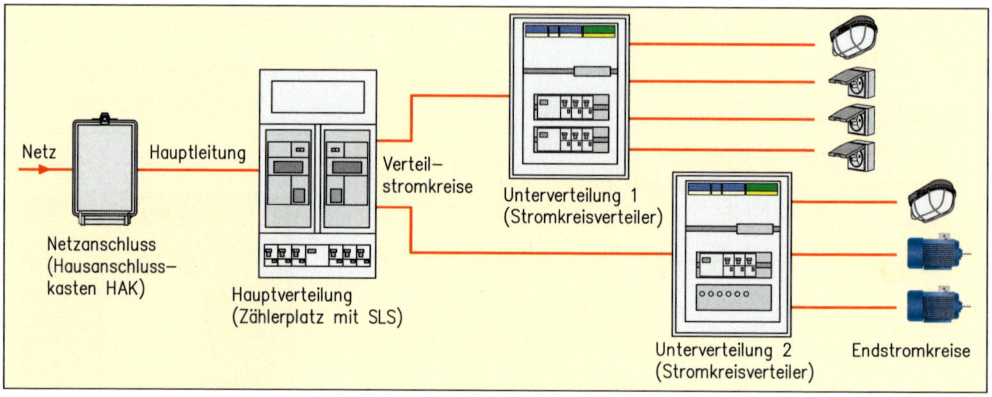

Abb. 1: Schematischer Aufbau einer Energieverteilung (Beispiel)

Die wesentlichen Bestandteile sind

- der **Netzanschluss**, die Übergabestelle des Netzbetreibers (Hausanschlusskasten HAK),
- die **Hauptleitung**, also die Leitung zwischen Netzanschluss und Zähler,
- der **Zählerplatz**, der einen oder mehrere Energiezähler enthält,
- der **Stromkreisverteiler**. Bei größeren Anlagen sind auch eine Hauptverteilung (HV) und mehrere Unterverteilungen (UV) üblich,
- die **Verteilstromkreise**, also die Leitungen zwischen Hauptverteilung und Unterverteilung.

Alle Betriebsmittel bis einschließlich Zählerplatz bezeichnet man auch als **Hauptstromversorgungssystem**. Da dieses nicht gemessene Energie führt, wird es vom Netzbetreiber durch Plomben verschlossen.
Im Wohnungsbau sind Zählerplatz und Unterverteilung auch oft in einem gemeinsamen Zählerschrank in getrennten Feldern untergebracht. Ein zu Abb. 1 passender Übersichtsschaltplan ist in Abb. 2 dargestellt.

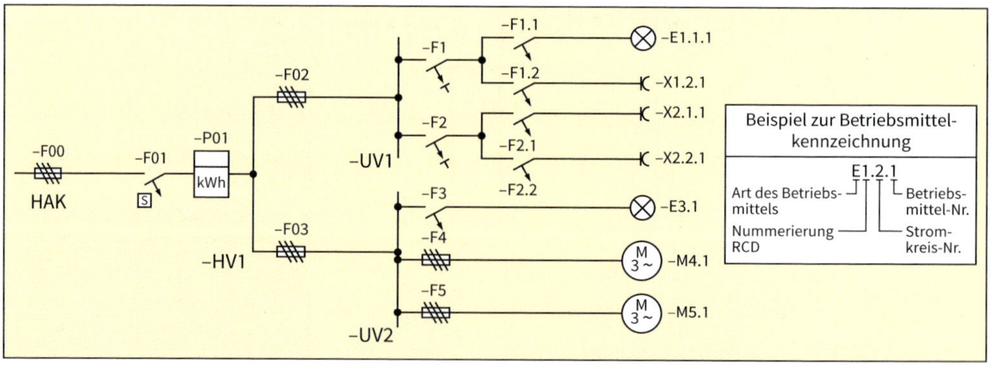

Abb. 2: Übersichtsschaltplan der Energieverteilung aus Abb. 1 (Beispiel ohne Überspannungsschutz)

> Die Bedingungen für den Anschluss einer Kundenanlage an das öffentliche Netz sind in den **Technischen Anschlussbedingungen** (TAB) des Verteilungsnetzbetreibers (VNB) festgelegt. Die technische Ausführung ist in den VDE-Anwendungsregeln (VDE-AR-N 4100) beschrieben.

3.4.1 Hausanschlusskasten (HAK)

Der HAK bildet die **Übergabestelle vom öffentlichen Netz** zur Kundenanlage.
Der HAK enthält die Hausanschlusssicherungen (meist NH-Sicherungen). Die Größe der Sicherungen wird vom Netzbetreiber je nach Anlagengröße festgelegt. Für Gebäude ist eine Mindestgröße von 63 A üblich.

Der HAK darf nicht in feuer- oder explosionsgefährdeten Räumen oder in Räumen mit andauernder Raumtemperatur über 30° montiert werden. Im TN-System wird der PEN-Leiter meist schon im HAK aufgeteilt (Abb. 2).

Abb. 1: HAK mit NH-Sicherungen

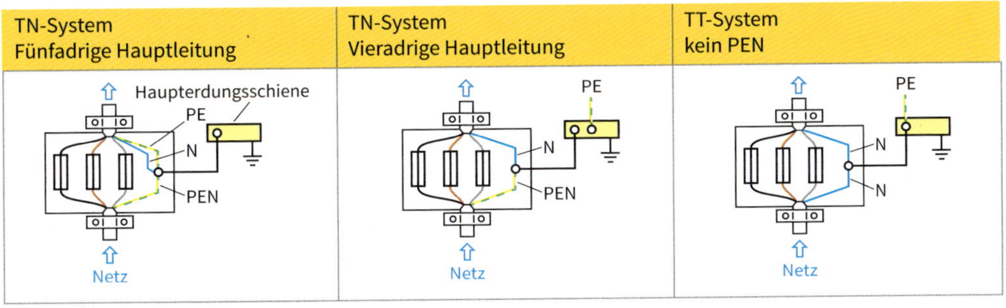

Abb. 2: PE-Anschlüsse im HAK (Beispiele)

3.4.2 Hauptleitung

Hauptleitungen führen die nicht gemessene Energie des Netzbetreibers.

Anforderungen:

- Drehstromleitung mit einer Mindestbelastbarkeit von 63 A (DIN 18015-1).
- Mindestquerschnitt 10 mm².
- Oberhalb der Kellerdecke ist eine geschützte Verlegung erforderlich (Rohre, Schächte, Kanäle oder unter Putz).
- Maximal zulässiger Spannungsfall vom HAK zum Zähler: $\Delta u = 0{,}5\,\%$ (§13 NAV = Niederspannungsanschlussverordnung).

3.4.3 Zählerplätze

Elektrizitätszähler (Stromzähler) werden üblicherweise in Zählerschränken installiert. Diese dürfen sich nicht in feuer- oder explosionsgefährdeten Bereichen, feuchten Räumen oder Räumen mit dauerhaften Temperaturen über 30 °C befinden.
Der Zählerschrank enthält neben einem oder mehreren Elektrizitätszählern auch eine **Trennvorrichtung** zur Freischaltung der Kundenanlage und gegebenenfalls **Messwandler**. Messwandler sind Transformatoren, die zum Anschluss von Messgeräten an hohe Spannungen oder große Stromstärken dienen (s. LF8). Als Trennvorrichtung wird bis 100 A Maximalstrom ein SH-Schalter (Selektiver Hauptleitungsschutzschalter) verwendet (Abb. 3).

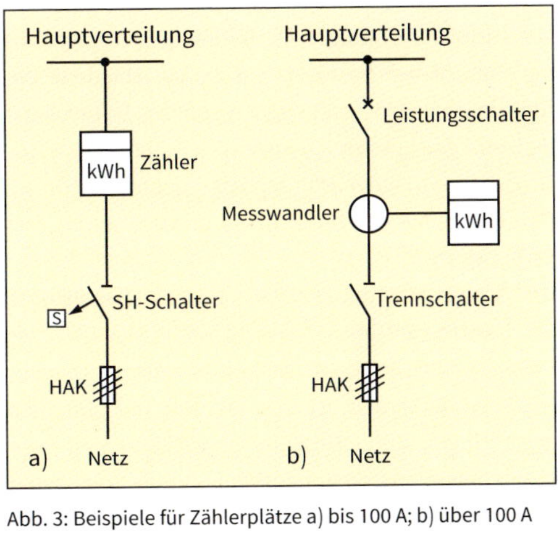

Abb. 3: Beispiele für Zählerplätze a) bis 100 A; b) über 100 A

Arten von Zählern

Die früher üblichen mechanischen Induktionszähler (Ferraris-Zähler) werden zunehmend durch digitale Energiezähler ersetzt. Diese haben den Vorteil, dass sie außer der Wirkenergie (elektrische Wirkarbeit W) auch weitere Kenngrößen messen können (z. B. Stromstärke I, Wirkleistung P, Blindleistung Q und Leistungsfaktor $\cos \varphi$).

Über digitale Schnittstellen lassen sich digitale Energiezähler an ein Energiemanagementsystem anbinden. Üblich ist hier eine Anbindung über KNX, Modbus oder den M-Bus (Meter-Bus), der als europäischer Standard für Verbrauchszähler genormt ist (EN13757).

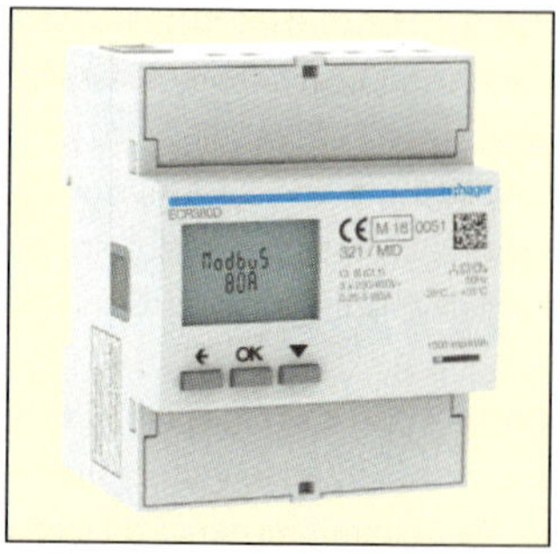

Abb. 1: Digitaler Energiezähler

> Ein **Stromzähler** misst die elektrische Arbeit W (elektrische Energie), indem er die Spannung U und die Stromstärke I über einen Zeitraum t erfasst. $W = U \cdot I \cdot t$

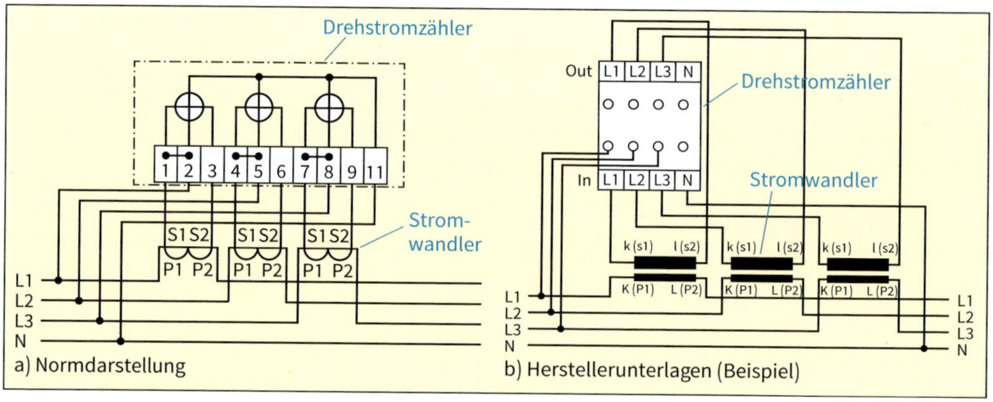

Abb. 2 a) und b): Anschlussplan eines Drehstromzählers mit Stromwandlern

3.4.4 Stromkreisverteiler

In Stromkreisverteilern (Unterverteilungen) wird die elektrische Energie auf die Endstromkreise (Verbraucherstromkreise) aufgeteilt. Stromkreisverteiler sind mit Hutschienen bestückt, auf die verschiedene Betriebsmittel aufgesteckt werden können. Dazu zählen die Leitungsschutzeinrichtungen (LS-Schalter, Schmelzsicherungen), Fehlerstromschutzeinrichtungen (RCD), Überspannungsschutz (SPD) und sonstige Schalt- und Steuergeräte.

Die Schutzeinrichtungen und Leitungsquerschnitte der Endstromkreise müssen so gewählt werden, dass die automatische Abschaltung im Fehlerfall gewährleistet ist. Außerdem ist zu prüfen, ob die Leitungen gegen Überlast und Kurzschluss geschützt sind. Weiterhin müssen der Spannungsfall und die Selektivität beachtet werden.

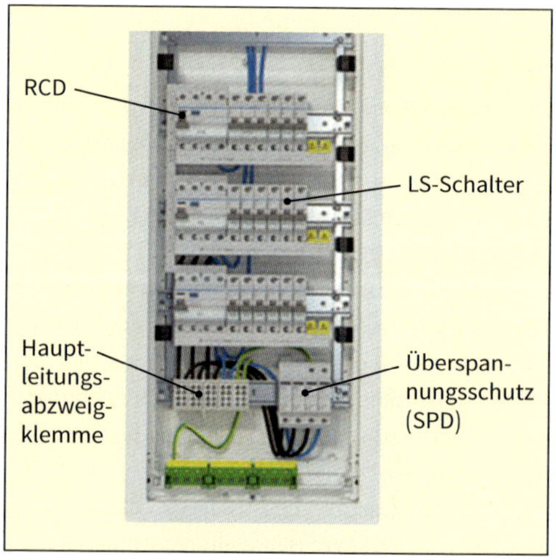

Abb. 3: Beispiele Stromkreisverteiler (Kleinverteiler)

3.4.5 Planung von Verteilstromkreisen

Bestimmung der Strombelastbarkeit einer Zuleitung

Die Zuleitung zu einem Stromkreisverteiler muss die Stromaufnahme aller vom Verteiler abgehenden Endstromkreise bewältigen können. Da nie alle Verbraucher gleichzeitig eingeschaltet sind, wird die Zuleitung aber nicht auf den Maximalstrom dimensioniert. Der Maximalstrom wird mit einem **Gleichzeitigkeitsfaktor** multipliziert, der von der Art der Anlage abhängt. Insbesondere bei Steckdosenstromkreisen in Wohngebäuden wird von einer erheblich geringeren Belastung ausgegangen (z. B. $g = 0{,}1$).

Beispiel: Abb. 1 zeigt den Übersichtsschaltplan eines Stromkreisverteilers einer Produktionsanlage.

Gleichzeitigkeitsfaktoren *g* (Beispiele)

Anlagenart	*g*
Beleuchtung	0,9 ... 1
Büros	0,4 ... 0,8
Druckerei	0,2 ... 0,4
Holzverarbeitung	0,2 ... 0,6
Schulen	0,6 ... 0,9
Metallverarbeitung	0,2 ... 0,4

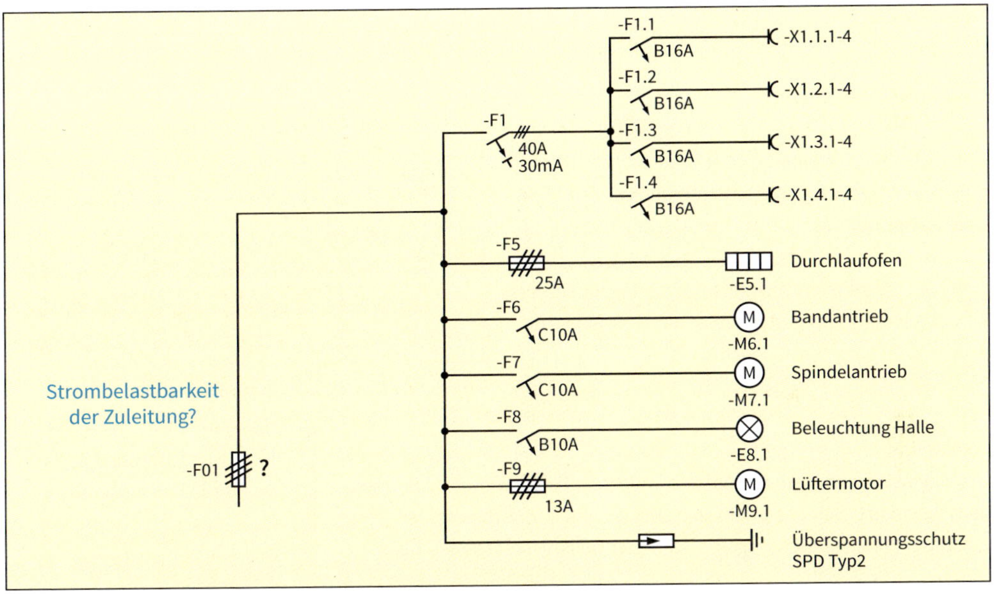

Abb. 1: Übersichtsschaltplan eines Stromkreisverteilers (Unterverteilung)

Die einzelnen Endstromkreise werden möglichst gleichmäßig auf die drei Außenleiter verteilt (annähernd **symmetrische Verteilung**). Zur Dimensionierung der Zuleitung wird die **Summe der Ströme** für jeden Außenleiter ermittelt (Tabelle 1).

Die Zuleitung müsste demnach auf einen Maximalstrom von 74 A dimensioniert werden. Dies wäre aber **überdimensioniert**, da zumindest bei den Steckdosen keine Volllast zu erwarten ist.

Tabelle 1: Lastverteilung

Stromkreis	Betriebsmittel	Stromstärke *I* in A		
		L1	L2	L3
1	Steckdosen	16		
2	Steckdosen		16	
3	Steckdosen			16
4	Steckdosen	16		
5	Durchlaufofen (3~)	25	25	25
6	Bandantrieb		10	
7	Spindelantrieb			10
8	Beleuchtung		10	
9	Lüftermotor (3~)	13	13	13
Summe:		**70**	**74**	**64**

Nimmt man z. B. einen Gleichzeitigkeitsfaktor $g = 0{,}3$ für die Steckdosen an, reduziert sich die Stromstärke jedes Steckdosenstromkreises auf $I = 0{,}3 \cdot 16\ \text{A} = 4{,}8\ \text{A}$ (Tabelle 2).
Die genaue Auslastung ist mit dem Anlagenbetreiber abzusprechen.
Nun ergibt sich ein Maximalstrom von 57,3 A. Die Zuleitung kann also mit 63 A abgesichert werden.

Tabelle 2: Lastverteilung mit Gleichzeitigkeitsfaktor

Stromkreis	Betriebsmittel	Stromstärke I in A		
		L1	L2	L3
1	Steckdosen ($g = 0{,}3$)	4,8		
2	Steckdosen ($g = 0{,}3$)		4,8	
3	Steckdosen ($g = 0{,}3$)			4,8
4	Steckdosen ($g = 0{,}3$)	4,8		
5	Durchlaufofen (3~)	25	25	25
6	Bandantrieb		10	
7	Spindelantrieb			10
8	Beleuchtung	10		
9	Lüftermotor (3~)	13	13	13
Summe:		**57,3**	**52,8**	**52,8**

Die Leitungsdimensionierung wird nun wie üblich nach Verlegeart und Umgebungsfaktoren durchgeführt (siehe LF2).

Gesamter Spannungsfall

Es ist zu beachten, dass der Spannungsfall über alle Teilstücke der Verteilung prozentual addiert werden muss: Hauptleitung, Verteilstromkreise und Endstromkreise (Abb. 1).

Da in dem gegebenen Beispiel auch ein Beleuchtungsstromkreis vorhanden ist, gilt hier nach DIN VDE 0100-520:

$$\Delta u = \Delta u_{\text{Endstromkreis}} + \Delta u_{\text{Verteilstromkreis}} + \Delta u_{\text{Hauptleitung}} \leq 3\ \%$$

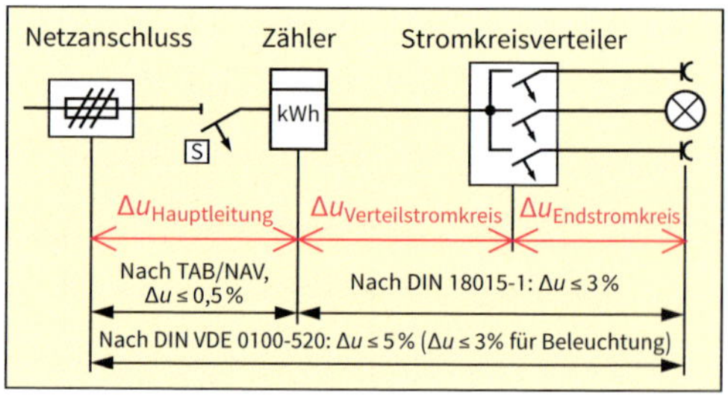

Abb. 1: Zulässiger Spannungsfall in Prozent

Selektivität

Um zu gewährleisten, dass immer nur die dem Fehler am nächsten gelegene Überstromschutzeinrichtung auslöst, muss die Kurzschlussselektivität der Schutzeinrichtungen zueinander sichergestellt sein (Abb. 2).

Schmelzsicherungen sind zueinander selektiv, wenn die Bemessungsstromstärken sich mindestens um den **Faktor 1,6** unterscheiden. Für Kombinationen von LS-Schaltern und Schmelzsicherungen nutzt man die **Selektivitätstabellen** der Hersteller. Hier kann man ablesen, bis zu welchem maximalen Kurzschlussstrom der nachgeschaltete LS-Schalter zur Schmelzsicherung selektiv ist.

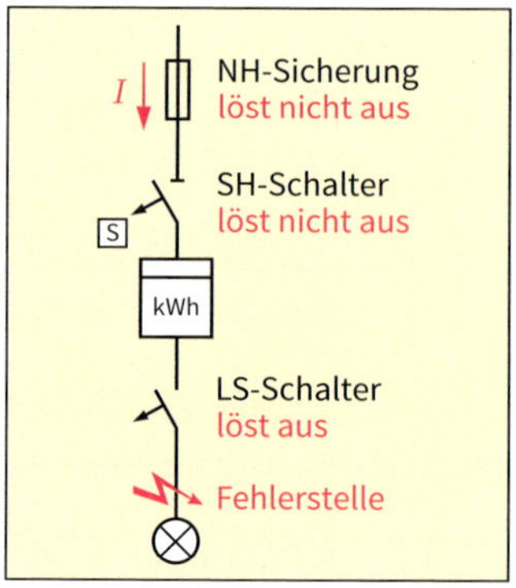

Abb. 2: Selektivität

Beispiel einer Selektivitätstabelle:

Grenzwerte der Selektivität in kA						
LS-Schalter	Vorgeschaltete Sicherung der Betriebsklasse gG					
	20	25	35	50	63	80
B10A	0,4	0,6	1,0	2,2	3,0	5,0
B13A	–	0,5	1,0	2,2	3,0	5,0
B16A	–	–	1,0	2,0	2,4	4,0
B20A	–	–	–	2,0	2,4	4,0
B25A	–	–	–		2,0	3,5

Ablesebeispiel:
Ist eine 50 A Schmelzsicherung zu einem B20A LS-Schalter selektiv?
Antwort: Ja, bis zu einem Kurzschlussstrom von 2 kA.
Ist eine 25 A Schmelzsicherung zu einem B16A LS-Schalter selektiv?
Antwort: Nein.

3.4.6 Kurzschlussschutz

Der Kurzschlussschutz eines Stromkreises ist im Allgemeinen gegeben, wenn die Überstromschutzeinrichtung nach der Tabelle der Strombelastbarkeit (DIN VDE 0298-4, siehe Anhang) ausgewählt wurde und am Anfang der Leitung installiert wird.

Dazu muss jedoch das **Schaltvermögen der Schutzeinrichtung** mindestens so groß sein wie der maximal zu erwartende Kurzschlussstrom in der Anlage. Bei einem Standard LS-Schalter mit einem Schaltvermögen von ≤ 6 kA ist dies in fast allen Fällen gegeben.

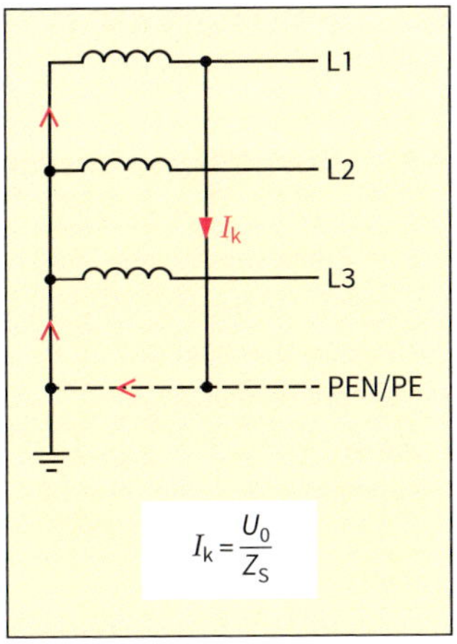

Abb. 1: Einpoliger Kurzschlussstrom

Berechnung des Kurzschlussstromes

Der Kurzschlussstrom einer Anlage kann durch Messen der Schleifenimpedanz Z_s bestimmt werden. Es gilt die Abschaltbedingung für den **einpoligen Kurzschluss** (Abb. 1 und Kap. 3.3.1):

$Z_S \leq \frac{U_0}{I_k}$ → Daraus ergibt sich als Kurzschlussstrom im kalten Zustand:

$$I_k \leq \frac{U_0}{Z_S}.$$

Der maximale Kurzschlussstrom in einer Anlage entsteht jedoch bei einem dreipoligen Kurzschluss (Abb. 2). Er ist dann näherungsweise doppelt so groß wie beim einpoligen Kurzschluss.

Bei sehr großen Kurzschlussströmen ist zu prüfen, ob die Leitungsisolierung der thermischen Belastung standhält.

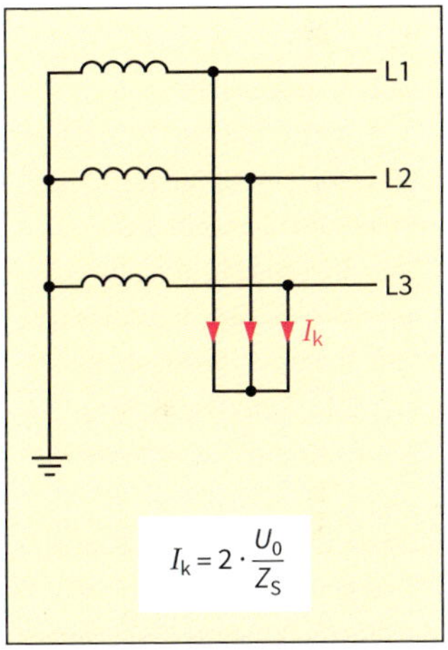

Abb. 2: Dreipoliger Kurzschlussstrom

Thermische Belastung der Leitung

Um sicherzustellen, dass die Abschaltung erfolgt, bevor die Leitung zu heiß wird und die Isolierung Schaden nimmt, kann die **höchstzulässige Abschaltzeit der Leitung** ermittelt werden. Hierzu müssen die Materialangaben der Leitung bekannt sein:

Materialkoeffizient k in $\frac{A\sqrt{s}}{mm^2}$

Leiter-werkstoff	Isolierwerkstoff			
	PVC thermo-plastisch	PVC wärmefest thermoplastisch	EPR XLPE vernetzt	Gummi vernetzt
CU	115	100	143	141
Al	76	66	94	93

Höchstzulässige Abschaltzeit t in s

$$t \leq \left(k \cdot \frac{A}{I_k}\right)^2$$

A: Leiterquerschnitt
k: Materialkoeffizient
I_k: Zu erwartender Kurzschlussstrom

Diese Berechnung ist jedoch bei Verwendung von Schmelzsicherungen bis 63 A und Querschnitten von mindestens 1,5 mm^2 Cu normalerweise nicht erforderlich.

Auf den Schutz bei Kurzschluss muss verzichtet werden, wenn durch Abschalten der Anlage eine größere Gefahr entsteht als durch den Kurzschluss!

4 Prüfen von elektrischen Anlagen

4.1 Gesetzliche Vorschriften zur Sicherheit von Anlagen

Die Sicherheit von Anlagen und Arbeitsmitteln wird in verschiedenen Vorschriften beschrieben:

- Das **Arbeitsschutzgesetz (ArbSchG)** enthält die gesetzlichen Anforderungen zur Unfallverhütung am Arbeitsplatz.
- Die **Betriebssicherheitsverordnung (BetrSichV)** regelt die Verantwortlichkeiten, deren Missachtung strafrechtliche Auswirkungen haben kann.
- Die Vorschriften der **Deutschen Gesetzlichen Unfallversicherung (DGUV)** regeln die Verantwortlichkeiten aus versicherungstechnischer Sicht.
- Die **Technischen Regeln für Betriebssicherheit (TRBS)** konkretisieren die Anforderungen der BetrSichV bezüglich Bewertung von Gefährdungen und Anforderungen an Schutzmaßnahmen. Sie geben den aktuellen Stand der Technik und Arbeitsmedizin wieder.

Abb. 1: Prüfung einer elektrischen Anlage

- Grundsätzlich gilt: Die Gefahren, die vom Betrieb einer Anlage ausgehen, sind vom Betreiber durch eine **Gefährdungsbeurteilung** zu ermitteln. Der Betreiber muss nachweisen, dass er hinreichende **Schutzmaßnahmen** ergriffen hat, um die Gefahren zu reduzieren. Diese Maßnahmen können **technische Maßnahmen** (z. B. Schutzeinrichtungen), **organisatorische Maßnahmen** (z. B. Unterweisungen) oder **persönliche Schutzmaßnahmen** (z. B. Schutzausrüstung, wenn technische Maßnahmen nicht ausreichen) sein.

Die Wirksamkeit der technischen Schutzmaßnahmen ist durch eine Prüfung nachzuweisen.

Die **Rahmenbedingungen** der Prüfung von elektrischen Anlagen und Betriebsmitteln sind in der **DGUV Vorschrift 3** festgelegt. Die genaue **technische Durchführung** der Prüfungen wird in den **VDE-Normen** beschrieben.

> **Elektrische Anlagen** und Betriebsmittel **müssen** zu verschiedenen Zeitpunkten auf ihren ordnungsgemäßen Zustand **geprüft werden** (DGUV-Vorschrift 3):
> - Vor Inbetriebnahme,
> - nach Instandsetzung oder Änderung sowie
> - in regelmäßigen Zeitabständen.

4.2 Bestimmungen der DGUV Vorschrift 3

Bei elektrischen Prüfungen wird grundsätzlich zwischen ortsfesten und ortsveränderlichen Anlagen und Betriebsmitteln unterschieden:

Elektrische Anlagen und Betriebsmittel

Ortsveränderliche Betriebsmittel
- können leicht bewegt werden
- flexible Anschlussleitung
- meist mit Steckvorrichtung (z. B. Elektrowerkzeuge)

Ortsfeste Anlagen und Betriebsmittel
- fest angeschlossene Anlagen
- Betriebsmittel, die nicht leicht bewegt werden können
- vorübergehend fest angebrachte Betriebsmittel

Nichtstationäre Anlagen
- werden immer nur vorhergehend aufgebaut und dann wieder zerlegt (z. B. Baustromverteiler)

Prüffristen für Wiederholungsprüfungen

Die Fristen sind so zu bemessen, dass entstehende Mängel, mit denen zu rechnen ist, rechtzeitig erkannt werden können. Anlagen werden auf ordnungsgemäßen Zustand geprüft, Schutzmaßnahmen auf ihre Wirksamkeit.

Die maximalen Prüffristen sind in den folgenden Tabellen angegeben:

Prüffristen für ortsfeste elektrische Anlagen und Betriebsmittel

Art		Prüffrist	Prüfung durch
Anlagen und ortsfeste Betriebsmittel		4 Jahre	Elektrofachkraft
Anlagen und ortsfeste Betriebsmittel in Betriebsstätten und Räumen besonderer Art (DIN VDE 0100-700)		1 Jahr	Elektrofachkraft
Schutzmaßnahmen mit Fehlerstrom-Schutzeinrichtungen in nichtstationären Anlagen		1 Monat	Elektrofachkraft oder elektrotechnisch unterwiesene Person
Fehlerstrom-, Differenzstrom- und Fehlerspannungsschalter (z. B. RCD)	In stationären Anlagen	6 Monate	Benutzer (Betätigen der Prüftaste)
	In nicht stationären Anlagen	arbeitstäglich	
Wiederholungsprüfungen können entfallen, wenn die Anlage ständig von Elektrofachkraft überwacht wird. Dies erfordert neben der Instandhaltung auch eine messtechnische Überwachung (z. B. Isolationswiderstand).			

Prüffristen für ortsveränderliche elektrische Betriebsmittel

Art	Prüffrist	Prüfung durch
Ortsveränderliche Betriebsmittel, Verlängerungs- und Anschlussleitungen mit Stecker, Bewegliche Leitungen mit Stecker und Festanschluss	• Allgemein 6 Monate • auf Baustellen 3 Monate • Prüffrist kann verlängert werden, wenn bei Prüfungen die Fehlerquote < 2 % ist, jedoch maximal auf 2 Jahre für Büros und 1 Jahr für Baustellen, ...	Elektrofachkraft oder elektrotechnisch unterwiesene Person

Prüffristen für Schutz- und Hilfsmittel

Art	Prüffrist	Prüfung durch
Isolierende Schutzbekleidung	vor jeder Benutzung	Benutzer (Sichtprüfung)
	12 Monate 6 Monate für isolierende Handschuhe	Elektrofachkraft (Einhaltung der Grenzwerte)
Isolierte Werkzeuge isolierende Schutzvorrichtungen Spannungsprüfer bis 1 kV	vor jeder Benutzung	Benutzer (Sichtprüfung und Funktion)

4.3 Prüfungen nach DIN VDE

Die Durchführung der geforderten Prüfungen wird in den VDE-Normen beschrieben. Die Prüfung von elektrischen Anlagen und Betriebsmitteln hat vor allem den Zweck, die **Wirksamkeit der Schutzmaßnahmen** nachzuweisen.

Grundsätzlich gibt es drei verschiedene Prüfungsarten:

- **Prüfung vor Inbetriebnahme:** Sie muss vor dem ersten Einschalten der Anlage erfolgen.
- **Prüfung nach Instandsetzung oder Änderung:** Sie ist erforderlich, wenn z. B. ein Gerät repariert oder eine Anlage erweitert wurde.
- **Wiederholungsprüfung:** Sie ist mit den Fristen gemäß DGUV Vorschrift 3 regelmäßig durchzuführen.

Für die **Auswahl der richtigen Prüfvorschrift** ist es wichtig zu erkennen, um welche Art von Betriebsmitteln es sich handelt. Im Bereich der Betriebstechnik sind vor allem drei Bereiche zu unterscheiden:

Prüfvorschriften

Ortsfeste Anlagen
- DIN VDE 0100-600 (Erstprüfung, Prüfung nach Instandsetzung oder Änderung)
- DIN VDE 0105-100 (Wiederholungsprüfung)

Ortsveränderliche Betriebsmittel
- DIN VDE 0701 (Prüfung nach Reparatur)
- DIN VDE 0702 (Wiederholungsprüfung)

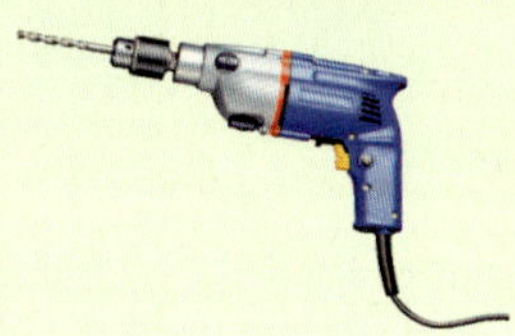

Elektrische Maschinen
- DIN EN 60204-1 (VDE 0113-1)

4.3.1 Prüfung ortsfester Anlagen (Anlagenprüfung DIN VDE 0100-600)

Prüfablauf für die Erstprüfung und die Prüfung nach Instandsetzung oder Änderung der Anlage:

Besichtigen → **Erproben & Messen** → **Dokumentieren**

Besichtigen

Mit allen Sinnen Mängel erkennen:
- Verwendete Betriebsmittel
  - Auswahl
  - Kennzeichnung
  - Anordnung
  - Zugänglichkeit
- Verwendete Leitungen
  - Typ
  - Querschnitt
  - Verbindungen
  - Verlegung
  - Kennzeichnung N, PE, PEN
- Schutzmaßnahmen
  - Berührungsschutz
  - Schutzleiter
  - Potentialausgleich
  - Auswahl Schutzgeräte
  - Brandabschottungen
  - Warnhinweise
- Vorhandene Dokumentation
  - Schaltpläne
  - Herstellerdokumente
  - Prüfberichte

Erproben & Messen

Messen:
- Durchgängigkeit des Schutzleiters (Niederohmmessung)
  - Richtwert $R_{PE} < 1\ \Omega$
- Isolationswiderstand
  - Grenzwert $R_{iso} > 1\ M\Omega$
- Schutz durch automatische Abschaltung
  - im TN-System: Schleifenimpedanz Z_S
  - im TT-System: Erdungswiderstand R_A

  Grenzwerte abhängig von Art der Schutzeinrichtung
- RCD: Auslösestrom I_a
- Prüfen weiterer Schutzmaßnahmen falls vorhanden (z. B. Schutztrennung, SELV)
- Spannungspolarität (einpolige Schalter nur in Außenleitern)
- Phasenfolge
- Spannungsfall

Erproben (Funktionsprüfung):
- Not-Aus, Not-Halt
- RCD-Prüftaste
- Verriegelungen
- Melde- und Anzeigeeinrichtungen

Dokumentieren

Prüfprotokoll:
- Name des Prüfers
- ggf. Name, Anschrift des Kunden
- Art der Anlage, Netzsystem
- Art der Schutzeinrichtungen
- Verwendetes Messgerät
- Messergebnisse
- Hinweise auf Mängel
- Bewertung und Prüfergebnis
- Datum und Unterschrift Prüfer

Durchgängigkeit des Schutzleiters (Niederohmmessung)

Durch die Messung soll nachgewiesen werden, dass alle Schutzleiter richtig angeschlossen sind (vorgeschriebene Messspannung 4–24 V, Messstrom ≥ 200 mA).

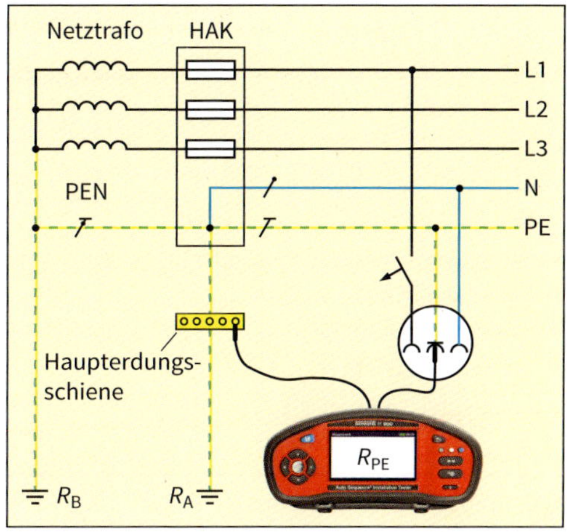

Abb. 1: Niederohmmessung an einer Steckdose (Beispiel)

Ablauf der Messung (Abb. 1):

- Anlage **spannungsfrei** schalten.
- Die Länge der Messleitung muss mit berückschtigt werden. (Widerstand der Messleitung am Messgerät kompensieren.)
- Bei allen Betriebsmitteln (z. B. Motoren, Steckdosen) den Widerstand zwischen den PE-Anschlüssen und der Haupterdungsschiene messen.
- Alle Schutzpotenzialausgleichsleiter (z. B. an Wasserrohren) ebenfalls vom PE-Anschluss zur Haupterdungsschiene messen.

Der Messwert muss mit dem zu erwartenden Wert nach Leiterlänge und Leiterquerschnitt übereinstimmen (Beispiele siehe Tabelle).

Beispiele: Leiterwiderstand einer Cu-Leitung bei 40 m Länge und 30 °C	
Leiterquerschnitt	Leiterwiderstand
1,5 mm^2	0,5 Ω
2,5 mm^2	0,3 Ω
4,0 mm^2	0,02 Ω

Richtwerte für Schutzleiterwiderstand:

Schutzleiter $R_{PE} < 1\ \Omega$

Schutzpotenzialausgleichsleiter $R_{PE} < 0{,}1\ \Omega$

Isolationswiderstand (R_{iso})

Durch die Messung soll nachgewiesen werden, dass die Isolation an keiner Stelle fehlerhaft ist.

Ablauf der Messung (Abb. 2):

- Anlage **spannungsfrei** schalten (z. B. Schmelzsicherungen in der Unterverteilung herausnehmen).
- N-PE-Brücken herausnehmen (falls vorhanden).
- Motor abklemmen(sonst wird dieser mit gemessen).
- Elektronische Betriebsmittel (z. B. SPS, AFDD) abklemmen, da sie durch die Messspannung beschädigt werden können.

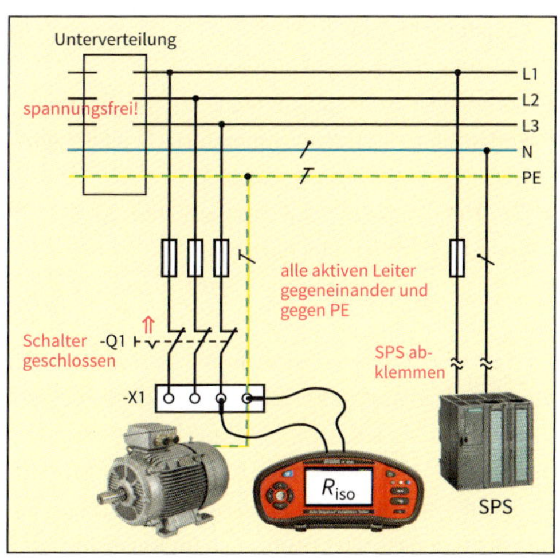

Abb. 2: Isolationsmessung an einem Motorstromkreis (Beispiel)

(Fortsetzung auf Folgeseite)

- Falls Überspannungsschutzeinrichtungen (SPD) vorhanden sind, diese abklemmen oder ggfs. die Messspannung auf 250 V reduzieren.
- Schalter und Schütze der Betriebsmittel schließen oder vor und hinter dem Schütz messen.
- Alle aktiven Leiter gegeneinander und gegen PE messen. Typischer Ablauf:
  - Erst PE gegen N,
  - dann PE gegen L1, L2, L3,
  - dann L1, L2, L3 und N-Leiter untereinander.

Stromkreis	Messspannung	Isolationswiderstand
Kleinspannung (SELV, PELV)	250 V DC	≥ 0,5 MΩ
bis einschließlich 500 V	500 V DC	≥ 1,0 MΩ
über 500 V	1000 V DC	≥ 1,0 MΩ

Grenzwert des Isolationswiderstands: R_{iso} = 1 MΩ
Der Messwert sollte bei Neuanlagen deutlich über dem Grenzwert liegen. Üblich sind Messwerte von weit **über 100 MΩ**. Bei einem Messwert von beispielsweise nur 10 MΩ sollte die Ursache der Abweichung genau untersucht werden!

<u>Schleifenimpedanz (Z)</u>

Durch die Messung soll nachgewiesen werden, dass der Schutz durch automatische Abschaltung gegeben ist. Dafür **muss die Schleifenimpedanz klein genug sein** (Abschaltbedingung, Kap. 3.2.1.).

Ablauf der Messung (Abb. 1):

- Verbraucher abklemmen.
- Anlage **einschalten** (Die Messung erfolgt unter Spannung!).
- Schalter schließen.
- Alle Außenleiter gegen PE messen.
- Bei Anlagen immer an der Stelle mit der größten Entfernung zur Verteilung messen (z. B. an der am weitesten entfernten Steckdose).
- Das Prüfgerät zeigt dann den Kurzschlussstrom oder die Schleifenimpedanz an.

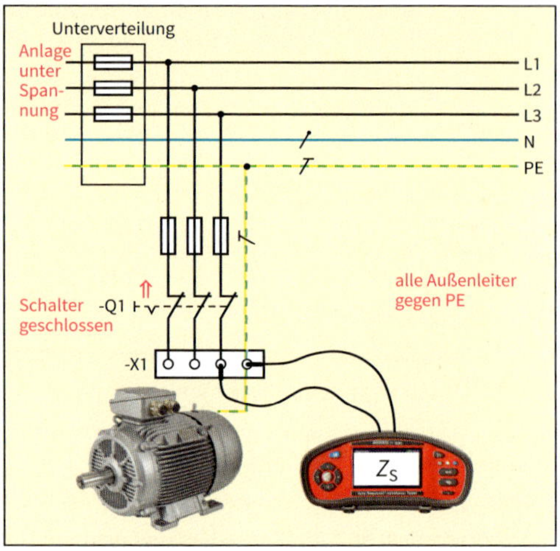

Abb. 1: Schleifenimpedanzmessung an einem Motorstromkreis

Der Grenzwert der Schleifenimpedanz hängt von der Art der Überstromschutzeinrichtung ab und kann mit der Formel der Abschaltbedingung berechnet werden.

Bei der Prüfung ist jedoch noch ein **Sicherheitsfaktor** 2/3 einzufügen (DIN VDE 0100-600 Anhang D). Dieser berücksichtigt, dass die **Leitung sich im Kurzschlussfall stark erwärmt** und dadurch die Schleifenimpedanz größer wird als bei der Messung bei Raumtemperatur.

Grenzwert der Schleifenimpedanz

$$Z_S \leq \frac{2}{3} \cdot \frac{U_0}{I_a}$$

Z_S: Schleifenimpedanz in Ω

U_0: Spannung gegen Erde in V

I_a: Abschaltstrom der Schutzeinrichtung in A (z. B. für LS-Schalter Typ B: $I_a = 5 \cdot I_n$)

Messprinzip der Schleifenimpedanzmessung

Abb. 1 zeigt den Ablauf im Inneren eines Prüfgerätes. Zur Ermittlung der Schleifenimpedanz wird der Spannungsfall unter Last ermittelt.

Dazu wird zuerst die Spannung U_0 im unbelasteten Zustand gemessen. Dann wird durch Schließen des Schalters Q_1 der Prüfwiderstand R_P in den Stromkreis geschaltet und die Spannung U unter Last und die Stromstärke I gemessen.

Die gemessene Schleifenimpedanz Z_{Smess} wird dann nach folgender Formel berechnet:

$$Z_{Smess} = \frac{U_0 - U}{I}$$

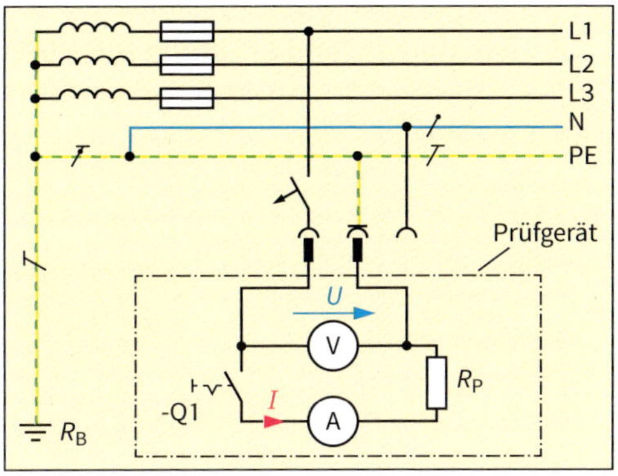

Abb. 1: Prinzip der Schleifenimpedanzmessung

Erdungswiderstand (nur im TT-System gefordert)

Durch die Messung soll nachgewiesen werden, dass der Schutz durch automatische Abschaltung gegeben ist. Dafür **muss der Erdungswiderstand klein genug sein** (Abschaltung im TT-System, Kap. 3.2.1.2). Verschiedene Messverfahren sind möglich. Die Messwerte sind oft unterschiedlich, da sie stark von den Umgebungsbedingungen abhängen (z. B. Erdfeuchte oder Bebauung der Umgebung). Abb. 2 zeigt die Erdungsmessung am Beispiel des Dreipunkt-Messung (Strom-Spannungsmessverfahren).

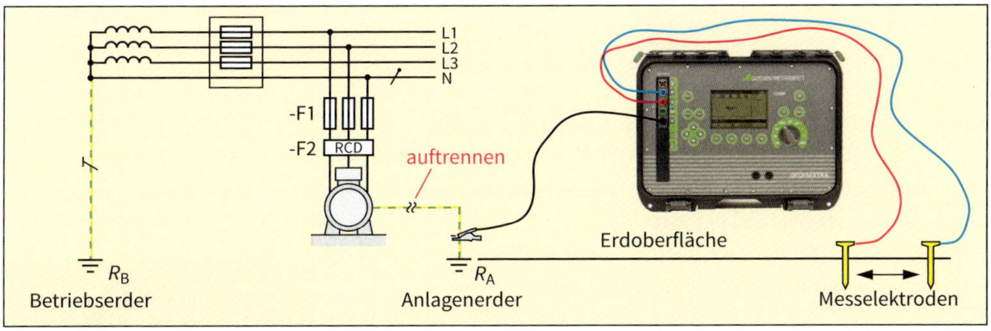

Abb. 2: Beispiel: Erdungsmessung im TT-System mit dem Dreipunktverfahren

Ablauf:

- Die Länge der Messleitung muss mit berücksichtigt werden (Widerstand der Messleitung zuerst am Messgerät kompensieren).
- Das Messgerät muss am aufgetrennten Anlagenerder angeschlossen werden, zwei Messelektroden müssen in den Erdboden eingeschlagen werden (bei trockenem Boden ggfs. Einschlagstelle mit Wasser befeuchten).
- Die drei Messpunkte müssen sich in einer Linie befinden.
- Es müssen mehrere Messungen mit in der Linie versetzten Messelektroden durchgeführt werden.

Beispiel:
Zulässiger Erdungswiderstand bei einem RCD mit $I_{\Delta N} = 300$ mA:
$R_a = 166\ \Omega$

Zulässiger Erdungswiderstand im TT-System

$$R_a \leq \frac{50\ V}{I_{\Delta N}}$$

R_a: Erdungswiderstand in Ω

50 V: zulässige Berührungsspannung U_L (bei AC)

$I_{\Delta N}$: Bemessungsdifferenzstrom des RCD in A

4.3.2 Wiederholungsprüfung elektrischer Anlagen (wiederkehrende Prüfung DIN VDE 0105-100)

Die Wiederholungsprüfung entspricht in ihrem Ablauf und den geforderten Grenzwerten der Erstprüfung nach DIN VDE 0100-600.

Ein Unterschied besteht nur bei der **Messung des Isolationswiderstandes:**

- Um den Aufwand zu reduzieren und Beschädigungen an Betriebsmitteln durch die Prüfspannung zu vermeiden, dürfen alle aktiven Leiter (L1, L2, L3, N) miteinander verbunden werden, um sie gemeinsam gegen PE zu messen.
- Die Messwerte können mit oder ohne Verbraucher ermittelt werden.
- Die Grenzwerte sind in Ohm pro Volt angegeben und müssen auf die entsprechende Nennspannung umgerechnet werden. Dies ergibt kleinere Mindestwerte als bei der Erstprüfung (siehe Tabelle).

Grenzwerte für Isolationswiderstand R_{iso}			
Anlagenart	Grenzwert	Mindestwert bei $U_N = 230$ V	Mindestwert bei $U_N = 400$ V
trockener Raum, mit Verbraucher	300 Ω/V	69 kΩ	120 kΩ
trockener Raum, ohne Verbraucher	1000 Ω/V	230 kΩ	400 kΩ
Anlage im Freien, mit Verbraucher	150 Ω/V	34,5 kΩ	60 kΩ
Anlage im Freien, ohne Verbraucher	500 Ω/V	115 kΩ	200 kΩ
SELV/PELV	250 kΩ	–	–

Die Fristen der Wiederholungsprüfung sind in der DGUV geregelt (siehe Kap. 4.2).

4.3.3 Prüfung ortsveränderlicher Betriebsmittel (Geräteprüfung DIN VDE 0701 und DIN VDE 0702)

Durch die Geräteprüfung soll die Wirksamkeit der Schutzmaßnahmen bei Elektrogeräten sichergestellt werden. Hierbei sind zwei Bereiche zu unterscheiden:

- Prüfung nach Reparatur nach DIN VDE 0701 (DIN EN50678)
- Wiederholungsprüfung nach DIN VDE 0702 (DIN EN 50699)

Die Normen gelten für Elektrogeräte mit Stecker oder Festanschluss und Strömen bis 63 A.

Sie gelten z. B. **nicht** für:

- Geräte, die Teil einer Anlage sind,
- Geräte mit Sondernormen wie z. B. für medizinische oder explosionsgefährdete Bereiche,
- unterbrechungsfreie Stromversorgungen (USV),
- Stromrichter,
- Ladestationen für Elektrofahrzeuge.

Abb. 1: Geräteprüfung an einem Elektrowerkzeug

Der Prüfablauf ist für beide Normen im Wesentlichen gleich. Wichtig ist, dass sich die durchzuführenden Messungen unterscheiden, je nachdem welche **Schutzklasse (SKI – SK III)** das Gerät hat.
Heutige Messgeräte führen die erforderlichen Messungen meist automatisch aus. Benutzerinnen und Benutzer müssen nur noch die richtige Schutzklasse auswählen. Viele Messgeräte haben auch eine extra Einstellung für die Messung von Verlängerungsleitungen (Kabeltrommeln).

Prüfablauf Geräteprüfung:

Besichtigen

Mängel an:
- Anschlussleitung (Art, Zustand)
- Stecker (Art, Zustand)
- Isolierung
- Biegeschutz
- Zugentlastung

Überprüfung auf Anzeichen von:
- unzulässigen Eingriffen (z. B. Veränderung, Öffnung des Gehäuses)
- Verstopfung von Öffnungen zur Kühlung
- Überlastung (z. B. Verschmorungen)
- Schaden am Gehäuse

Überprüfung von:
- Bedienbarkeit der Schalter und Einsteller
- Beschriftungen (Bemessungsdaten, Sicherheitssymbole)

Messen

Schutzklasse I: (mit Schutzleiter)
- Schutzleiterwiderstand (bis 5 m Leitungslänge ≤ 0,3 Ω)
- Isolationswiderstand (allgemein ≥ 1 MΩ)
- Schutzleiterstrom (allgemein ≤ 3,5 mA)
- Berührungsstrom (≤ 0,5 mA)

Schutzklasse II: (ohne Schutzleiter)
- Isolationswiderstand (allgemein > 2 MΩ)
- Berührungsstrom (≤ 0,5 mA)

Schutzklasse III: (Kleinspannung)
- keine Messungen erforderlich
- ggf. Nachweis der sicheren Trennung des SELV/PELV vom Versorgungsstromkreis

Funktionsprüfung
- Prüfung aller der Sicherheit dienenden Aufschriften
- Prüfung der Wirksamkeit weiterer Schutzmaßnahmen (z. B. eingebauter RCD)
- Funktionsprüfung mit allen möglichen Schalterstellungen
- Bemessungswerte prüfen (z. B. Stromaufnahme)

Dokumentieren

Prüfprotokoll:
- Kunden
- Prüfer
- Geräteart, Schutzklasse
- ggf. Bemessungswerte
- verwendetes Messgerät
- Messergebnisse
- Bewertung und Prüfergebnis
- Prüfplakette oder Kenntlichmachung des Nichtbestehens
- ggf. nächster Prüftermin
- Datum und Unterschrift Prüfer

Messen des Schutzleiterwiderstands R_{PE} (nur bei SK I)

Durch die Messung soll nachgewiesen werden, dass der Schutzleiter an allen leitfähigen Teilen richtig angeschlossen ist. Dazu müssen die berührbaren leitfähigen Teile (z. B. das Metallgehäuse des Gerätes) mit der Messsonde abgetastet werden (Abb. 1).

Ablauf:
- Gerätestecker in die Prüfbuchse des Messgerätes einstecken,
- Messonde an Metallteilen des Prüflings platzieren, (an blanken, rostfreien Stellen),
- Leitung des Prüflings während der Messung bewegen.

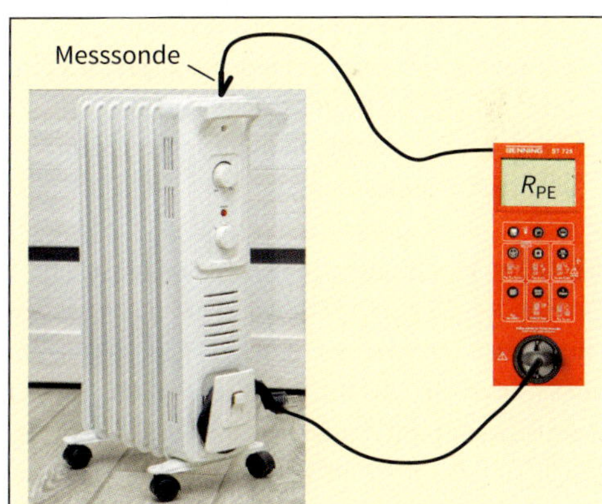

Abb. 1: Messung des Schutzleiterwiderstandes an einem elektrischen Heizgerät der SK I.

Grenzwert des Schutzleiterwiderstandes:
R_{PE} < 0,3 Ω (bis 5 m Leitungslänge) + 0,1 Ω je Meter Leitungslänge, maximal jedoch 1 Ω.

Maximal zulässiger Schutzleiterwiderstand R_{PE}							
Leitungslänge in m	5	12,5	20	35	42,5	50	> 50
Grenzwert in Ω	0,3	0,4	0,5	0,7	0,8	0,9	1

Messen des Isolatonswiderstands R_{iso}

Durch die Messung soll nachgewiesen werden, dass die Isolation an keiner Stelle fehlerhaft ist (Messspannung 500 V DC).

- Die Messung darf nur durchgeführt werden, wenn die Schutzleitermessung erfolgreich war.
- Prüfling einschalten.
- Bei Heizgeräten der SK I über 3,5 kW Anschlussleistung darf der Grenzwert unterschritten werden, wenn die Messung des Schutzleiterstroms erfolgreich ist.
- Bei Geräten der Informationstechnik darf diese Messung entfallen.

Minimal erforderlicher Isolationswiderstand R_{iso}

Gerät	Grenzwert
Schutzklasse I	≥ 1 MΩ
Schutzklasse I mit Heizelement	≥ 0,3 MΩ
Schutzklasse II	≥ 2 MΩ
Schutzklasse III	≥ 0,25 MΩ

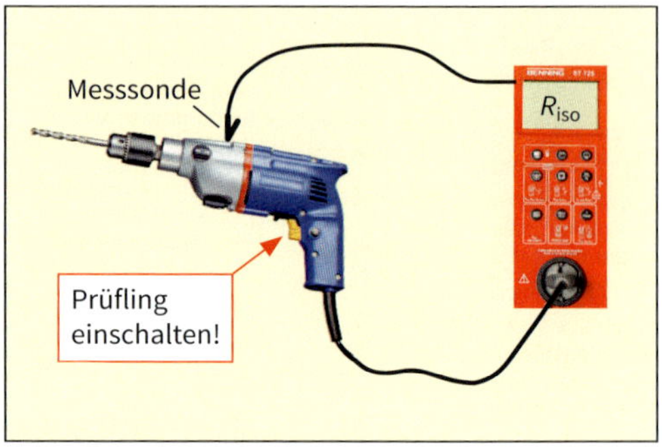

Abb. 1: Messung des Isolationswiderstandes an einer Bohrmaschine der SK II.

Messen des Schutzleiterstroms (nur SK I)

Durch die Messung soll nachgewiesen werden, dass im Betrieb kein unzulässiger Strom über den Schutzleiter fließt.

- Die Messung darf nur durchgeführt werden, wenn die Schutzleitermessung erfolgreich war.
- Der Prüfling wird an die Prüfbuchse angeschlossen und eingeschaltet. Die meisten Prüfgeräte verwenden hier ein automatisches Messverfahren (Differenzstrommessung).

Maximal zulässiger Schutzleiterstrom

allgemein	≤ 3,5 mA
bei Heizgeräten über 3,5 kW	1 mA pro kW bis maximal 10 mA

Messen des Berührungsstroms/Ersatzableitstroms

Durch die Messung soll nachgewiesen werden, dass im Betrieb kein unzulässiger Strom fließt, wenn ein Mensch leitfähige Teile des Gehäuses berührt. Bei SK I ist die Messung nur gefordert, wenn es berührbare Metallteile gibt, die nicht mit dem PE verbunden sind.

- Der Prüfling wird an Netzspannung angeschlossen und eingeschaltet.

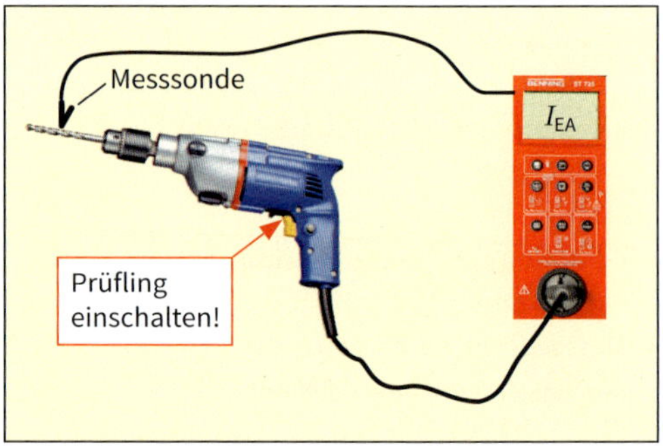

Abb. 2: Messung des Ersatzableitstromes an einer Bohrmaschine der SK II.

Ersatzableitstrom

Für die Messung von Schutzleiterstrom und Berührungsstrom muss der Prüfling an Netzspannung angeschlossen werden. Dies kann unter Umständen zur Gefährdung der Prüfperson führen. Die Messung des Ersatzableitstroms ist **eine Alternative, die ohne Netzspannung funktioniert**. Sie kann jedoch nur angewendet werden, wenn im Prüfling keine netzspannungsabhängigen Schalteinrichtungen (z. B. Relais) eingebaut sind.

Maximal zulässiger Berührungsstrom/ Ersatzableitstrom

Gerät	Grenzwert
Schutzklasse II	$I \leq 0,5$ mA
Schutzklasse I (berührbare leitfähige Teile nicht mit PE verbunden)	$I \leq 0,5$ mA
Schutzklasse III	nicht gefordert

4.3.4 Prüfung elektrischer Maschinen DIN EN 60204-1 (VDE 0113-1)

Elektrische Maschinen sind elektrische Ausrüstungen, die nicht von Hand getragen werden können und in Systemen abgestimmt zusammenarbeiten, so etwa Maschinen zur Bearbeitung von Holz oder Metall (z. B. Fräsen), Fördertechnik, Pumpen und Kompressoren.

Der **Umfang der Prüfungen** für eine bestimmte Maschine ist in der **jeweiligen Produktnorm** angegeben. Wenn für die betreffende Maschine keine Produktnorm existiert, ist grundsätzlich folgender Ablauf vorgesehen:

Prüfablauf bei elektrischen Maschinen:

Prüfung der Dokumentation	Messen	Funktionsprüfung	Dokumentieren
Stimmt die elektrische Ausrüstung mit der vorhandenen Dokumentation überein?	• Schutzleitermessung • Schleifenimpedanzmessung (Schutz durch automatische Abschaltung) **Optionale Messungen:** • Isolationswiderstand (≥ 1 MΩ; an Sammelschienen ≥ 0,5 MΩ) • Spannungsprüfung (Prüfung der Spannungsfestigkeit) • Schutz gegen Restspannung	• Not-Halt • Verriegelungen • Anzeigen • Funktion	• Prüfprotokoll

Die Messungen werden grundsätzlich wie bei der Anlagenprüfung nach VDE 0100-600 (Kap. 4.3.1) durchgeführt. Im TN-System kann die Messung der Schleifenimpedanz durch geeignete Berechnungen ersetzt werden.

Messung der Restspannung:

- Die Messung ist nur erforderlich, wenn die Maschine kapazitive Komponenten enthält.
- Die maximal zulässige Restspannung von $U \leq 60$ V muss 5 s nach dem Abschalten erreicht sein (nach 1 s bei berührbaren Teilen wie z. B. Stecker).

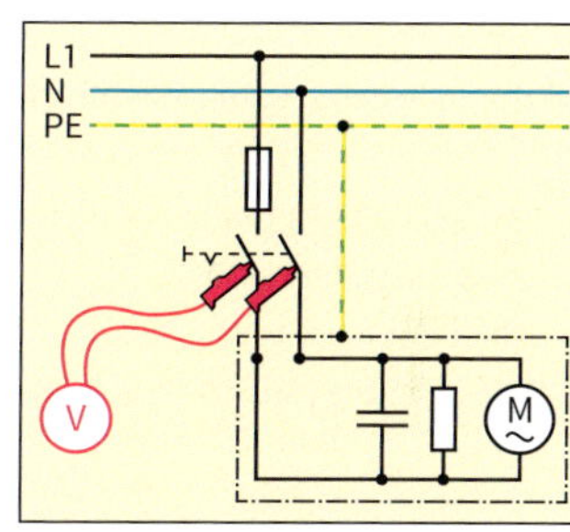

Abb. 1: Messung der Restspannung nach dem Abschalten der Maschine.

4.3.5 Zugelassene Messgeräte

Für die Prüfungen von Anlagen und Betriebsmitteln dürfen nur Messgeräte verwendet werden, die nach **DIN VDE 0413 zugelassen** sind. Dadurch ist sichergestellt, dass die Geräte nur Messströme erzeugen, die für Personen oder Betriebsmittel ungefährlich sind.

Außerdem ist darauf zu achten, dass Messgeräte und auch Messleitungen für den passenden **Spannungsbereich** geeignet sind. Dazu sind vier **Messkategorien (Überspannungskategorien)** definiert:

Messkategorien (DIN EN 61010; VDE 0411-031)		
Kategorie	Anwendungsbereich	Zur Messung an (Beispiele)
CAT I	Messungen an Stromkreisen, die nicht mit dem Stromnetz verbunden sind.	Batteriebetriebenen Geräten
CAT II	Messungen an Stromkreisen, die mittels Stecker mit dem Niederspannungsnetz verbunden sind.	Elektrowerkzeugen oder Hausgeräten
CAT III	Messungen an Stromkreisen der Gebäudeinstallation.	Steckdosen oder Verteilerkästen
CAT IV	Messungen an Stromkreisen, die direkt mit der Quelle der Niederspannungsinstallation verbunden sind.	Hausanschlusskasten, Zählerfeld, Hauptleitung

Für die Messungen an Anlagen und Betriebsmitteln werden meist **Vielfachmessgeräte** verwendet. Diese können alle für die jeweilige Prüfung relevanten Messwerte ermitteln. Dementsprechend gibt es getrennte Vielfachmessgeräte für die Anlagenprüfung und für die Geräteprüfung:

Messgerät zur Prüfung ortsfester Anlagen (Installationstester)

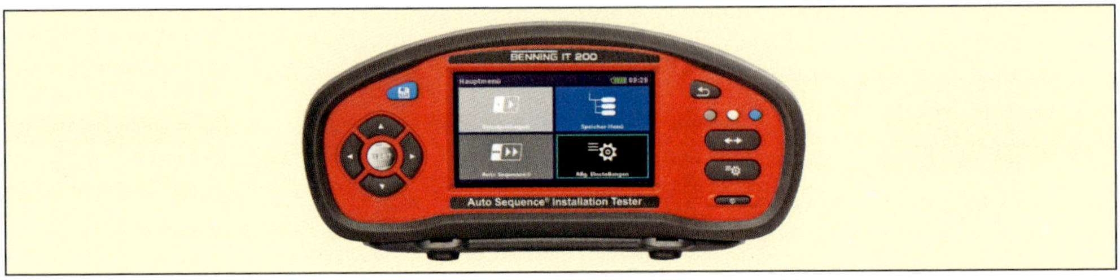

Abb. 1: Messgerät zur Anlagenprüfung (Beispiel)

Diese Vielfachmessinstrumente werden für folgende Prüfungen verwendet:

- Anlagenprüfung nach DIN VDE 0100-600 (Erstprüfung und Prüfung nach Änderung und Instandsetzung)
- Anlagenprüfung nach DIN VDE 0105-100 (Wiederholungsprüfung)
- Prüfen elektrischer Maschinen nach DIN EN 60204 (VDE 0113)

Sie ermöglichen z. B. die Messung folgender Größen:

- Durchgängigkeit der Leiter (Leiterwiderstand, Niederohmmessung),
- Isolationswiderstand (R_{iso}),
- Schleifenimpedanz (Z_S) oder
- RCD-Messung (Auslösezeit, Auslösestrom), Phasenlage (Drehfeld)…

Messgerät zur Prüfung ortsveränderlicher Betriebsmittel (Geräteprüfung)

Diese Vielfachmessinstrumente werden für folgende Prüfungen verwendet:

- VDE 0701 (DIN EN 50678) (Prüfung nach Reparatur) und VDE 0702 (DIN EN 50699) (Wiederholungsprüfung)

Sie ermöglichen z. B. die Messung folgender Größen:

- Schutzleiterwiderstand (R_{PE}),
- Isolationswiderstand (R_{iso}),
- Berührungsstrom oder Ersatzableitstrom sowie
- RCD Messung (PRCD), Laststrom…

Abb. 2: Messgerät zur Geräteprüfung (Beispiel)

4.3.6 Dokumentation der Prüfergebnisse

Für die Dokumentation der Prüfergebnisse ist keine feste Form vorgeschrieben. Man kann fertige Vordrucke verschiedener Hersteller benutzen oder eigene Formulare erstellen. Zunehmend wird auch Software verwendet, die die Prüfergebnisse bei der Messung automatisch erfasst.

Beispiel für ein Formular zur Anlagenprüfung:

Prüfung elektrischer Anlagen
Prüfprotokoll[1] **Nr.:** 35-2024

Kunden-Nr.: 1234 Blatt 1 von 2	Auftrag-Nr.: 321
Auftraggeber (Anlagenbetreiber):[2] Muster GmbH 3451 Musterhausen	Auftragnehmer:[3] Elektro Schmidt GmbH 3451 Musterhausen

Anlage: Energieverteilung Werkstatt 3

Prüfung[4] **nach:** DIN VDE 0100-600 DIN VDE 0105-100
Neuanlage ☒ Änderung ☐ Erweiterung ☐ Wiederholungsprüfung ☐ Instandsetzung ☐

E-CHECK ☐ DGUV Vorschrift 3 ☐ BetrSichV ☐

Beginn der Prüfung: 11.02.2024 Uhrzeit: 14:00 | Ende der Prüfung: 11.02. 2024 Uhrzeit: 15:00

Netz 230 / 400 V 50 Hz Netzbetreiber: Nord Netz Netzsystem: TN-C ☐ TN-S ☒ TN-C-S ☐ TT ☐ IT ☐

Besichtigen	i. O.	n. i. O.		i. O.	n. i. O.
Auswahl der Betriebsmittel	☒	☐	Schutz-, Sicherheits- und Überwachungseinrichtungen	☒	☐
Trenn- und Schaltgeräte	☒	☐	Basisschutz (Schutz gegen direktes Berühren)	☒	☐
Brandabschottungen	☐	☐	Zugänglichkeit (HAK/Verteiler)	☒	☐
Gebäudesystemtechnik	☐	☐	Schutzpotentialausgleich	☒	☐
Kabel, Leitungen, Stromschienen	☒	☐	Zus. Schutzpotentialausgleich	☐	☐
Kennzeichnung Stromkreis, Betriebsmittel	☒	☐	Funktionspotentialausgleich	☐	☐
Kennzeichnung N- und PE-Leiter	☒	☐	Dokumentation[8] siehe Ergänzungsblätter ☒		
Leiterverbindungen	☒	☐			
Erproben					
Funktionsprüfung der Anlage	☒	☐	Rechtsdrehfeld (Drehstromsteckdosen)	☒	☐
RCD (FI-Schutzschalter)	☒	☐	Überprüfung Spannungsfall	☒	☐
Funktion der Schutz-, Sicherheits-, und Überwachungseinrichtungen	☒	☐	Gebäudesystemtechnik	☐	☐
			Spannungspolarität	☒	☐

Spannungsfall nachgewiesen[10] 1,5 % | **Erdungswiderstand:** R_E -

Durchgängigkeit Potentialausgleichsystem[9] **(≤ 1 Ω nachgewiesen)**

Fundamenterder	☐	Hauptwasserleitung	☐	Klimaanlage	☐	Blitzschutzanlage	☐
Ringerder	☐	Hauptschutzleiter	☒	Aufzugsanlage	☐	Antennenanlage/BK	☐
Haupterdungsschiene	☒	Gasinnenleitung	☐	EDV-Anlage	☐	Gebäudekonstruktion	☐
Wasserzwischenzähler	☐	Heizungsanlage	☐	Telefonanlage	☐		☐

Verwendete Messgeräte nach VDE 0413	Herst./Typ: GMC Metrahit kalibriert bis: 01.09.2024	Herst./Typ: kalibriert bis: __.__.20__	Herst./Typ: kalibriert bis: __.__.20__

Messen Stromkreisverteiler Nr.: 03 (siehe Folgeseite/n)

Stromkreis		Leitung/Kabel		Durchgängigkeit Schutzleiter	R_{iso}		Fehlerstrom-Schutzeinrichtung (RCD)						Überstrom-Schutzeinrichtung				Fehlercode siehe auch [7]
Nr.	Zielbezeichnung	Typ	Leiter Anzahl Quers. (mm²)	(Ω)	U_{Mess} bei R_{iso} (V)	R_{iso} (MΩ)	Typ Ausl. Charakteristik	I_n (A)	$I_{\Delta n}$ (mA)	$U_L \leq$ 50 V U_B (V)	Ausl.-Zeit t_A (ms)	$I_A \leq I_{\Delta N}$ (mA)	Charakteristik	I_n (A)	Z_s (Ω) ☒ I_a (A) ☐ L-PE	Z_i (Ω) ☐ I_k (A) ☐ L-N	
1	Zuleitung UV 3	NYM	5 × 10	0,2									gG	40			
2	Steckdosen X1	NYM	3 × 2,5	0,3	500	85	A	25	30	35	10	20	B	16	0,6		
3	Licht E1.1-1.10	NYM	3 × 1,5	0,3	500	90	A	25	30	30	10	20	B	10	0,6		

Stromkreis		Leitung/Kabel		Durchgängigkeit Schutzleiter	Isolationsmessung			Detailsmessung zur Isolationsmessung, R_{iso}									
Nr.	Zielbezeichnung	Typ	Leiter Anzahl Quers. (mm²)	(Ω)	U_{Mess} bei R_{iso} (V)	Verbraucher angeschlossen ja	nein	N-PE (MΩ)	L1-PE (MΩ)	L1-N (MΩ)	L2-PE (MΩ)	L2-N (MΩ)	L3-PE (MΩ)	L3-N (MΩ)	L1-L2 (MΩ)	L1-L3 (MΩ)	L2-L3 (MΩ)
4	Motor M1	NYM	5 × 4	0,1	500		x	100	100	100	100	100	100	100	100	100	100
			×														
			×														

keine Mängel festgestellt ☒ Mängel festgestellt ☐ (Siehe separater Mängelbericht)	Prüf-Plakette Ja ☒ Nein ☐	Nächster Prüftermin: 11.02.26	**Unterschrift Prüfer:** (Osman Schmidt)

LERNFELD 6

Geräte und Baugruppen in Anlagen analysieren und prüfen

Handlungskompetenzen

- Instandsetzungsaufträge an Geräten und Baugruppen planen
- Geräte und Baugruppen analysieren
- Messwerte und Signalverläufe aufnehmen
- Funktion und Betriebsverhalten von Baugruppen bestimmen

1 Halbleiterbauelemente

1.1 Grundsätzlicher Aufbau

Halbleiterbauelemente

- haben eine Leitfähigkeit, die **zwischen** der von **Nichtleitern** (Isolatoren) und **Leitern** (z. B. Metallen) liegt,
- werden aus Materialien gefertigt, die den Strom schlecht (daher „halb") leiten, sie besitzen nur wenige freie Elektronen. Wichtige Halbleiter sind z. B. **Silizium (Si)**, **Germanium (Ge)** oder **Galliumarsenid (GaAs)**,
- verändern ihre Leitfähigkeit durch äußere Einflüsse (z. B. Magnetfelder) oder durch Zugabe von Fremdstoffen (Dotierung).

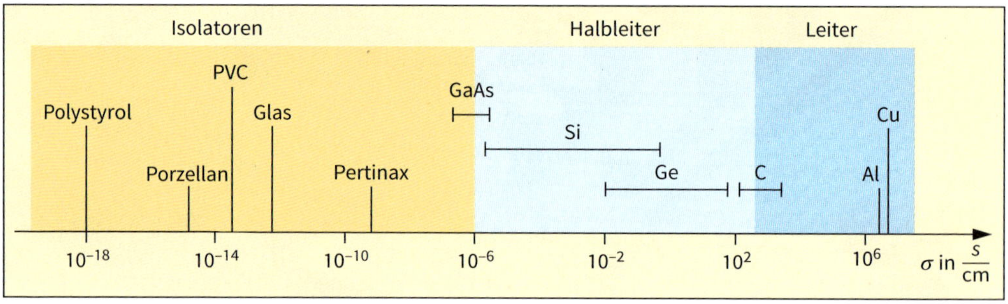

Abb. 1: Einteilung ausgewählter Werkstoffe nach ihrer elektrischen Leitfähigkeit σ.

1.2 Halbleiterwiderstände

Halbleiterwiderstände setzt man ein, um physikalische Größen wie z. B. Temperatur, Spannung, Beleuchtungsstärke und magnetische Feldstärke zu erfassen und in eine elektrische Größe umzuwandeln.

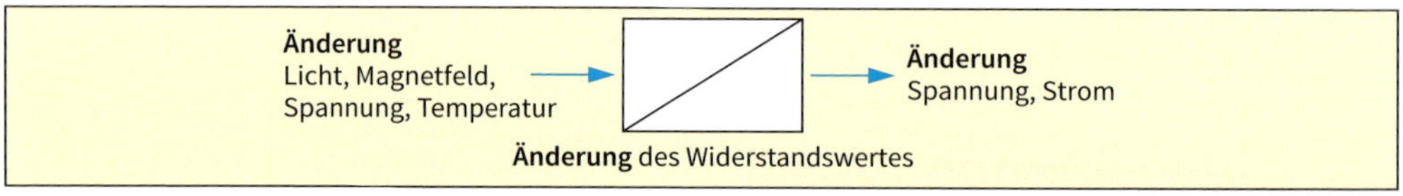

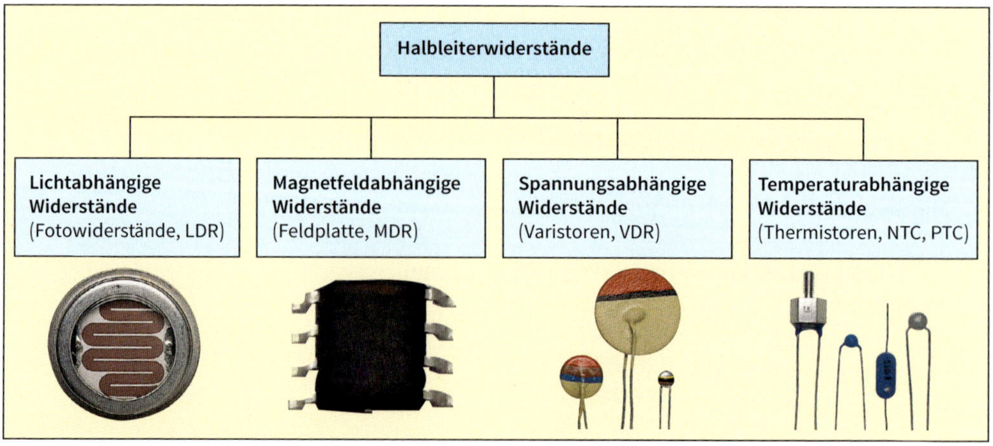

Abb. 2: Beispiele für Halbleiterwiderstände

Die Kennlinien von Halbleiterbauelementen sind **nichtlinear**.

Lichtabhängige Widerstände (Photowiderstände, LDR, light dependent resistor)

Schaltzeichen	Kennlinie	Eigenschaften/Einsatz
	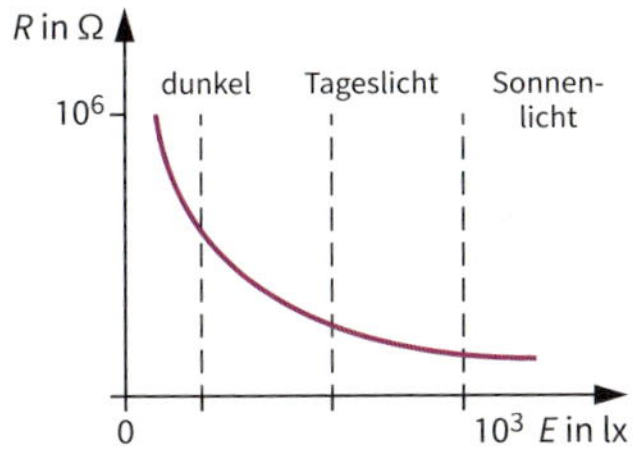	• Der Widerstandswert sinkt mit steigender Beleuchtungsstärke (E) und • reagiert im Gegensatz zur Fotodiode langsam. **Einsatz** • als Dämmerungsschalter, • als Beleuchtungsstärkemesser, z. B. bei Beleuchtungsstärke zur Sicherheitsbeleuchtung bei Fluchtwegen.

Magnetfeldabhängige Widerstände (MDR, magnetic dependent resistor, Feldplatte)

Schaltzeichen	Kennlinie	Eigenschaften/Einsatz
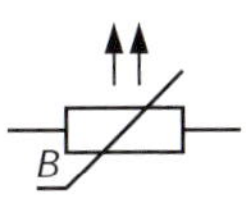	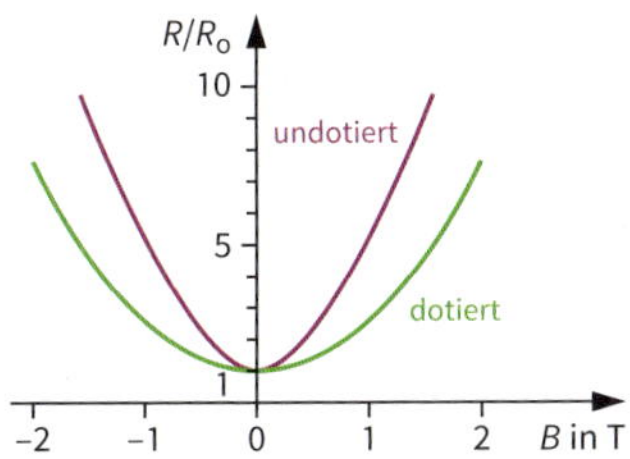	• Der Widerstand R steigt ↑, wenn die magnetische Flussdichte B steigt ↑. **Einsatz:** • Drehzahl-/Drehrichtungserfassung • Messen von Gleichstrom (Strommesszange) • Messen von Magnetfeldern • Kontakt- und berührungslose Schalter

Spannungsabhängige Widerstände (Varistoren, VDR, voltage dependent resistor)

Schaltzeichen	Kennlinie	Eigenschaften/Einsatz
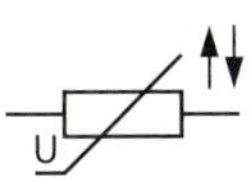	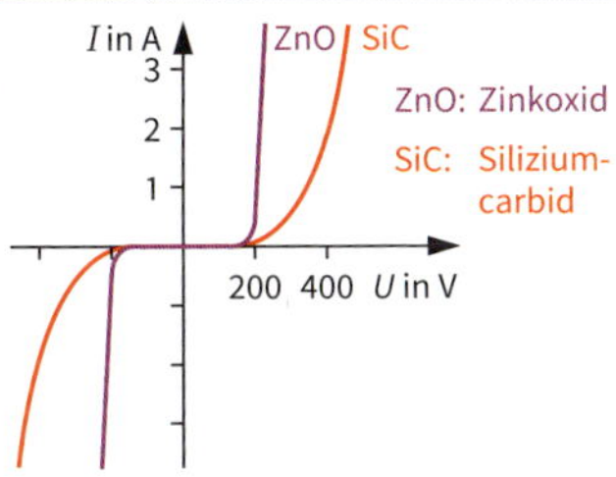	• Der Widerstandswert hängt von der angelegten Spannung ab: Spannung steigt ↑, Widerstand sinkt ↓. **Einsatz** • als Spannungsbegrenzung zum Schutz überspannungsempfindlicher Bauelemente • als Überspannungsschutzgerät (SPD) oder beim • Abfangen von kurzen, hohen Spannungsspitzen.

Temperaturabhängige Widerstände (Thermistoren)

Schaltzeichen	Kennlinie	Eigenschaften/Einsatz
Kaltleiter PTC 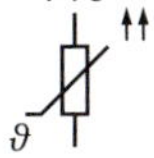 **Heißleiter** NTC 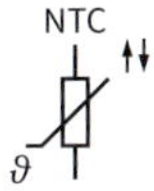	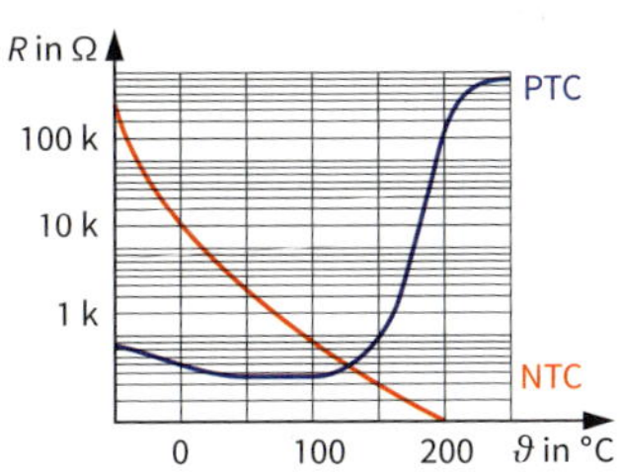	• Ändern des Widerstandswertes mit Temperatur: PTC (positive temperature coefficient, Kaltleiter): Temperatur steigt ↑, Widerstand steigt ↑. NTC (negative temperature coefficient, Heißleiter): Temperatur steigt ↑, Widerstand sinkt ↓. **Einsatz** • als NTC: Einschaltstrombegrenzung, Relais-Anzugsverzögerung, • als PTC: Motorschutz, Strömungswächter in Flüssigkeiten, Füllstandsanzeige.

1.3 PN-Übergang

> Die Leitfähigkeit von Halbleiterbauelementen wird erhöht, indem gezielt Fremdatome in das Material eingebracht werden. Das Halbleitermaterial wird **dotiert**.

Beim **Dotieren** werden verschiedene Arten von Atomen in das Material eingebracht, sodass es entweder N- oder P-leitend wird. **Nach außen** sind die Materialen aber weiterhin **neutral**:

P-leitendes Material	**N-leitendes Material**
• Dotieren mit **dreiwertigen** Elementen, z. B. **Bor**, **Aluminium**, **Gallium** und **Indium**. • Hierbei entstehen „Fehlstellen" (Löcher ○ am Boratom (B), die durch die Elektronen ● der Nachbaratome (Si) aufgefüllt werden können. • Das Elektron löst sich von der äußersten Schale des Nachbaratoms (Si), wandert zum Loch ○ auf der Außenschale des Boratoms (B) und hinterlässt ein Loch am Siliziumatom. • Auf diese Weise wandern die Löcher durch das Material, es fließt ein Strom. • In P-leitendem Material herrscht ein **Elektronenmangel**. **Mit Bor dotiertes Siliziummaterial:** 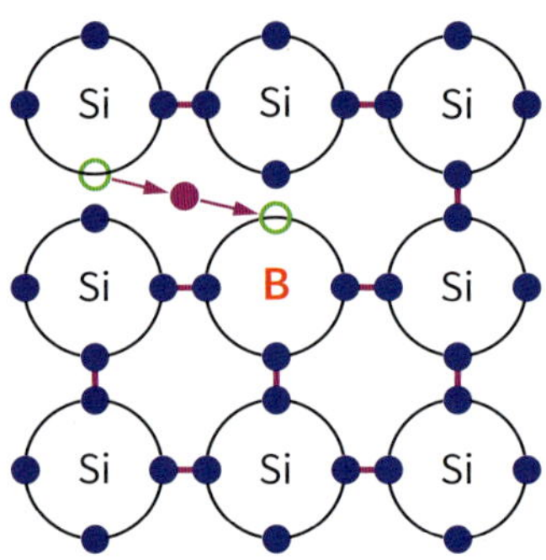 	• Dotieren mit **fünfwertigen** Elementen, z. B. **Phosphor**, **Arsen**. • Hierbei können sich Elektronen ● frei bewegen. • Das Phosphoratom (P) hat auf der äußersten Schale ein Elektron mehr, welches nicht gebunden ist. • Diese freien Elektronen wandern durch das Material, es fließt ein Strom. • In N-leitendem Material herrscht ein **Elektronenüberschuss**. **Mit Phosphor dotiertes Siliziummaterial:** 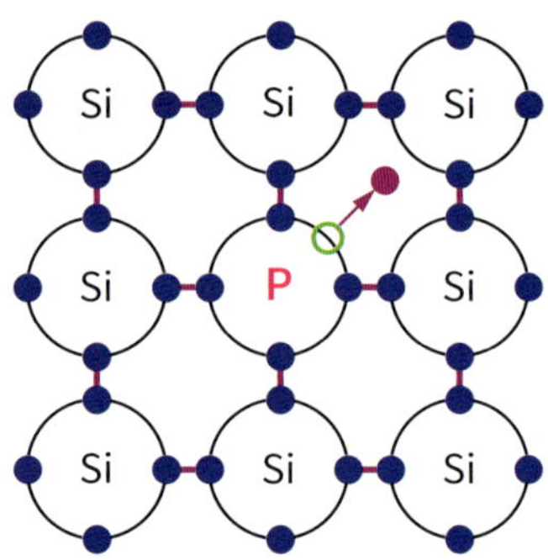

Treffen N- und P-leitende Materialien direkt aufeinander, entsteht der sogenannte **PN-Übergang**. An der Grenzschicht füllen die überschüssigen Elektronen des N-dotierten Materials die Löcher (Fehlstellen) des P-dotierten-Materials auf.

Das funktioniert so lange, bis die entstandene Schicht, die **Raumladungszone**, eine gewisse Dicke erreicht hat. So entsteht eine **Sperrschicht**, in der keine beweglichen Ladungsträger mehr vorhanden sind. Hier entsteht eine **Diffusionsspannung** (U_D), die materialabhängig ist, bei **Silizium** beträgt sie ca. **0,7 V** (Abb. 1).

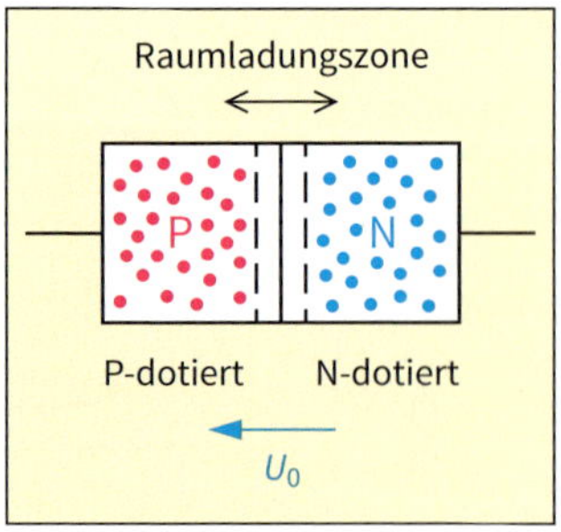

Abb. 1: PN-Übergang

> **PN-Übergang:** Grenzschicht zwischen verschieden dotierten Materialien. Hier entsteht eine nichtleitende **Sperrschicht**.

1.4 Dioden

1.4.1 Aufbau und Kenndaten

Eine Halbleiterdiode wird meist aus den Materialen Silizium oder Germanium hergestellt und besteht aus **zwei** Schichten (Abb. 1). Die P-dotierte Schicht (**Anode**) und die N-dotierte Schicht (**Kathode**) bilden einen **PN-Übergang**. Der Strom kann nur in eine Richtung fließen. Die Diode leitet jedoch erst, wenn die Diffusionsspannung U_D überwunden wird. Dioden werden z. B. zur Gleichrichtung von Wechselströmen verwendet.

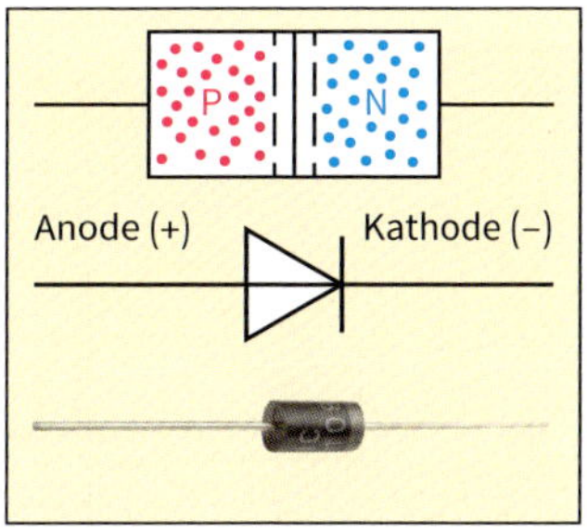

Abb. 1: Aufbau und Schaltzeichen einer Diode

Die Diode hat

- eine **Durchlassrichtung** und
- eine **Sperrrichtung**.

In **Durchlassrichtung** wird der Pluspol der Spannungsquelle mit der Anode verbunden → die Diode **leitet den Strom.**
In **Sperrrichtung** wird der Minuspol der Spannungsquelle mit der Anode verbunden → die Diode **sperrt den Strom.**

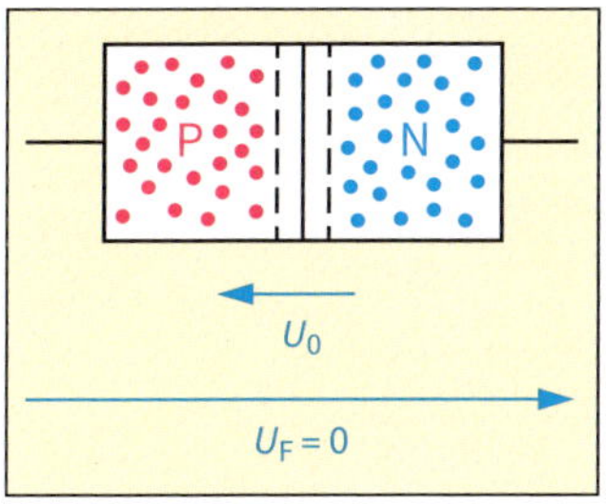

Abb. 2: PN-Übergang ohne Spannung

Ohne angelegte Spannung (Abb. 2):

- Es existiert die Diffusionsspannung U_D.
- Es fließt kein Strom, da eine Spannung benötigt wird, um die Sperrschicht am PN-Übergang zu überwinden.

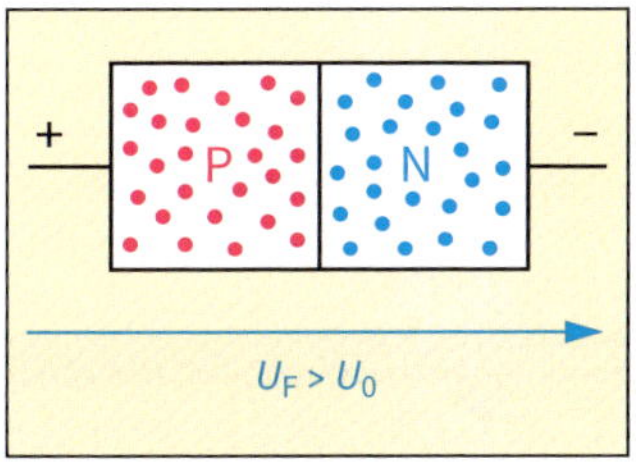

Abb. 3: PN-Übergang in Durchlassrichtung

Anschluss in Durchlassrichtung (Abb. 3):

- Die Elektronen der Spannungsquelle gelangen in das N-dotierte Material, das bereits mit freien Elektronen gefüllt ist.
- Die Elektronen werden weitergeleitet und „überschwemmen" das P-leitende Material. Sie füllen dort die „Löcher".
- Kommen genügend Elektronen nach, fließt ein Strom.
- **Die angelegte Spannung U_F muss größer als die Diffusionsspannung U_D sein, damit ein Strom fließen kann.**

Abb. 4: PN-Übergang in Sperrrichtung

Anschluss in Sperrrichtung (Abb. 4):

- Die vorhandenen freien Elektronen werden im N-dotieren Material Richtung Pluspol gezogen.
- Die „Löcher" im P-dotierten Material werden Richtung Minuspol gezogen.
- Die Sperrschicht wird breiter, → **es fließt kein Strom.**

Die Kennlinie einer Diode ist nicht linear und kann in drei Bereiche eingeteilt werden: **Durchlassbereich**, **Sperrbereich** und **Durchbruchbereich** (Abb. 1).

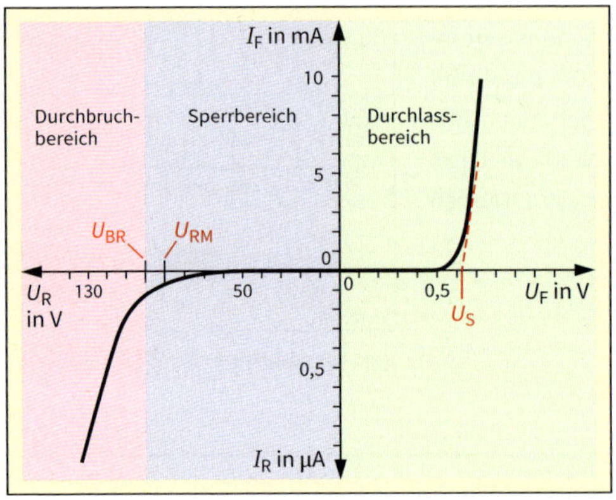

Abb. 1: Kennlinie einer Diode

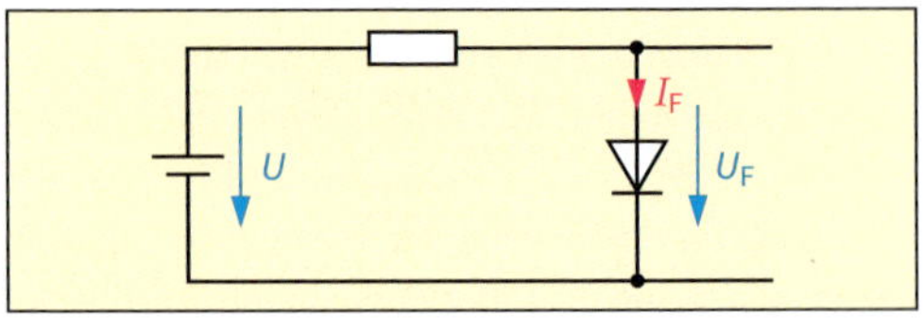

Abb. 2: Diode mit Vorwiderstand, in Durchlassrichtung

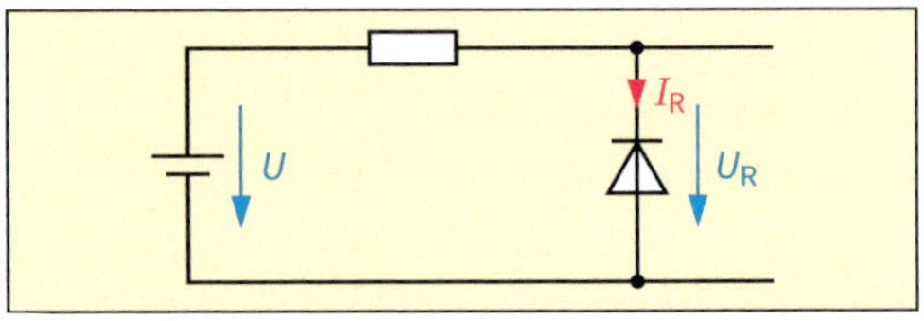

Abb. 3: Diode mit Vorwiderstand, in Sperrichtung

In Durchlassrichtung gilt:

- Ab der Schleusenspannung U_S wird die Diode leitend, die Stromstärke steigt exponentiell an.
- Je nach Material ist die **Schleusenspannung U_S** der Diode unterschiedlich: $U_S = 0{,}3$ V (Germaniumdiode) oder $U_S = 0{,}7$ V (Siliziumdiode).
- Die maximal zulässige Stromstärke I_{Fm} ist typenabhängig (Fm = forward maximum).
- Zur Strombegrenzung kann ein Vorwiderstand erforderlich sein (Kap 1.4.2).

Datenblattauszüge (Beispiele)

Gleichrichterdiode Typ 1N4148	Gleichrichterdiode Typ BY550
U_{Rm}: 100 V I_{Fm}: 500 mA U_{Fm}: 1,0 V P_{tot}: 500 mW I_R: 5 µA	U_{Rm}: 1000 V I_{Fm}: 5 A U_{Fm}: 1,0 V P_{tot}: 5 W I_R: 20 µA

In Sperrichtung gilt:

- Die Diode sperrt bis zur **Durchbruchspannung U_{BR}**. Danach wird Diode zerstört. Die Durchbruchspannung ist materialabhängig.
- Die maximal zulässige **Sperrspannung U_{Rm}** ist in den Datenblättern angegeben (RM = reverse maximum).
- Im Sperrbereich fließt ein minimaler Sperrstrom I_R (leakage current).

Im Durchlassbereich kann eine Diode materialbedingt eine **maximale Verlustleistung (P_{tot})** umsetzen, die sie nicht zerstört.

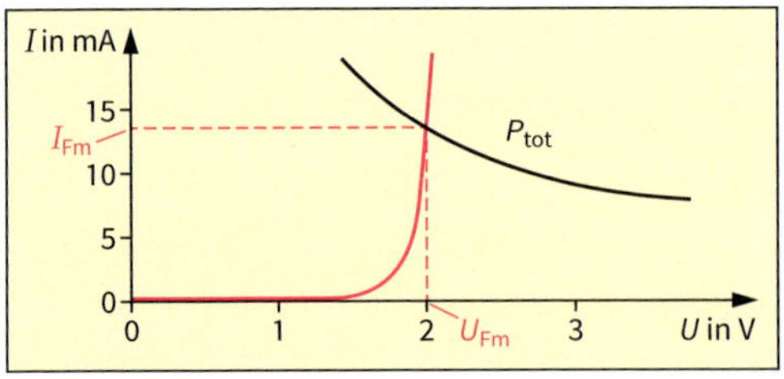

Abb. 4: Kennlinie einer Diode (LED) mit P_{tot}

Maximale Verlustleistung P_{tot} in Watt (W)

$$P_{tot} = U_{Fm} \cdot I_{Fm}$$

U_{Fm}: maximale Spannung bei I_{Fm} in Volt (V)

I_{Fm}: maximaler Diodenstrom in Ampere (A)

Ableseübung: Bestimmen Sie die zulässige maximale Verlustleitung der Diode anhand der Kennlinie (Abb. 4)

Lösung: abgelesen bei $U = 2\ V \rightarrow I \approx 14$ mA

$P_{tot} = U_{Fm} \cdot I_{Fm} = 2V \cdot 0{,}014\ A = 0{,}028\ W = 28$ mW

Anwendungen für Dioden:

- Diode als Ventil (Schalter).
- Diode zur Gleichrichtung von Wechselspannungen.
- Freilaufdiode.

1.4.2 Leuchtdioden (LEDs)

Eine LED (**L**ight **E**mitting **D**iode), auch Lumineszenzdiode genannt, ist grundsätzlich gleich wie eine Gleichrichterdiode aufgebaut.

Eine **LED**

- besteht, wie eine Gleichrichterdiode, aus einem PN-Übergang,
- sendet Licht aus (emittiert), wenn sie in Durchlassrichtung betrieben wird,
- gibt es je nach Material in unterschiedlichen Farben.

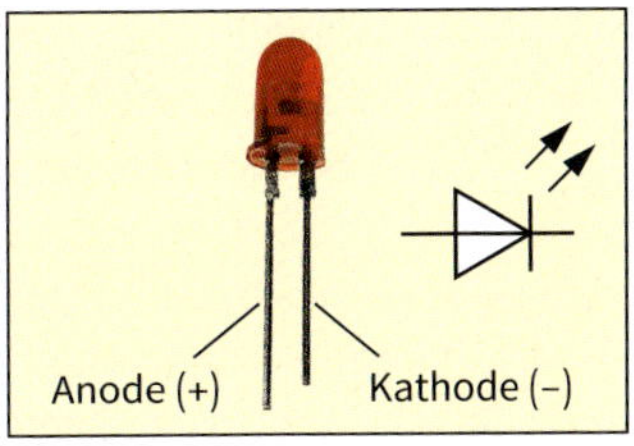

Abb. 1: LED, Bauteil und Schaltzeichen

Die Farbwahrnehmung im Auge hängt von der Wellenlänge λ des ausgesandten Lichts ab. Die Wellenlänge λ und die Höhe der Schleusenspannung U_S wird durch das Halbleitermaterial und die Dotierung bestimmt (Abb. 2). Um die Farbe Grün zu erzeugen wird z. B. das Material Galliumphosphid verwendet, Indiumgalliumnitrid z. B. für die Farbe Blau.

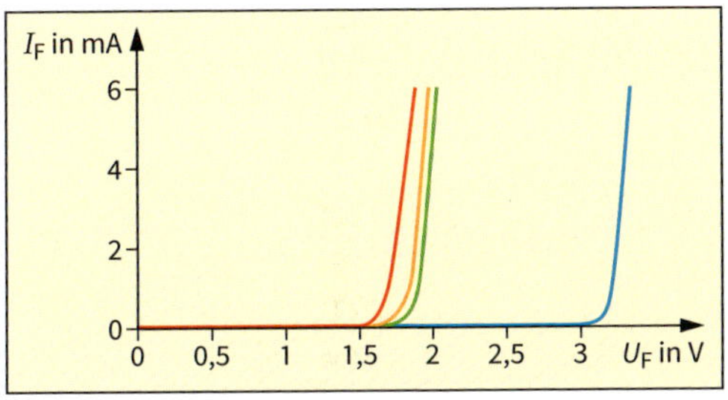

Abb. 2: Kennlinien von LEDs unterschiedlicher Farben

Kenndaten von LEDs (Beispiele)

U_S in V	I_F in mA bei U_S	λ in nm	Farbe
1,6	10	635	rot
2	10	586	gelb
1,9	20	565	grün
3,1	10	470	blau

Tab. 1: Kenndaten von LEDs

Eine LED muss zur Strombegrenzung mit einem **Vorwiderstand** betrieben werden. Die maximale Leistung P_{tot} darf nicht überschritten werden.

Vorwiderstand R_V in Ohm (Ω)

$$R_V = \frac{U_B - U_F}{I_F}$$

U_B: Betriebsspannung in Volt (V)
U_F: Spannung bei I_F in Volt (V)
I_F: Strom in Ampere (A)

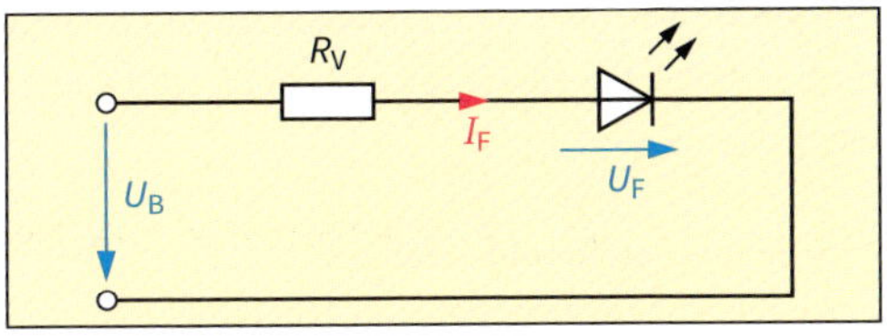

Abb. 3: Schaltung einer LED mit Vorwiderstand

z.B. **Beispiel:** Für eine Betriebsanzeige einer Steuerung soll eine gelbe LED an einer Spannung von 24 V betrieben werden: Welcher Vorwiderstand ist erforderlich?
Lösung mit Daten aus Tab. 1:

$$R_V = \frac{U_B - U_F}{I_F} = \frac{24\,\text{V} - 2\,\text{V}}{0{,}01\,\text{A}} = 2200\,\Omega$$

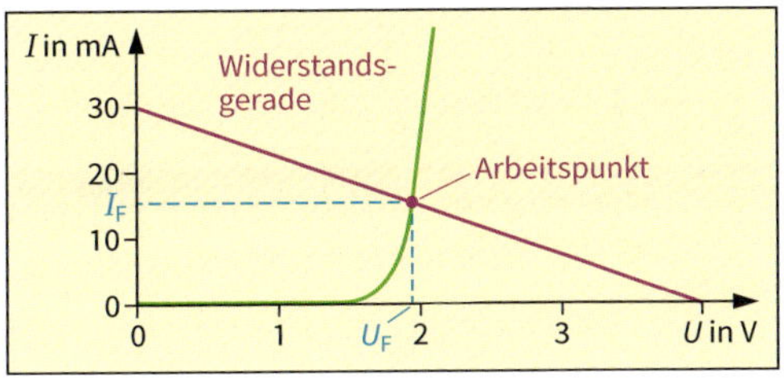

Abb. 4: Arbeitspunkt der LED mit Vorwiderstand

Der **Arbeitspunkt** der LED mit Vorwiderstand kann auch grafisch ermittelt werden (Abb. 4). Dazu wird die Widerstandsgerade (Arbeitsgerade) zusammen mit der Diodenkennlinie gezeichnet. Die Stromstärke I_F und die Spannung U_F können dann abgelesen werden.

1.4.3 Z-Dioden

Eine Z-Diode besteht aus einer stark dotieren P-Schicht (P^+) und einer stark dotierten N-Schicht (N^+) (siehe Abb. 1).

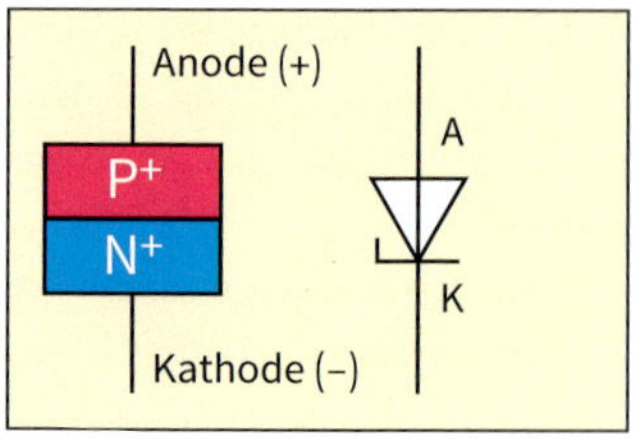

Abb. 1: Schichtenfolge und Symbol Z-Diode

Die Z-Diode wird ab der Zener-Spannung (Z-Spannung) leitend. Diese entspricht der Durchbruchspannung einer normalen Diode. Die Z-Diode wird durch die hohe Stromstärke jedoch nicht sofort zerstört. Der Kennlinienverlauf ergibt sich aus dem Zener-Effekt und dem Lawinen-Effekt:

> Eine Z-Diode wird in **Sperrrichtung** betrieben. Sie wird ab der Zener-Spannung U_Z leitend.

Zener-Effekt:
Wenige Elektronen können die dünne Sperrschicht der Z-Diode durchdringen. Die Stromstärke steigt langsam an.

Lawinen-Effekt:
Ab der Z-Spannung steigt die Stromstärke plötzlich stark an.

Z-Dioden werden mit unterschiedlichen Z-Spannungen bis über 100 V hergestellt. Abb. 2 zeigt Kennlinien verschiedener Z-Dioden. Damit die Z-Diode nicht zerstört wird, darf die maximal zulässige Verlustleistung nicht überschritten werden. Dazu kann die Stromstärke I_{Zmax} mit einem Vorwiderstand begrenzt werden.

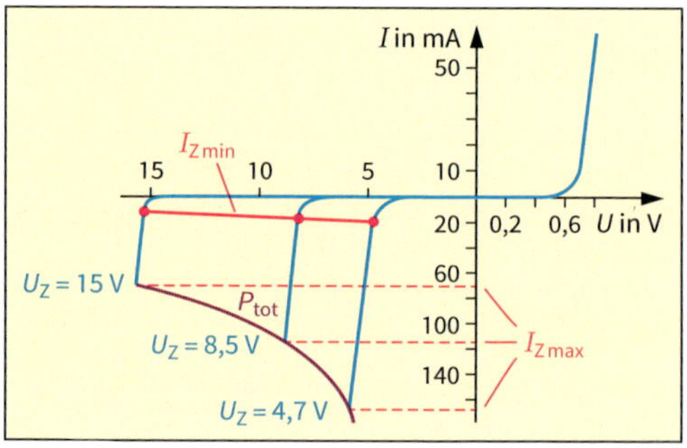

Abb. 2: Kennlinien mit unterschiedlichen Z-Dioden

Anwendungsbeispiel Spannungsstabilisierung (Abb. 3):
Steigt die Eingangsspannung U über die maximal zulässige Spannung der Leuchte an, wird die Z-Diode stärker leitend und hält die Spannung an der Leuchte stabil. Der zulässige Laststrom I_L wird dadurch nicht überschritten.

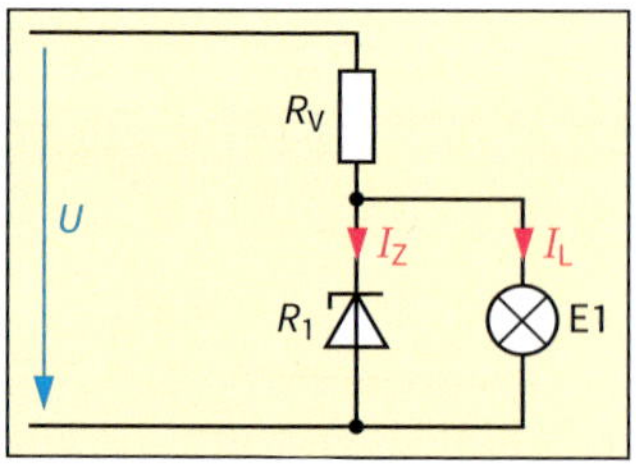

Abb. 3: Spannungsstabilisierung einer LED mit einer Z-Diode.

Berechnung des Vorwiderstandes:
- Zur Berechnung benötigt man den maximalen Strom (I_{Zmax}) und den minimalen Strom (I_{Zmin}) der jeweiligen Z-Diode.
- Die Daten kann man dem Datenblatt oder der Kennlinie (Abb. 2) entnehmen.
- Der gewählte Widerstand muss zwischen den berechneten Widerständen R_{vmin} und R_{vmax} liegen.

Minimaler Vorwiderstand R_{Vmin} in Ohm (Ω)	**Maximaler Vorwiderstand RVmin in Ohm (Ω)**
$R_{Vmin} = \frac{U_{max} - U_Z}{I_{Zmax} + I_{Lmin}}$	$R_{Vmax} = \frac{U_{min} - U_Z}{I_{Zmin} + I_{Lmax}}$

U_{max}: maximale Eingangsspannung in Volt (V)
U_{min}: minimale Eingangsspannung in Volt (V)
U_Z: Spannung der Z-Diode in Volt (V)

I_{Zmax}: maximaler Strom der Z-Diode in Ampere (A)
I_{Lmax}: maximaler Laststrom in Ampere (A)

1.5 Transistoren

Grundsätzlich unterscheidet man zwei Arten von **Transistoren**:

- **Bipolare Transistoren**, die aus den **zwei** Ladungsträgertypen (P- und N-dotiert) hergestellt werden.
- **Unipolare Transistoren**, die hauptsächlich aus **einer** Schicht, entweder N- oder P-dotiert, hergestellt werden.

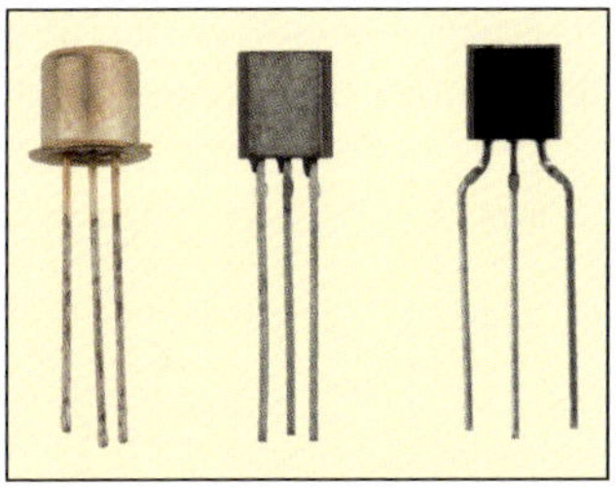

Abb. 1: Bipolare Transistoren (Beispiele)

1.5.1 Bipolare Transistoren

Bipolare Transistoren bestehen aus drei dotierten Schichten mit drei Anschlüssen:

- Basis (B),
- Emitter (E),
- Kollektor (C).

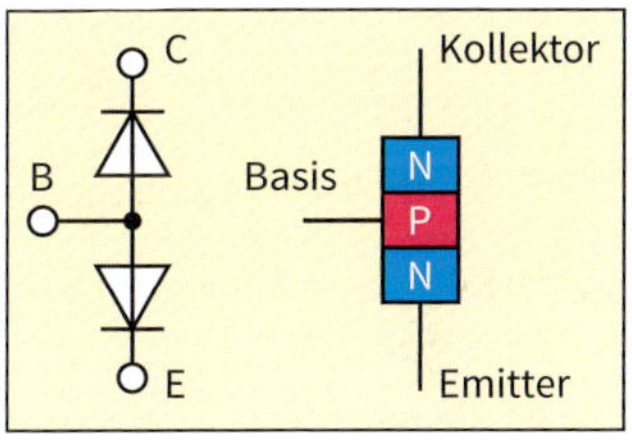

Abb. 2: Diodenersatzschaltbild NPN-Transistor

Der Transistor besteht aus zwei PN-Übergängen. Aus diesem Grund kann man sich den Transistor als zwei gegeneinander geschaltete Dioden vorstellen (Abb.2). Man unterscheidet zwischen NPN und PNP-Transistoren: Der **Pfeil** im Schaltzeichen zeigt die Richtung des Stromes an und zeigt auf die N-Schicht.

Schaltzeichen und Schichtenfolge von bipolaren Transistoren	
NPN-Transistor	PNP-Transistor
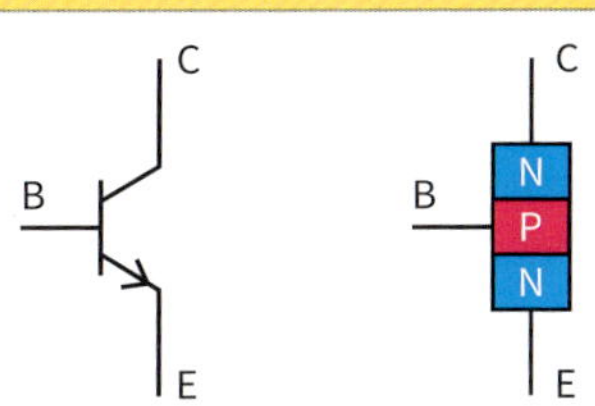	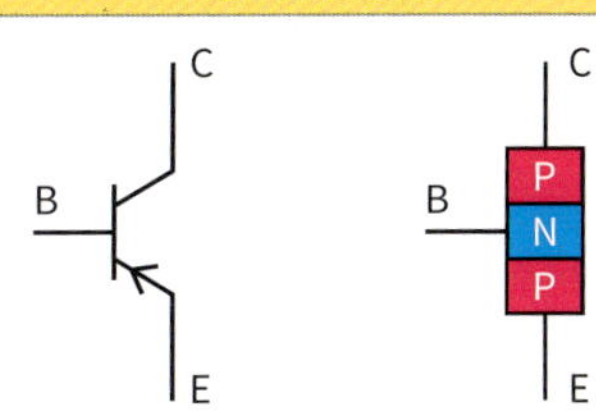

Funktionsweise des Transistors (Abb. 3):

Im Grundzustand sperrt der Transistor den Strom. Wird an der Basis eine Spannung angelegt, fließt ein kleiner Basisstrom I_B in den Transistor. Der Transistor wird dann auf der Kollektor-Emitter-Strecke leitend und der Kollektorstrom I_C fließt.

Anwendungen von Transistoren:

- Als **Schalter**: Die Basis steuert den Transistor an, „schaltet" ihn ein oder aus.
  - Kontaktloser Schalter für hohe Ströme.
  - Schaltungen in der Digitaltechnik (Logikschaltungen).
- Als **Verstärker**: Gleich- oder Wechselspannungssignale werden verstärkt.
  - Verstärker in Audio-Systemen.
  - Signalverstärker in der Messtechnik.

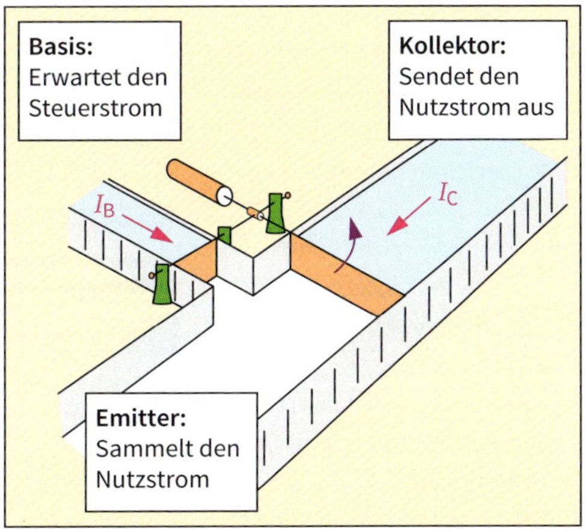

Abb. 3: Funktionsprinzip eines Transistors

Die Funktion eines Transistors wird durch sein **Ausgangskennlinienfeld** beschrieben (Abb. 1): Je nach Größe das Basisstroms I_B ergibt sich ein unterschiedlicher Kollektorstrom I_C.

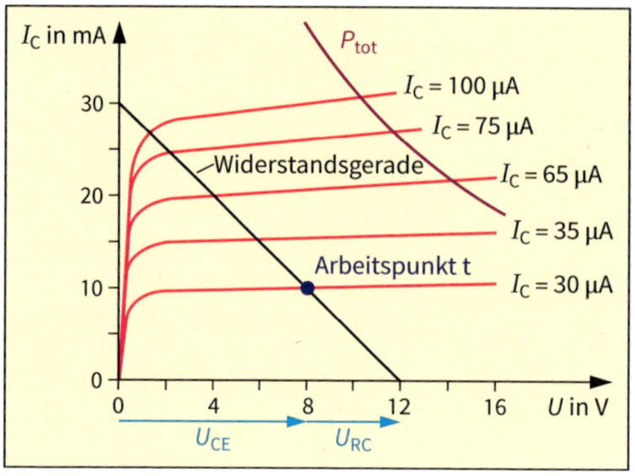

Abb. 1: Kennlinienfeld eines bipolaren Transistors

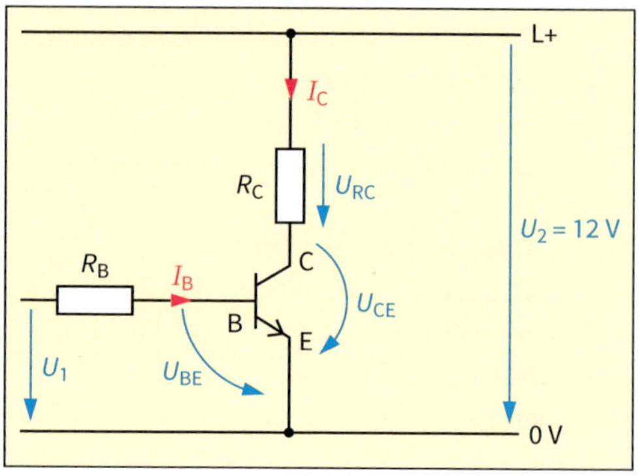

Abb. 2: Schaltung eines bipolaren Transistors

Der **Arbeitspunkt** eines Transistors ist der Punkt, an dem der Transistor im aktiven Betriebsbereich betrieben wird. Er kann dann sowohl als Verstärker als auch als Schalter eingesetzt werden.

Der Arbeitspunkt hängt ab

- vom Basisstrom I_B und
- vom Widerstand R_C.

Der Transistor kann, wie eine Diode, eine maximale Leistung P_{tot} umsetzen (Abb. 1). Diese ergibt sich aus dem maximalen Strom I_{Cmax} und der maximalen Spannung U_{CEmax}, die man den Datenblättern entnehmen kann.

Ein Transistor wird bei Überschreiten der **maximalen Leistung P_{tot}** zerstört.

Transistor als Verstärker:

Fungiert der Transistor als **Verstärker**, wird ein schwaches elektrisches Signal verstärkt.

Verstärkung von

- Gleichstrom (mit dem Verstärkungsfaktor B) oder von
- Wechselstrom (Abb. 3).

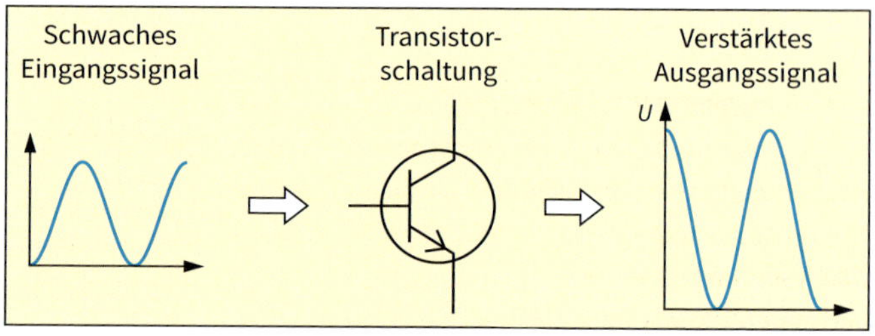

Abb. 3: Transistor als Wechselstromverstärker

Anwendungsbereiche von Transistoren als Verstärker:

- Operationsverstärker in Analogschaltung.
- Audioverstärker für Lautsprecher, z. B. in Musikanlagen oder Smartphones.
- Messverstärker zur Messung schwacher Signale.

Verstärkungsfaktor B ohne Einheit (Gleichstromverstärkung)

$$B = \frac{I_C}{I_B}$$

I_C: Kollektorstrom in Ampere (A)

I_B: Basisstrom in Ampere (A)

1.5.2 Transistor als Schalter

Mit Transistoren können Stromkreise kontaktlos geschaltet werden. Sowohl bipolare als auch unipolare Transistoren können als Schalter eingesetzt werden.

Der Transistor

- schaltet schnell und geräuschlos,
- schaltet ohne bewegliche Teile, daher verschleißfrei und ohne Funkenbildung.

Wird der Transistor als Schalter verwendet, gibt es **zwei Zustände**:

- Schalter geöffnet → Transistor hat einen hohen Widerstand,
- Schalter geschlossen → Transistor hat einen niedrigen Widerstand.

Funktionsweise (Abb. 1):

- Spannung U_1 liegt an ($U_1 > 0{,}7$ V)
- Basisstrom I_B (Steuerstrom) fließt
- Transistor „schaltet"
- Kollektorstrom I_C und Emitterstrom I_E fließen und der Verbraucher wird angesteuert (Lampe leuchtet).
- Nach dem Abschalten der Spannung U_1 sperrt der Transistor und die Lampe geht aus.

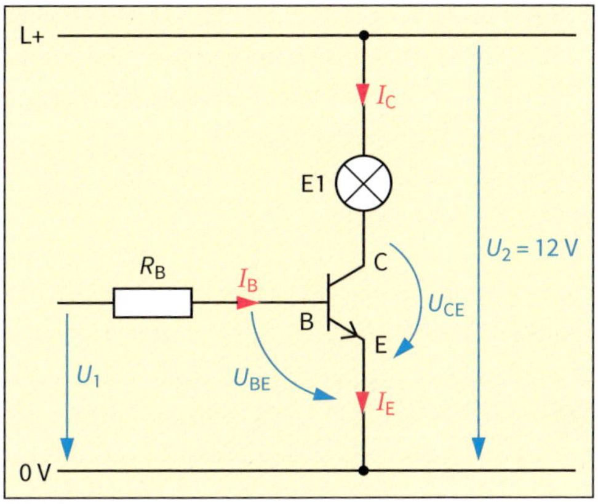

Abb. 1: Schalten einer Lampe mit einem Transistor.

> Der **kleine Steuerstrom I_B** des Transistors schaltet den **großen Arbeitsstrom I_C**.
>
> Damit ein Transistor sicher schaltet, muss der Basisstrom hoch genug sein. Er wird **übersteuert**.

Die Funktion ist vergleichbar mit der eines Schützes. Bei einer Transistorschaltung sind Steuer- und Arbeitsstromkreis jedoch **nicht galvanisch getrennt** (Abb. 2). Der Schaltvorgang soll möglichst schnell und sicher erfolgen. Dies erreicht man, indem man den Basisstrom I_B um den Faktor 2 bis 5 größer als eigentlich erforderlich wählt. Der Transistor wird dann **übersteuert**. Achtung: Beim NPN-Transistor muss die Basis am Pluspol der Spannungsquelle angeschlossen sein, beim PNP-Transistor am Minuspol.

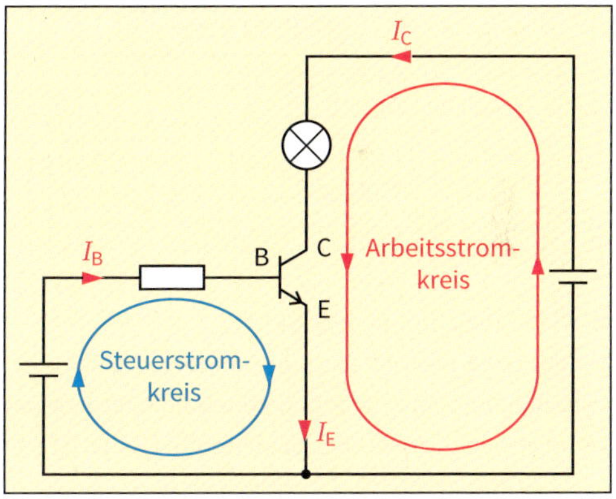

Abb. 2: Steuer- und Arbeitsstromkreis am Transistor

Schalten von induktiven Lasten

Beim Ausschalten induktiver Lasten (z. B. von Schützspulen) entsteht eine hohe Induktionsspannung (Selbstinduktion). Diese kann den Transistor zerstören. Daher muss der Transistor z. B. mit einer **Freilaufdiode** geschützt werden (Abb. 3).

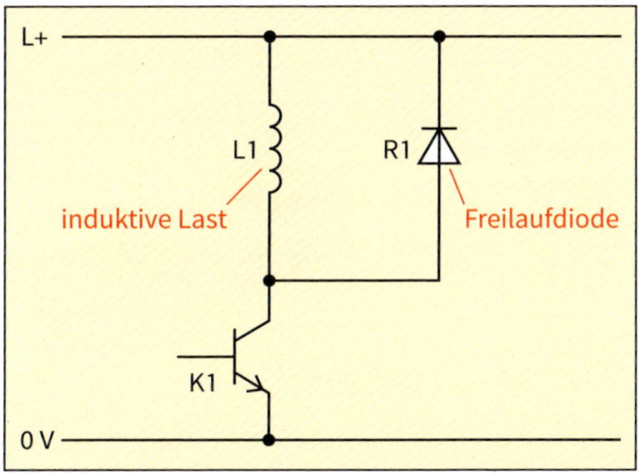

Abb. 3: Schutzbeschaltung durch Freilaufdiode

Anwendungen des Transistors als Schalter:

- Digitale Schaltungen und Logikgatter,
- Halbleiterrelais (SSR, Solid State Relais),
- Schaltnetzteile (SMPS, Switched Mode Power Supplies).

1.5.3 Unipolare Transistoren (Feldeffekttransistoren)

Feldeffekttransistoren besitzen, wie auch bipolare Transistoren, drei Anschlüsse, welche jedoch anders bezeichnet werden:

- Gate (G), die Steuerelektrode,
- Drain (D), die Senke und
- Source (S), die Quelle.

Feldeffekttransistoren (FET) haben einen hohen Eingangswiderstand. Sie werden nahezu leistungslos über eine Steuerspannung angesteuert.

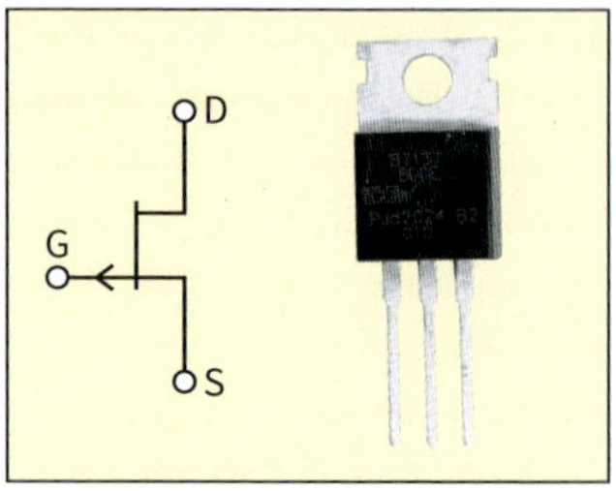

Abb. 1: Unipolarer Transistor (Beispiel)

> Unipolare Transistoren (Feldeffekttransistoren) sind **spannungsgesteuert**.

Grundsätzlich unterscheidet man Isolationsschicht-FET-Transistoren und Sperrschicht-FET-Transistoren, jeweils selbstsperrend (Anreicherungstyp) und selbstleitend (Verarmungstyp).

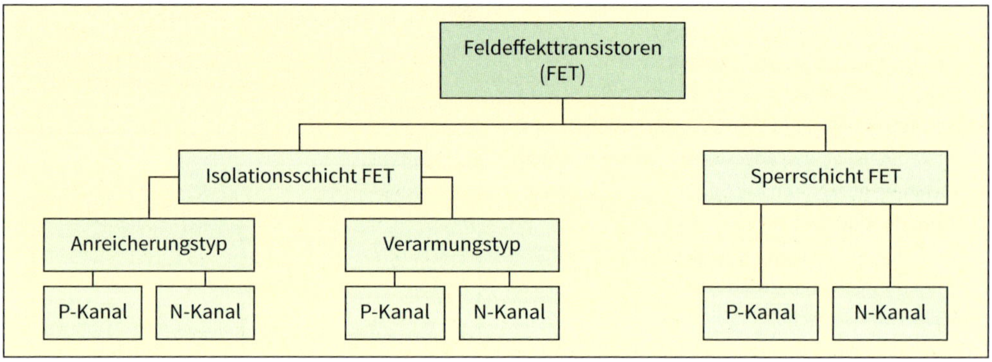

MOS-FET (Isolationsschicht-FET):

Ein MOS-FET besteht aus einer **dotierten Siliziumschicht** mit einer **isolierenden Metalloxidschicht**, die sich zwischen Gate-Anschluss und dem Halbleitermaterial befindet. MOS-FETs gibt es in N-Kanal- und P-Kanal-Varianten, je nach „Dotierung" der leitenden Kanalschicht.

Schaltzeichen und Schichtenfolge P-Kanal Variante

Isolationsschicht MOS-FET		Sperrschicht FET	
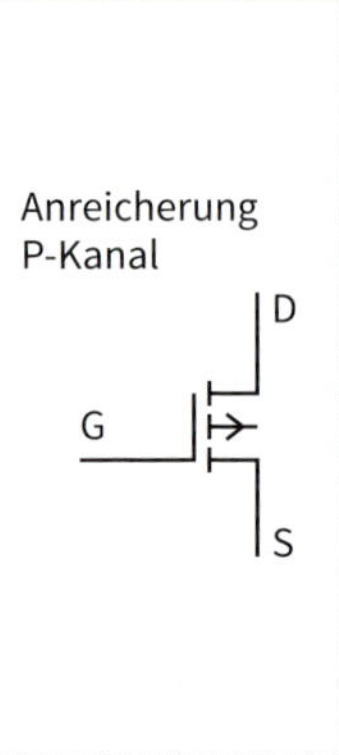	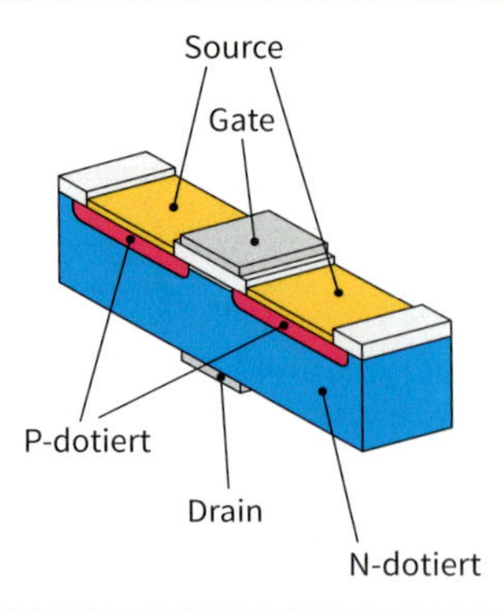	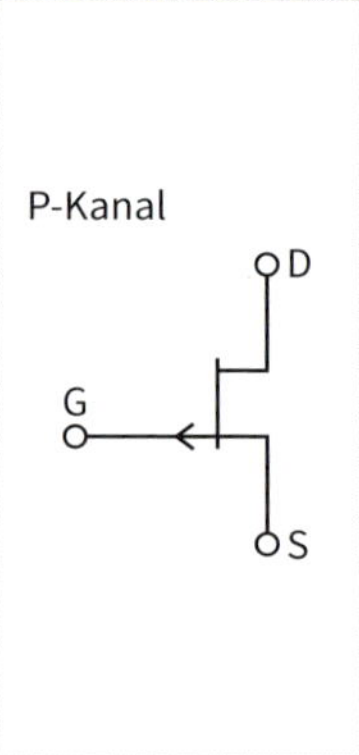	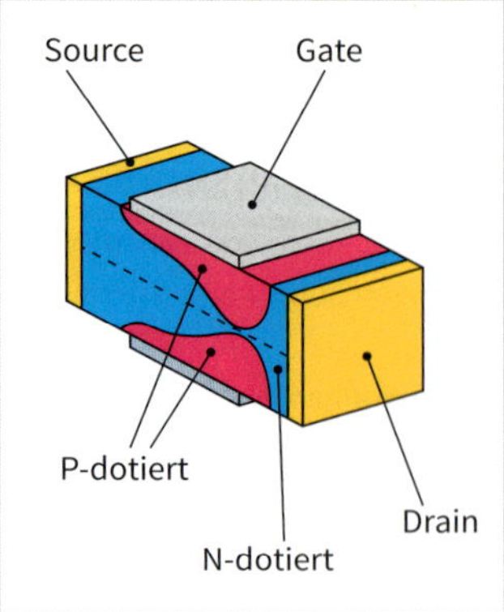

Funktionsweise eines N-Kanals MOS-FET vom **Anreicherungstyp** (Abb. 1):

1) Der Transistor **sperrt**, wenn keine Spannung U_{GS} zwischen Gate und Source anliegt.
2) Am Gate-Anschluss wird eine **positive Spannung** angelegt.
3) Durch die Spannung U_{GS} wird ein elektrisches Feld im Substrat erzeugt.
4) Das elektrische Feld stellt eine leitende Verbindung (Kanal) zwischen Source und Drain her.
5) Die Leitfähigkeit des Kanals lässt sich durch die Gatespannung steuern, je stärker die angelegte Spannung am Gate, desto höher der Stromfluss I_D zwischen Source und Drain.

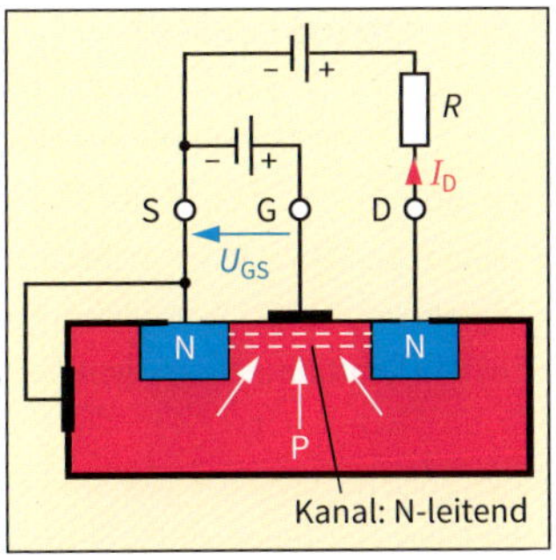

Abb. 1: Funktion eines N-Kanal-MOS-FETs

MOS-FETs vom Verarmungstypen

- sind selbstleitend, weil sie schon nach angelegter Spannung U_{DS} leitend sind. Dies wird durch eine schwache N-Dotierung zwischen den N-leitenden Inseln (Source und Drain) erzeugt.
- Sie sperren nur vollständig, wenn die Gatespannung U_{GS} negativer ist als die Spannung am Source-Anschluss.

> Bei **N-Kanal-MOS-FETs** wird der Kanal durch Anlegen einer positiven Gatespannung aktiviert.
>
> Bei **P-Kanal-MOS-FETs** ist eine negative Gatespannung erforderlich.

Die Vorteile von MOS-FET-Transistoren sind:

- Hoher Eingangswiderstand am Gate → extrem **niedrige Steuerströme** → energiesparende Schaltungen.
- Hohe Schaltgeschwindigkeiten und geringe Schaltverluste → Anwendungen mit **schnellen Schaltvorgängen**.
- **Einfache Ansteuerung** mit Spannungssignalen → vereinfacht die Realisierung komplexer Schaltungen.
- Hervorragende **thermische Stabilität** → gut geeignet für **Anwendungen mit hohen Betriebstemperaturen**.

> Der **MOS-FET-Transistor** ist ein spannungsgesteuerter Transistor **mit hoher Schaltgeschwindigkeit** und **thermischer Stabilität**.

Anwendungen von MOS-FETs:

- Als Hochfrequenzverstärker,
- als Schaltregler,
- in Computerspeichern und Mikroprozessoren.

Vergleich der Transistortypen	
Bipolare Transistoren	Feldeffekttransistoren
• stromgesteuert,	• spannungsgesteuert,
• niedrige Eingangswiderstände,	• hohe Eingangswiderstände,
• niedrige Schaltgeschwindigkeit,	• hohe Schaltgeschwindigkeit,
• große Verlustleistung,	• kleine Verlustleistung,
• große Baugröße,	• kleine Baugröße,
• preiswert,	• teuer,
• positiver Temperaturkoeffizient bei großen Strömen (thermischer Durchbruch möglich).	• negativer Temperaturkoeffizient bei großen Strömen (kein thermischer Durchbruch).

1.6 Optokoppler

Der Optokoppler ist ein Halbleiterbauelement und besteht aus

- einem Sender, z. B. einer Infrarot-LED,
- einem Empfänger, z. B. einem Fototransistor,
- einem lichtundurchlässigen Gehäuse.

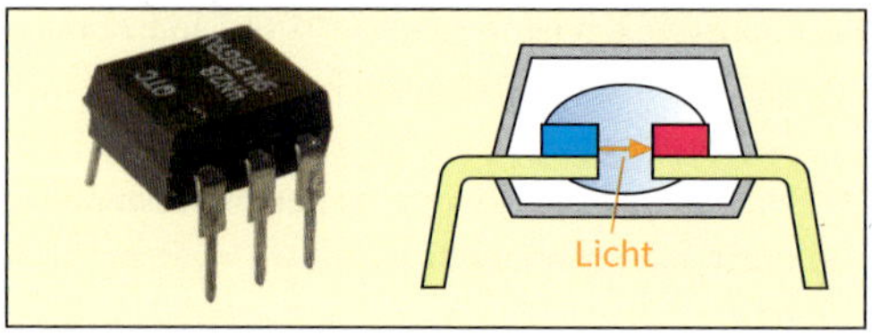

Abb. 1: Bauelement Optokoppler, Gehäuse und innerer Aufbau

Elektronische Schaltungen wie z. B. Leiterplatten, Stromversorgungen oder Mikrocontroller sind **Störsignalen** (Störspannungen) ausgesetzt, die z. B. durch induktive Kopplung entstehen.
Störspannungen entstehen z. B. durch

- Hochfrequenzübertragungen,
- Blitzeinschläge,
- Spannungsspitzen in der Energieversorgung.

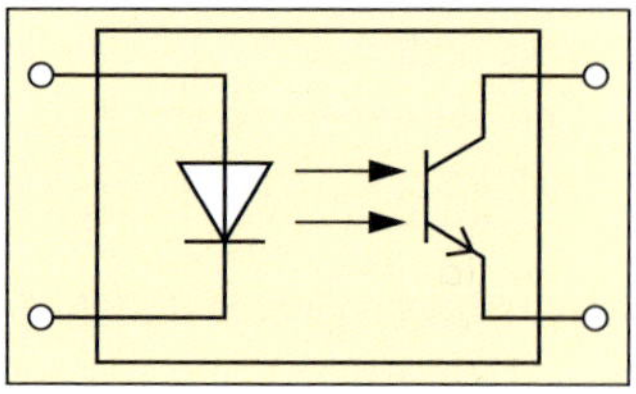

Abb. 2: Schaltzeichen eines Optokopplers

Optokoppler trennen die Signale galvanisch. → Die Störsignale werden so nicht weiter übertragen. Sie eignen sich zur Trennung sowohl von digitalen als auch von analogen Signalen.

> Ein Optokoppler überträgt ein elektrisches Signal zwischen galvanisch getrennten Schaltkreisen mit Licht (**Potentialtrennung**).

Funktionsweise:

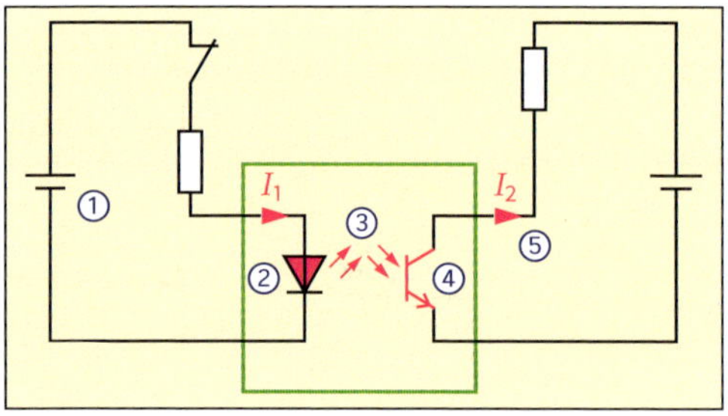

Abb. 3: Durch Optokoppler getrennte Stromkreise

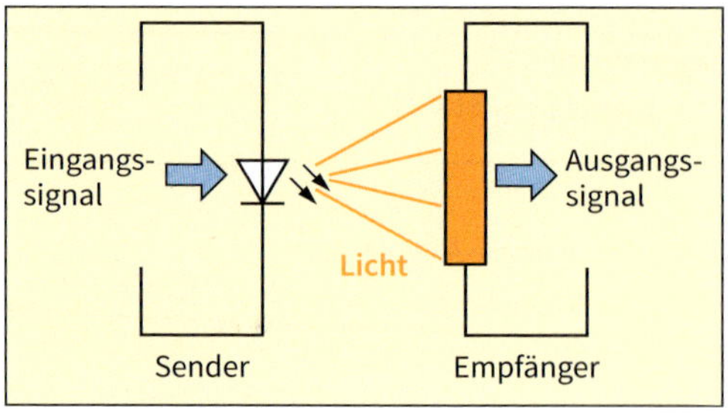

Abb. 4: Sender- und Empfängermodell

Funktionsweise des Optokopplers (Abb. 3):

① An die LED am Eingang wird eine elektrische Spannung angelegt.
② Auf diese Weise wird (Infrarot-)Licht erzeugt.
③ Das Licht wandert über einen transparenten Spalt im Optokoppler.
④ Die Basis des Fototransistors (Empfänger) wird durch das Licht aktiviert.
⑤ Der Transistor wandelt das Licht wieder in ein elektrisches Signal.

Das entspricht dem Sender-Empfängermodell (Abb. 4).

- Am Eingang (Sender) wird ein Signal ausgesendet.
- Das Signal wird „kontaktlos" übertragen.
- Der Empfänger erhält das Signal.
- Das Signal wird auf der Empfängerseite umgewandelt und weiterverarbeitet.

2 Leistungselektronik

Die Leistungselektronik befasst sich mit dem Schalten, Umformen und Regeln **elektrischer Energie**. Nachfolgend sind Beispiele für Anwendungen dargestellt.

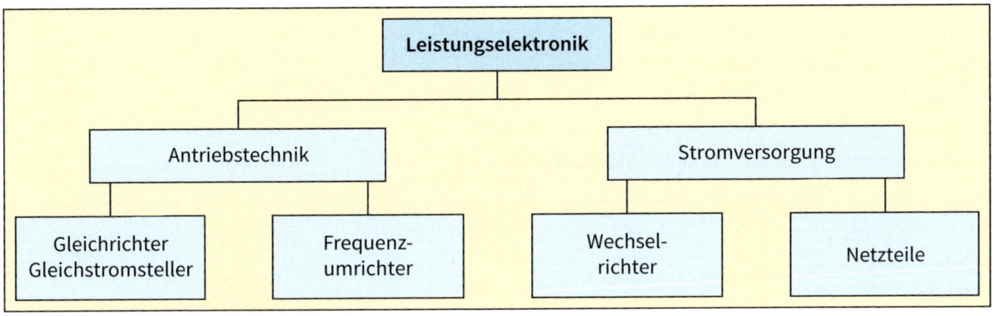

2.1 Bauelemente der Leistungselektronik

In der Leistungselektronik verwendet man **Halbleiterbauelemente**, die in der Lage sind, **hohe Ströme und Spannungen** sicher zu schalten. Beispiele:

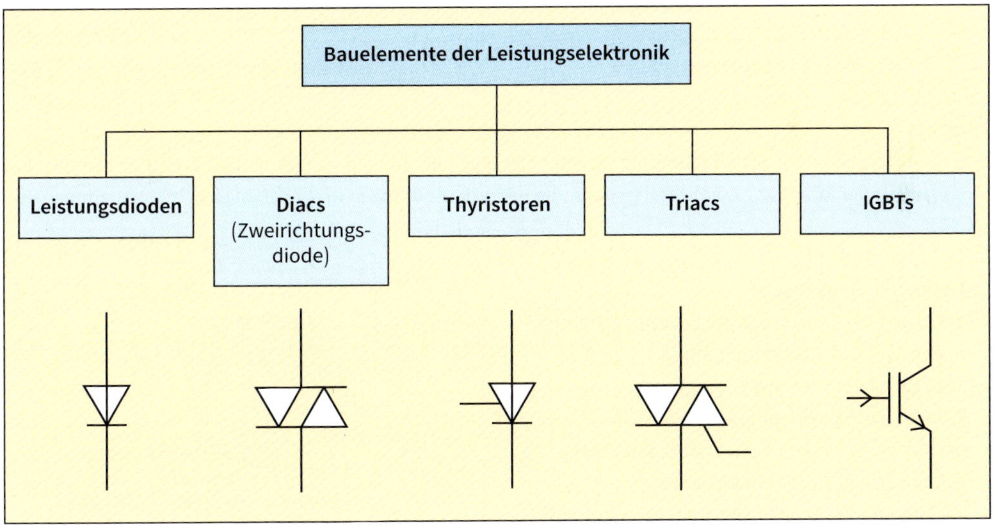

2.1.1 Leistungsdioden

Leistungsdioden (Powerdioden) besitzen eine breitere PN-Schicht als einfache Gleichrichterdioden. Sie können mehrere hundert Kiloampere (kA) schalten und haben eine Sperrspannung von mehreren tausend Volt (kV). Sie sind jedoch nicht für Frequenzen über 1 MHz geeignet. Ihr Sperrwiderstand liegt im Megaohmbereich.

Anwendungsbereiche sind

- Batterielade- und Gleichstromversorgung,
- Wechselrichter und
- Freilaufdioden.

2.1.2 Diacs

Diacs sind Zweirichtungsdioden. Sie können also in beide Richtungen leiten und sind daher für Wechselspannungsanwendungen vorteilhaft.

Arten von Diacs sind
- Dreischichtdioden (PNP), (siehe Abb. 1),
- Vierschichtdioden (PNPN),
- Fünfschichtdioden (PNPNP).

In der Praxis werden meist die Dreischichtdioden eingesetzt:

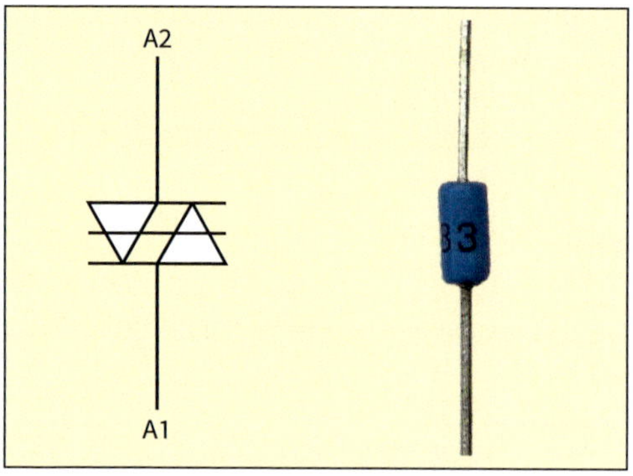

Abb. 1: Schaltzeichen und Bauteil Dreischichtdiac

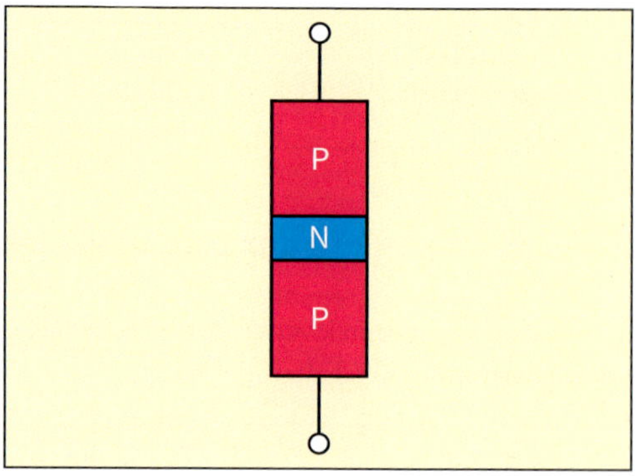

Abb. 2: Schichtaufbau Dreischichtdiac

Funktion

Beim Überschreiten der **Schaltspannung** schaltet der Diac unabhängig von der Polarität und bleibt auch bei Verringerung der Spannung bis zur **Haltespannung** leitend. Die meisten Diacs haben eine Schaltspannung von ca. 30 V.

Die Kennlinie eines Diacs
- hat in positiver und negativer Spannungsrichtung jeweils eine Schaltspannung (V_{BO}),
- hat in positiver und negativer Spannungsrichtung jeweils eine Haltespannung (V_F).
- Bei angelegter Spannung > Schaltspannung → leitet der Diac, die Spannung fällt ab.
- Im leitenden Zustand ist die angelegte Spannung < Haltespannung → das Diac sperrt.
- Die üblichen Schaltspannungen liegen bei 30 V bis 40 V.

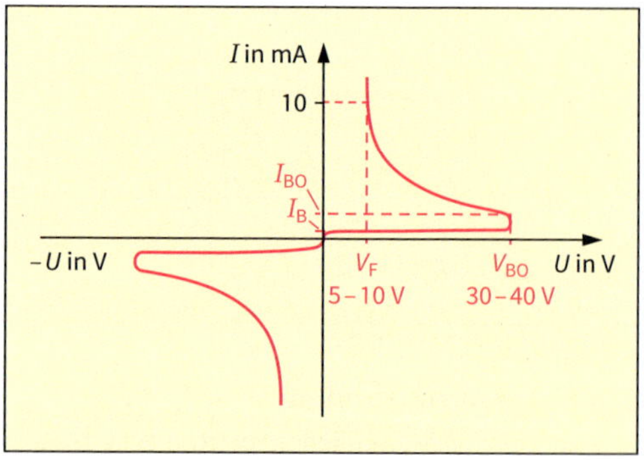

Abb. 3: Kennlinie eines Diacs (Beispiel)

Einsatz von Diacs:
- Erzeugung von Spannungsimpulsen (z. B. zum Zünden von Thyristoren oder Triacs).
- Leistungssteuerung von Verbrauchern (z. B. Phasenanschnittssteuerung von Leuchten).

Datenblattauszug (Beispiel): DIAC DB3-22	
V_{BO}: 28 V – 36 V	I_B: 10 mA
I_{BO}: 100 mA	P_{tot}: 150 mW

2.1.3 Thyristoren

Die Bezeichnung Thyristor ist aus den beiden Begriffen Thyratron und Transistor zusammengesetzt. Ein Thyristor besteht aus vier Halbleiterschichten, jeweils abwechselnd P- und N-dotiert. Die Anschlüsse werden mit **Gate (G)**, **Anode (A)** und **Kathode (K)** bezeichnet (Abb. 1).

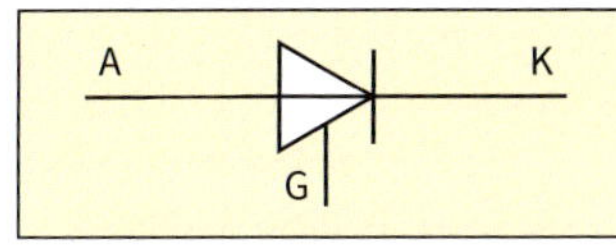

Abb. 1: Schaltzeichen Thyristor (allgem.)

Thyristortypen	
P-Gate Thyristor	N-Gate Thyristor
Das Gate (G) ist kathodenseitig (K) an die p-dotierte Schicht angeschlossen.	Das Gate (G) ist anodenseitig an die n-dotierte Schicht angeschlossen.
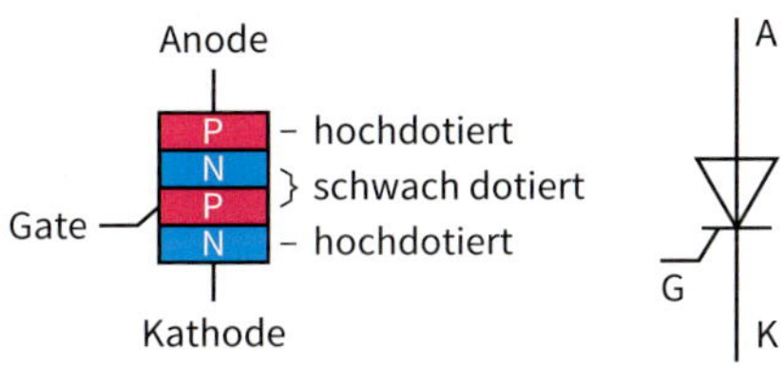	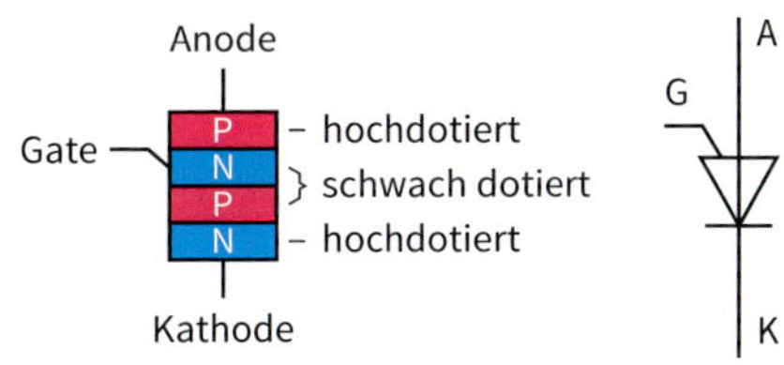
Wird mit positiver Gatespannung angesteuert.	Wird mit negativer Gatespannung angesteuert.

Der Thyristor
- kann in Gleich- und Wechselstromkreisen eingesetzt werden,
- kann mit einem kleinem Steuerimpuls eine große Ausgangsleistung schalten,
- wirkt, sobald er eingeschaltet ist, wie eine Diode.

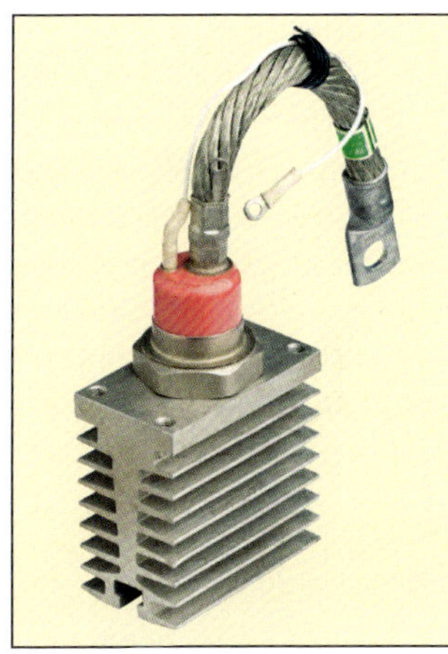
Abb. 2: Leistungsthyristor mit Kühlkörper

Anwendungsbereiche:
- Gesteuerte Gleichrichter (Kap. 2.2.8).
- Schaltverstärker.
- Überspannungsschutz.

Kenndaten Thyristor (Typ 12TTS08)		
Zündspannung	$U_G = 0{,}9\ \text{V}$	
Durchlassstrom	$I_F = 12\ \text{A}$	
Haltestrom	$I_H = 30\ \text{mA}$	
Sperrspannung	$U_{RM} = 800\ \text{V}$	

Funktionsweise (Abb. 3):

Der Thyristor sperrt im Ruhezustand den Strom auch bei angelegter Betriebsspannung. Wird am Gate eine Gatespannung U_G angelegt (**Steuerimpuls**), dann werden die inneren Sperrschichten abgebaut. Der Thyristor wird nun leitend und wirkt wie eine Diode. Er sperrt daher auch bei angelegter Betriebsspannung. Dieser Vorgang wird als **Zündung** bezeichnet. Der Laststrom I_F fließt auch dann noch weiter, wenn $U_G = 0$ ist, solange der Laststrom nicht kleiner als der **Haltestrom** des Thyristors wird.

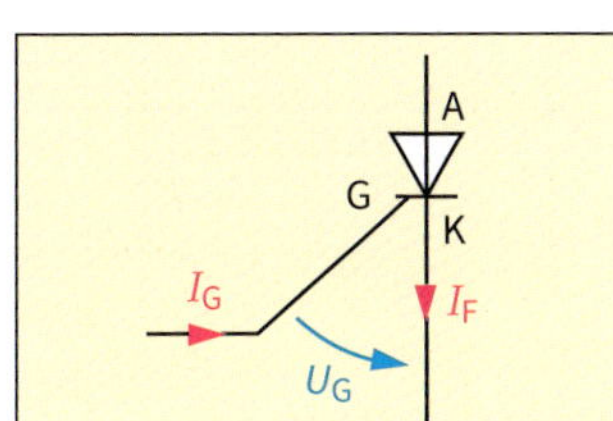

Abb. 3: Spannungen und Ströme am Thyristor

> Der Thyristor wird mit der Spannung U_G (Spannungsimpuls) eingeschaltet (**gezündet**) und bleibt leitend, solange der **Haltestrom** nicht unterschritten wird.

Abb. 1 zeigt das Kennlinienfeld des Thyristors:

① Durchlassbereich:
Je nach Spannungshöhe $U_G > 0V$ zündet der Transistor und es fließt der Strom I_F.

② Sperrbereich:
Der Thyristor sperrt. Es fließt ein minimaler Sperrstrom I_R.

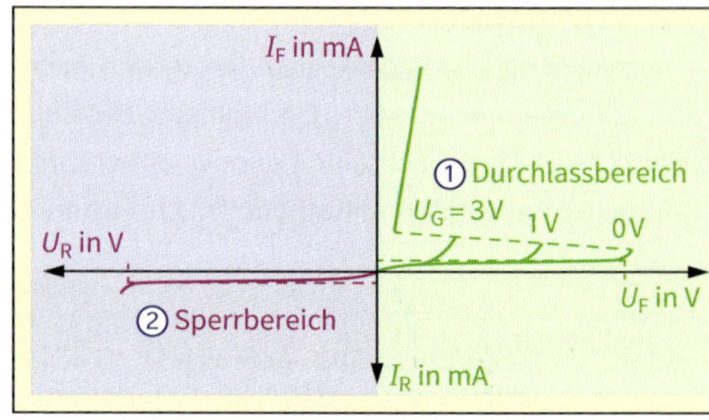

Abb. 1: Kennlinienfeld eines Thyristors

In Abb. 2 ist eine Schaltung eines **Thyristors als DC-Schalter** zu sehen:

- Der Taster S1 zündet den Thyristor → Strom über die Leuchte E1 kann fließen.
- Der Strom fließt, bis über Öffner Q1 ausgeschaltet wird.

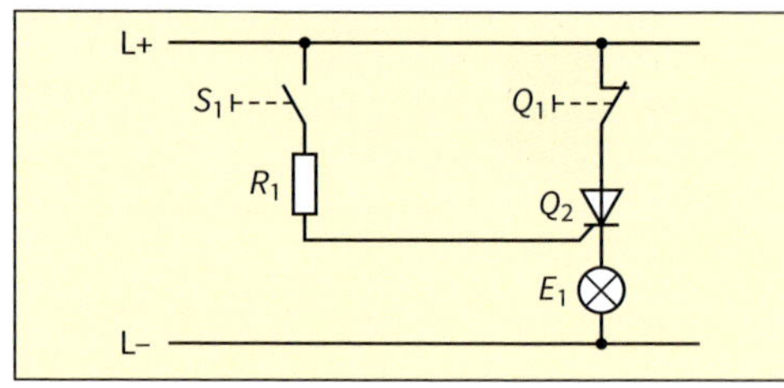

Abb. 2: Thyristor als Schalter

Eine Weiterentwicklung ist der **GTO-Thyristor** (**g**ate-**t**urned-**o**ff). Dieser lässt sich durch einen positiven Gateimpuls ein- und durch einen negativen Gateimpuls ausschalten.

2.1.4 Triacs

Ein **Triac** (**tri**ode for **a**lternating **c**urrent), auch Zweirichtungs-Thyristortriode genannt

- besteht aus zwei antiparallel geschalteten Thyristoren (P- und N-Gate, Abb. 3),
- lässt sich mit Gleichstrom oder Wechselstrom in beide Richtungen zünden und
- hat zwei Durchlassbereiche.

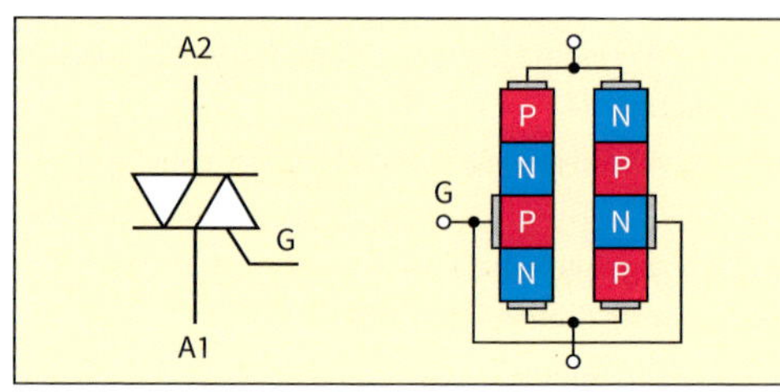

Abb. 3: Schaltzeichen und Aufbau von Triacs

Triac		
Kennlinienfeld des Triacs	Spannungsversorgung des Triacs	
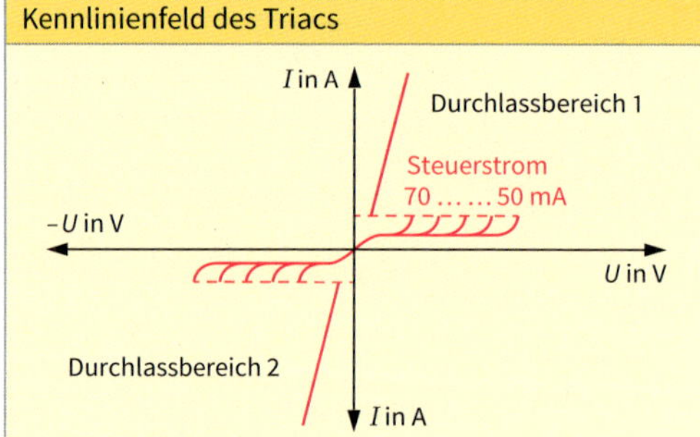	Durchlassbereich 1: Gate mit **positiver** Gatespannung angesteuert. 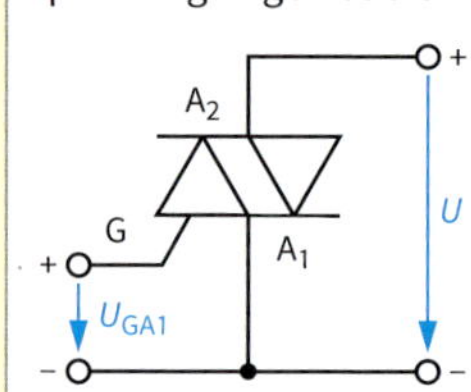	Durchlassbereich 2: Gate mit **negativer** Gatespannung angesteuert. 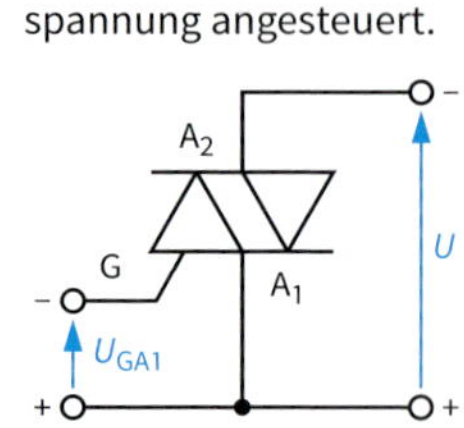

Anwendungsbereiche des Triacs:

- Dimmer,
- Wechselstromsteller (Wechselstromumrichter),
- Drehmomentregelung von Wechselstrommotoren (z. B. elektrische Handbohrmaschinen),
- verschleißfreier Schalter im Wechselstromkreis.

Baugrößen:

U_N: bis 1200 V

I_N: bis 300 A

Phasenanschnittsteuerung

Durch eine Phasenanschnittsteuerung lässt sich die Leistung eines Verbrauchers stufenlos verändern. Ein Beispiel ist die Dimmer-Schaltung mit einem Triac.

> Phasenanschnittsteuerung:
> Stufenlose Leistungsregelung bei Wechselstromstellern (mit Triac) und gesteuerten Gleichrichterschaltungen (mit Thyristoren).

Funktionsweise Dimmer mit Triac (Abb. 1)

Positive Halbwelle der Spannung:

- Kondensator C lädt sich auf (U_C), Aufladezeit $\tau = R_1 \cdot C$
- Wenn U_C die Durchbruchspannung des Diacs erreicht, schaltet dieser und gibt einen **Impuls** (I_G) **an das Gate** des Triacs.
- Triac schaltet → Laststrom I_L fließt → Leuchte leuchtet.

Negative Halbwelle der Spannung:

- Bei negativer Halbwelle leitet der Thyristor zunächst nicht → Kondensator C lädt sich in umgekehrter Polarität auf.
- Wenn Durchbruchspannung des Diacs erreicht ist, schaltet dieser wieder den Impuls ans Gate des Triacs.
- Triac schaltet → Laststrom I_L fließt → Leuchte leuchtet.

Mit dem Potentiometer R_1 wird der **Zündwinkel α** eingestellt. Abb. 2 zeigt den Verlauf der Spannung an der Lampe in Abhängigkeit vom eingestellten Zündwinkel. Die Helligkeit der Lampe ergibt sich aus dem Effektivwert der Spannung. Der Stromverlauf ist jedoch nicht mehr sinusförmig (Abb. 3).

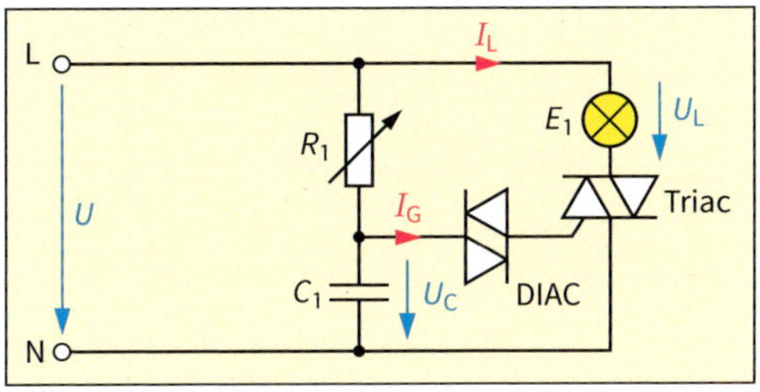

Abb. 1: Dimmerschaltung für eine Leuchte

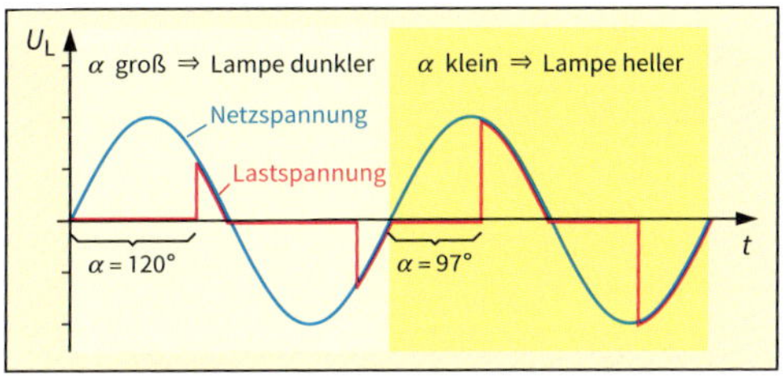

Abb. 2: Spannungsverlauf bei Phasenanschnittsteuerung

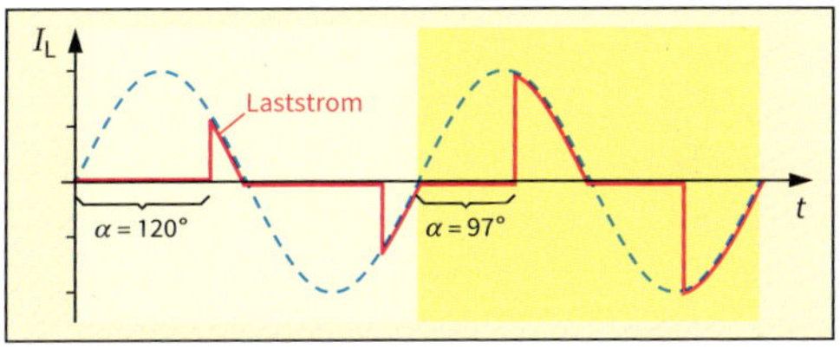

Abb. 3: Laststrom bei Phasenanschnittsteuerung

Vorteile der Phasenanschnittsteuerung

- Sehr geringer Leistungsverlust.
- Einfache Schaltung für ohmsche oder induktive Lasten.

> Der **Zündwinkel α** gibt an, wann der Triac durchgeschaltet wird.

Nachteile der Phasenanschnittsteuerung

- Der Stromverlauf ist nicht sinusförmig → Dies hat Rückwirkungen auf das Netz (Oberschwingungen).
- EMV-Probleme
- Es tritt Verzerrungsblindleistung auf.
- Die Schaltung eignet sich nicht für kapazitve Lasten wie z. B. elektronische Transformatoren.

Phasenabschnittsteuerung

Für kapazitive Verbraucher ist die Phasenabschnittsteuerung eine Alternative. Sie wird mit MOS-FETs realisiert. Abb. 4 zeigt einen beispielhaften Spannungsverlauf. Hier wird das Ende der Halbwelle „abgeschnitten". Die Phasenabschnittsteuerung wird z. B. für LED-Dimmer verwendet.

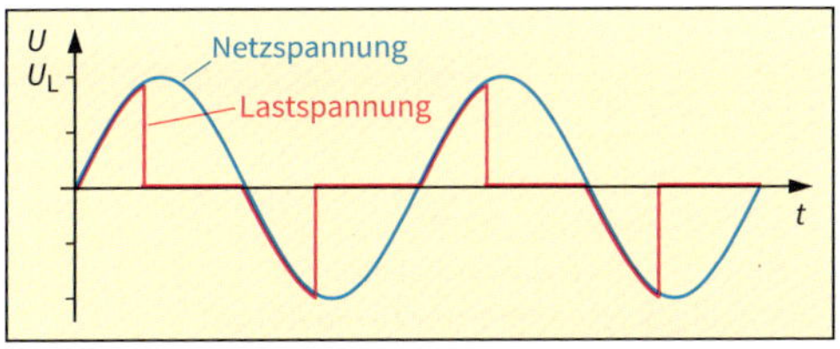

Abb. 4: Spannungsverlauf bei Phasenabschnittsteuerung

2.1.5 IGBTs

Ein **IGBT** (**I**nsulated-**G**ate **B**ipolar **T**ransistor) ist
- eine Weiterentwicklung des vertikalen Leistungs-MOS-FETs und
- eine **Kombination** von Bipolar- und MOS-FET-Transistoren:

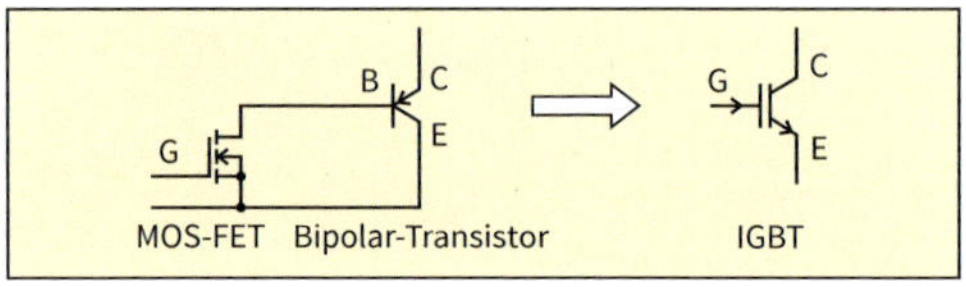

Abb. 1: IGBT-Module

Analog zu den Feldeffekttransistoren gibt es jeweils N- oder P-Kanal IGBTs vom Anreicherungstyp (selbstleitend) oder vom Verarmungstyp (selbstsperrend).

Schaltzeichen			
N-Kanal IGBT-Anreicherungstyp		P-Kanal IGBT-Anreicherungstyp	
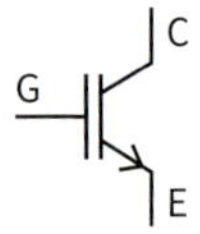 allgemein	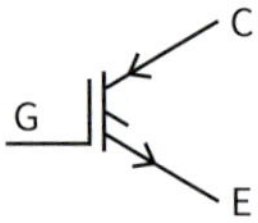 genormt	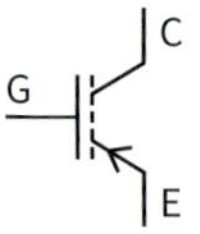 allgemein	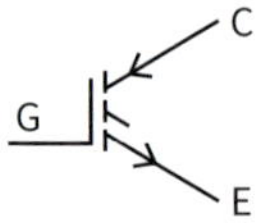 genormt

Aufbau eines N-Kanal-IGBT's (Abb. 2):
- Vierschicht-Halbleiterbauelement (N+PN+).
- Hochdotiertes P-Substrat mit einem speziell ausgebildeten PN-Übergang auf der Rückseite.
- Auf dem Trägermaterial schwachdotierte Schicht (N-).
- P-Kathodenwannen und hochdotierte N-Inseln.
- Isolierter Gate-Anschluss, der es ermöglicht, die Leitfähigkeit des Transistors mit einer Spannung zu steuern.

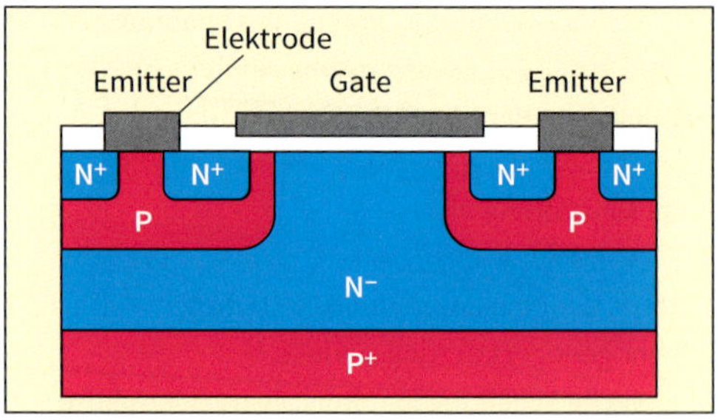

Abb. 2: Aufbau eines IGBTs

Die Vorteile von IGBTs:
- Nahezu leistungslose Ansteuerung,
- gute Kombination aus hoher Spannungsfestigkeit und niedrigem Einschaltwiderstand,
- für Schaltfrequenzen bis zu 300 kHz geeignet,
- hoher Wirkungsgrad (ca. 99 %).

Anwendungsbereiche von IGBTs:
- Wechselrichter,
- Frequenzumrichter,
- Batterieladesystemen.

Vergleich der Eigenschaften von MOS-FET- und IGBT-Transistoren	
MOS-FET-Transistoren	IGBT-Transistoren
• Hohe Spannungsfestigkeit < 1 kV. • Kleinere Ströme < 200 A. • Hohe Schaltgeschwindigkeiten. • Anfällig für Temperaturschwankungen.	• Sehr hohe Spannungsfestigkeit > 1 kV. • Sehr hohe Ströme > 500 A. • Mittlere Schaltgeschwindigkeiten. • Höhere Schaltverlustleistung als MOS-FETs. • Temperaturstabilität.

2.2 Gleichrichter

2.2.1 Prinzip der Gleichrichtung

Abb. 1 zeigt das Prinzip der Gleichrichtung. Nach der Gleichrichtung ergibt sich keine ideale Gleichspannung, sondern eine pulsierende (wellige) Gleichspannung. Diese kann durch Hinzuschalten eines Kondensators geglättet werden (Abb. 2).

> Gleichrichter wandeln **Wechselspannung in Gleichspannung** um.

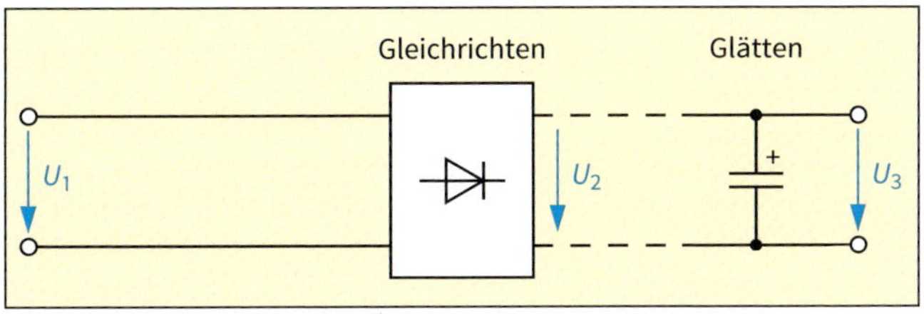

Abb. 1: Prinzip der Gleichrichtung

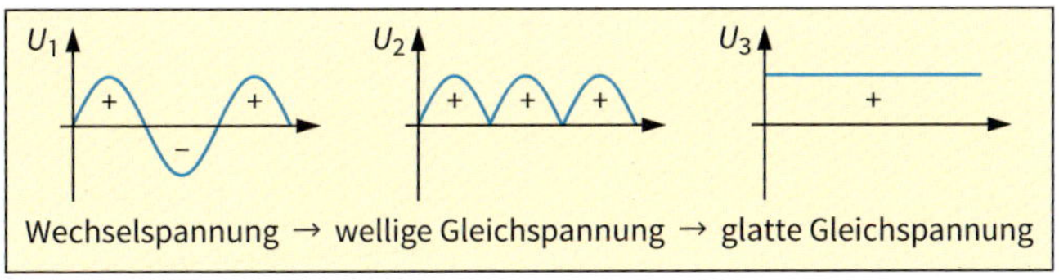

Abb. 2: Von der Wechsel- zur Gleichspannung

Kenngrößen von Gleichrichtern

Die Qualität einer Gleichrichtung kann durch Betrachten des Liniendiagramms beurteilt werden (z. B. am Oszilloskop).

- Die **Brummspannung U_p** ist der reine Wechselspannungsanteil einer gleichgerichteten Spannung. Sie kann aus dem Liniendiagramm als Spitze-Spitze-Wert u_{pss} abgelesen werden (Abb. 3).
- Die **ideelle Leerlaufgleichspannung U_{di}** gibt an, wie viel Gleichspannung nach der Gleichrichtung idealerweise zur Verfügung steht. Sie ist der arithmetische Mittelwert U_{AV} der welligen Gleichspannung.
- Die **Welligkeit *w*** ist das Verhältnis von Wechsel- zu Gleichspannungsanteil in der welligen Gleichspannung.

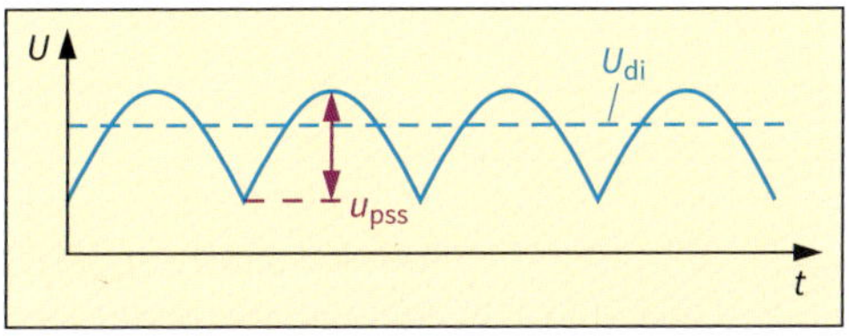

Abb. 3: Kenngrößen einer welligen Gleichspannung

Welligkeit *w* (ohne Einheit)

$$w = \frac{U_P}{U_d}$$

U_P: Effektivwert der Brummspannung in Volt (V)
U_d: Mittelwert der Gleichspannung auf der Ausgangsseite in Volt (V)

2.2.2 Ungesteuerte Gleichrichterschaltungen

Man unterscheidet gesteuerte und ungesteuerte Gleichrichterschaltungen.

- **Ungesteuerte Gleichrichter:** Ausgangsspannung ist fest durch die Eingangsspannung vorgegeben.
- **Gesteuerte Gleichrichter:** Ausgangsspannung ist einstellbar.

Kennzeichnung von Gleichrichterschaltungen:

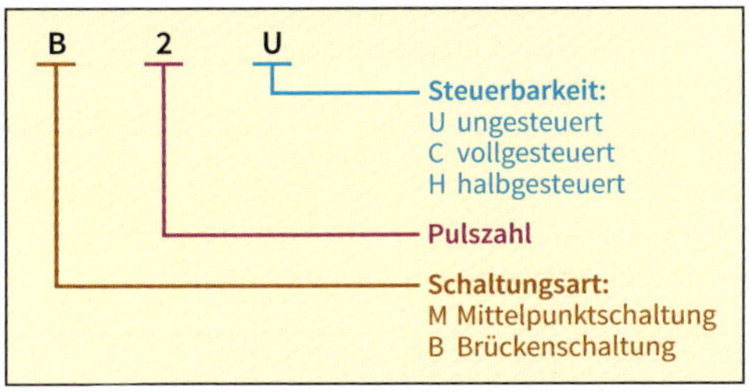

Hier: B2U = Zweipulsbrückenschaltung ungesteuert.

Abb. 4: Gleichrichtersätze (Brückengleichrichter)

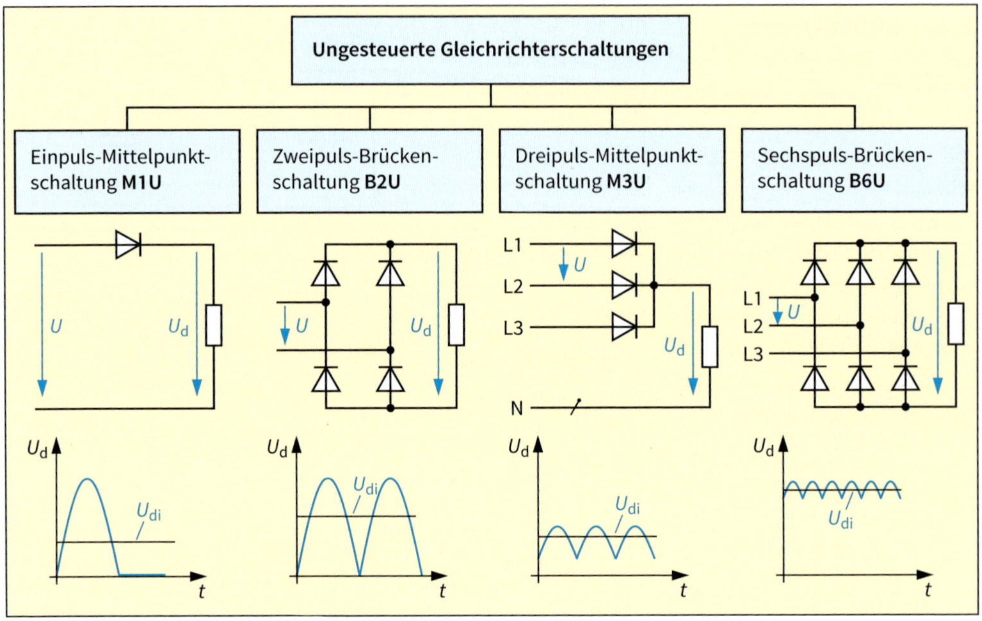

2.2.3 Einpuls-Mittelpunktschaltung (M1U)

Die M1U (früher: E1U) ist die einfachste Gleichrichterschaltung. Sie besteht aus einer einzelnen Diode (Abb. 1).

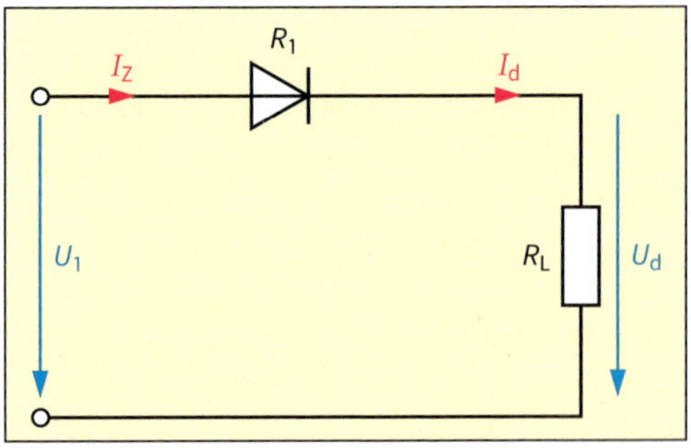

Abb. 1: Schaltung M1U

Funktionsweise

Die Wechselspannung U_1 wird an der Diode angelegt. Die Diode lässt den Strom in Durchlassrichtung passieren, wenn an der Anode eine positivere Spannung anliegt als an der Kathode. Deshalb kann nur die **positive Halbwelle** der Wechselspannung passieren.
Die negative Halbwelle wird gesperrt. An der Last liegt eine pulsierende Gleichspannung an. (Ein Puls pro Netzperiode) (Abb. 2).

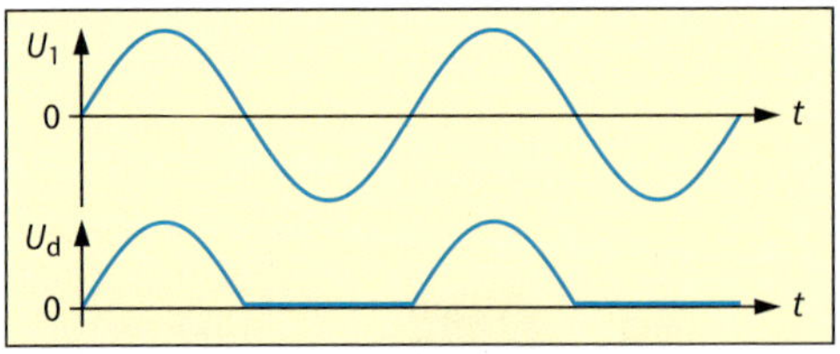

Abb. 2: Eingangs- (U_1) und Ausgangsspannung (U_d) der M1U

Kenndaten M1U

$U_{di} = 0{,}45 \cdot U_1$ $w = 1{,}21$ $I_Z = I_d$

U_1: Effektivwert der Eingangsspannung
U_{di}: Ideelle Leerlaufgleichspannung
I_d: Gleichstrom an der Last
I_Z: Zweigstrom an der Diode
w: Welligkeit

Der Mittelwert der Ausgangsspannung U_d ist wesentlich kleiner als der Effektivwert der Eingangsspannung U_1. Die M1U wird selten genutzt, da sie einen schlechten Wirkungsgrad und eine hohe Welligkeit hat.

Die M1U-Schaltung hat einen **schlechten Wirkungsgrad** und eine **hohe Welligkeit**.

2.2.4 Zweipuls-Brückenschaltung (B2U)

Die B2U besteht aus vier zu einer Brücke zusammengeschalteten Dioden (Abb. 1). Es werden **beide Halbwellen** (Pulse) der Wechselspannung genutzt.

Funktionsweise

- Beim Anliegen der positiven Halbwelle leiten zunächst die beiden Dioden R1 und R4 (Abb. 2). → Am Lastwiderstand R_L liegt positive Spannung an.
- Beim Anliegen der negativen Halbwelle leiten nun die beiden Dioden R3 und R2 (Abb. 3) → Am Lastwiderstand R_L liegt wieder eine positive Halbwelle an. Die negative Halbwelle wurde „hochgeklappt".

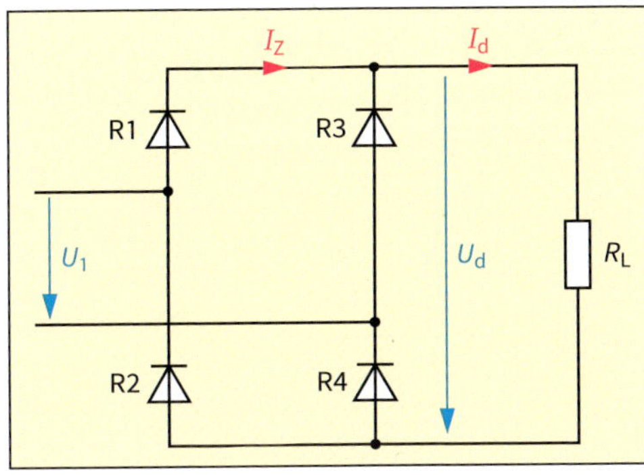

Abb. 1: Zweipulsbrückenschaltung B2U

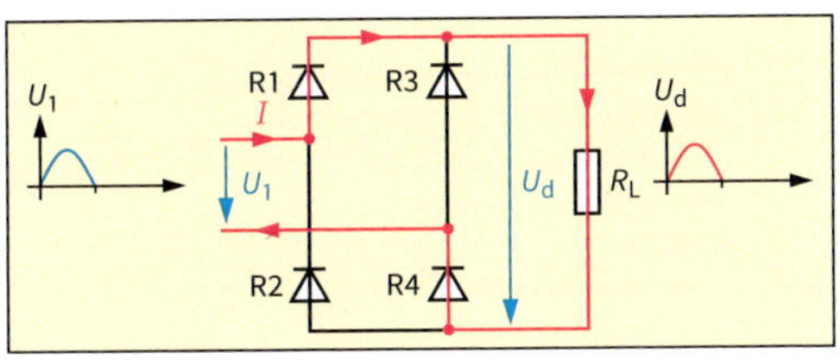

Abb. 2: Positive Halbwelle

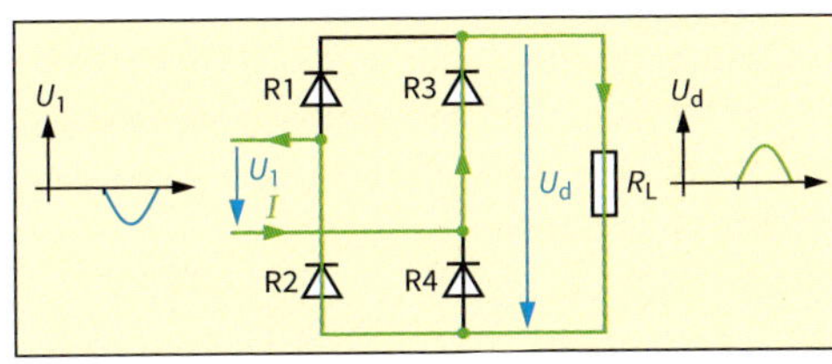

Abb. 3: Negative Halbwelle

Es ergibt sich eine pulsierende Gleichspannung, die aus zwei Halbwellen besteht (Abb. 4). Der Laststrom I_d besteht aus zwei Zweigströmen I_Z.

Die ideelle Leerlaufgleichspannung ist doppelt so groß wie bei der M1U-Schaltung.

Die B2U ist eine häufig verwendete Gleichrichterschaltung. Die Welligkeit ist gering und kann durch einen Glättungskondensator weiter verringert werden (Abb. 2).

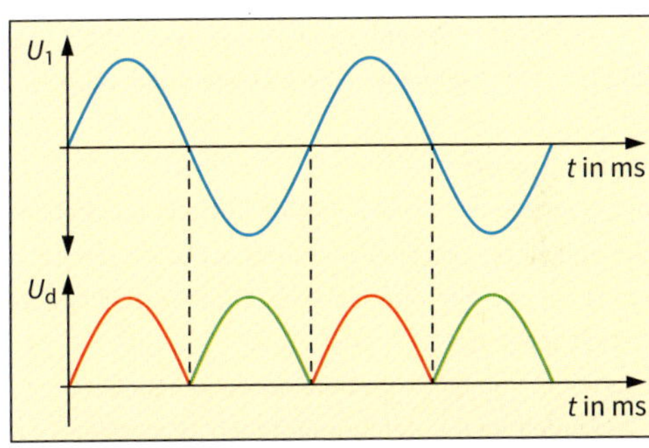

Abb. 4: Eingangs- (U_1) und Ausgangsspannung (U_d) der B2U

Kenndaten B2U

$U_{di} = 0{,}9 \cdot U_1$ $w = 0{,}48$ $I_Z = \frac{1}{2} \cdot I_d$

U_1: Effektivwert der Eingangsspannung
U_{di}: Ideelle Leerlaufgleichspannung
I_d: Gleichstrom an der Last
I_Z: Zweigstrom einer Diode
w: Welligkeit

2.2.5 Dreipuls-Mittelpunkt-Schaltung (M3U)

Die M3U ist eine Gleichrichterschaltung für Drehstrom (Dreiphasenwechselspannung). Sie schaltet drei Halbwellen (Pulse) pro Periode durch.

Funktionsweise

Die Dreiphasenwechselspannung besteht aus drei um 120° versetzte Wechselspannungen. Die Dioden R_1 bis R_3 lassen nur die positiven Halbwellen von L1, L2 und L3 passieren. Es leitet immer nur die Diode, die dem Außenleiter mit der jeweils höchsten Spannung gegen Erde liegt (Abb. 1 und 2 Folgeseite).

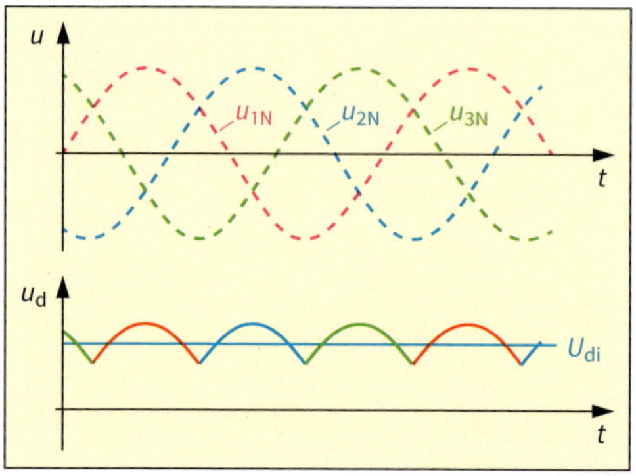

Abb. 1: Eingangs- (U) und Ausgangsspannung (U_d) der M3U

Der Zeitpunkt der Stromübernahme von einer Diode zur anderen ist nur von der Netzspannung abhängig. Man nennt diese Art von Schaltungen daher **netzgeführte Stromrichter**.

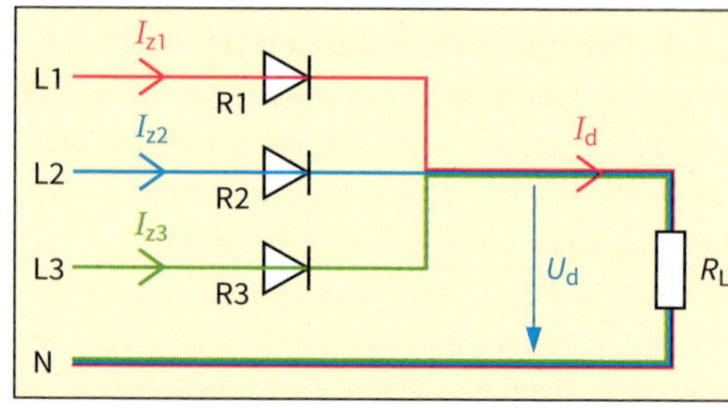

Abb. 2: Stromfluss der drei Dioden

Kenndaten M3U

$U_{di} = 0{,}675 \cdot U_1$ $w = 0{,}18$ $I_Z = \frac{1}{3} \cdot I_d$

U_1: Effektivwert der Eingangsspannung
U_{di}: Ideelle Leerlaufgleichspannung
I_d: Gleichstrom an der Last
I_Z: Zweigstrom einer Diode
w: Welligkeit

2.2.6 Sechspuls-Brückenschaltung (B6U)

Die B6U ist die meistgenutzte Gleichrichterschaltung für Drehstrom (Dreiphasenwechselspannung). Sie schaltet sechs Halbwellen pro Periode durch (Abb. 3).

Funktionsweise

Die Dreiphasenwechselspannung besteht aus drei um 120° versetzten Wechselspannungen.Wie bei der B2U-Schaltung werden immer zwei Dioden gleichzeitig durchgeschaltet.

- Es leiten immer die Dioden, die zwischen den Außenleitern mit der momentanen maximalen Differenzspannung liegen.
- Die Ausgangsspannung ist die Addition der Spannungen gegen Erde an den beiden stromführenden Dioden (Abb. 4).

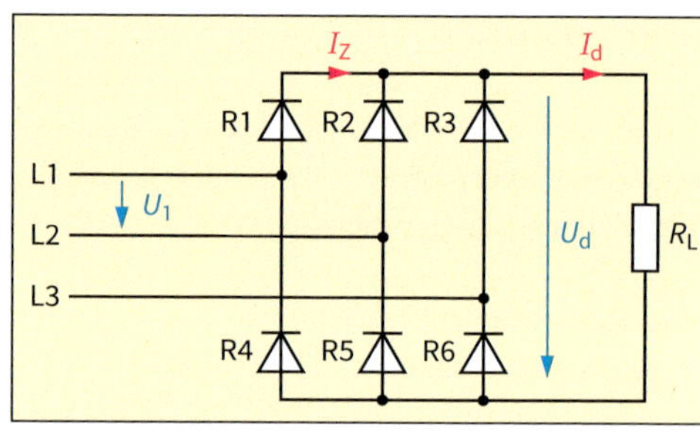

Abb. 3: Schaltung B6U

Kenndaten B6U

$U_{di} = 1{,}35 \cdot U_1$ $w = 0{,}04$ $I_Z = \frac{1}{3} \cdot I_d$

U_1: Effektivwert der Eingangsspannung
U_{di}: Ideelle Leerlaufgleichspannung
I_d: Gleichstrom an der Last
I_Z: Zweigstrom einer Diode
w: Welligkeit

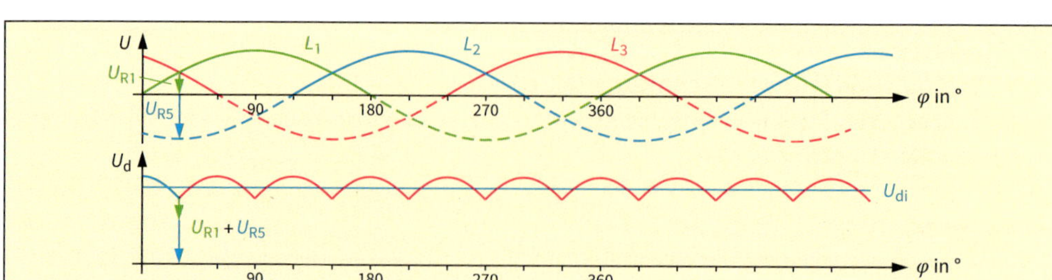

Abb. 4: Eingangs- (U) und Ausgangsspannung (U_d) der B6U

2.2.7 Glättung von gleichgerichteten Spannungen

Der Glättungskondensator wird **parallel** zum Verbraucher hinter der Gleichrichterschaltung platziert (Abb. 1). Er verringert die **Welligkeit** der gleichgerichteten Spannung U_d und erhöht damit auch den Mittelwert der Ausgangsspannung U_d. Er ist meist ein Elektrolytkondensator (Elko) und wird auch als **Ladekondensator** bezeichnet.

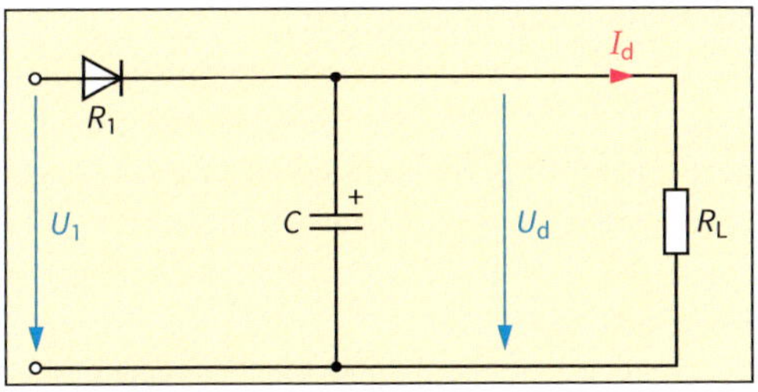

Abb. 1: M1U mit Glättungskondensator

> Ein Glättungskondensator verringert die Brummspannung und die Welligkeit (w) und erhöht den Mittelwert der Ausgangsspannung.

Der Unterschied in der gleichgerichteten Spannung ist in Abb. 2 und 3 zu sehen. Die Höhe der verbleibenden Brummspannung U_p hängt von der Kondensatorkapazität ab.

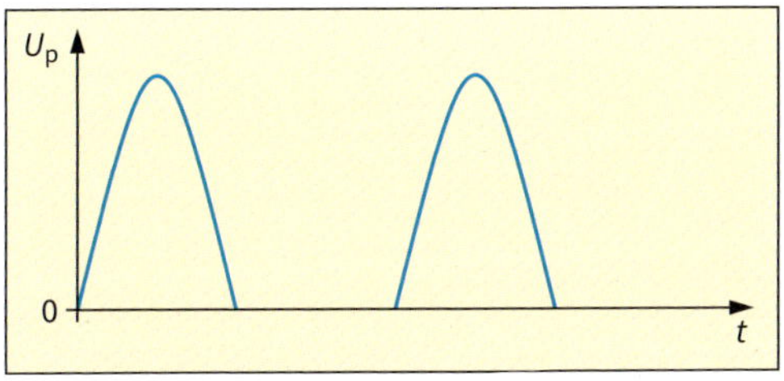

Abb. 2: Ausgangsspannung **ohne** Glättungskondensator

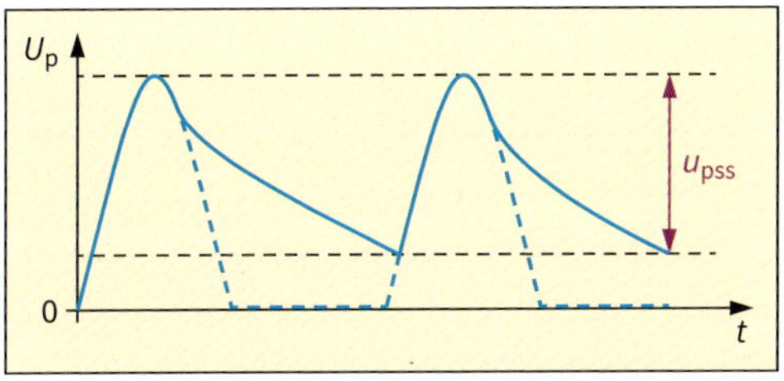

Abb. 3: Ausgangsspannung **mit** Glättungskondensator

Die **Brummspannung U_p** ist abhängig von

- der Kapazität des Kondensators,
- der Ladezeit des Kondensators (Frequenz),
- der Stromaufnahme des Verbrauchers.

Die **Brummfrequenz f_p** hängt von der Pulszahl der Gleichrichterschaltung ab.

Beispiel: E1U: $f_p = 50$ Hz
B2U: $f_p = 100$ Hz

Kapazität des Glättungskondensators C_G in F (Näherungsformel)

$$C_G = 0{,}75 \cdot \frac{I_d}{u_{pss} \cdot f_p}$$

u_{pss}: Spitze-Spitze-Wert der Brummspannung in Volt (V)
I_d: Gleichstrom an der Last in Ampere (A)
f_p: Frequenz der Brummspannung in Hertz (Hz)

2.2.8 Gesteuerte Gleichrichterschaltungen

Gesteuerte Gleichrichterschaltungen nutzen **Thyristoren**, um die Höhe der Ausgangsspannung zu steuern. Die Grundschaltungen sind genauso aufgebaut wie die ungesteuerten Gleichrichterschaltungen.

Man unterscheidet **vollgesteuerte Gleichrichter** (nur Thyristoren statt Dioden) und **halbgesteuerte Gleichrichter** (Dioden in einem Zweig und Thyristoren im anderen Zweig, Abb. 4).

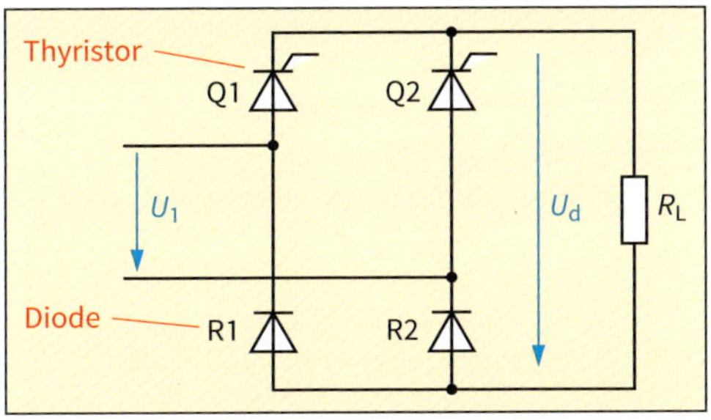

Abb. 4: Halbgesteuerter Brückenschaltung B2HK

Zweipulsbrückenschaltung (B2C)

Die B2C ist eine **vollgesteuerte Gleichrichterschaltung**, die beide Halbwellen der Wechselspannung nutzt. Sie wird z. B. zur Drehzahlregelung von Gleichstrommotoren im Wechselstromnetz benutzt.

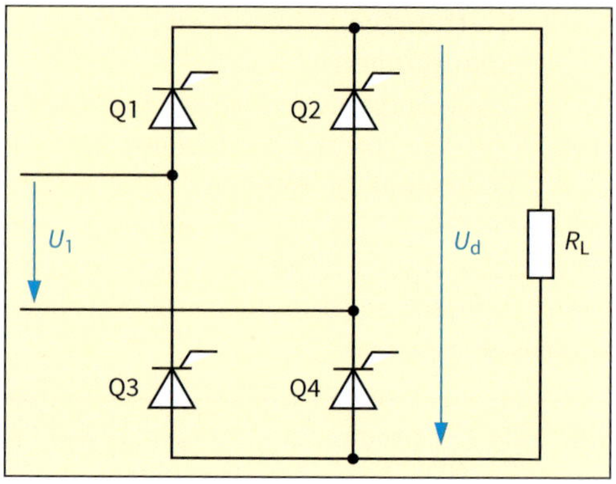

Abb. 1: Schaltung einer B2C

Funktionsweise

Die Zweipulsbrückenschaltung B2C funktioniert prinzipiell so wie die Zweipulsbrückenschaltung B2U. Der Unterschied ist, dass die Thyristoren der B2C einzeln ansteuerbar sind. Die Höhe der Ausgangsspannung wird über den **Zündwinkel** α gesteuert (siehe auch Phasenanschnittsteuerung Kap. 1.7.4).

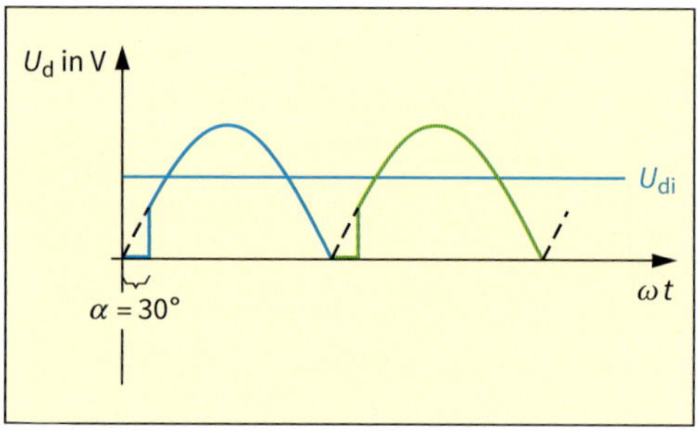

Abb. 2: Ausgangsspannung der B2C, Zündwinkel $\alpha = 30°$

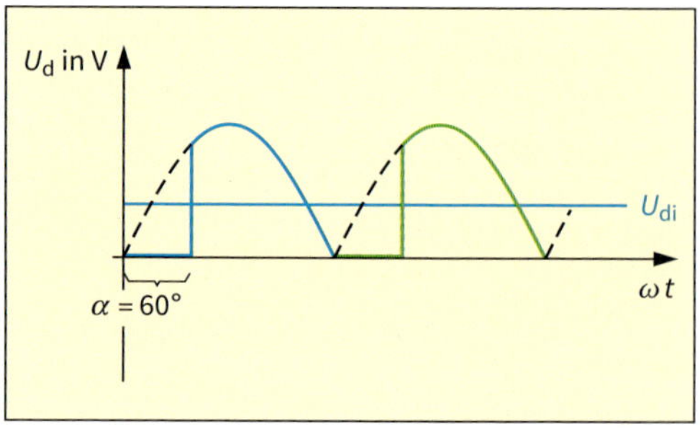

Abb. 3: Ausgangsspannung der B2C, Zündwinkel $\alpha = 60°$

Der Vergleich von Abb.2 und Abb. 3 zeigt, dass die Ausgangsspannung U_d umso größer ist, je kleiner der Zündwinkel ist, d. h. je früher der Thyristor gezündet wird. Die maximale Ausgangsspannung wird beim Zündwinkel $\alpha = 0°$ erreicht.

Sie entspricht der Ausgangsspannung der entsprechenden ungesteuerten Gleichrichterschaltung. Die Steuerbarkeit wird durch einer **Steuerkennlinie** dargestellt (Abb. 4).

z.B.

Beispiel:
Eine B2C-Schaltung wird an 230 V mit einem Zündwinkel von $\alpha = 80°$ betrieben.
Wie groß ist die Gleichspannung?

Lösung:
Für eine B2U-Schaltung gilt:

$$\frac{U_{di}}{U_1} = 0{,}9 \rightarrow U_{di} = 0{,}9 \cdot 230\ \text{V} = 207\ \text{V}$$

Abgelesen aus Steuerkennlinie bei $\alpha = 80°$:

$$U_{d\alpha} = 0{,}6 \cdot U_{di} \rightarrow U_{d\alpha} = 0{,}6 \cdot 207\ \text{V} = 124{,}2\ \text{V}$$

Die Ausgangsspannung der B2C beträgt 124,2 V.

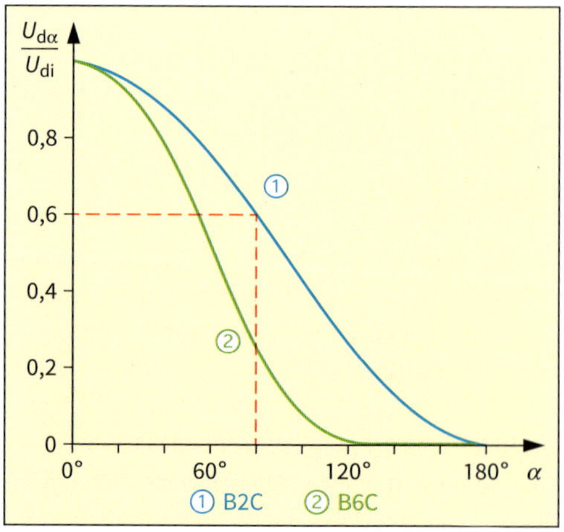

Abb. 4: Steuerkennlinien von B2C und B6C

2.3 Wechselrichter

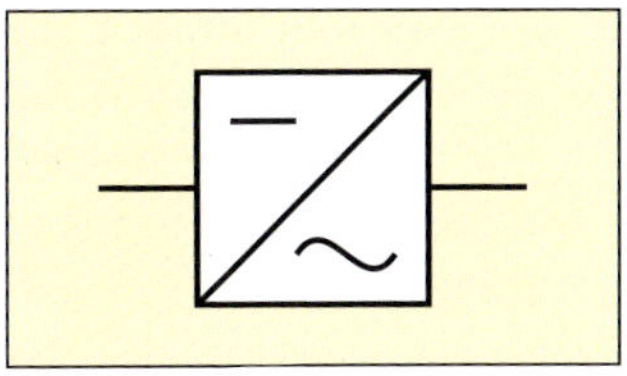

Abb. 1: Schaltzeichen Wechselrichter (allgemein)

Wechselrichter (Inverter) erzeugen aus einer Gleichspannung eine Wechselspannung. Viele Wechselrichter erzeugen keine reine Sinusspannung, sondern eine Rechteckspannung (Rechteckwechselrichter). Dies ist für induktive Lasten wie Elektromotoren oft ausreichend. Durch die Induktivität ergibt sich auch bei einer Rechteckspannung ein sinusähnlicher Stromverlauf (Abb. 3).

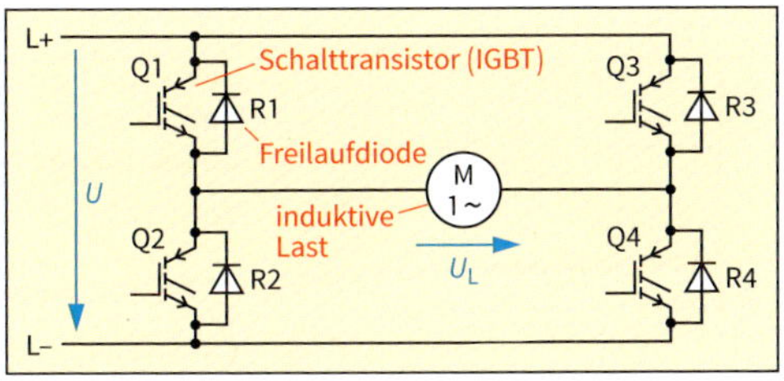

Abb. 2: Einphasiger Wechselrichter

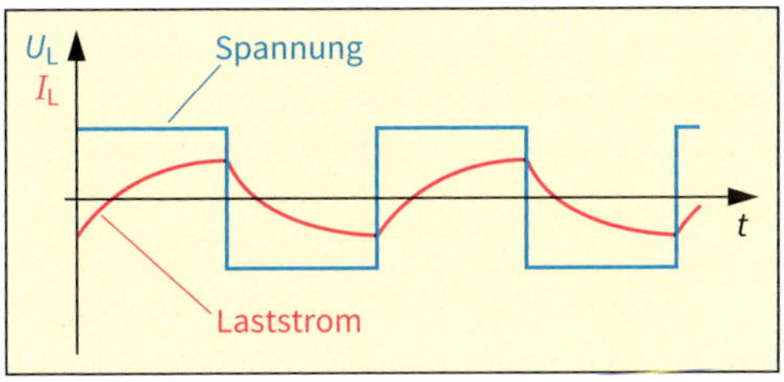

Abb. 3: Laststrom an ohmsch-induktiver Last

Der Aufbau eines einphasigen **Rechteckwechselrichters** ist in Abb. 2 dargestellt. Das Funktionsprinzip ähnelt der B2U -Gleichrichterschaltung (Brückenschaltung). Die **IGBT-Transistoren** (Kap 2.1.5) schalten die Gleichspannung mit wechselnder Polarität zur Last durch.

Funktion

- Zuerst schalten die Transistoren Q1 und Q4 durch. Die Stromrichtung durch die Last ist positiv (Abb. 4).
- Dann schalten die Transistoren Q3 und Q2. Der Stromfluss an der Last ist nun negativ (Abb. 5).
- Dadurch entsteht an der Last ein rechteckförmiger Spannungsverlauf und ein Wechselstrom (Abb. 3).

Die **Freilaufdioden** ermöglichen es dem Strom bis zum Nulldurchgang weiterzufließen, auch wenn die Transistoren schon abgeschaltet haben.

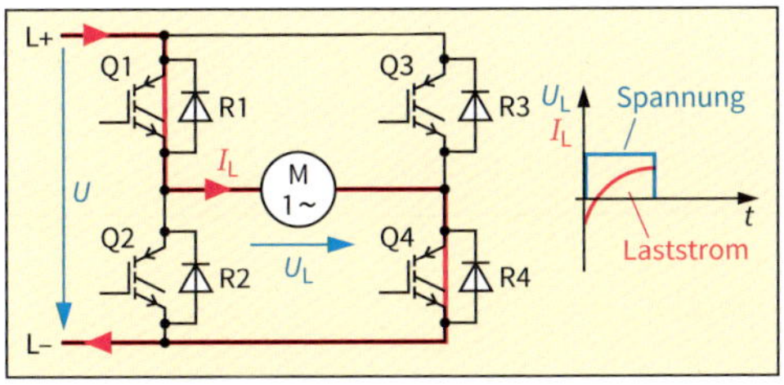

Abb. 4: Positiver Stromfluss

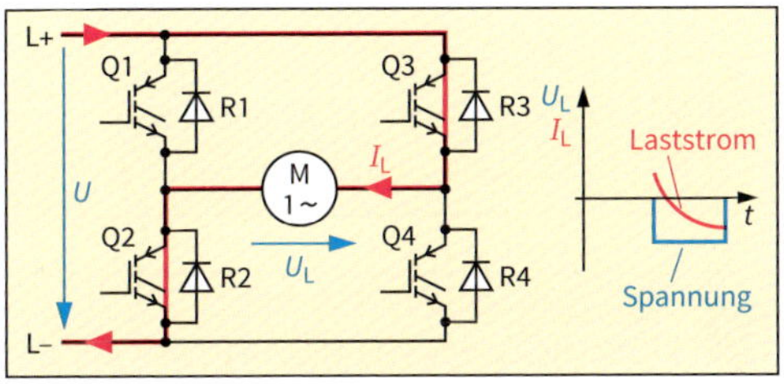

Abb. 5: Negativer Stromfluss

Sinuswechselrichter

Rechteckwechselrichter haben den Nachteil, dass die Spannungssprünge elektromagnetische Störungen verursachen. Außerdem sind sie nicht für alle Verbraucher geeignet. Bei Sinuswechselrichtern wird das Prinzip der Pulsweitenmodulation (PWM) verwendet (Kap. 2.3.1).

Wechselrichter, die ins öffentliche Netz einspeisen, müssen sich in Spannungshöhe und Phasenlage an das Netz anpassen. Man nennt sie **netzgeführte Wechselrichter**.

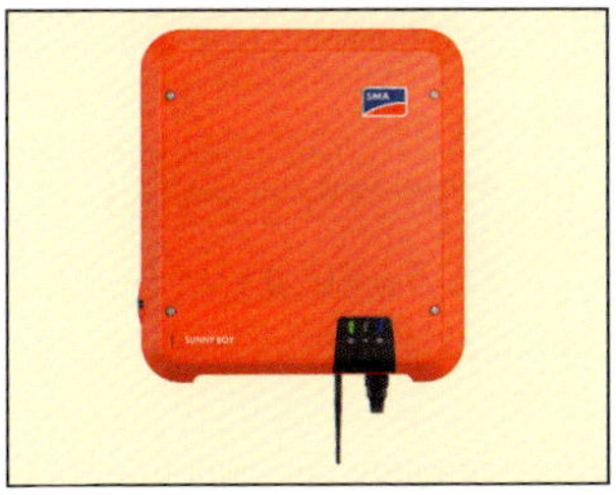

Abb. 6: Netzgeführter Wechselrichter für PV-Anlagen

2.3.1 Pulsweitenmodulation (PWM)

Bei der Pulsweitenmodulation wird durch schnelles Ein- und Ausschalten der Gleichspannung der Durchschnittswert der Ausgangsspannung gesteuert.
Durch Änderung der Pulsbreite ist es möglich, einen nahezu sinusförmigen Verlauf des Kurzzeitmittelwertes zu erzeugen (Abb. 1).

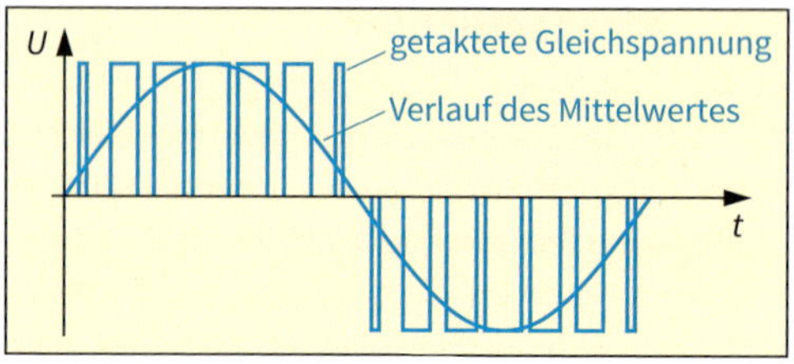

Abb. 1: Nachbildung einer Sinusspannung durch ein PWM-Signal.

Die gewünschte Effektivspannung wird über das Verhältnis von **Einschaltdauer** (Spannungsimpuls) und **Ausschaltdauer** (Pause) geregelt. Je länger die Einschaltzeit im PWM-Signal ist, desto höher die effektive Spannung (Abb. 2).

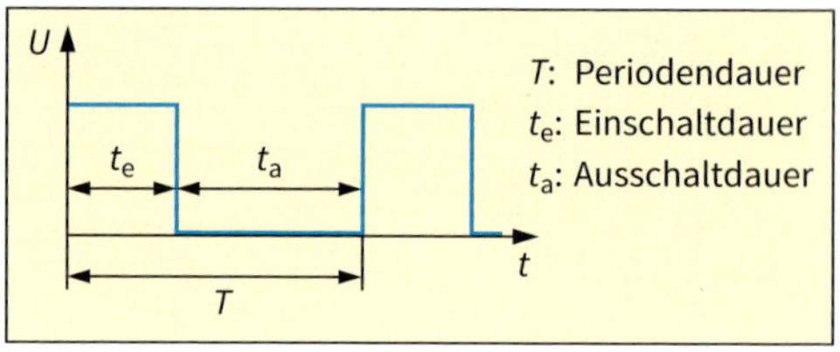

Abb. 2: Aufbau des PWM-Signals

Der **Tastgrad** g (engl. duty factor oder duty cycle) ist das Verhältnis von Einschaltdauer zu Periodendauer. Er kann einheitslos oder in Prozent angegeben werden.

Je nachdem, ob die PWM für eine getaktete Gleichspannung (Gleichstromsteller) oder eine Wechselspannung (Wechselrichter) verwendet wird, wird der **Durchschnittswert** der Ausgangsspannung mit unterschiedlichen Formeln berechnet:

- Gleichspannung: **Arithmetischer Mittelwert U_{AV}**,
- Wechselspannung: **Effektivwert U_{eff}**.

Tastgrad T ohne Einheit	Arithmetischer Mittelwert U_{AV} der PWM-Gleichspannung in Volt (V)	Effektivwert U_{eff} der PWM-Wechselspannung in Volt (V)
$g = \frac{t_e}{T}$	$U_{AV} = U \cdot g$	$U_{eff} = U \cdot \sqrt{g}$
t_e: Einschaltdauer in Sekunden (s) T: Periodendauer in Sekunden (s)	g: Tastgrad (einheitenlos) U: Maximalwert der Rechteckspannung in Volt (V)	

z.B. Ablesebeispiel:
Bestimmen Sie den Durchschnittswert des in Abb. 3 dargestellten PWM-Signals.
Lösung:
Aus dem Diagramm ablesen:
$t_e = 2$ ms und $t_a = 3$ ms

$$\rightarrow T = t_a + t_e = 5\text{ ms}$$

Mittelwert der Gleichspannung:

$$U_{AV} = U \cdot g = U \cdot \frac{t_e}{T} = 5\text{ V} \cdot \frac{2\text{ ms}}{5\text{ ms}} = 2\text{ V}$$

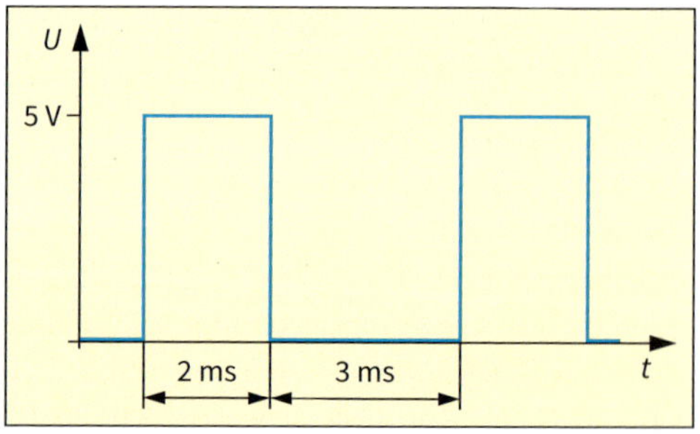

Abb. 3: Beispiel eines PWM-Signals

Einsatzgebiete der PWM sind Wechselrichter, Frequenzumrichter, Gleichstromsteller.
Im Bereich der Steuer- und Regelungstechnik werden PWM-Signale auch zur Übertragung von Information verwendet. Die **Information** steckt dann im **Tastgrad** des PWM-Signals.

2.4 Netzteile

Viele elektronische Geräte und Systeme benötigen eine stabile Gleichspannung. Mobile Geräte werden oft mit 5 V DC betrieben, industrielle Steuerungen oft mit 24 V DC.

Ein Netzteil

- wandelt die am Eingang anliegende Wechselspannung in die benötigte Gleichspannung,
- kann als eigenständiges Gerät oder Baugruppe ausgeführt sein.

Die Ausgangsspannung und der maximale Ausgangsstrom eines Netzteils können fest eingestellt oder variabel sein.

Abb. 1: Beispiel für ein Steckernetzteil

2.4.1 Lineares Netzteil (Trafonetzteil)

Ein lineares Netzteil besteht aus vier Baugruppen (Abb. 2). Die Wechselspannung aus dem Netz wird erst heruntertransformiert, dann gleichgerichtet, geglättet und stabilisiert.

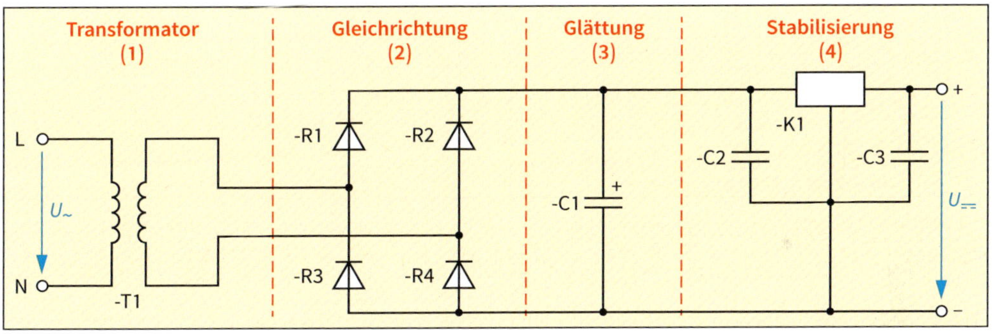

Abb. 2: Aufbau des linearen Netzteils (Trafonetzteil)

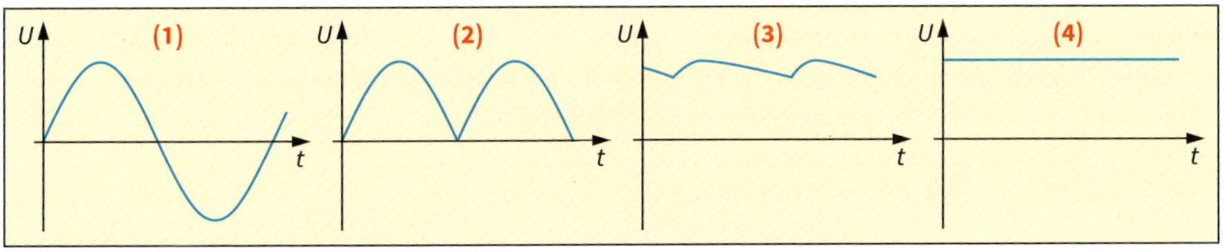

Abb. 3: Ausgangsspannungen der jeweiligen Baugruppe

In Abb. 3 sind die Spannungsverläufe am Ausgang der jeweiligen Baugruppe dargestellt (ohne den Einfluss der nachgeschalteten Baugruppe).

Die einzelnen Baugruppen sind meist auf einer Platine angebracht (Abb. 4). Die Eigenschaften der einzelnen Baugruppen werden im Folgenden erläutert.

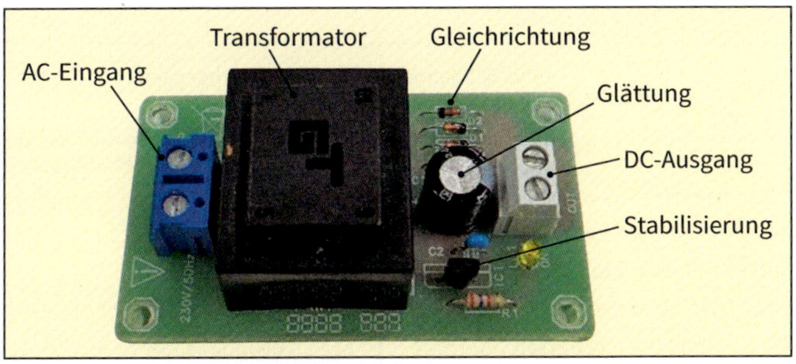

Abb. 4: Trafonetzteil auf Platine

Baugruppen des Netzteils

(1) Transformator: Der Netztransformator reduziert die Wechselspannung am Eingang auf den gewünschten Wert und stellt die galvanische Trennung her. Die Ausgangsspannung wird durch das Verhältnis der Windungszahlen bestimmt (siehe LF8 Übersetzungsverhältnis): $U_2 = \frac{N_2}{N_1} \cdot U_1$. Abb. 2 zeigt den typischen Spannungsverlauf.

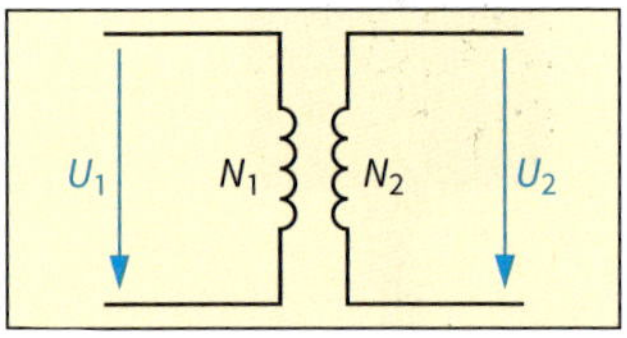

Abb. 1: Transformator

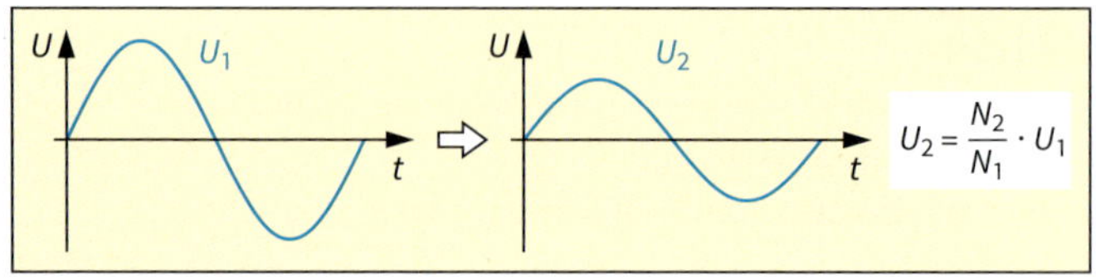

Abb. 2: Spannungsverlauf am Transformator für $N_2 < N_1$

(2) Gleichrichter: Der Gleichrichter wandelt die Wechselspannung in Gleichspannung um. Dazu können verschiedene Schaltungen verwendet werden (siehe Kap. 2.2). Es entsteht eine wellige Gleichspannung. Abb. 4 zeigt die Ausgangsspannung einer B2U-Schaltung, die im dargestellten Netzteil verwendet wird. Der Spitzenwert entspricht dem Spitzenwert der Wechselspannung abzüglich des Spannungsfalls an den Dioden (Abb. 3). Kennt man die Ausgangsspannung des Transformators U_2, ergibt sich $\hat{u}_d = \sqrt{2} \cdot U_2 - 2 \cdot U_F$.

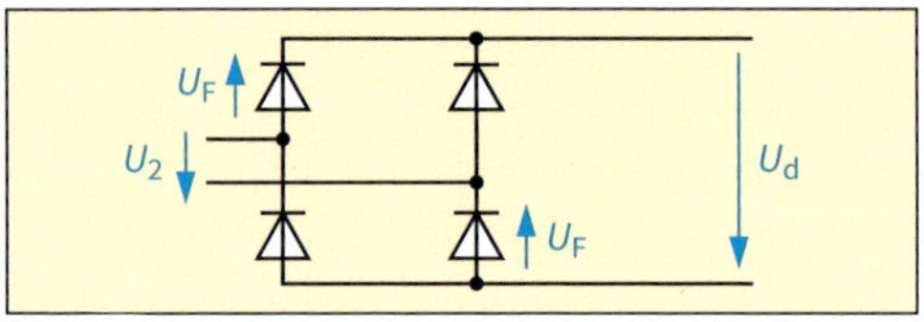

Abb. 3: Spannungsfall am B2U-Gleichrichter bei positiver Halbwelle

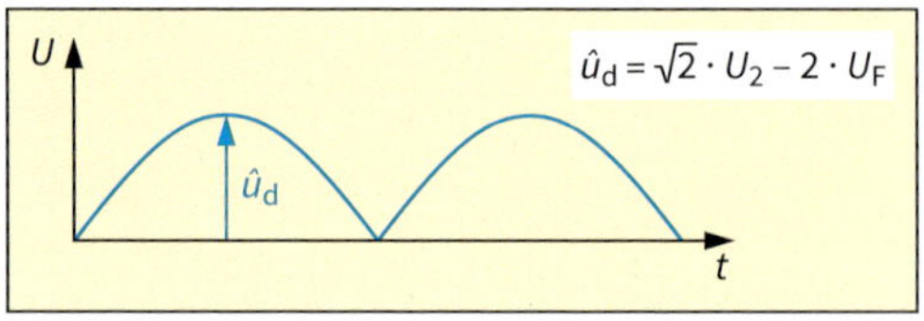

Abb. 4: Ausgangsspannung des B2U-Gleichrichters

(3) Glättungskondensator: Durch die Glättung erhöht sich der Mittelwert der Gleichspannung bis nahe an den Spitzenwert $\hat{u}_d$ des Gleichrichters. Als Glättungskondensatoren werden Elektrolytkondensatoren (kurz Elkos) benutzt (Abb. 5). Die Kapazität des Glättungskondensators wird wie in Kap. 2.2.7 beschrieben ermittelt. Wird der Glättungskondensator zu groß gewählt, kann der Ladestrom die Gleichrichterschaltung überlasten. Wichtig ist, dass die Spannungsfestigkeit des Kondensators mindestens dem Spitzenwert $\hat{u}_d$ entspricht. Zusätzlich sollten mögliche Netzüberspannungen berücksichtigt werden.

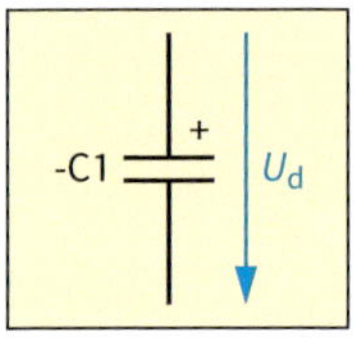

Abb. 5: Elektrolytkondensator

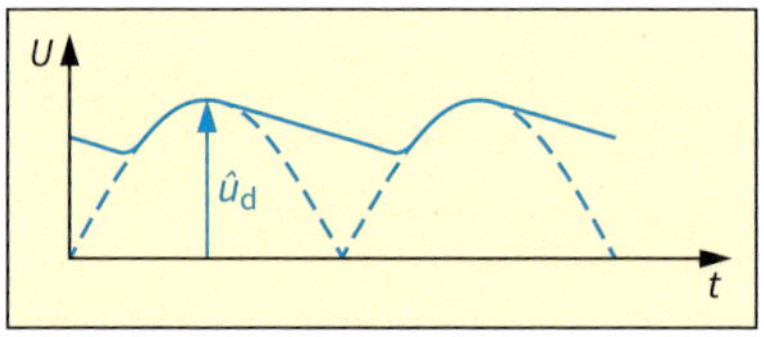

Abb. 6: Spannung am Glättungskondensator

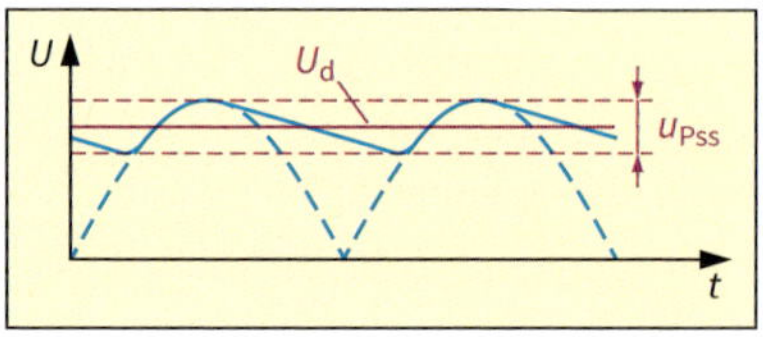

Abb. 7: Mittelwert U_d und Brummspannung U_{pss}

Der erforderliche Spannungswert kann allgemein auch über den Mittelwert der Gleichspannung U_d und die Brummspannung u_{pss} (siehe Kap. 2.2) ermittelt werden (Abb. 7).

Spannungsfestigkeit *U* in Volt (Näherungswert)

$$U = (U_d + 0{,}5 \cdot u_{pss})$$

u_{pss}: Spitze-Spitze-Wert der Brummspannung in Volt (V)
U_d: Mittelwert der Ausgangsspannung in Volt (V)

(4) Stabilisierung

Die Ausgangsspannung soll auch bei **Laständerungen** oder **Netzschwankungen** stabil bleiben. Eine einfache Stabilisierung kann mithilfe einer Z-Diode erfolgen (siehe Kap. 1.4.3). Für Schaltungen mit größeren Lastströmen werden meist **Festspannungsregler** verwendet:

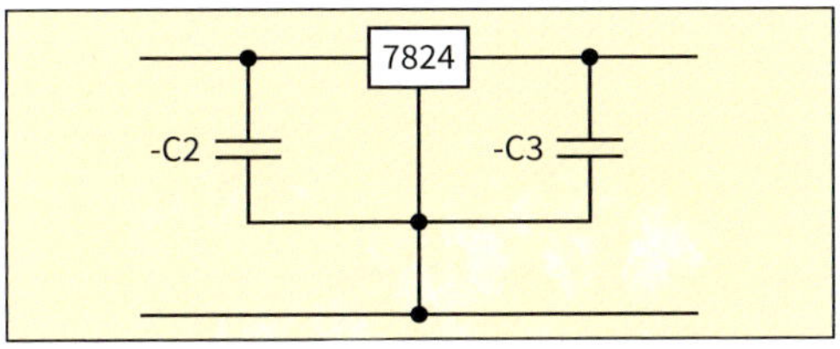

Abb. 1: Festspannungsregler mit Kondensatorbeschaltung

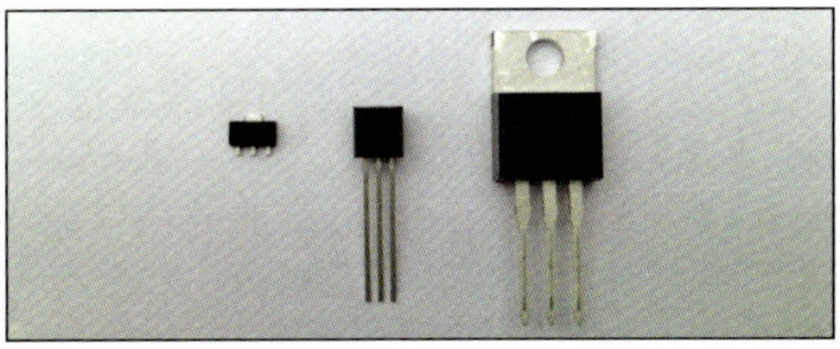

Abb. 2: Festspannungsregler

Festspannungsregler bestehen aus einer Transistorschaltung und sind als 78xx-Serie für positive und 79xx-Serie für negative Spannungen erhältlich. Die letzten beiden Ziffern kennzeichnen die Höhe der Ausgangsspannung (Abb. 3). Damit die Spannungsregler einwandfrei arbeiten, muss die Eingangsspannung ca. 3 V über der Ausgangsspannung liegen. Daher liegt die Ausgangsspannung des Spannungsreglers auch immer unter dem Spitzenwert der gleichgerichteten Spannung. Zur Unterdrückung von **Regelkreisschwingungen** wird der Spannungsregler mit **Kondensatoren** beschaltet (C_2 und C_3). Ihre Größe wird im Datenblatt des Spannungsreglers vorgegeben.

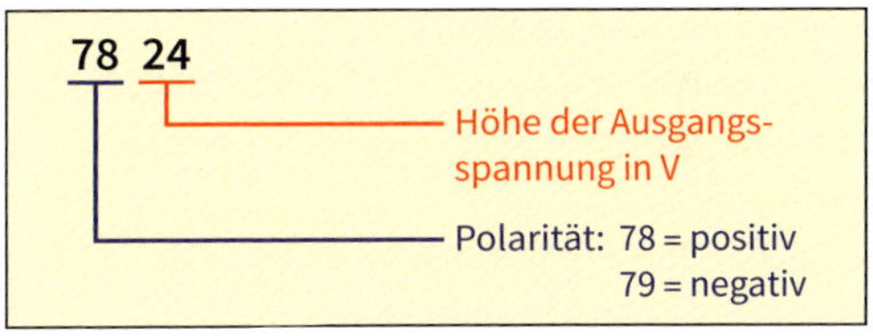

Abb. 3: Kennzeichnung von Festspannungsreglern

2.4.2 Schaltnetzteil

Lineare Netzteile sind relativ groß und haben einen schlechten Wirkungsgrad (meist unter 50 %). Schaltnetzteile sind kleiner und erreichen einen Wirkungsgrad von bis zu 90 %. Abb. 4 zeigt den Aufbau eines Schaltnetzteils.

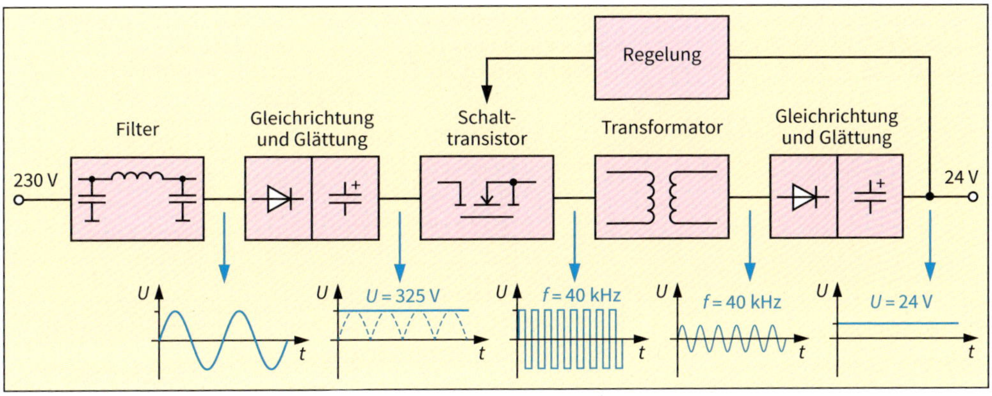

Abb. 4: Prinzipieller Aufbau eines Schaltnetzteils

Die Wechselspannung wird zuerst gefiltert und gleichgerichtet. Der Schalttransistor erzeugt nun eine pulsartige hochfrequente Wechselspannung (Pulsweitenmodulation, PWM Kap. 2.3.1). Diese kann durch einen relativ kleinen Transformator heruntertransformiert werden. Die Ausgangsspannung des Trafos wird dann wieder gleichgerichtet. Durch eine Regelung wird die Ausgangsspannung des Netzteils stabilisiert.

3 Digitale Baugruppen

3.1 Flipflops

In der digitalen Schaltungstechnik muss ein binärer **Signalzustand** (0 oder 1) mitunter über einen längeren Zeitraum gespeichert werden. Insbesondere auch dann, wenn das auslösende Signal nicht mehr aktiv ist. Eine Möglichkeit der Speicherung bieten Flipflops.

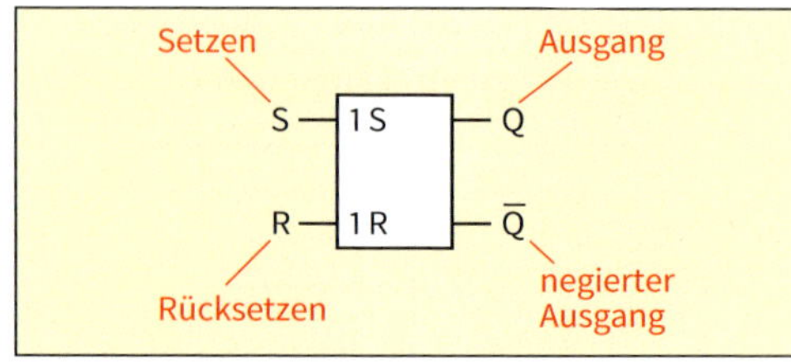

Abb. 1: Schaltzeichen eines RS-Flipflops

Flipflops

- speichern einen Zustand (= ein Bit),
- sind **bistabile Kippstufen**, das Bauteil kann in zwei (bi) mögliche stabile Zustände geschaltet werden,
- können durch Transistorschaltungen (Kippschaltungen) realisiert werden (Abb. 2).

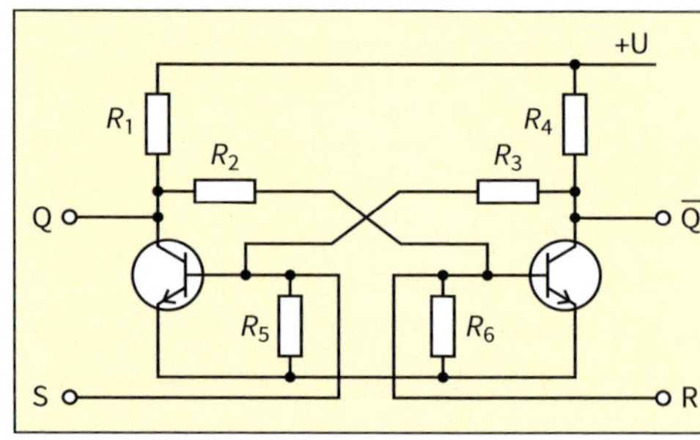

Abb. 2: RS-Flipflop als Transistorschaltung

Flipflops unterscheiden sich nach **Taktart** und **Typ**:

Taktart

nicht taktgesteuert	taktzustandsgesteuert	taktflankengesteuert
Eingänge sind **immer** wirksam, sobald ein Signal angelegt wird.	Eingänge sind wirksam, wenn am Takteingang (C) das **Signal gesetzt** ist.	Eingänge sind beim **Umschalten des Taktsignals** (positive oder negative Flanke) wirksam.

Typ

RS-Flipflop	D-Flipflop	JK-Flipflop	T-Flipflop	Master-Slave-Flipflop
Basis Flipflop: Besteht aus NAND oder NOR-Gattern.	**Delay Flipflop** (Verzögerung): Eingangssignal liegt einen Takt später am Ausgangssignal an.	Zustand der Ausgänge wechselt nur bei gleichzeitigem Signal an beiden Eingängen.	**Toggle Flipflop**: Ändert bei jedem Impuls (steigende Flanke) seinen Ausgangszustand.	**Positive Flanke**: Einlesen der Signale. **Negative Flanke**: Auslesen der Signale.

3.1.1 RS-Flipflop

Das RS-Flipflop gibt es in drei Varianten: nicht taktgesteuert, mit Taktpegelsteuerung und taktflankengesteuert.

Nicht taktgesteuertes RS-Flipflop

Schaltzeichen

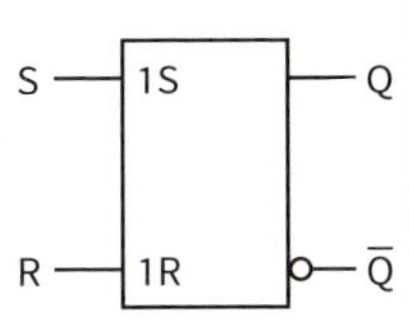

Mögliche Schaltung

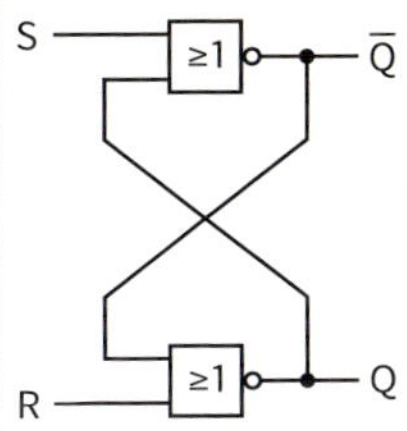

Wahrheitstabelle

S	R	Q	Q̄
0	0	bleibt	
0	1	0	1
1	0	1	0
1	1	nicht erlaubt	

Zustandsdiagramm

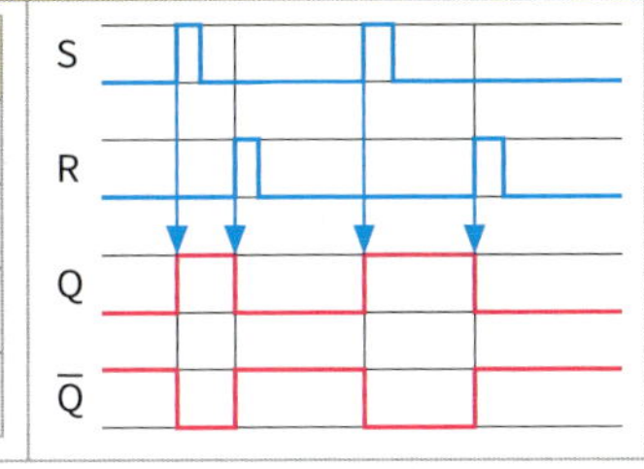

Das Zustandsdiagramm zeigt, wie die Wahrheitstabelle, alle möglichen Zustände an den Ein- und Ausgängen an:

- Liegt an dem **Setzeingang (S)** ein Signal an, werden die Ausgänge Q = 1 und $\overline{Q}$ = 0.
- Sobald am **Rücksetzeingang (R)** ein Signal anliegt, werden die Ausgangssignale rückgesetzt auf Q = 0 und $\overline{Q}$ = 1 .
- Setz- und Rücksetzeingang dürfen nicht zur gleichen Zeit gesetzt werden, sonst liegt an den Ausgängen Q und $\overline{Q}$ ein undefinierter Zustand an.

Taktgesteuertes RS-Flipflop

Schaltzeichen

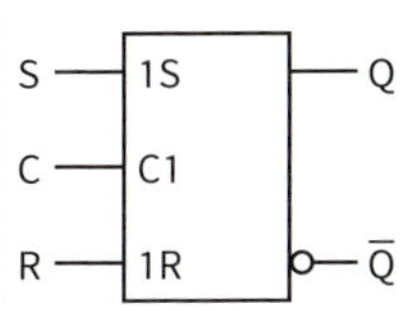

C: Clock

Mögliche Schaltung

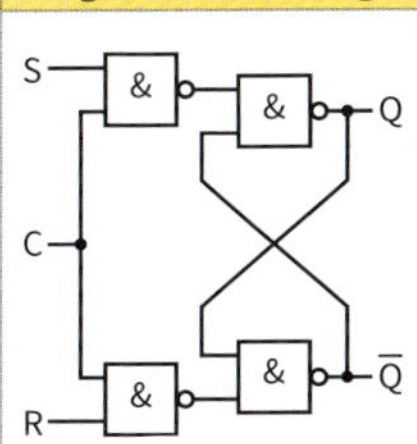

Wahrheitstabelle

C	S	R	Q
0	X	X	bleibt
1	0	0	bleibt
1	0	1	0
1	1	0	1
1	1	1	n. e.

Zustandsdiagramm

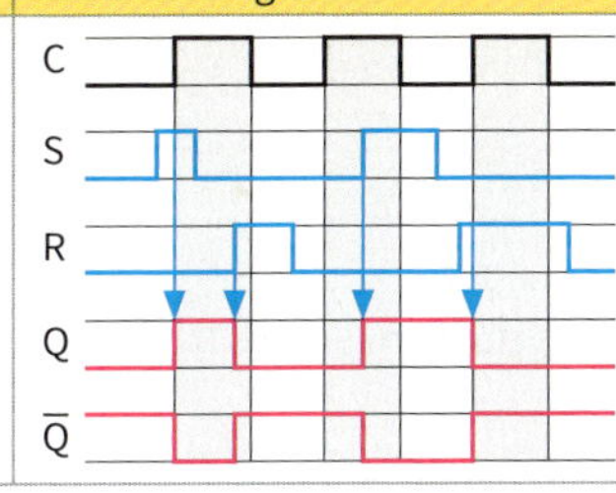

Die Funktionsweise entspricht dem nicht taktgesteuertem Flipflop. Unterschied: Das Taktsignal **Clock (C)** muss gesetzt sein, damit das Setz- bzw. Rücksetzsignal den Ausgang schaltet.

3.1.2 D-Flipflop

Das D-Flipflop kann taktflankengesteuert oder auch taktzustandsgesteuert sein.

Positiv taktflankengesteuertes D-Flipflop

Schaltzeichen

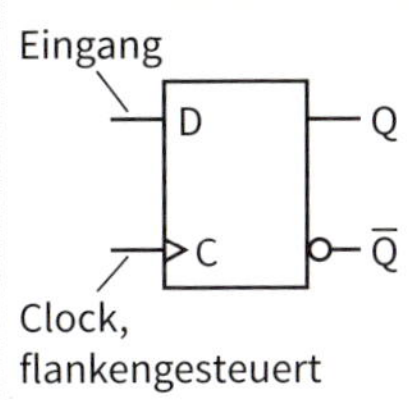

Mögliche Schaltung

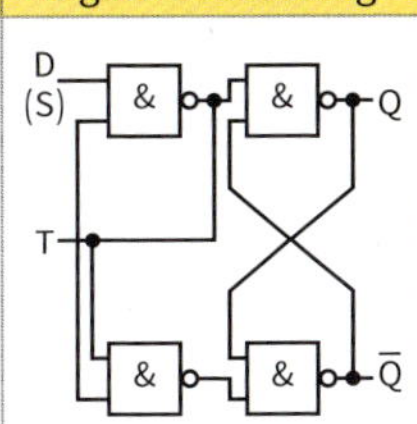

Wahrheitstabelle

C	D	Q	Q̄	
1	0	0	1	rücksetzen
1	1	1	0	setzen
0	0	bleibt	bleibt	speichern
0	1	bleibt	bleibt	speichern

Zustandsdiagramm

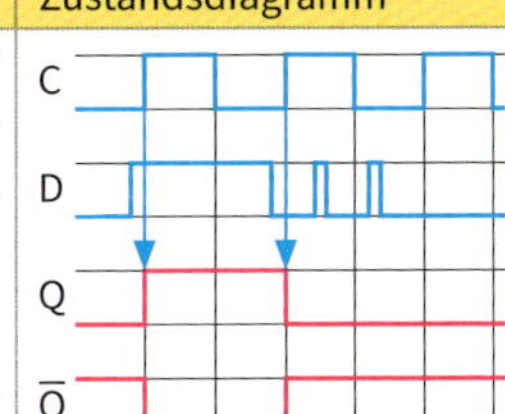

- Das Flipflop reagiert nur auf die Flanke, wenn das C-Signal von 0 auf 1 geht.
- Ist der D-Eingang gesetzt, wird der Q-Ausgang gesetzt, sonst wird er rückgesetzt.

3.2 NE555

Die digitale Baugruppe NE555 ist ein Beispiel für eine integrierte Schaltung (Standardbaustein), die universell einsetzbar ist. Die Funktionen des NE555 werden erst mit einer äußeren Beschaltung aktiviert.

Abb. 1: NE555

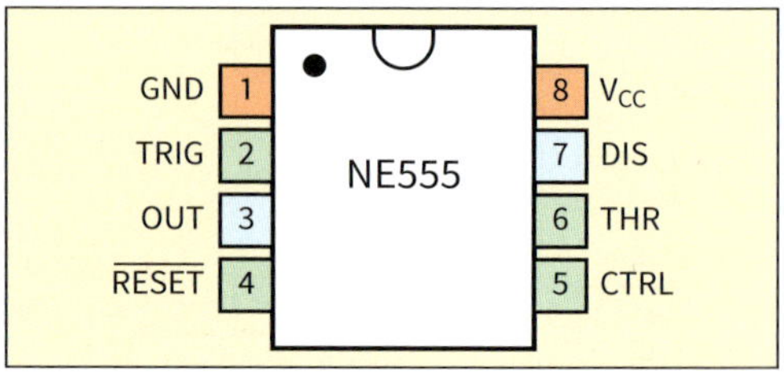

Abb. 2: Pinbelegung des IC NE555

PIN	Name	Beschreibung
1	GND	Masse (0 V)
2	TRIG	Trigger
3	OUT	Ausgang
4	$\overline{\text{RESET}}$	Reset: Unterbrechung eines Zeitintervalls.
5	CTRL	Control: Zugriff auf internen Spannungsteiler
6	THR	Threshold: Intervall endet, wenn Spannung an THR größer als bei CTRL.
7	DIS	Discharge: Ein „Open-Collector-Ausgang“, kann einen Kondensator zwischen Intervallen entladen.
8	V_{CC}	Versorgungsspannung zwischen 3 V und 15 V.

Beispiel: Der NE555 als Monoflop (Monostabile Kippstufe)
Als Monostabile Kippstufe arbeitet der NE555 als einmaliger Impulsgeber. Eine mögliche äußere Beschaltung ist in Abb. 3 zu sehen.

Anwendungen des NE555 im Modus monostabile Kippstufe
- Timer
- Frequenzteiler
- Kapazitätsmessung
- Pulsweitenmodulation (PWM)

Funktion (Abb. 4):
- NE555-Timer empfängt ein Signal am Trigger-Eingang.
- Der Puls beginnt (Rechtecksignal am Output).
- Die Breite des Impulses (Dauer) wird über eine Zeitkonstante $R \cdot C$ bestimmt.
- Der 10 nF-Kondensator bewirkt, dass die Schaltung nicht schwingt (Glättungskondensator).

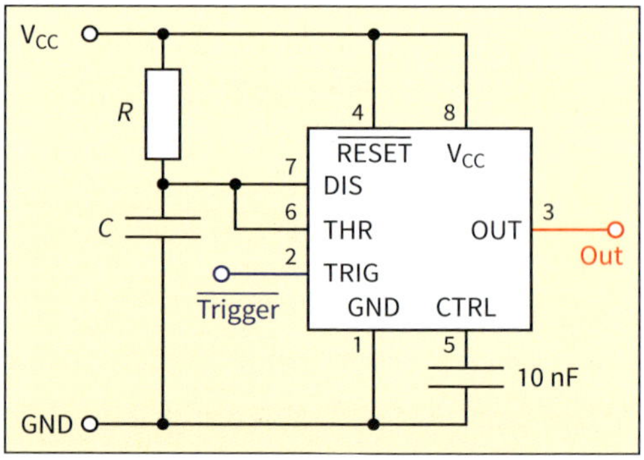

Abb. 3: Schaltbeispiel für den monostabilen Modus

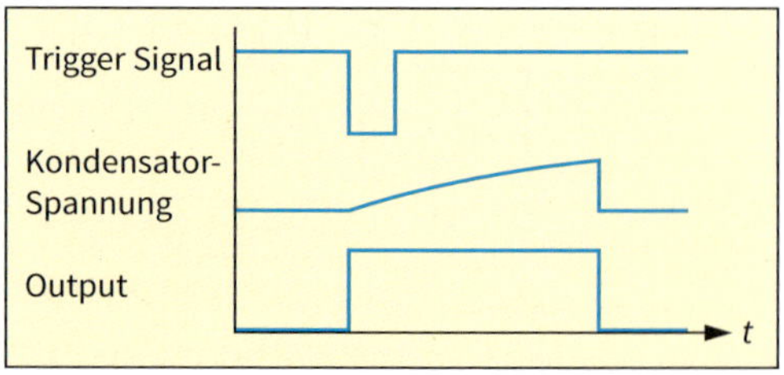

Abb. 4: Signalverläufe am NE555

4 Elektromagnetische Verträglichkeit (EMV)

4.1 Störquellen und Störsenken

Elektrische Anlagen, Geräte oder auch einzelne Bauelemente können

- durch äußere Einflüsse in ihrer Funktion gestört werden oder
- selber zur Störquelle werden.

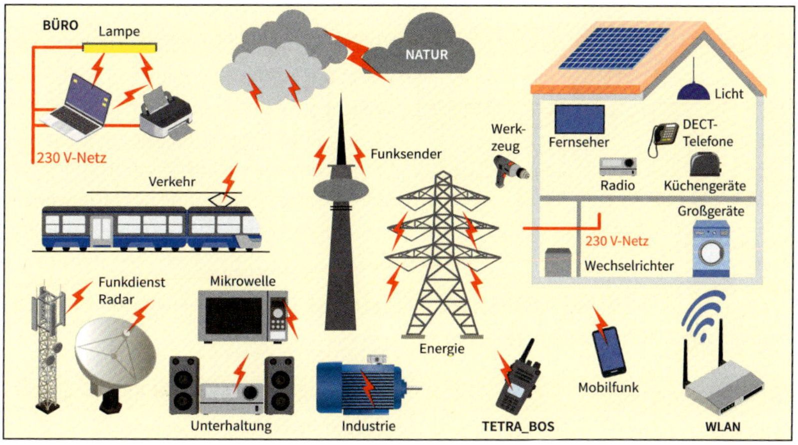

Abb. 1: Störquellen- und senken

Störquelle	Störsenke
Störende Geräte	**Empfindliche Geräte**
▪ Transformatoren	▪ Elektronikbaugruppen
▪ Schaltnetzteile	▪ Regeleinrichtungen
▪ Schütze	▪ SPS
▪ Leitungsschalter	▪ Datenleitungen
▪ Frequenzumrichter	▪ Busleitungen
▪ Energieversorgungsleitungen	▪ Messwertempfänger

Die Europäische EMV-Richtlinie definiert folgendermaßen:

Elektromagnetische Verträglichkeit (EMV) ist die Fähigkeit eines Apparates, einer Anlage oder eines Systems in der elektromagnetischen Umwelt zufriedenstellend zu arbeiten, ohne dabei selbst elektromagnetische Störungen zu verursachen, die für alle in dieser Umwelt vorhandenen Apparate, Anlagen oder Systeme unannehmbar wären.

Störquellen und **Störsenken** können natürlichen oder technischen Ursprungs sein.

- Eine natürliche Störquelle ist z. B. ein Blitz.
- Natürliche Senken können Lebewesen sein.
- Typische technische Störquellen sind z. B. Frequenzumrichter.
- Typische technische Störsenken sind z. B. Handys.

4.2 Störmechanismen

Möchte man EMV-Maßnahmen ergreifen, muss bekannt sein, wie die Störquellen auf die Störsenke wirken. Es gibt verschiedene **Kopplungsarten**:

- **Galvanisch:** Kopplung von zwei Stromkreisen über einen gemeinsamen Strompfad.

Beispielschaltung	Vermeidung von galvanischer Kopplung
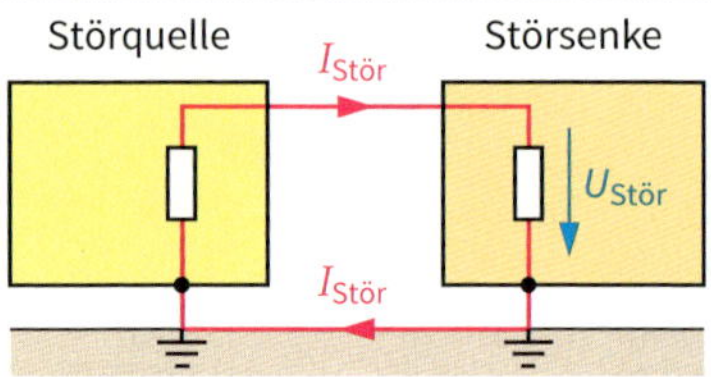	• Getrennte Stromversorgung von Stellgliedern, Baugruppen etc. • Verzicht auf einen gemeinsamen Rückleiter (z. B. PEN-Leiter). • Sternförmige Zusammenführung der Bezugspotenziale mehrerer Geräte sowie des Schutzleiter- bzw. des Erdungssystems. • Sternförmige Verkabelung der Stromversorgung. • Trennung von Signal- und Leistungsstromkreisen

- **Kapazitiv (elektrische Kopplung):** Kopplung von zwei Stromkreisen über ein elektrisches Wechselfeld. Hauptsächlich im Hochfrequenzbereich.

Beispielschaltung	Vermeidung von kapazitiver Kopplung durch
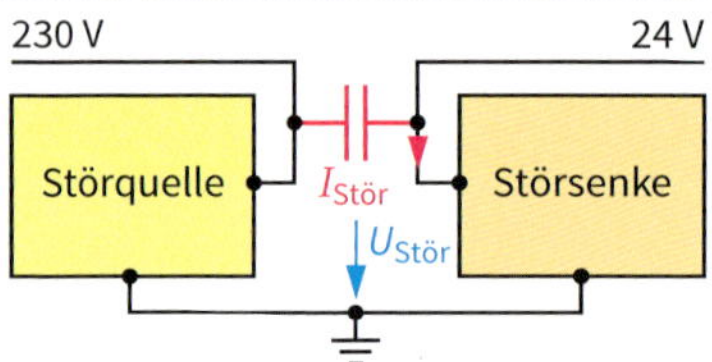	• geschirmte Leitungen, • Einfügen statischer Schirme (Masseflächen), • Maximierung des Abstandes der beiden Leiter zueinander, • dichte Verlegung der Leitung an die Massstruktur, • räumliche Trennung von empfindlichen und störbehafteten Kreisen.

- **Induktiv (magnetische Kopplung):** Kopplung zweier Stromkreise über ein magnetisches Wechselfeld. Hauptsächlich im Niederfrequenzbereich.

Beispielschaltung	Vermeidung von induktiver Kopplung durch
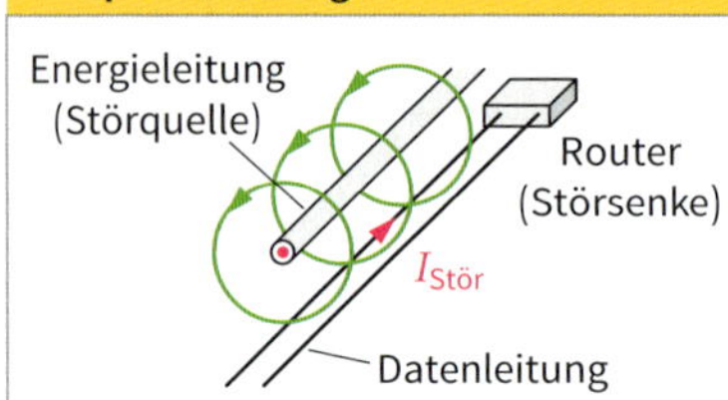	• benachbarte Verlegung von Hin- und Rückleitern, • Verlegung der Leiter direkt an der Massestruktur, • kurze Leitungen, • Vermeidung von Parallelführung leitungsverschiedener Kreise, • Vermeidung großer Leiterschleifen, • Schirmung (hochfrequent mit Kupfer, Aluminium), • verdrillte Leitungen (Twisted Pair).

- **Strahlungskopplung (elektromagnetische Kopplung):** Aussendung von Wellenfeldern mit elektrischer und magnetischer Feldstärke

Beispielschaltung	Vermeidung von Strahlungskopplung durch
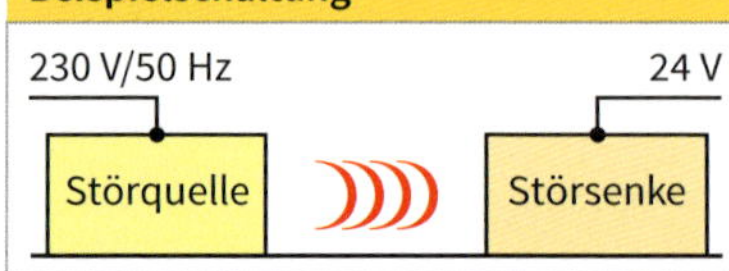	• Abschirmen mit HF-dichten Gehäusen, • Abschirmen mit qualitativ hochwertigen Leitungsschirmen.

Die **Störfestigkeit** einer Anlage ist gegeben, wenn eine Störgröße nicht zu einer Fehlfunktion führt.

4.3 Praktische EMV-Maßnahmen

4.3.1 EMV-Maßnahmen bei der Leitungsverlegung

Einteilung der Leitungen in

- Energieleitungen,
- Steuerleitungen und
- Mess- und Datenleitungen.

Maßnahmen

- Getrennte Verlegung (Abb. 1).
- Hin- und Rückleiter in geringem Abstand führen (falls nicht in gemeinsamer mehradriger Leitung).
- Unbenutzte Adern können an Masse angeschlossen werden.
- Schirmungen großflächig auflegen.

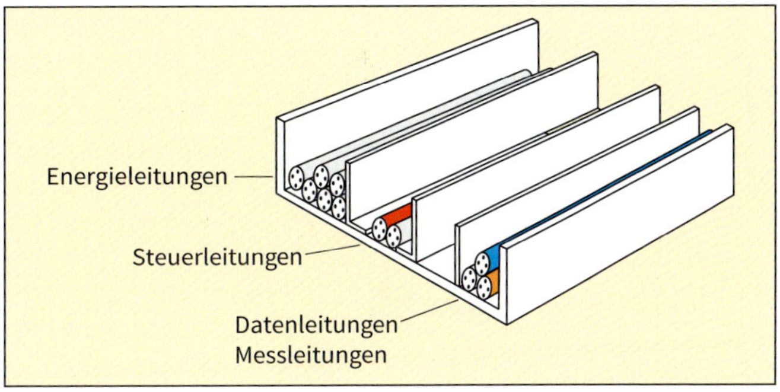

Abb. 1: Leitungsführung im Kabelkanal

4.3.2 EMV-Maßnahmen im Schaltschrank

Aufteilen der Betriebsmittel im Schaltschrank in

- Leistungsteil,
- Analogteil und
- Digitalteil.

Maßnahmen

- Bereiche mit unterschiedlichen Störniveaus bilden.
- Bereiche gegeneinander abschirmen (Trennbleche).
- Getrennte Bezugspotentiale bilden.
- Schaltstörungen reduzieren, z. B. durch Beschaltung von Schützen mit Freilaufdioden.

Installationshinweise

Alle metallischen Massen, die im Schrank oder in der Schranktür verbaut sind (z. B. Montageplatten, Erdungsschienen), direkt mit dem Masseblech verschrauben.

- Alle Verbindungen großflächig mit gutem Kontakt ausführen.
- Masseverbindungen sollten max. 20 cm lang sein.
- Kupfergeflechtbänder gewährleisten eine gute Masseverbindung sowohl im hochfrequenten Bereich (EMV) als auch als niederohmige Verbindung zur Gewährleistung der elektrischen Sicherheit (Schutzmaßnahmen).

> Je höher die **Frequenz** des auftretenden elektromagnetischen Feldes, umso mehr wirken sich Öffnungen im Gehäuse aus.

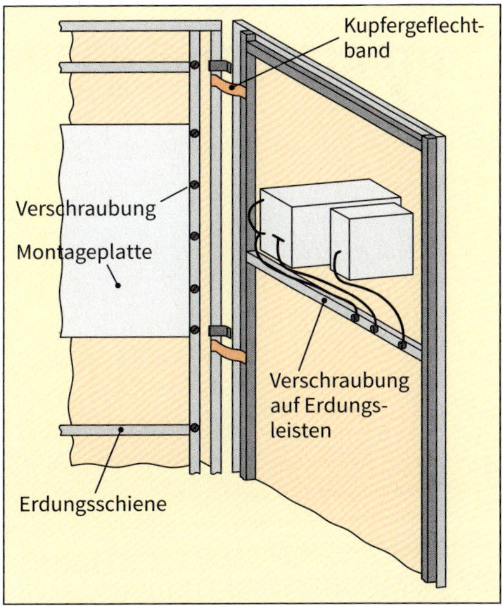

Abb. 2: Anordnung im Schaltschrank

> Der **Schutzleiter (PE)** bietet aufgrund seiner Länge **keine** hochwertige Masseverbindung zum Ableiten hochfrequenter Störungen.

LERNFELD 7

Steuerungen für Anlagen programmieren und realisieren

Handlungskompetenzen

- Steuerungen für Anlagen planen
- Steuerungsabläufe erfassen und analysieren
- Hard- und Softwarekomponenten konfigurieren und parametrieren
- Steuerungen in Betrieb nehmen und Dokumentationen erstellen

1 Speicherprogrammierbare Steuerungen (SPS)

Bei einer **Speicherprogrammierbaren Steuerung (SPS)** handelt es sich um ein **Mikrocomputersystem**, das zur automatisierten **Steuerung** und **Regelung** von Maschinen, Anlagen und Prozessen in industriellen Umgebungen zum Einsatz kommt. Der englische Fachbegriff für SPS lautet **Programmable Logic Controller (PLC)**.

Das **Steuerungsprogramm** ist bei einer SPS als Software im **Programmspeicher** abgelegt. Programmänderungen sind einfach durchzuführen, da im Gegensatz zur **verbindungsprogrammierten Steuerung (VPS)** keine Verdrahtung geändert werden muss. Man ändert nur das Steuerungsprogramm. In vielen Bereichen haben speicherprogrammierbare Steuerungen daher verbindungsprogrammierte Steuerungen (Abb. 1) weitgehend abgelöst. Eine SPS zeichnet sich insbesondere durch folgende Vorteile aus:

- Hohe Flexibilität,
- kompakter Aufbau,
- lange Lebensdauer,
- Zuverlässigkeit
- Vernetzbarkeit der Module,
- Datenfernübertragung und -steuerung,
- kurze Reaktionszeiten.

In der **internationalen Norm IEC 61131** sind die Grundlagen speicherprogrammierbarer Steuerungen beschrieben und definiert.

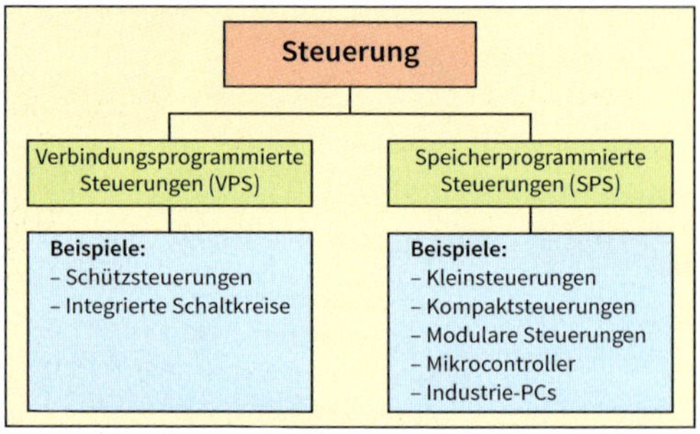

Abb. 1: Arten von Steuerungen

1.1 Aufbau einer SPS

Eine SPS arbeitet wie alle Mikrocomputersysteme nach dem sogenannten **EVA-Prinzip** (Eingabe-Verarbeitung-Ausgabe, Abb. 2). Die Verarbeitung der Eingabesignale und die Erzeugung der daraus resultierenden Ausgabesignale erfolgt in der Zentralbaugruppe (CPU) der SPS. Die Art und Weise, wie die Ausgangssignale erzeugt werden müssen, bestimmt das SPS-Programm.

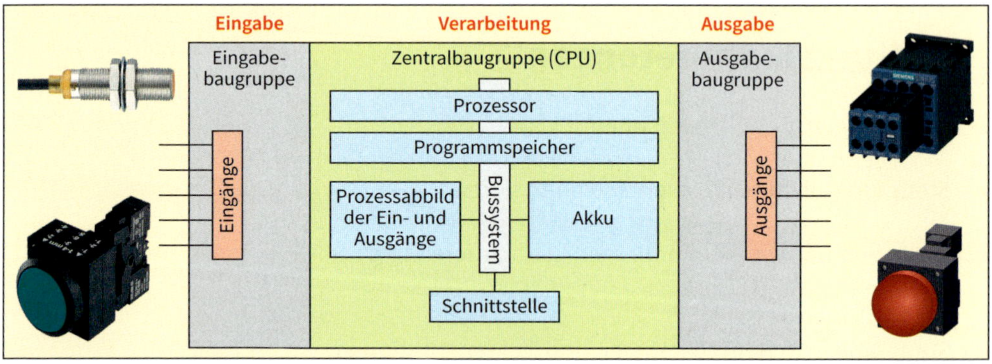

Abb. 2: Aufbau einer SPS

Die SPS liest über die **Eingabebaugruppen** Prozesssignale ein. Diese werden entsprechend dem Steuerungsprogramm **verarbeitet**. Über **Ausgabebaugruppen** steuert die SPS den **Prozess**. Mit einem **Programmiergerät (PG)** und einer **Programmiersoftware** wird das Steuerungsprogramm erstellt und in den Programmspeicher der SPS übertragen.

Eine SPS besteht im einfachsten Fall aus
- einer **Stromversorgungsbaugruppe (PS)**,
- der **Zentraleinheit (CPU)** und
- **digitalen Ein- und Ausgabebaugruppen** sowie
- **analogen Ein- und Ausgabebaugruppen** (Abb. 1).

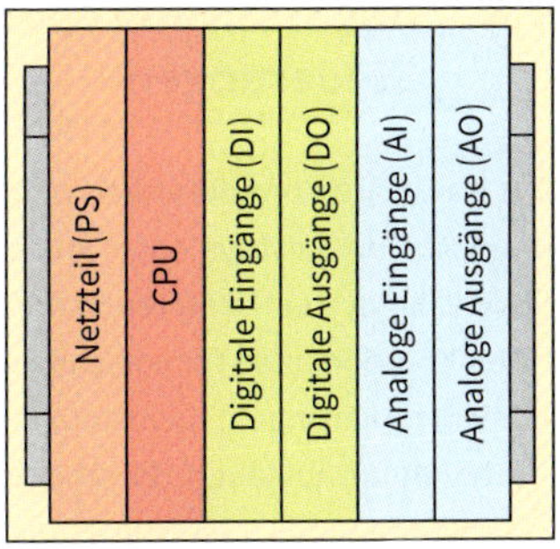

Abb. 1: Grundaufbau einer SPS

1.2 Signalformen

Im Vergleich zu einer verbindungsprogrammierten Steuerung werden in einer SPS nicht nur **binäre**, sondern auch **analoge** und **digitale Signale** verarbeitet (Abb. 2):

- **Binäre Signale:** Binäre Signale können nur **zwei Signalzustände** annehmen, Signalzustand 1 (Spannung vorhanden) oder Signalzustand 0 (keine Spannung vorhanden). Typische Sensoren, welche ein binäres Signal erzeugen, sind z. B. Näherungsschalter.
- **Analoge Signale:** Analoge Signale können innerhalb eines bestimmten Bereiches **beliebig viele Werte** annehmen. Mögliche analoge Größen sind z. B. Temperatur, Druck, Drehzahl oder Füllstand. Von analogen Sensoren und Messwandlern werden diese Größen in elektrische Größen (z. B. 0 V bis 10 V) umgewandelt.
- **Digitale Signale:** Im Gegensatz zu analogen Signalen können digitale Signale nur **eine bestimme Anzahl von Werten** annehmen.

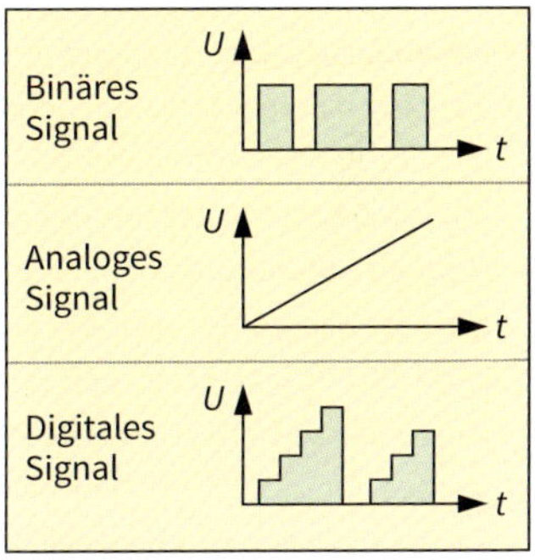

Abb. 2: Signalformen

1.3 Arbeitsweise einer SPS

Eine SPS arbeitet das Steuerungsprogramm zyklisch ab. Der typische Ablauf der Programmbearbeitung in einer speicherprogrammierbaren Steuerung ist in Abb. 3 vereinfacht dargestellt:

Zu Beginn eines Programmzyklus werden die aktuellen Signalzustände der Eingänge gelesen und in den dafür vorgesehenen Speicherbereich der CPU kopiert (**Prozessabbild der Eingänge**).
Anschließend wird das Steuerungsprogramm abgearbeitet. Dabei greift die CPU auf das Prozessabbild der Eingänge zu. Dieses wird während der Bearbeitungszeit nicht verändert.
Die **Verknüpfungsergebnisse** werden in das **Prozessabbild der Ausgänge** geschrieben und können dabei überschrieben werden. Der letzte Schreibvorgang ist **dominant** (vorrangig).
Schließlich werden die im Ausgangsabbild gespeicherten Zuweisungen an die Ausgabebaugruppe übertragen.
Dieser sich immer wiederholende Ablauf wird als **zyklische Programmbearbeitung** bezeichnet.
Die Dauer der Programmbearbeitung wird in einer SPS überwacht. Überschreitet sie eine einstellbare maximale **Zyklusüberwachungszeit**, so wird der Programmablauf unterbrochen.

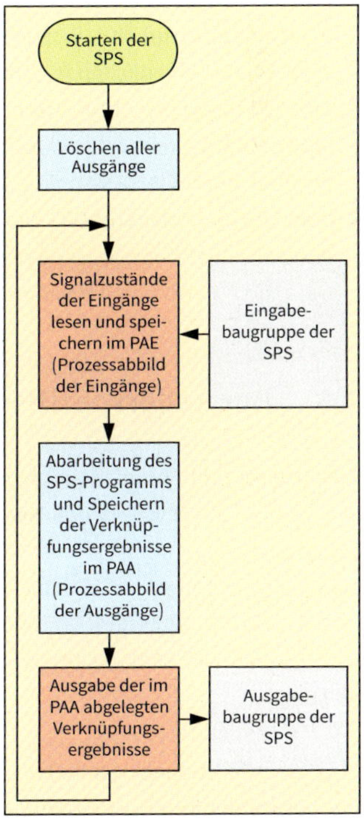

Abb. 3: Ablauf eines SPS-Programms

1.4 Bauarten von speicherprogrammierbaren Steuerungen

Die Hardware-Anforderungen an die Steuerungen industrieller Anlagen unterscheiden sich je nach Anwendung teils erheblich. Hersteller von Steuerungssystemen bieten daher eine hohe Produktvielfalt unterschiedlicher Komponenten für verschiedene Leistungsanforderungen an.

- **Kleinsteuerungen:** Kleinsteuergeräte (Abb. 1) eignen sich für einfache Steuerungsaufgaben. Sie sind preiswert, leicht zu bedienen und zu programmieren. Kleinsteuerungen lassen sich meist ohne externe Software direkt am Gerät programmieren.
- **Kompaktsteuerungen:** Bei Kompaktsteuerungen (Abb. 2) sind wesentliche Grundkomponenten (z. B. analoge und digitale Ein- und Ausgänge) bereits in einem Gehäuse untergebracht. Sie sind leistungsfähiger als Kleinsteuerungen und dementsprechend für etwas komplexere Steuerungsaufgaben geeignet.
- **Modulare Steuerungen:** Bei modularen Steuerungen (Abb. 3) ist jede einzelne Baugruppe in einem separaten Gehäuse untergebracht. So kann die SPS je nach Art und Umfang der Steuerungsanwendung individuell zusammengestellt und bei Bedarf problemlos erweitert werden. Ein zusätzlicher Vorteil besteht darin, dass bei Defekten nur die jeweilige Baugruppe ausgetauscht werden muss und nicht die komplette Steuerung.
- **Industrie-PC (IPC):** Industrie-PCs (Abb. 4) sind Computer, die für die Verwendung in industriellen Umgebungen entwickelt wurden. Sie sind in unterschiedlichen Ausführungen z. B. für Hutschienenmontage oder mit integriertem Touchscreen erhältlich.
- **Slot-SPS:** Bei einer Slot-SPS handelt es sich um eine PC-Einsteckkarte, die über eine volle SPS-Funktionalität verfügt.
- **Soft-SPS:** Bei einer Soft-SPS wird die komplette Steuerungsanwendung in einer PC-Anwendung realisiert. An die Computer werden besondere Hardware-Anforderungen gestellt.

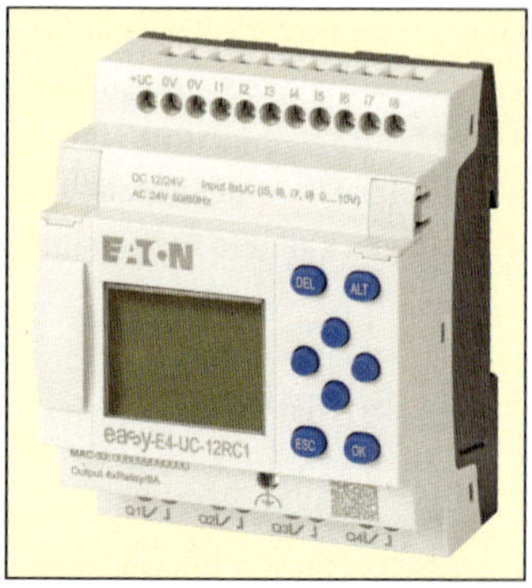

Abb. 1: Kleinsteuerung Eaton EasyE 4

Abb. 2: Siemens Simatic S7-1214C

Abb. 3: Siemens Simatic S7-1500, CPU mit Erweiterungsbaugruppen

1.5 Herstellerspezifische Merkmale

Steuerungs- und Automatisierungssysteme für industrielle Anlagen werden von vielen verschiedenen Herstellern angeboten. Einer der größten Unternehmen auf dem Markt ist Siemens. Die Produktreihe „Simatic“ ist sehr weit verbreitet und in verschiedenen Größen und Funktionen, wie z. B. S7-300, S7-1200 und S7-1500, erhältlich. Als Programmiersprache wird für aktuelle Siemens-Steuerungen das Programm **TIA Portal** verwendet.

Eine Vielzahl anderer Hersteller stellt zwar eigene Steuerungssysteme her, verwendet für die Programmierung jedoch die nach **IEC 61131-3** genormte Programmiersprache **CODESYS**.

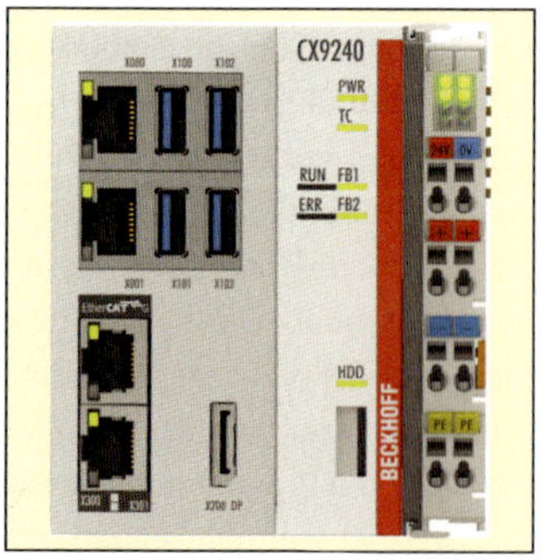

Abb. 4: Beckhoff CX9240

1.6 Programmiersprachen

Die Programmiersprachen für speicherprogrammierbare Steuerungen (SPS) sind in der Norm IEC 61131-3 standardisiert und werden von den meisten Herstellern unterstützt. Die wichtigsten Programmiersprachen sind folgende:

Programmiersprache	Beispiel
Funktionsplan (FUP): Beim FUP wird die Logik der Steuerung in Form von Funktionen, wie UND, ODER und NICHT-Bausteinen, dargestellt.	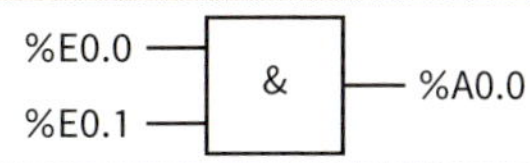
Kontaktplan (KOP): KOP basiert auf der Darstellung von Kontakten, wie Öffner und Schließer, die miteinander verknüpft werden.	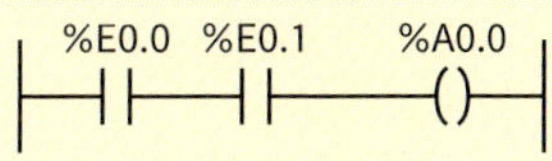
Strukturierter Text (ST/SCL): Strukturierter Text ähnelt einer Hochsprache und ermöglicht die Verwendung von Anweisungen, Schleifen und Bedingungen in einer strukturierten Form.	%A0.0 := %E0.0 AND %E0.1;
Ablaufsprache (AS): AS ist eine Programmiersprache, die speziell für die die grafische Darstellung von Ablaufsteuerungen entwickelt wurde.	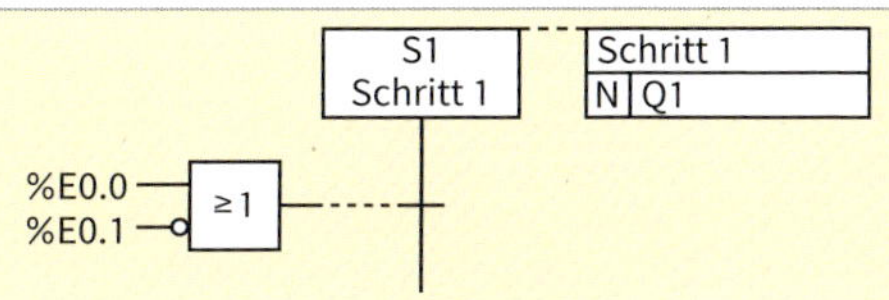

Diese Programmiersprachen bieten verschiedene Möglichkeiten, um eine Steuerungsfunktionen umzusetzen und haben jeweils ihre eigenen Vor- und Nachteile. Programmierer/-innen können je nach ihrer Erfahrung und den technischen Anforderungen die passende Programmiersprache auswählen.

1.7 Hardware-Aufbau speicherprogrammierbarer Steuerungen

Aufbau und Schnittstellen speicherprogrammierbarer Steuerungen unterscheiden sich je nach Hersteller sehr stark voneinander. Beispielhaft sind in Abb. 1 typische Baugruppen einer Siemens Simatic S7-1200 dargestellt. Diese Steuerung verfügt über integrierte analoge sowie digitale Ein- und Ausgänge. Sie kann durch maximal acht zusätzliche Module erweitert werden. Als Besonderheit im Vergleich zu anderen Steuerungen kann darüber hinaus ein sogenanntes „Signalboard" auf das Gehäuse der CPU aufgesteckt werden.

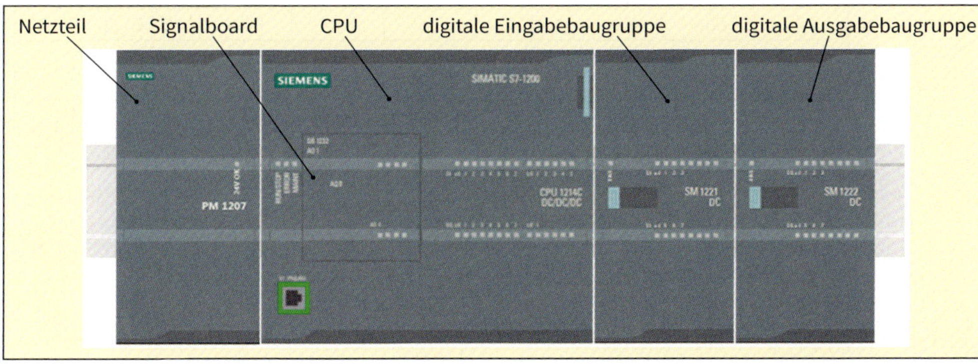

Abb. 1: Aufbau einer Simatic S7-1200.

Anschlussschema einer CPU1214C DC/DC/DC:

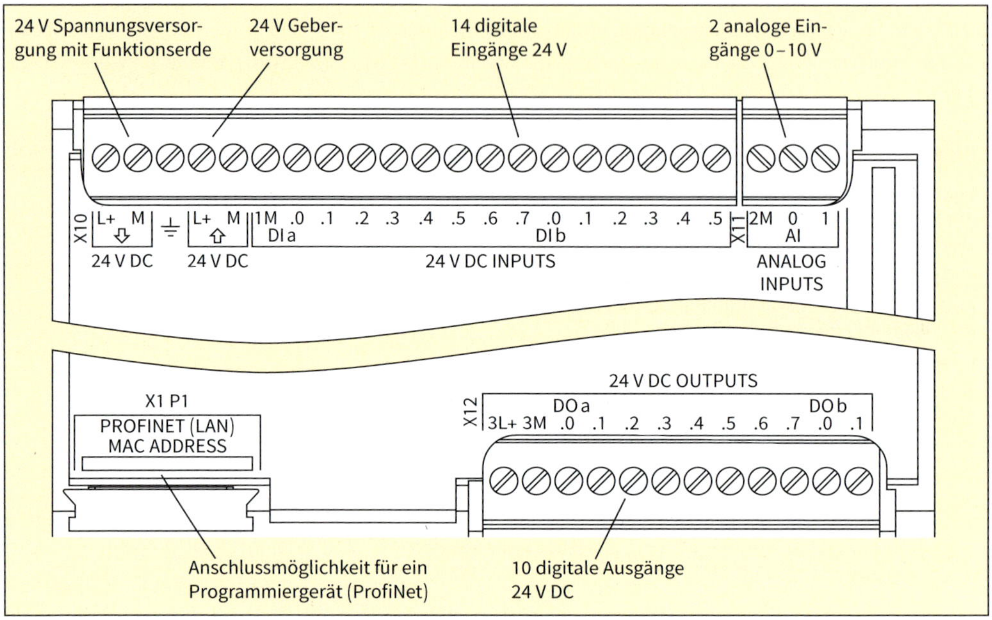

Abb. 1: Anschlussschema einer Siemens Simatic S7-1214C DC/DC/DC

1.8 Vereinfachte Darstellung einer SPS im Stromlaufplan

Bei sehr kleinen Schaltungen oder in Ausbildungsunterlagen wird häufig eine **vereinfachte zusammenhängende Darstellung** gewählt. In industriellen Schaltungsunterlagen ist sie wegen der Vielzahl der Ein- und Ausgänge allerdings nur selten zu finden.

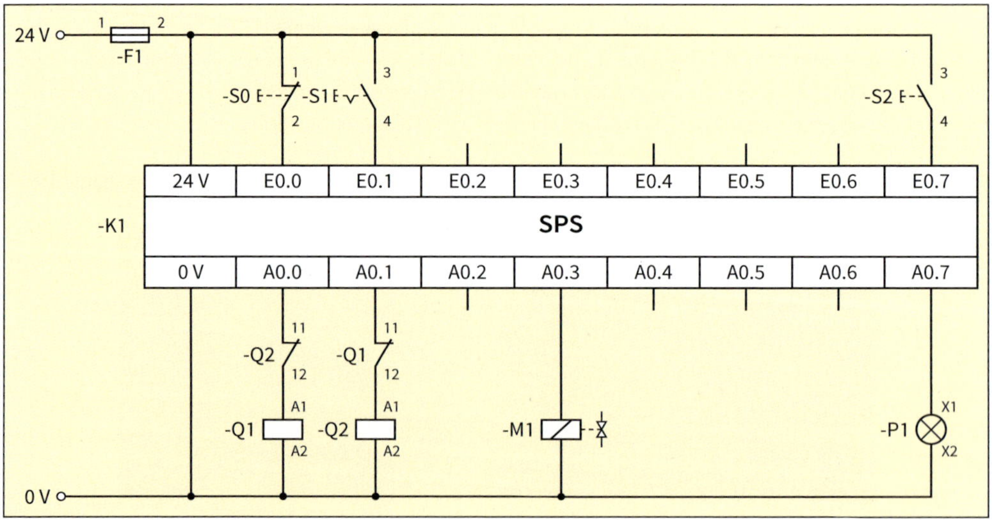

Abb. 2: Vereinfachter Stromlaufplan

1.9 Grundlagen der SPS-Programmierung

1.9.1 Adressierung von Ein- und Ausgängen in einer SPS

Für die Umsetzung einer Steuerungsaufgabe müssen zuerst die Taster und Sensoren auf die Eingangsklemmen sowie die Aktoren und Leuchtmelder auf die Ausgangsklemmen einer SPS verdrahtet werden. Ein beispielhafter Schaltplan ist in Abb. 2 auf der vorigen Seite dargestellt. Damit im SPS-Programm eine eindeutige Zuordnung möglich ist, wird jeder Ein- und Ausgangsklemme eine **feste (absolute) Adresse** zugeordnet. So liegt in Abb. 2 der Schalter -S1 auf der Adresse %E0.1.

Die Ein- und Ausgänge werden jeweils byteweise adressiert. Jede Adresse besteht aus einer Byte- und einer Bit-Angabe (Abb. 1). Das erste Bit im ersten Byte eines Eingangs heißt %E0.0. Das letzte Bit des Eingangsbytes Null ist %E0.7. Als nächste mögliche Eingangsadresse folgt %E1.0.

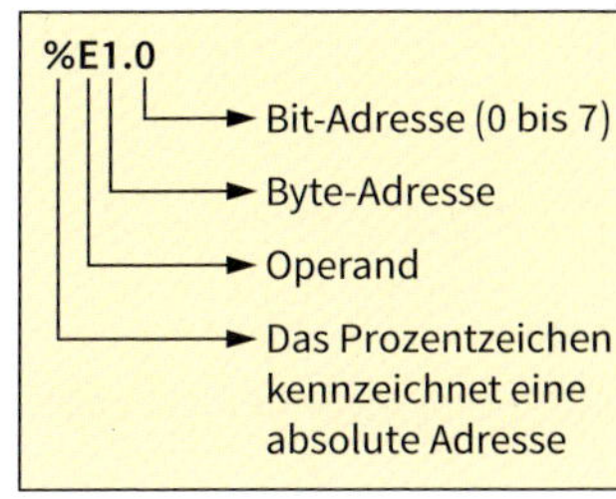

Abb. 1: Absolute Adressierung

1.9.2 Absolute und symbolische Adressierung

Anstatt der Ein- und Ausgangsadressen können in einer SPS **symbolische Namen** verwendet werden. Dadurch wird die Lesbarkeit eines Programms erleichtert. Oftmals bietet es sich z. B. an, als Symbolnamen das Referenzkennzeichen eines Betriebsmittels zu verwenden. Die Zuordnung der Adressen zu den symbolischen Namen erfolgt im SPS-Programm in einer **Variablentabelle**. Diese wird auch als Symboltabelle oder Zuordnungsliste bezeichnet. Die in Tabelle 1 dargestellte Zuordnungsliste bezieht sich exemplarisch auf den Stromlaufplan von S. 102, Abb. 2.

Tabelle 1: Zuordnungsliste

Name	Datentyp	Adresse	Kommentar
S0	BOOL	%E0.0	Taster STOPP (Öffner)
S1	BOOL	%E0.1	Schalter Automatik ein (Schließer)
S2	BOOL	%E0.7	Taster START (Schließer)
Q1	BOOL	%A0.0	Schütz Q1
Q2	BOOL	%A0.1	Schütz Q2
M1	BOOL	%A0.3	Magnetventil
P1	BOOL	%A0.7	Leuchtmelder

1.9.3 Grundlegende Programmierbefehle

Logische Grundverknüpfungen werden dazu verwendet, um digitale Eingangssignale zu kombinieren und zu verarbeiten und um die Ausgangssignale der SPS zu steuern. Das logische Verhalten dieser Grundverknüpfungen kann auf verschiedene Arten dargestellt werden.

Die wichtigsten sind folgende:

- **Schaltzeichen,**
- **Werte- bzw. Wahrheitstabelle,**
- **Funktionsgleichung,**
- **Signal-Zeit-Diagramm.**

Die Umsetzung der Grundverknüpfungen in ein SPS-Programm soll sich zunächst auf die Programmiersprachen **FUP** und **KOP** beschränken.

Die UND-Verknüpfung

Wertetabelle

%E0.1	%E0.0	%A0.0
0	0	0
0	1	0
1	0	0
1	1	1

Signal-Zeit-Diagramm

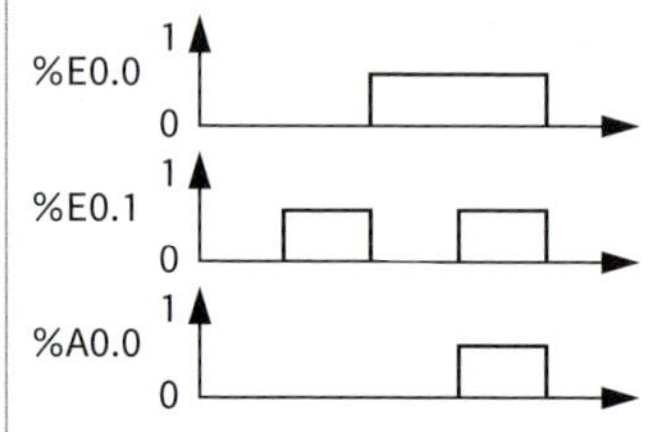

Funktionsgleichung

$\%A0.0 = \%E0.0 \wedge \%E0.1$

Darstellung im SPS-Programm

FUP

KOP

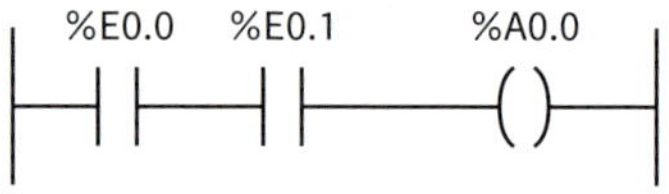

Die ODER-Verknüpfung

Wertetabelle

%E0.1	%E0.0	%A0.0
0	0	0
0	1	1
1	0	1
1	1	1

Signal-Zeit-Diagramm

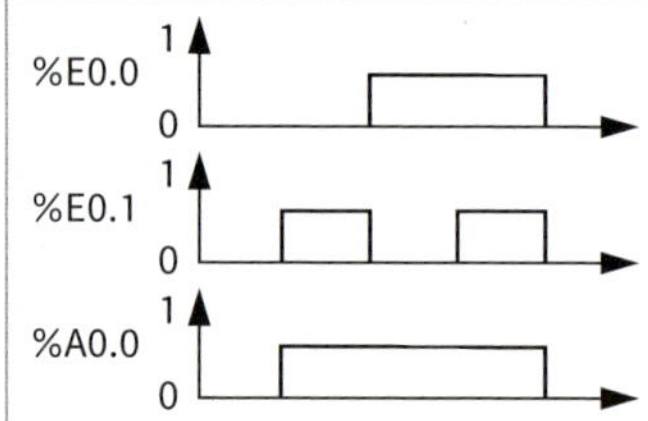

Funktionsgleichung

$\%A0.0 = \%E0.0 \vee \%E0.1$

Darstellung im SPS-Programm

FUP

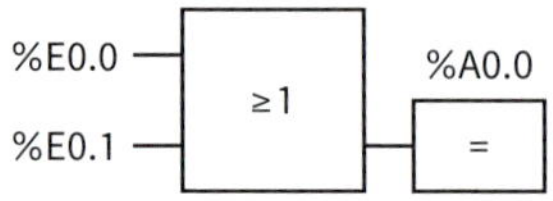

KOP

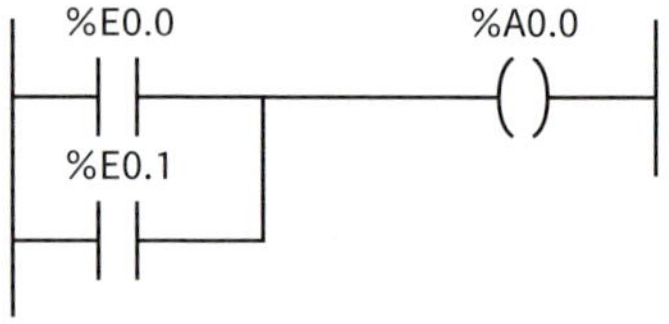

Die Negation (NICHT)

Wertetabelle

%E0.0	%A0.0
0	1
1	0

Signal-Zeit-Diagramm

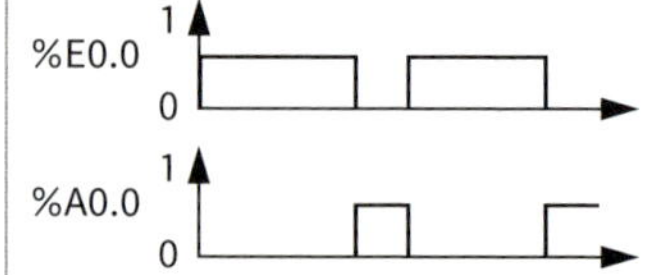

Funktionsgleichung

$\%A0.0 = \overline{\%E0.0}$

Darstellung im SPS-Programm

FUP

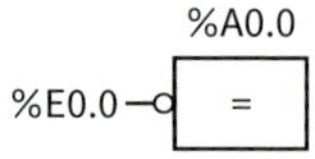

KOP

Die NAND-Verknüpfung

Wertetabelle

%E0.1	%E0.0	%A0.0
0	0	1
0	1	1
1	0	1
1	1	0

Signal-Zeit-Diagramm

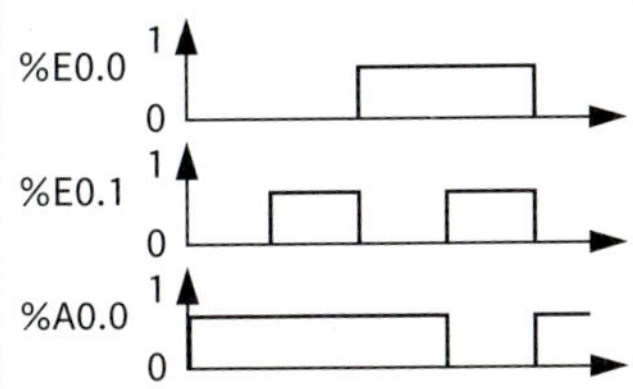

Funktionsgleichung

$\%A0.0 = \overline{\%E0.0 \land \%E0.1}$

Darstellung im SPS-Programm

FUP

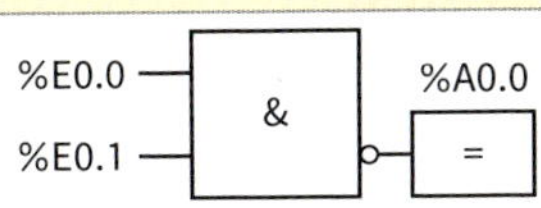

KOP

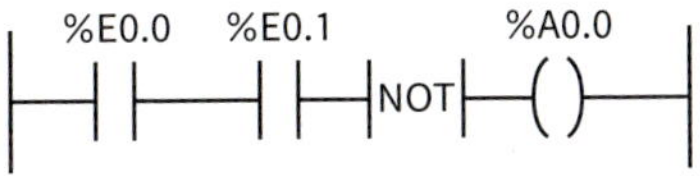

Die NOR-Verknüpfung

Wertetabelle

%E0.1	%E0.0	%A0.0
0	0	1
0	1	0
1	0	0
1	1	0

Signal-Zeit-Diagramm

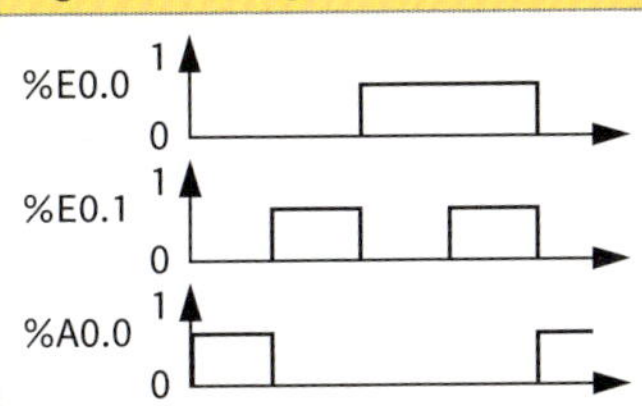

Funktionsgleichung

$\%A0.0 = \overline{\%E0.0 \lor \%E0.1}$

Darstellung im SPS-Programm

FUP

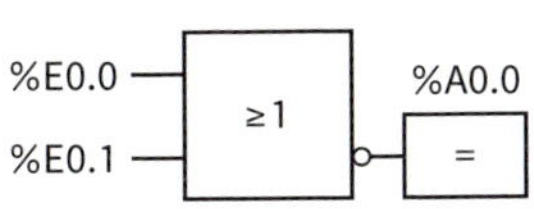

KOP

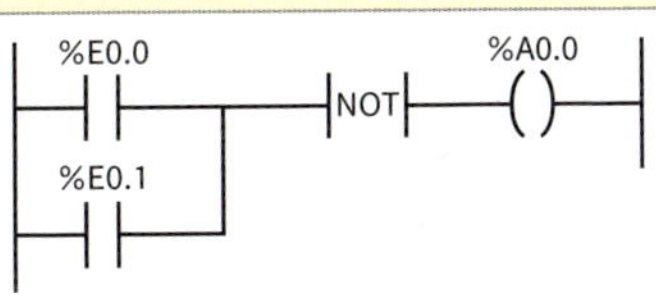

Die EXOR-Verknüpfung

Wertetabelle

%E0.1	%E0.0	%A0.0
0	0	0
0	1	1
1	0	1
1	1	0

Signal-Zeit-Diagramm

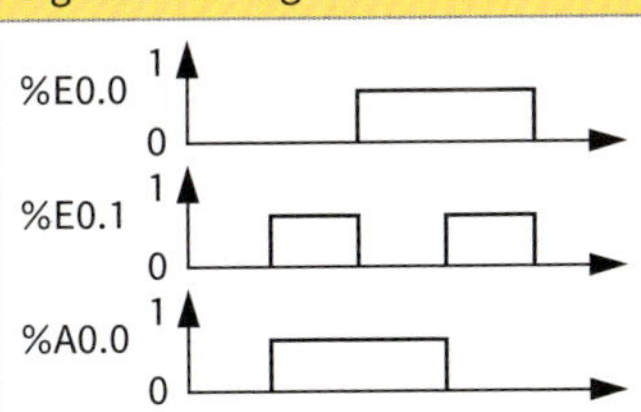

Funktionsgleichung

$\%A0.0 = (\%E0.0 \land \overline{\%E0.1}) \lor (\overline{\%E0.0} \land \%E0.1)$

Darstellung im SPS-Programm

FUP

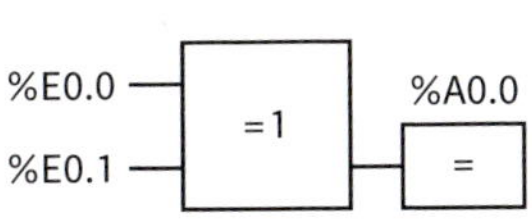

KOP

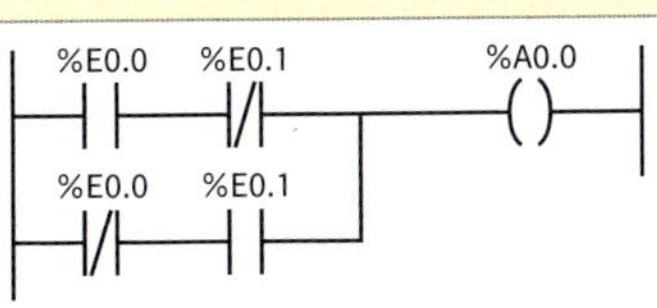

1.9.4 Verwendung von Merkern (Remanenz)

Prinzipiell haben Merker die gleiche Funktion wie Hilfsschütze in Schützsteuerungen. Es handelt sich dabei um **1-Bit-Speicherelemente**, mit denen **Zwischenergebnisse** von Verknüpfungen gespeichert werden können (Abb. 1). Merker haben keine physikalische Verbindung zum Ausgang einer SPS.

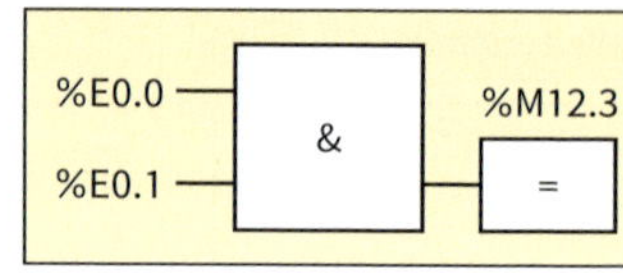

Abb. 1: Merker-Zuweisung

Bei **remanenten** Merkern bleiben die Signalzustände nach einem Spannungsausfall erhalten. Hierzu werden die Daten in einem SDRAM-Baustein gespeichert. Die Adressierung erfolgt in gleicher Weise wie bei binären Ein- und Ausgängen.

1.9.5 Abfrage von Öffnern und Schließern im SPS-Programm

Zur Gewährleistung der **Drahtbruchsicherheit** müssen in einem SPS-Programm für sicherheitsrelevante Ausschaltvorgänge **Öffner-Kontakte** verwendet werden. Für die Bearbeitung eines SPS-Programms ist zu beachten, dass eine SPS nur zwischen den Signalzuständen „0“ und „1“ an ihren Eingängen unterscheiden kann. In Tabelle 1 sind die Eingangszustände einer SPS bei betätigten und unbetätigten Öffnern und Schließern gegenübergestellt.

Tabelle 1: Signalauswertung von Öffner- und Schließer-Kontakten in einem SPS-Programm

Kontaktart	Kontaktbetätigung	Spannung am SPS-Eingang	Zustand im SPS-Programm
Schließer	nicht betätigt	nicht vorhanden ($U = 0$ V)	0
	betätigt	vorhanden ($U = 24$ V)	1
Öffner	nicht betätigt	vorhanden ($U = 24$ V)	1
	betätigt	nicht vorhanden ($U = 0$ V)	0

1.9.6 Flankenauswertung

Bei der Erkennung von **Signalflanken** wird die Änderung eines Signals (**nicht dessen Zustand**) ausgewertet. Ändert sich das Signal von logisch „0“ auf „1“ kann eine positive Flanke ausgewertet werden. Umgekehrt liegt eine negative Flanke bei einem Signalwechsel von „1“ auf „0“ vor.

Die meisten Hersteller stellen in ihren Software-Anwendungen **Standardbausteine** zur Flankenauswertung zur Verfügung. Der Übersichtlichkeit halber wird an dieser Stelle nur eine Variante vorgestellt.

Auswerten der positiven Signalflanke	Auswerten der negativen Signalflanke
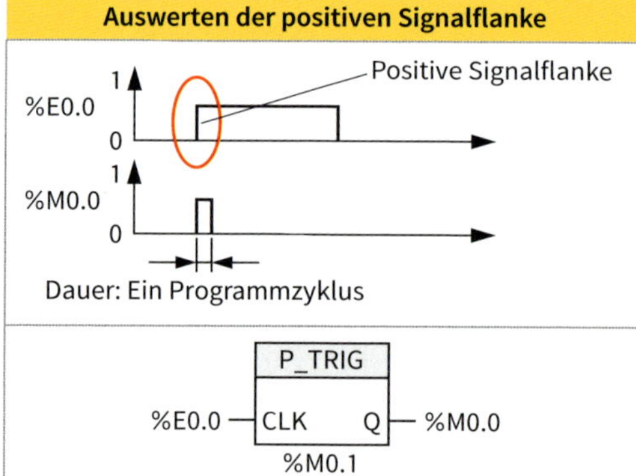	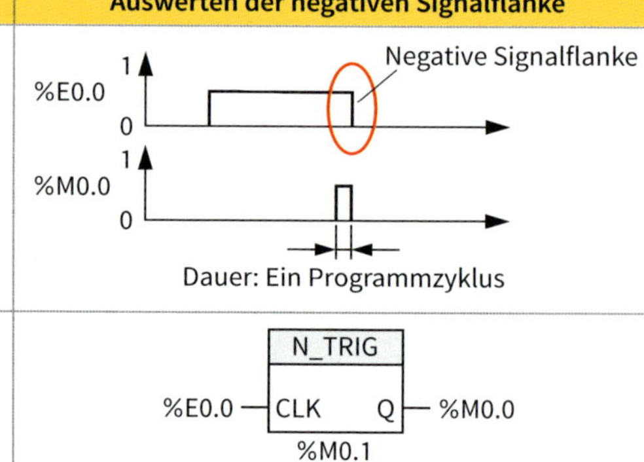

1.9.7 Speicherfunktionen (Flipflops)

In einem SPS-Programm dient eine **Speicherfunktion** dazu, einen Signalzustand zu halten, auch wenn das Steuersignal wieder entfernt wird. Sie entspricht in der Funktionsweise einer **Selbsthaltung** bei einer Schützschaltung. Wegen der zu gewährleistenden Drahtbruchsicherheit erfolgt das Setzen eines Flipflops in der Regel mit einem Schließer und das Rücksetzen mit einem Öffner.

Vorrangiges Setzen

Wertetabelle

S1	R	Q
0	0	Speichern
0	1	0
1	0	1
1	1	1

Signal-Zeit-Diagramm

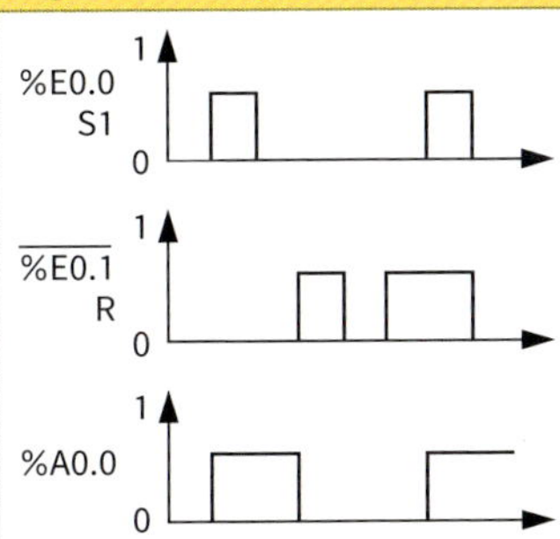

VPS

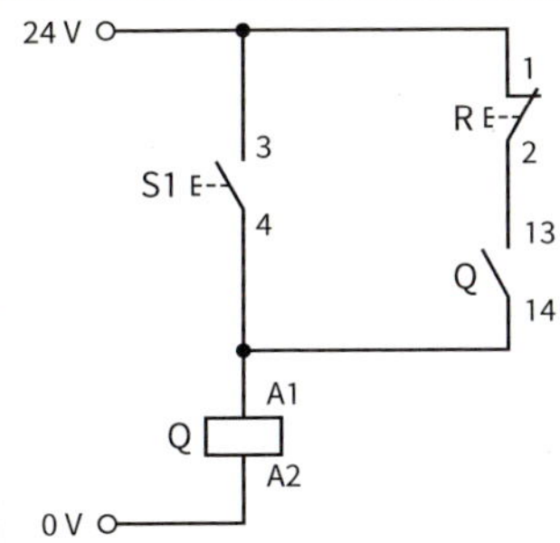

Darstellung im SPS-Programm

FUP

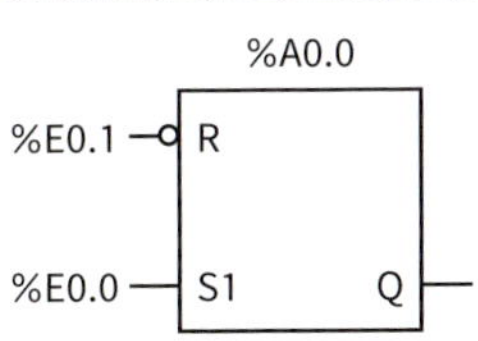

KOP

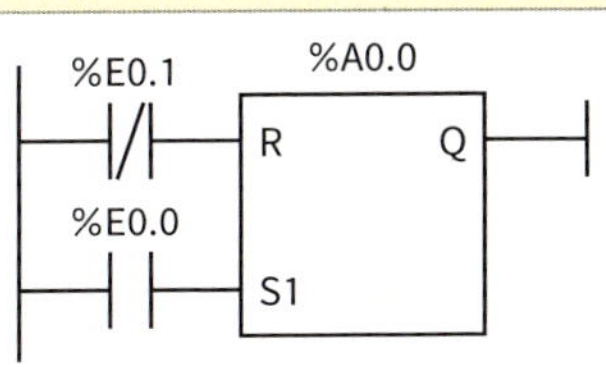

Vorrangiges Rücksetzen

Wertetabelle

S	R1	Q
0	0	Speichern
0	1	0
1	0	1
1	1	0

Signal-Zeit-Diagramm

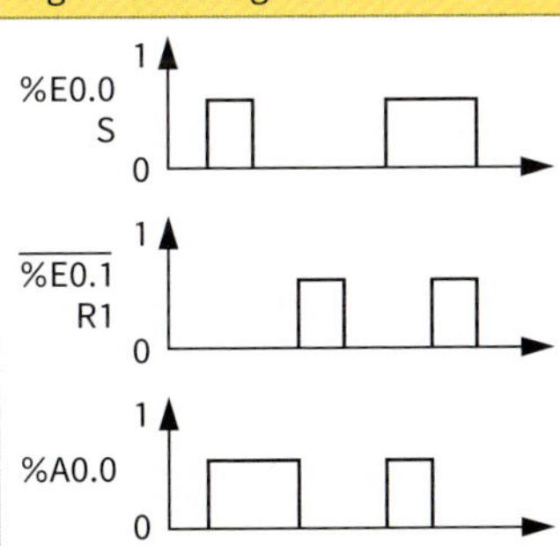

VPS

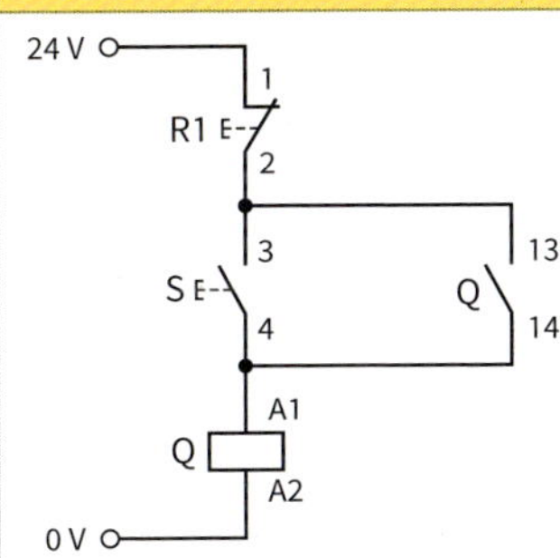

Darstellung im SPS-Programm

FUP

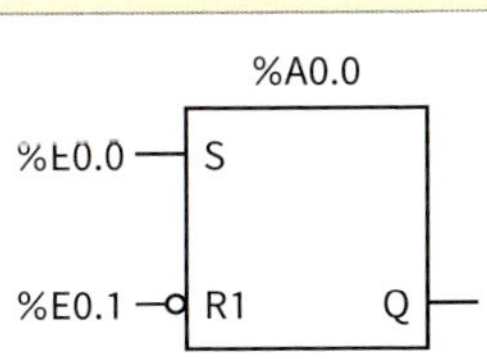

KOP

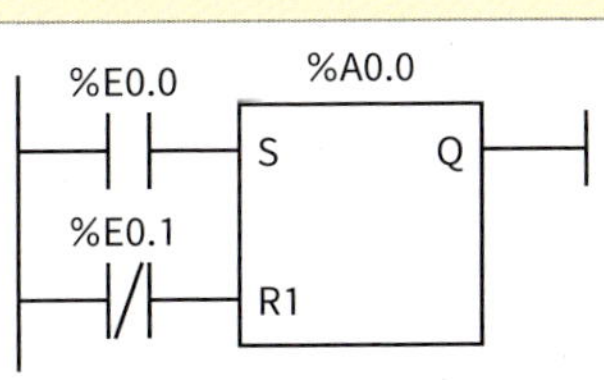

1.9.8 Zeitfunktionen

Für die Steuerung von Maschinen und Anlagen ist es oftmals erforderlich, Signale zeitlich zu begrenzen oder zu verzögern. Hierzu werden **Zeitfunktionen** in einer speicherprogrammierbaren Steuerung verwendet. Diese stehen je nach Anwendung in folgenden drei unterschiedlichen Varianten zur Verfügung.

Zeitfunktionen		
Einschaltverzögerung (TON)	Ausschaltverzögerung (TOF)	Impuls TP
Signal-Zeit-Diagramm		
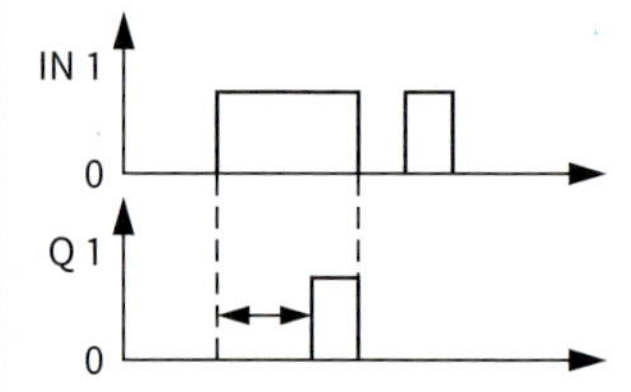	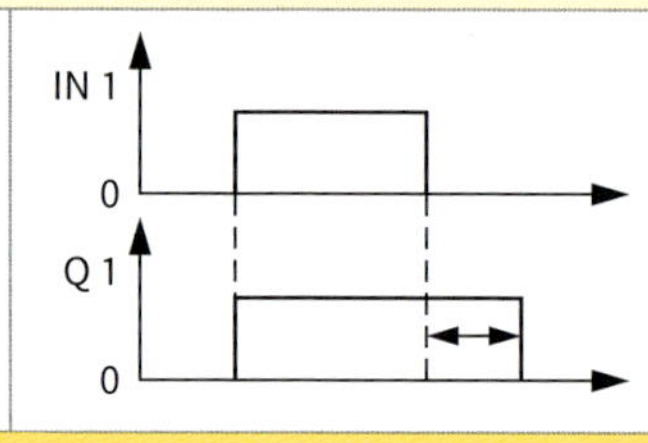	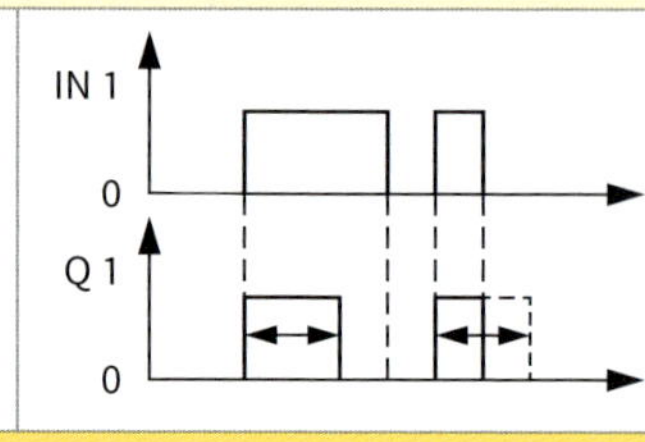
Darstellung im SPS-Programm		
FUP		
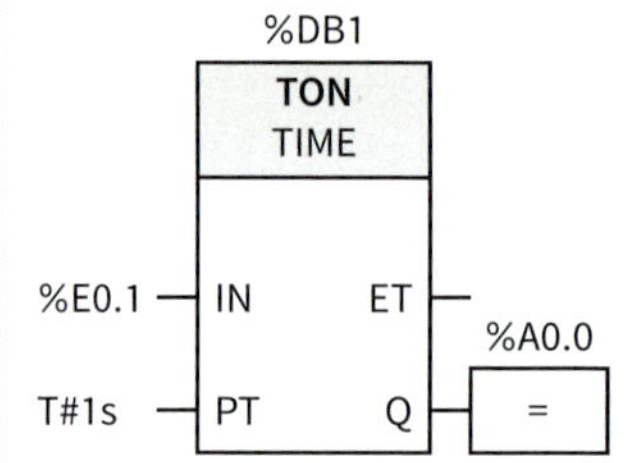	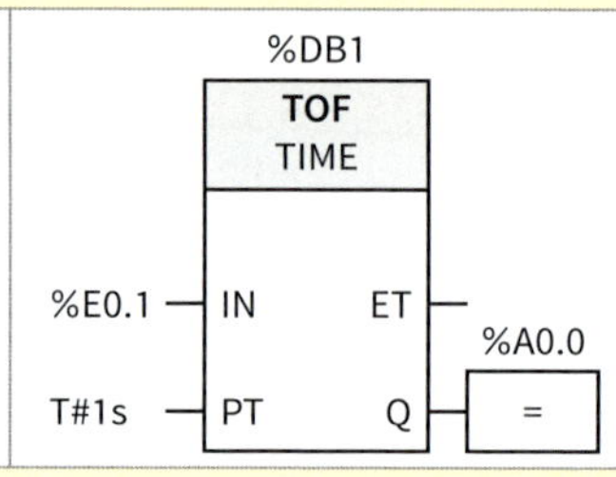	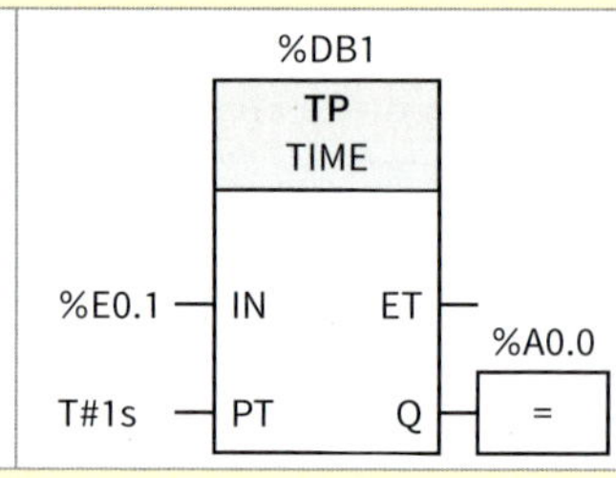
KOP		
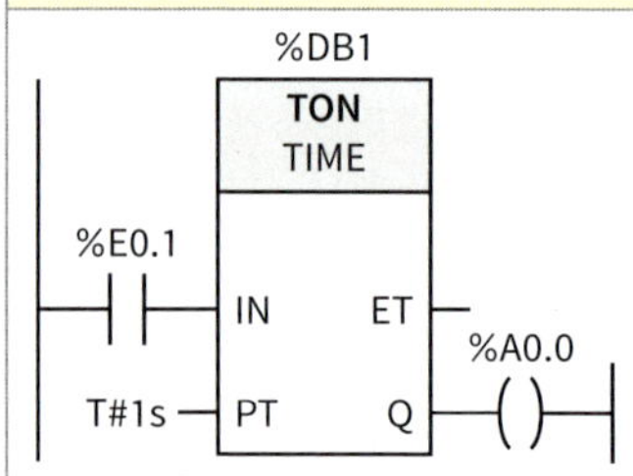	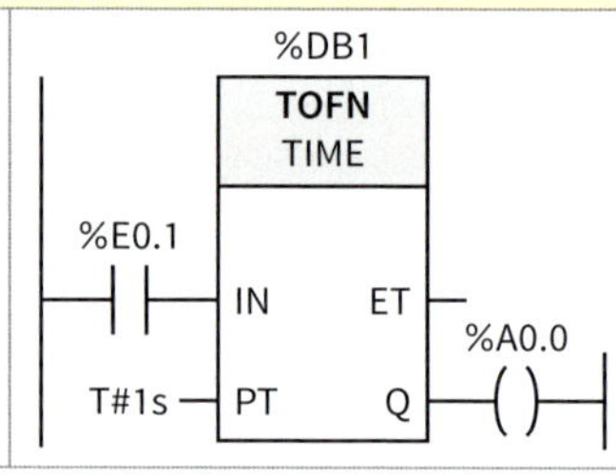	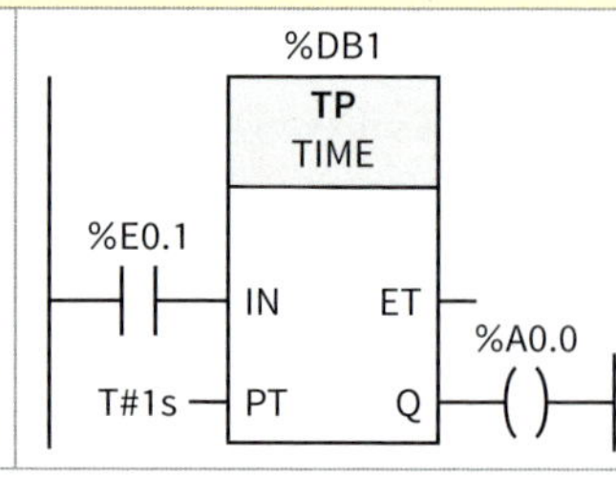

Die Ein- und Ausgänge der jeweiligen Zeitfunktionen haben folgende Bedeutung:

IN: Starteingang (BOOL)
PT: Zeitdauer der Einschaltverzögerung, z. B. t#1s (TIME)
Q: Ausgang, der nach dem Ablauf der Zeit PT gesetzt wird (BOOL)
ET: Aktueller Zeitwert (TIME)

Beim Aufruf einer Zeitfunktion wird ein sogenannter **Datenbaustein** (vgl. Kapitel 1.10) angelegt, in dem die Daten (z. B. der aktuelle Zeitwert) gespeichert werden. Der Datenbaustein (z. B. %DB1) wird über der Zeitfunktion eingetragen.

In manchen Anwendungsfällen soll der Ausgang auch nach Abschalten des Eingangssignals gesetzt bleiben. In diesem Fall wird die Zeitfunktion mit einem RS-Flipflop verknüpft (Abb. 1).

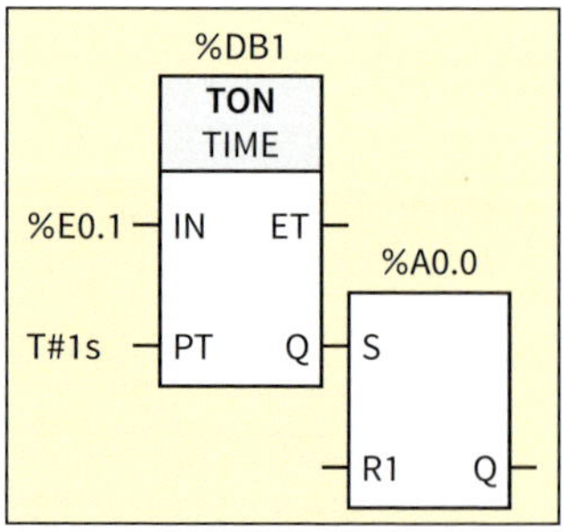

Abb. 1: Speichernde Einschaltverzögerung

1.9.9 Zählfunktionen

Eine weitere wichtige Aufgabe bei der Steuerung von Maschinen besteht darin, Stückzahlen zu ermitteln, Impulse zu verarbeiten oder andere Zählaufgaben umzusetzen. Auch hierzu stehen wieder entsprechende Funktionen zur Verfügung. Nach IEC 61131-3 gibt es drei verschiedene Zählertypen. Diese können von -32768 bis +32767 zählen. Wie bei den Zeitfunktionen muss beim Aufruf einer **Zählfunktion** ein Datenbaustein angelegt werden, in dem die Daten (z. B. der aktuelle Zählwert) gespeichert sind. Der Datenbaustein (z. B. %DB1) wird über der Zählfunktion eingetragen.

Zeitfunktionen		
Vorwärtszähler (CU)	Rückwärtszähler (CD)	Vor-/Rückwärtszähler (CTUD)

FUP

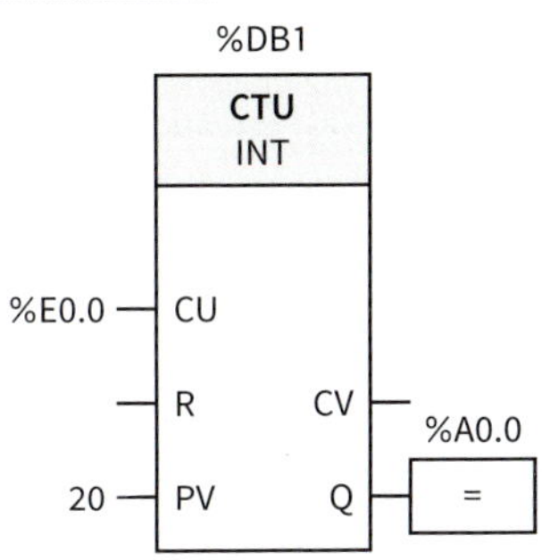

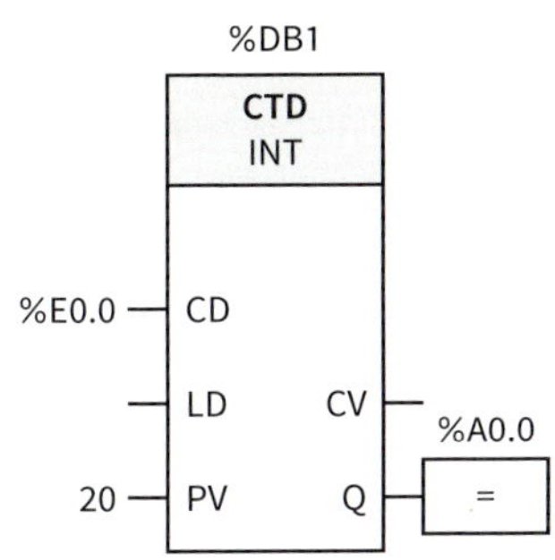

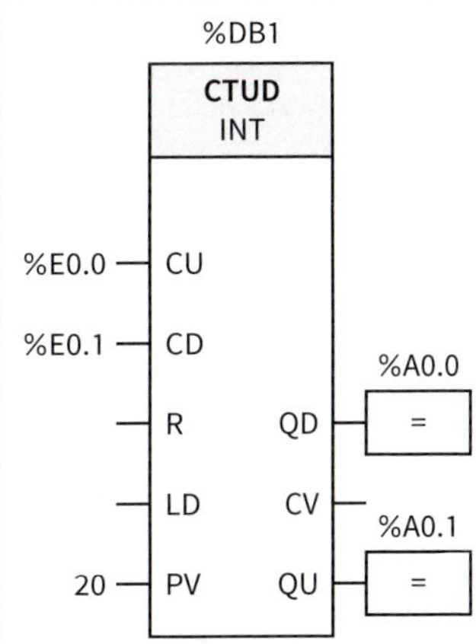

KOP

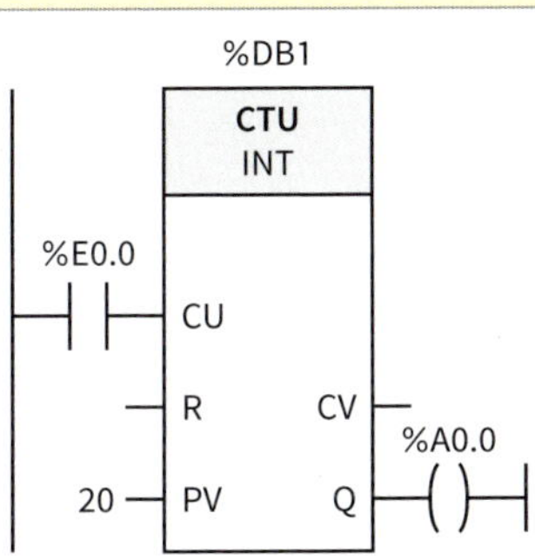

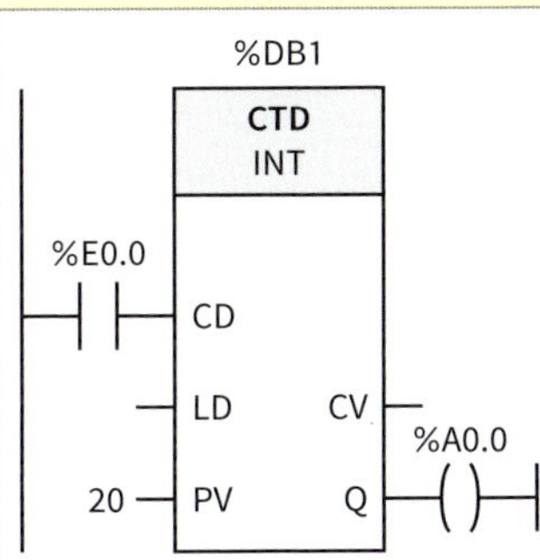

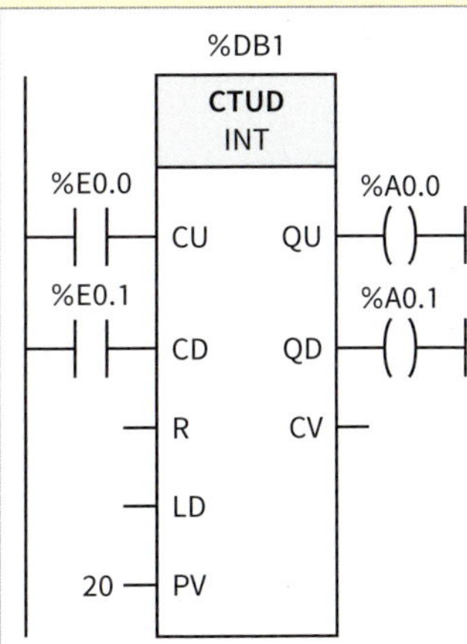

Die Ein- und Ausgänge der jeweiligen Zählfunktionen haben folgende Bedeutung:

CU: Vorwärtszählen (BOOL)
CD: Rückwartszählen (BOOL)
R: Zähler auf 0 zurücksetzen (BOOL)
LD: Zählwert laden (BOOL)
PV: Zählwert (INT)

Q: Binärer Ausgang (BOOL)
QU: Status des Vorwärtszählers (BOOL)
QD: Status des Rückwärtszählers (BOOL)
CV: Aktueller Zählwert (INT)

1.10 Bausteinarten

Die Organisation eines SPS-Programms kann je nach Komplexität und Anwendungsfall variieren. Ein gut strukturiertes und übersichtliches Programm erleichtert die Wartung, Fehlerbehebung und Erweiterung der SPS-Anwendung. Aus diesem Grund besteht die Möglichkeit, eine Anwendung in Bausteinen zu organisieren.

Man unterscheidet folgende Bausteinarten:

- **Organisationsbausteine (OB):** In einer speicherprogrammierbaren Steuerung (SPS) dienen Organisationsbausteine dazu, den Programmablauf zu strukturieren und zu organisieren. Organisationsbausteine können nicht von anderen Bausteinen aus aufgerufen werden, sondern nur durch das Betriebssystem bei Eintreten bestimmter Ereignisse. Durch die zyklische Arbeitsweise einer SPS wird so z. B. der Organisationsbaustein Main [OB1] bei jedem Programmzyklus vom Betriebssystem aufgerufen.
  Hinweis: Die Bezeichnung „Organisationbaustein" wird ausschließlich in der Siemens-Automatisierungssoftware verwendet. In der Norm IEC 61131-3 ist dagegen der Begriff „Task" bzw. „PROG" gebräuchlich. Beide Varianten decken jedoch eine weitgehend ähnliche Funktionalität ab.
- **Funktionen (FC) und Funktionsbausteine (FB):** In Funktionen (FC) und Funktionsbausteinen (FB) werden in SPS-Programmen aufgabenspezifische Unterprogramme des Steuerungsprogramms angeordnet. Funktionsbausteine haben im Gegensatz zu Funktionen ein „Gedächtnis". Sie können Daten über den aktuellen Bausteinaufruf hinaus speichern. Zur Speicherung der Variablen ist jedem Funktionsbaustein ein Instanz-Datenbaustein (Instanz-DB) zugeordnet.
- **Datenbausteine (DB):** Datenbausteine sind spezielle Datenbereiche zur Speicherung von Anwenderdaten, mit denen das SPS-Programm arbeitet. Auf die gespeicherten Daten eines Datenbausteines kann lesend und schreibend vom SPS-Programm aus zugegriffen werden. Es werden zwei Arten von Datenbausteinen unterschieden:
  Instanz-Datenbausteine dienen zur Speicherung der Instanz-Daten von Funktionsbausteinen und sind diesen beim Aufruf fest zugeordnet. Global-Datenbausteine enthalten Informationen, auf die von allen Programmbausteinen des Anwenderprogramms aus zugegriffen werden kann.

1.11 Strukturierung eines SPS-Programms

Für die Erstellung von SPS-Programmen gibt es verschiedene Möglichkeiten zur Strukturierung.

Lineare Programmierung: Das gesamte SPS-Programm wird im zyklisch bearbeiteten Organisationsbaustein OB1 (Main) realisiert. Die CPU arbeitet die Anweisungen sequenziell (der Reihe nach) ab. Der große Nachteil dieser Vorgehensweise besteht darin, dass größere Programme sehr unübersichtlich werden.

Gegliederte Programmierung: Das SPS-Programm wird in mehrere Bausteine gegliedert (Abb. 1), die jeweils spezielle Teilfunktionen ausführen. Das Hauptprogramm OB1 (Main) enthält nur Bausteinaufrufe, nach deren Reihenfolge die Bausteine abgearbeitet werden. Gegliederte Programme sind übersichtlicher als lineare Programme.

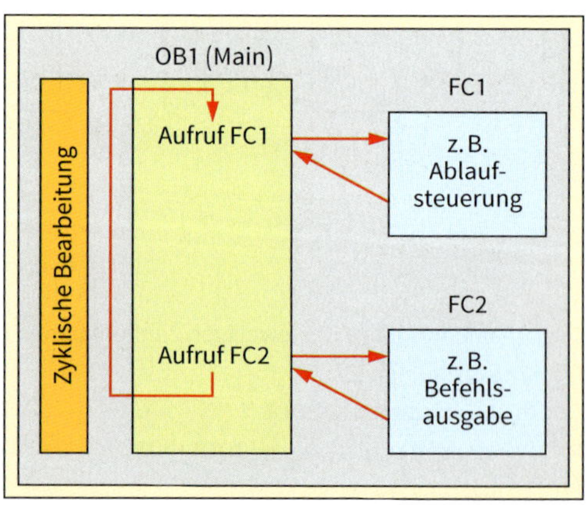

Abb. 1: Gegliederte Programmierung

Strukturierte Programmierung: Ein strukturiertes Programm besteht aus einem Hauptprogramm OB1 (Main), das mehrere modulare parametrierbare Bausteine (Unterprogramme) aufruft (Abb. 1). Einzelne Bausteine können kopiert und wieder verwendet oder mehrmals aufgerufen werden. Daneben gibt es in sogenannten Bibliotheken fertige Bausteine, z. B. für regelungstechnische Anwendungen, die in ein Programm eingebunden werden können.

Hinweis: Die Ein- und Ausgangsparameter EN und ENO haben folgende Bedeutung: Eine Funktion bzw. ein Funktionsbaustein wird nur bearbeitet, wenn der Eingang „EN" (Engl. enable für Freigabe) ein 1-Signal erhält oder nicht belegt ist. Der Ausgang „ENO" (enable out) gibt ein 1-Signal aus, wenn der Baustein fehlerfrei bearbeitet wurde.

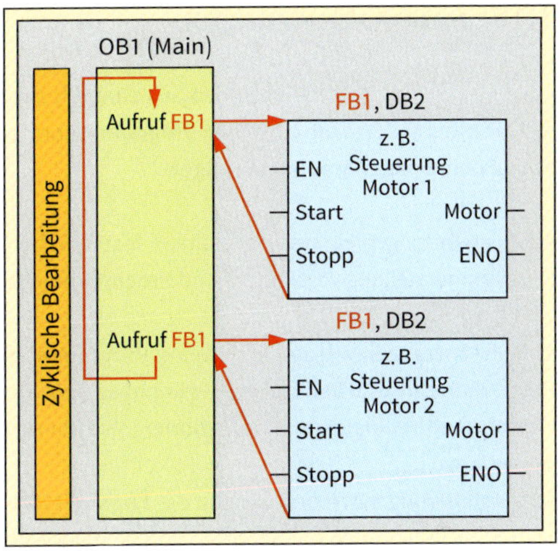

Abb. 1: Strukturierte Programmierung

1.12 Erstellen von parametrierbaren Funktionen und Funktionsbausteinen

In Funktionen und Funktionsbausteinen können grundsätzlich die Ein-/Ausgänge oder Merker aus der globalen Variablentabelle verwendet werden. Bei der strukturierten Programmierung ist diese Vorgehensweise jedoch nicht empfehlenswert. Im Idealfall werden Funktionen mit sogenannten Formalparametern parametriert. Das sind lokale Variablen, die erst beim Aufruf mit Aktualparametern versorgt werden. Die lokalen Variablen werden im Deklarationsteil der Funktion angelegt. Diese lokalen Variablen werden dann ausschließlich in der Funktion bzw. dem Funktionsbaustein verwendet. Erst beim Aufruf des Bausteins werden die Variablen mit echten Werten versorgt.

Beispiel:
In einer Fertigungsanlage befinden sich zwei baugleiche Drehstrommotoren, die jeweils mit einem Taster (Schließer) eingeschaltet und einem zweiten Taster (Öffner) ausgeschaltet werden. Um das Programm wiederverwenden zu können, ist ein Funktionsbaustein mit Parameterübergabe zu erstellen.

Motor 1:	S0	E0.0	Taster Stopp
	S1	E0.1	Taster Start
	Q1	A0.0	Motorschütz Q1
Motor 2:	S2	E0.2	Taster Stopp
	S3	E0.3	Taster Start
	Q2	A0.1	Motorschütz Q2

Deklarationsteil

Name	Datentyp	Defaultwert	Kommentar
Input			
Stopp	BOOL	false	Motor aus (nc)
Start	BOOL	false	Motor ein (no)
Output			
Motor	BOOL	false	Motor ein/aus
InOut			
Static			
spMotor	BOOL	false	Speicher Motor
Temp			

Programm mit Formalparametern

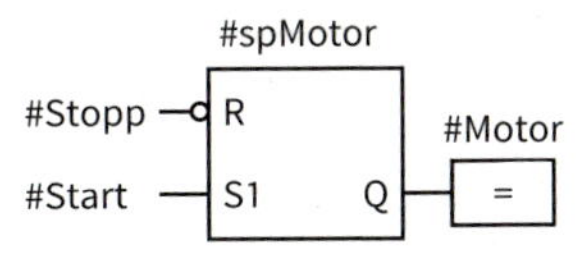

Aufruf des Funktionsbausteins im Hauptprogramm mit Aktualparametern

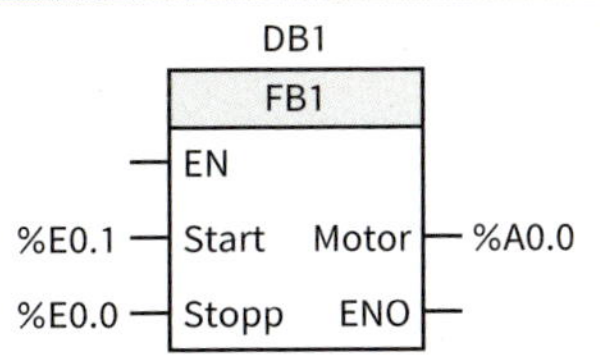

Abb. 2: Funktionsbaustein mit Parameterübergabe

1.13 Ablaufsteuerungen

Viele Steuerungsprozesse bestehen aus einem festen Ablauf. Eine Ampelsteuerung arbeitet z. B. immer in der gleichen Reihenfolge die einzelnen Programmschritte ab. Steuerungen mit einem wiederkehrenden definierten Ablauf nennt man **Ablaufsteuerungen**.

Ablaufsteuerungen können nach einem festen Schema programmiert werden (Ablaufkette). Dadurch wird die Programmerstellung vereinfacht und Programmierfehler werden vermieden.

Ablaufsteuerungen werden in einzelne **Programmschritte** unterteilt. Bei einer Ampelsteuerung wären solche Programmschritte z. B. Rotphase, Grünphase usw. Der Übergang von einem Schritt zum nächsten erfolgt durch **Weiterschaltbedingungen (Transitionen)**. Sie können **zeitgesteuert** oder **prozessgesteuert** sein.

Ablaufsteuerungen werden u. a. mit der **Entwurfssprache GRAFCET (DIN EN 60848)** beschrieben. Sie beinhaltet Steuerungsfunktionen mit Schritten und Weiterschaltbedingungen.

1.13.1 Grundelemente

Ein GRAFCET-Plan besitzt im Strukturteil die Elemente **Schritt** und **Transition**, im Wirkungsteil die Aktionen (Abb. 1). Schritte und Transitionen wechseln sich ab. Es ist bei linearem Ablauf immer nur ein Schritt aktiv, der beliebig viele Aktionen auslösen kann. Kommentierungen werden in Anführungszeichen neben den Aktionen gesetzt.

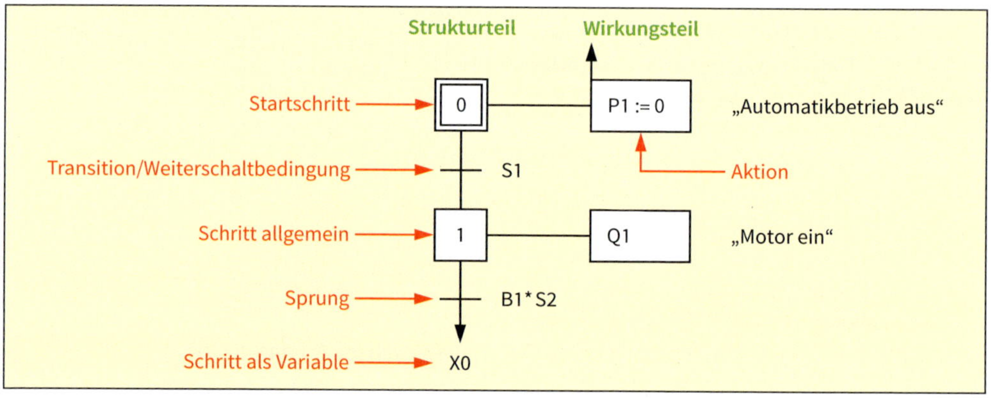

Abb. 1: Aufbau und Elemente eines Grafcet-Plans.

Zu jeder Schrittkette gehört ein **Startschritt**. Dieser kennzeichnet die Ausgangsstellung der Steuerung. Der Startschritt wird unmittelbar nach dem Einschalten der SPS aktiviert. Er ist erkennbar am doppelten Rahmen. Das Beispiel zeigt den Schritt 0 als Startschritt.

Regeln für das Erstellen von Ablaufketten:

- Eine Ablaufkette besteht aus Schritten und Weiterschaltbedingungen (Transitionen).
- Zwischen zwei Schritten steht immer eine Weiterschaltbedingung (Transition).
- Der Anfangsschritt (Startschritt) ist zu Beginn einer Ablaufkette ohne Bedingungen aktiv.
- Man gelangt von einem Schritt in den nächsten, wenn der vorherige Schritt aktiv ist UND die Weiterschaltbedingung erfüllt ist.
- Der nachfolgende Schritt setzt den vorherigen Schritt zurück.

1.13.2 Transitionen

Eine Transition ist die Verbindung von einem Schritt zum nächsten. Eine Transition wird auch als Übergang bezeichnet. Sie wird durch eine Linie im rechten Winkel zur Verbindung zwischen den beiden Schritten dargestellt.

Beispiele für Transitionen:

+	B1 * S2	UND-Verknüpfung
+	B3 + S2	ODER-Verknüpfung
+	2s / X1	Zeitabhängige Transition

1.13.3 Darstellung von Aktionen in Ablaufsteuerungen

Aktionen ohne Speicherverhalten

Einfache Aktion (ohne Zuweisungsbedingung):

Solange der zugehörige Schritt aktiv ist, wird der angegeben Variablen der Wert 1 zugewiesen. Ist der Schritt nicht mehr aktiv, erhält die Variable wieder den Wert 0.

Grafisches Symbol	Signal-Zeit-Diagramm	Umsetzung in der Sprache FUP
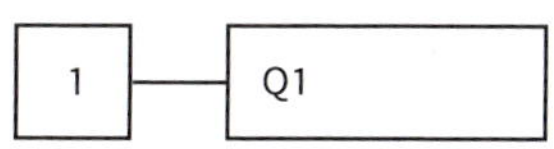	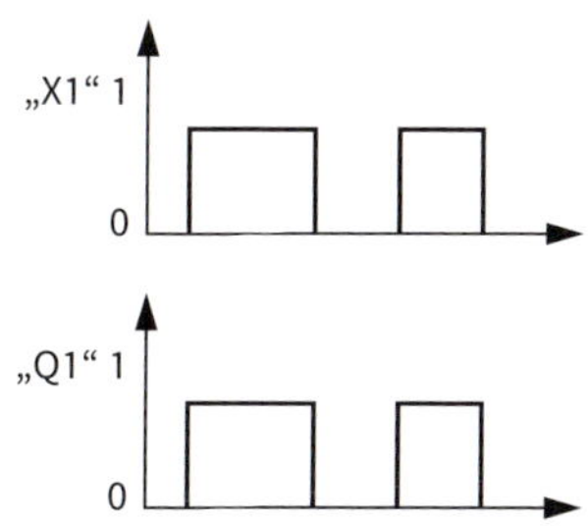	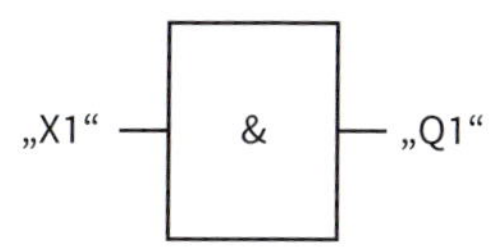

Aktion mit Zuweisungsbedingung:

Dem in der Aktion verwendeten Ausgang wird nur dann der Wert 1 zugewiesen, wenn der zugehörige Schritt aktiv und die Zuweisungsbedingung erfüllt ist. Ist die Zuweisungsbedingung nicht erfüllt, so erhält der Ausgang den Wert 0.

Grafisches Symbol	Signal-Zeit-Diagramm	Umsetzung in der Sprache FUP
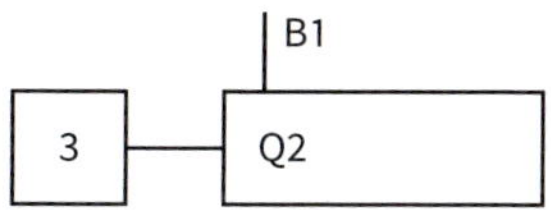	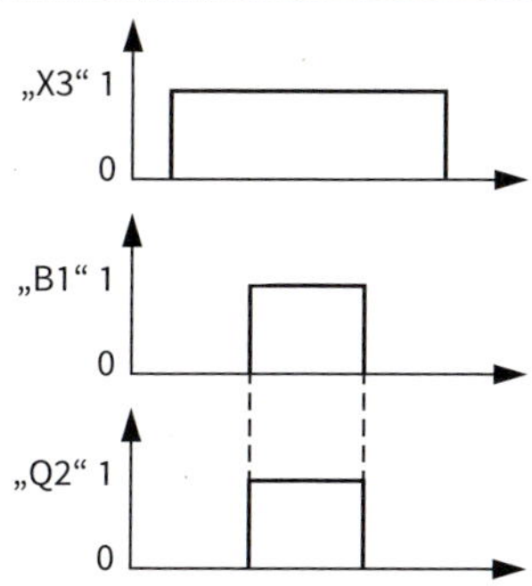	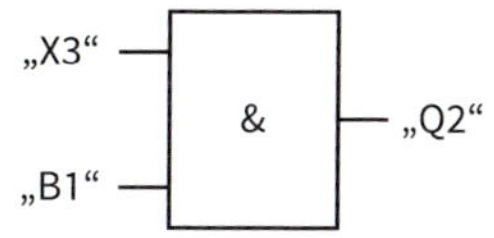

Aktion mit Einschaltverzögerung:
Erst nach Ablauf der vorgegebenen Zeit ist die Zuweisungsbedingung erfüllt und der in der Aktion angegebene Ausgang erhält den Wert 1.

Grafisches Symbol	Signal-Zeit-Diagramm	Umsetzung in der Sprache FUP
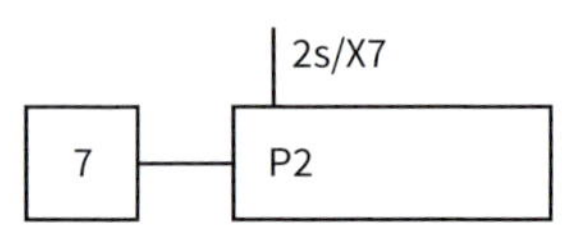	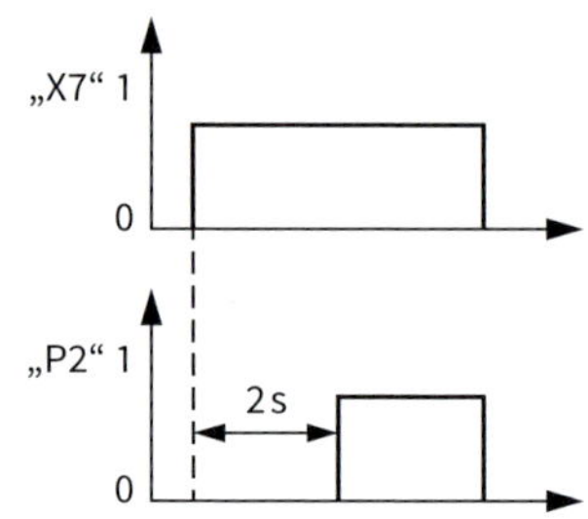	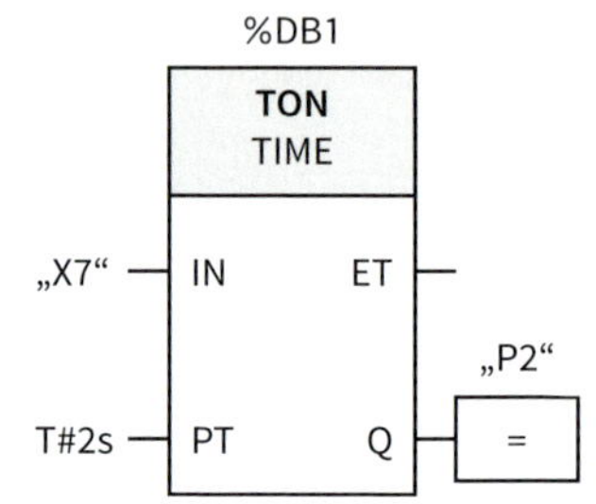

Zeitbegrenzte Aktion:
Mit Aktivierung des Schrittes wird der Ausgang für die Dauer der angegebenen Zeit eingeschaltet. Wird der Schritt vor Ablauf der Zeit zurückgesetzt, erhält der Ausgang den Wert 0.

Grafisches Symbol	Signal-Zeit-Diagramm	Umsetzung in der Sprache FUP
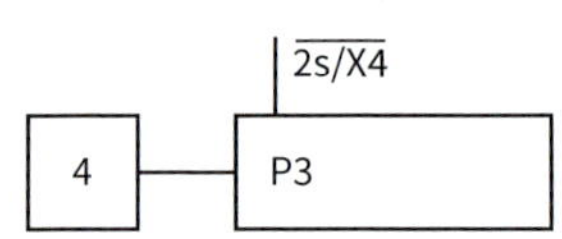	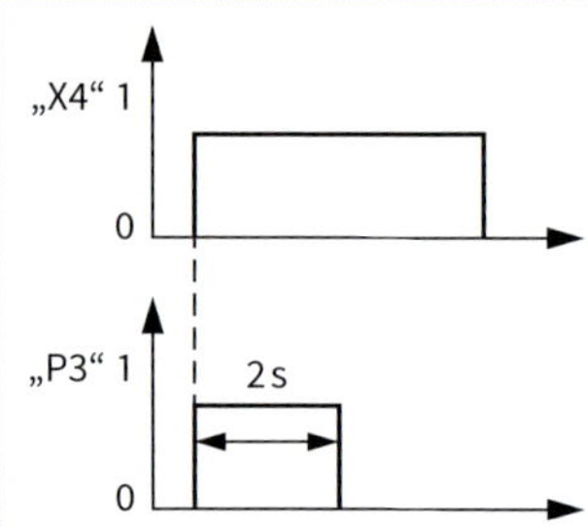	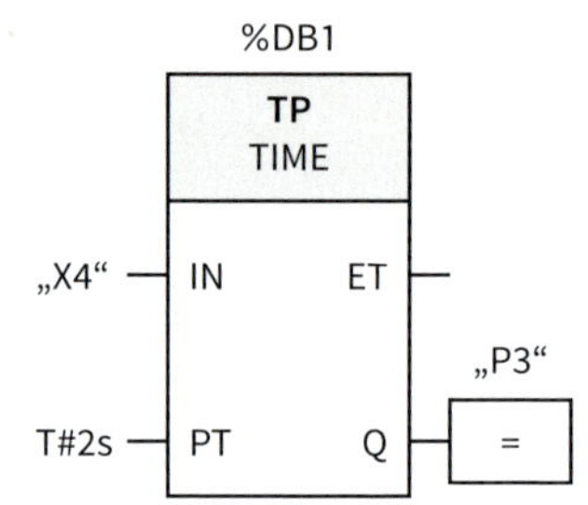

Aktion mit einschaltverzögerter Zuweisungsbedingung:
Die links von der Bedingung stehende Zeit wird durch die steigende Flanke der Bedingung gestartet. Nach Ablauf der Zeit wird die Aktion ausgeführt. Das Verhalten entspricht einer Einschaltverzögerung.

Grafisches Symbol	Signal-Zeit-Diagramm	Umsetzung in der Sprache FUP
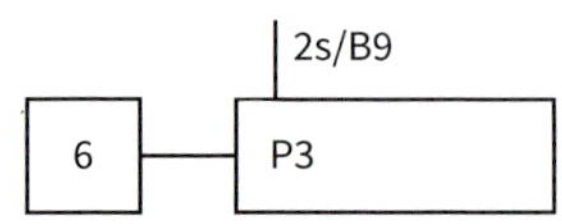	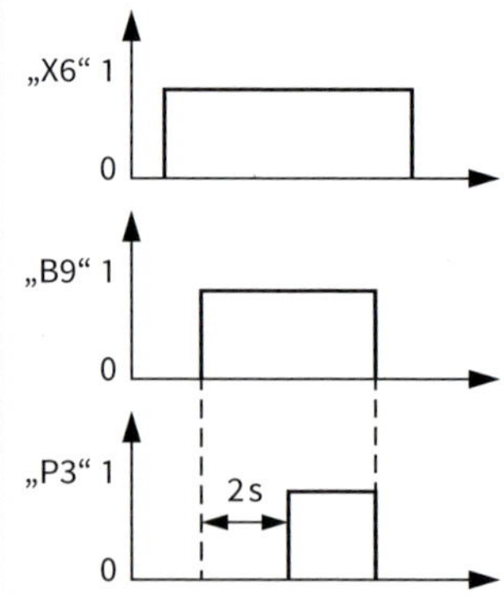	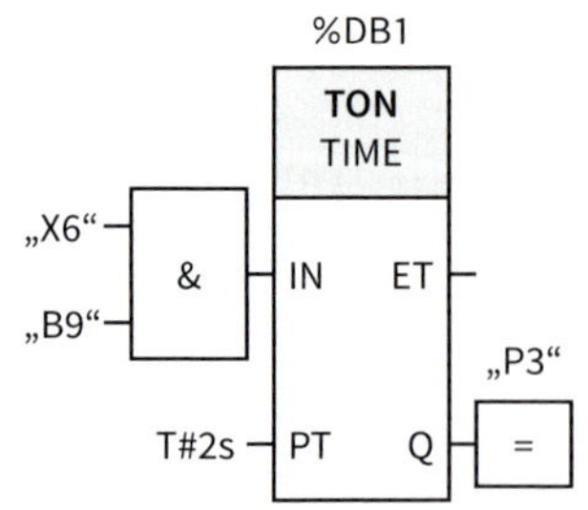

Aktion ausschaltverzögerter Zuweisungsbedingung:
Eine rechtsstehende Zeit wird durch die fallende Flanke der Bedingung gestartet und verlängert die Aktionsdauer. Voraussetzung dafür ist, dass der Schritt aktiv bleibt. Das Verhalten entspricht einer Ausschaltverzögerung.

Grafisches Symbol	Signal-Zeit-Diagramm	Umsetzung in der Sprache FUP
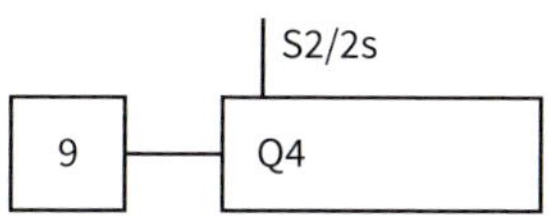	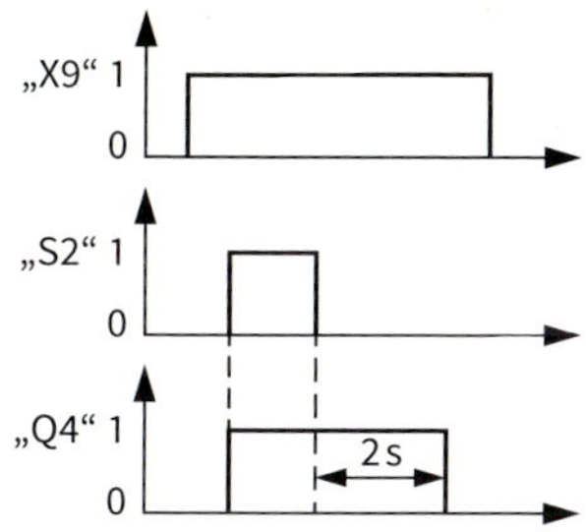	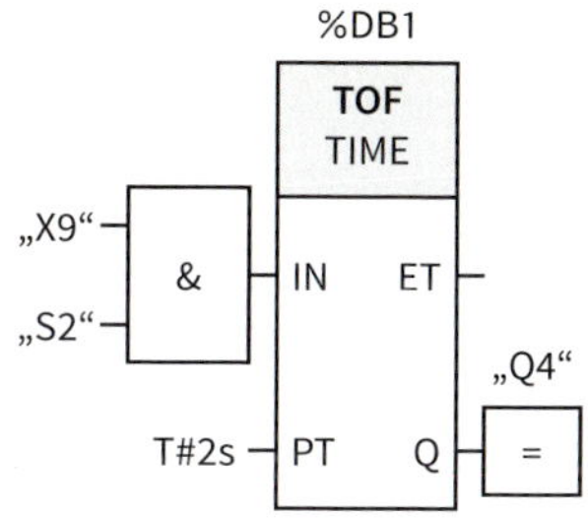

Aktionen mit Speicherverhalten
Speichernde Aktion bei Aktivierung des Schrittes:
Zu dem Zeitpunkt, in dem der zugehörige Schritt aktiv wird, wird dem Ausgang der in der Aktion angegebene Wert zugewiesen. Der Zustand des Ausgangs bleibt so lange gespeichert, bis er durch eine andere Aktion überschrieben wird. Da die Zuweisung des Wertes bei Aktivierung des Schrittes, also bei Vorliegen einer steigenden Signalflanke der Schrittvariablen, ausgeführt wird, ist die Aktion durch einen Pfeil nach oben gekennzeichnet.

Grafisches Symbol	Signal-Zeit-Diagramm	Umsetzung in der Sprache FUP
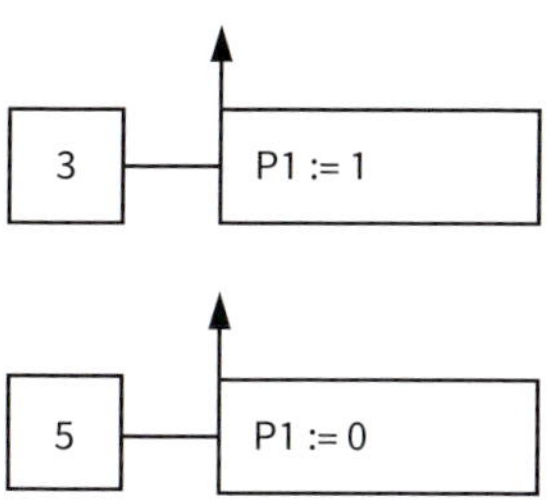	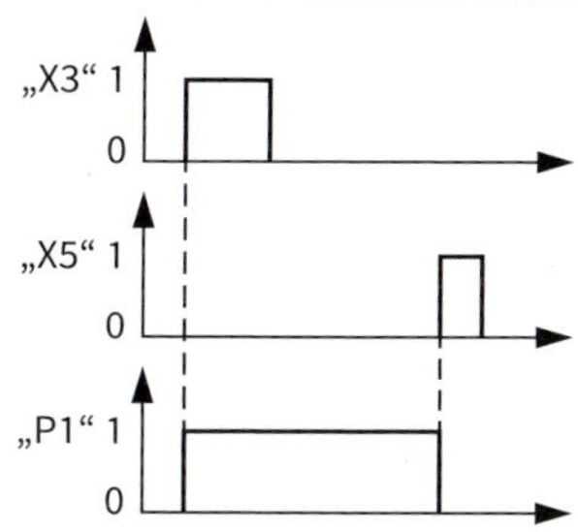	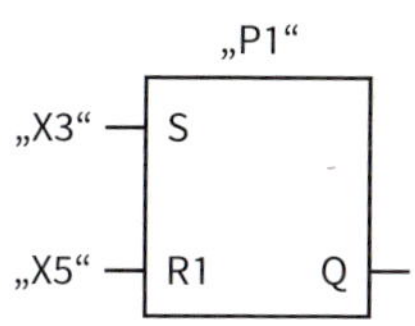

Speichernde Aktion bei Deaktivierung des Schrittes:
Zum Zeitpunkt der Deaktivierung des Schrittes wird dem Ausgang der Wert zugewiesen, der in der Aktion angegeben ist. Der Zustand des Ausgangs bleibt so lange gespeichert, bis er durch eine andere Aktion überschrieben wird.

Grafisches Symbol	Signal-Zeit-Diagramm	Umsetzung in der Sprache FUP
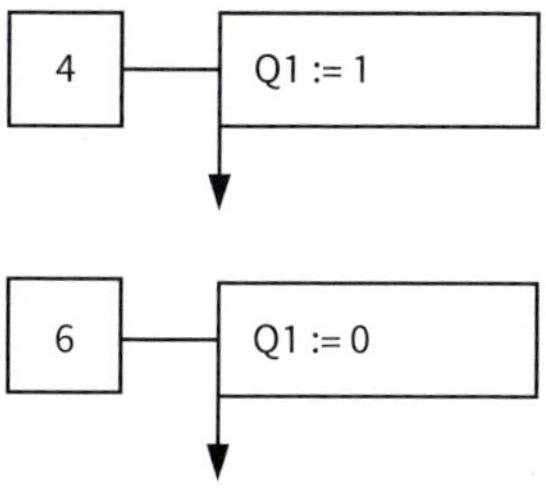	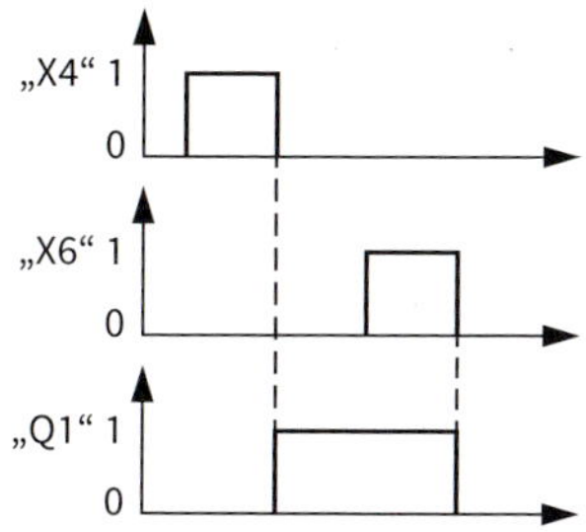	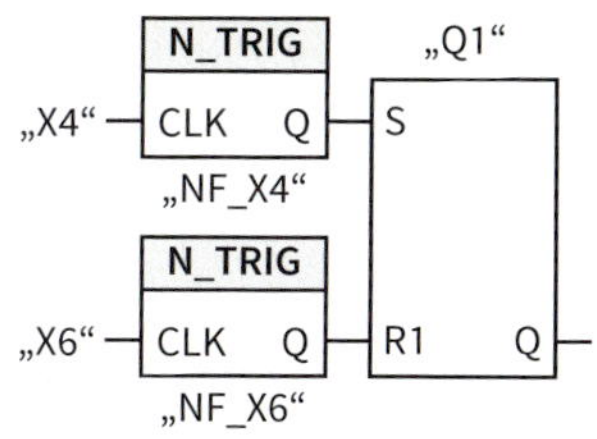

Speichernd wirkende Aktion bei Ereignis:
Der in der Aktion verwendete Ausgang wird speichernd eingeschaltet, wenn der zugehörige Schritt aktiv und die Zuweisungsbedingung erfüllt ist. Der Zustand des Ausgangs bleibt so lange gespeichert, bis er durch eine andere Aktion überschrieben wird.

Grafisches Symbol	Signal-Zeit-Diagramm	Umsetzung in der Sprache FUP
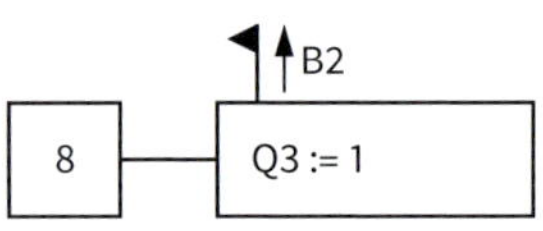	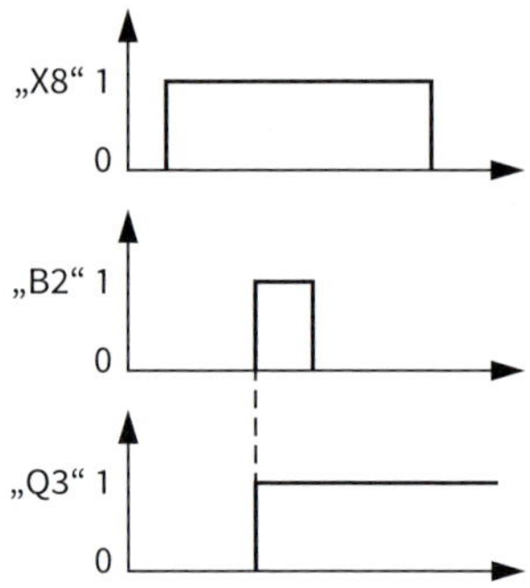	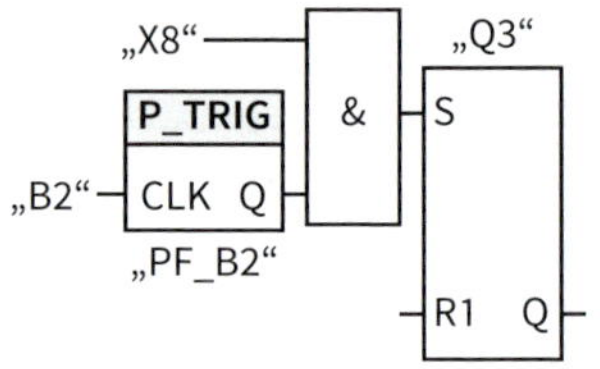

Verzögert speichernde Aktion:
Nach Ablauf der vorgegebenen Zeit ist die Zuweisungsbedingung erfüllt und der in der Aktion angegebene Ausgang wird so lange eingeschaltet, bis er durch einen anderen Schritt wieder zurückgesetzt wird.

Grafisches Symbol	Signal-Zeit-Diagramm	Umsetzung in der Sprache FUP
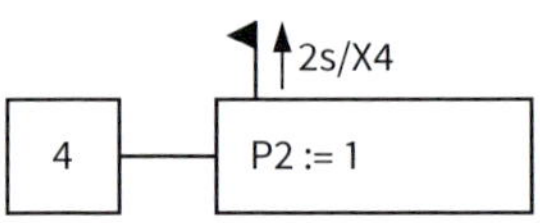	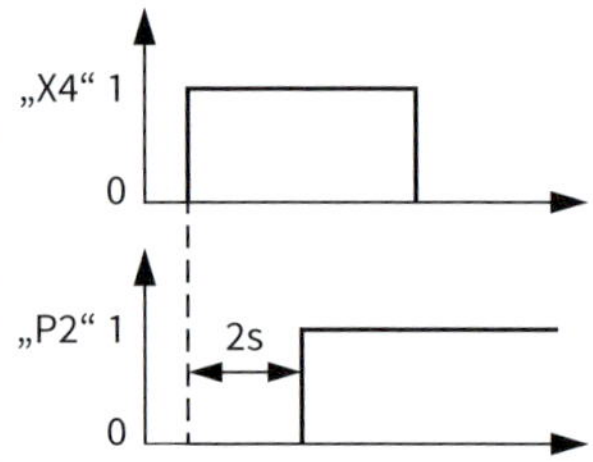	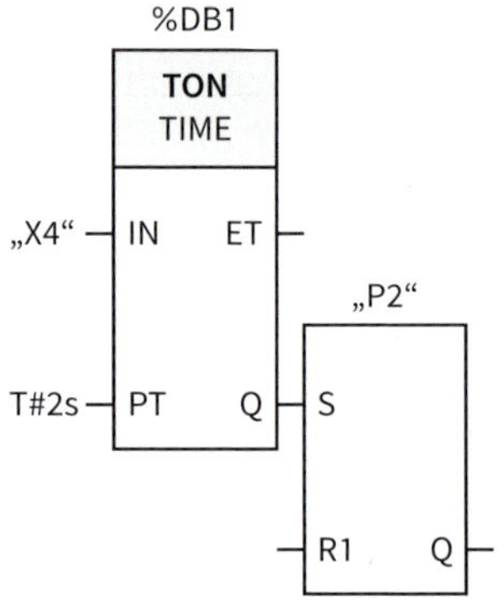

1.13.4 Sprünge in einer Schrittkette

In der Regel werden Schrittketten zyklisch durchlaufen. In dem Fall muss vom letzten in den ersten Schritt zurückgesprungen werden.

Hierfür sind die in Abb. 1 dargestellten Alternativen gebräuchlich.

Der letzte Schritt endet jeweils mit einer Weiterschaltbedingung.

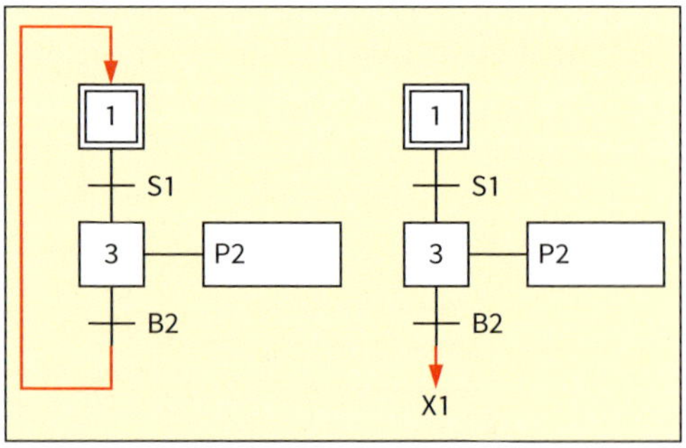

Abb. 1: Darstellung von Sprüngen

1.13.5 Ablaufsteuerungen mit Verzweigungen

Alternative Verzweigung

Bei der alternativen Verzweigung (Abb. 1) folgen zwei oder mehrere Transitionen auf einen Schritt. Es wird der Teilablauf aktiviert und bearbeitet, dessen Weiterschaltbedingung als erste erfüllt ist. Da bei der alternativen Verzweigung genau ein Teilablauf ausgewählt werden kann, müssen sich die Weiterschaltbedingungen gegenseitig ausschließen.

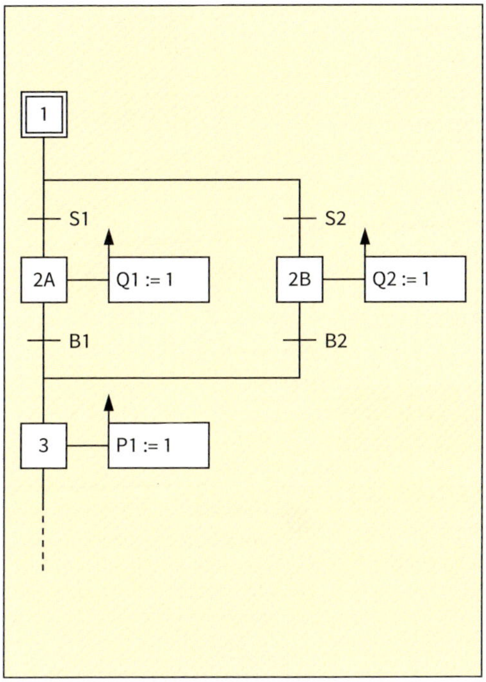

Abb. 1: Alternative Verzweigung

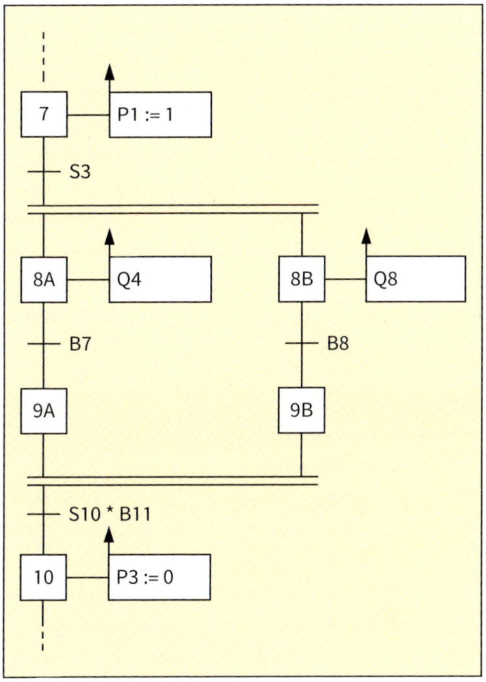

Abb. 2: Parallele Verzweigung

Parallele Verzweigung

Bei der parallelen Verzweigung (Abb. 2) führt eine gesetzte Weiterschaltbedingung zur gleichzeitigen Aktivierung von mehreren Teilabläufen. Die Teilabläufe werden gleichzeitig gestartet, aber unabhängig voneinander bearbeitet.

1.14 Darstellung einer Ablaufsteuerung in der Programmiersprache FUP

Für die Darstellung einer Schrittkette in einem SPS-Programm gibt es verschiedene Möglichkeiten. In der hier vorgestellten Variante wird jedem Schritt ein Merker zugeordnet. Diese Merker werden als Schrittmerker bezeichnet. Aktionen werden durch logische Verknüpfungen der Schrittmerker ausgelöst. Beim Einschalten der SPS wird der Anfangsschritt ohne Bedingung gesetzt. Dazu benutzt man in der Regel einen Richtimpuls, der nur im ersten SPS-Zyklus ein 1-Signal führt. Der Richtimpuls kann im SPS-Programm erzeugt werden. Alternativ ist es auch möglich, sogenannte Systemmerker, die von der SPS bereitgestellt werden, zu verwenden.

Zur besseren Übersicht wird eine Ablaufsteuerung in verschiedene Bausteine aufgeteilt (gegliederte Programmierung). Dabei werden in der Regel die Schrittkette und die Aktionen in separaten Funktionen abgebildet.

1.14.1 Prozessbeschreibung

Beispiel: Automatisierung eines Bohrautomaten

In einer Fertigungsanlage sollen Aluminiumprofile automatisch mit Bohrungen versehen werden. Für den dafür vorgesehenen Bohrautomaten (Abb. 1) ist eine Ablaufsteuerung zu entwickeln.

Die Bohrspindel des Bohrautomaten befindet sich zu Beginn eines Bearbeitungsvorgangs in der oberen Ausgangsposition (-B1). Durch den Befehl „Start" (-S1) schalten der Spindelantrieb M1 (-Q1) sowie der Vorschub-Eilgang (-Q2) des Motors -M2 ein. Bei Erreichen der Werkstoffoberfläche (Näherungsschalter -B2) wird der Vorschub des Motors -M2 verlangsamt (-Q3) und die Schmiermittelpumpe (-Q4) eingeschaltet; der Bohrvorgang beginnt. Nach Erreichen der unteren Endlage (-B3) wird der Bohrvorgang gestoppt, die Position wird zwei Sekunden lang beibehalten. Anschließend fährt der Motor -M2 im Eilgang zurück (-Q5), die Schmiermittelpumpe wird ausgeschaltet. Ist die obere Endlage erreicht (-B1), schalten der Spindelantrieb (-Q1) und der Eilgang (-Q5) aus. Bei Betätigung des Stopptasters (-S0) wird ein laufender Bearbeitungsvorgang abgebrochen.

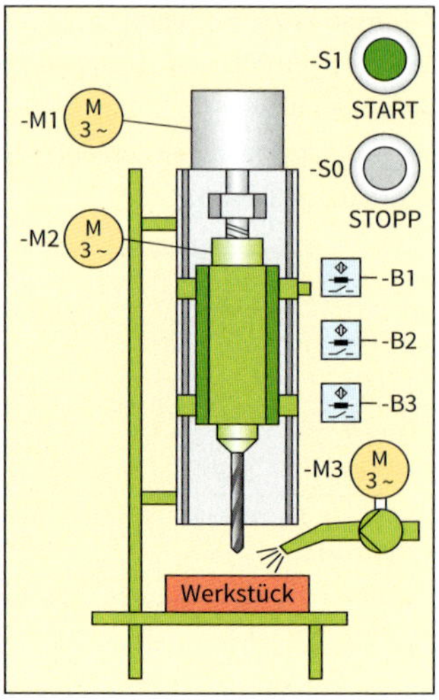

Abb. 1: Technologieschema Bohrautomat

Zuordnungsliste

Symbol	Adresse	Datentyp	Kommentar
S0	%E0.0	BOOL	Taster Stopp (Öffner)
S2	%E0.1	BOOL	Taster Start (Schließer)
B1	%E0.2	BOOL	Bohrkopf in Grundstellung (Schließer)
B2	%E0.3	BOOL	Bohrkopf in Mittelposition (Schließer)
B3	%E0.4	BOOL	Bohrkopf unten (Schließer)
Q1	%A0.0	BOOL	Bohrspindel M1
Q2	%A0.1	BOOL	Vorschub Eilgang M2
Q3	%A0.2	BOOL	Vorschub M2
Q4	%A0.3	BOOL	Schmiermittelpumpe M3
Q5	%A0.4	BOOL	Rückschub Eilgang M2

Hinweis:
Zur besseren Übersichtlichkeit sind sicherheitsbezogene Bauteile nicht dargestellt. Hinweise hierzu finden sich in Kapitel 4.

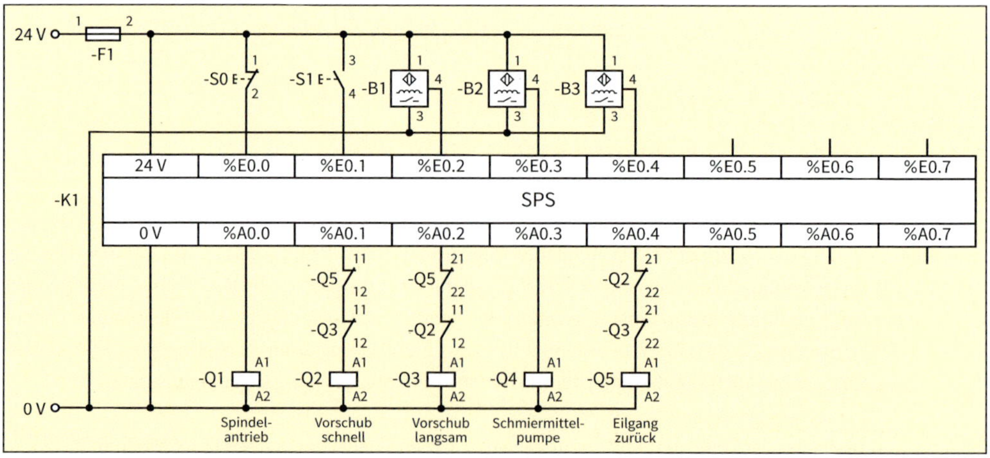

Abb. 2: Steuerstromkreis

1.14.2 Darstellung des GRAFCET-Plans

Der GRAFCET-Plan für die automatische Steuerung des Borautomaten ist in Abb. 1 dargestellt. Der Ablauf bildet die Prozessbeschreibung der Anlage (Kapitel 1.14.1) ab.

Schritt 1: Die Schmiermittelpumpe und der Spindelantrieb werden speichernd ausgeschaltet.

Schritt 2: Der Spindelantrieb Q1 wird nicht speichernd und der schnelle Vorschub des Bohrkopfes Q2 wird speichernd eingeschaltet.

Schritt 3: Die Schmiermittelpumpe wird speichernd und der langsame Vorschub des Bohrkopfes wird nicht speichernd eingeschaltet.

Schritt 4: Nach der geforderten Verzögerungszeit von zwei Sekunden fährt der Bohrkopf in die Ausgangsstellung zurück.

Die Abbruchbedingung durch Betätigung des Stopptasters ist in dem GRAFCET-Plan nicht dargestellt.

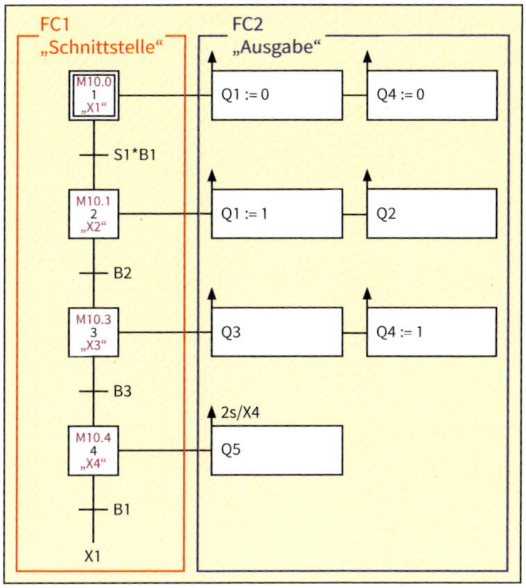

Abb. 1: GRAFCET-Plan

1.14.3 Entwicklung des SPS-Programms

Für die Entwicklung des SPS-Programms wird nach der Fertigstellung des GRAFCET-Plans zunächst eine Programmgliederung festgelegt. Gemäß Abb. 1 bietet es sich an, die Schrittkette und die Aktionen jeweils in einer separaten Funktion abzubilden.

Für die Programmierung der Schrittkette wird zunächst jedem Schritt ein Merker zugewiesen. Für den Schritt 1 wird beispielsweise der Merker 10.0 mit dem Symbolnamen „X1" verwendet. Jeder Schritt wird durch ein RS-Flipflop im SPS-Programm dargestellt. Es müssen jeweils die zum Schritt gehörenden Transitionen sowie die Abbruchbedingung (in der vorliegenden Problemstellung der Taster S0) eingetragen werden (Abb. 2).

Der Initialisierungsschritt (Schritt 1) wird beim Einschalten der SPS ohne Bedingung gesetzt. Dazu wird in dem auf der folgenden Seite abgebildeten Programm ein sogenannter Richtimpuls verwendet, der nur im ersten SPS-Zyklus ein 1-Signal führt. Der Richtimpuls wird im Netzwerk 1 des FC 1 erzeugt. Für die Variablen „RiImp" und „HMRiImp" werden die Merker M20.0 und M20.1 verwendet. M20.0 und Richtimpuls M20.1 müssen nicht-remanente Merker sein.

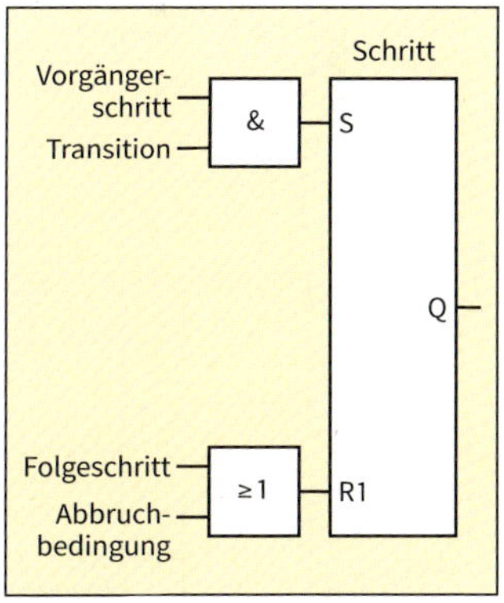

Abb. 2: FUP-Darstellung eines Schrittes

Für die Programmierung der Funktion FC2 wird für jeden Ausgang ein separates Netzwerk erstellt. Die zu den Aktionen gehörenden Funktionsplan-Darstellungen können aus der Übersicht in Kapitel 1.13.3 übernommen werden.

Hinweis:
Zur **besseren Strukturierung** eines SPS-Programms ist es in der Regel günstiger, die in einem Programm verwendeten Merker durch statische Lokalvariablen (Static) zu ersetzen (siehe Kap. 1.12).

1.14.4 Das SPS-Programm in der FUP-Darstellung (Beispiel Bohrautomat)

FC1: Schrittkette

Netzwerk 1: Richtimpuls

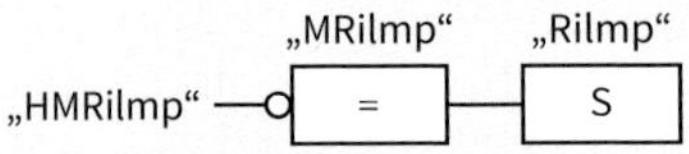

Netzwerk 2: Initialisierungsschritt

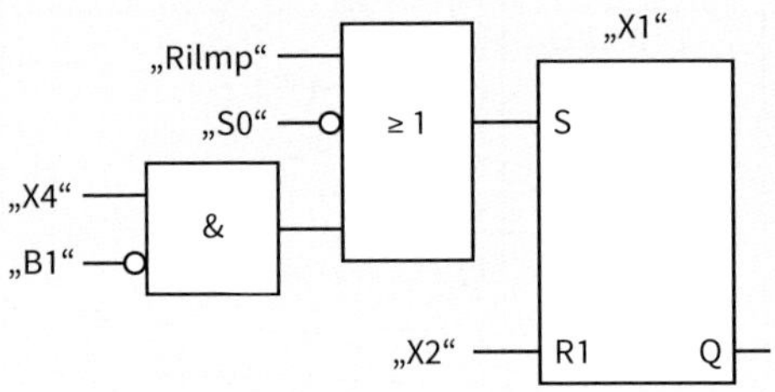

Netzwerk 3: Schritt 2

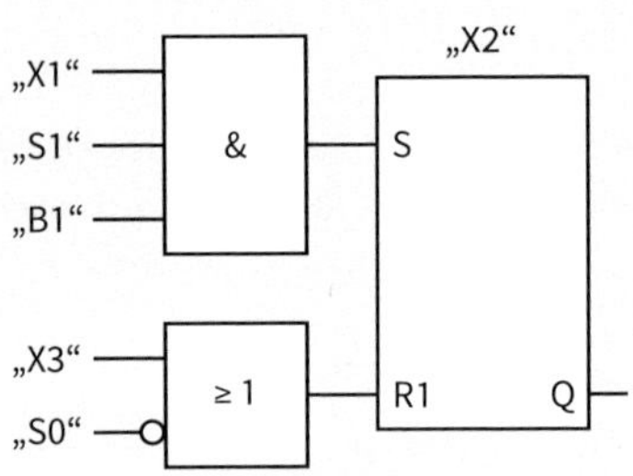

Netzwerk 4: Schritt 3

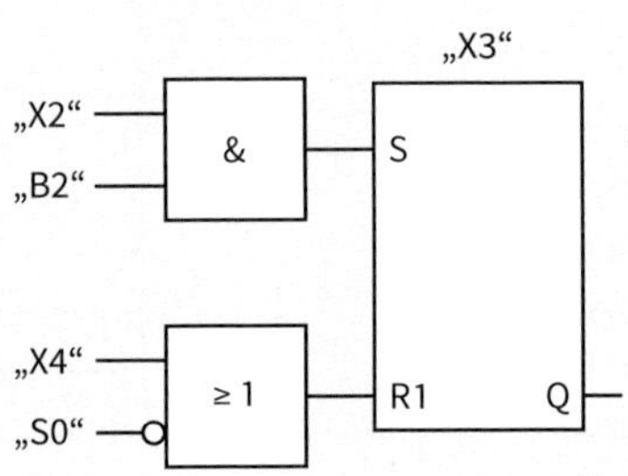

Netzwerk 5: Schritt 4

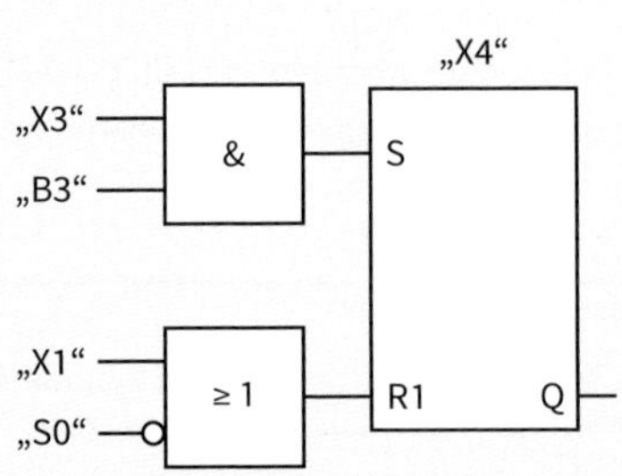

FC2: Ausgabe

Netzwerk 1: Q1

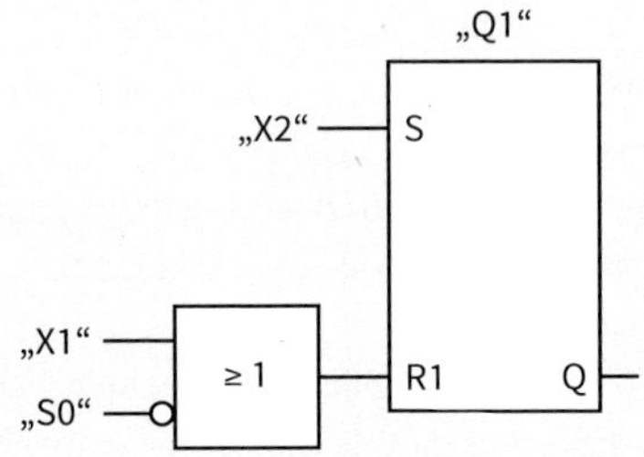

Netzwerk 2: Q2

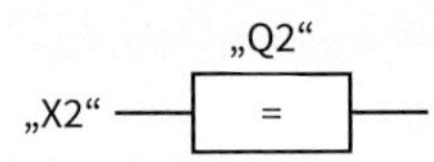

Netzwerk 3: Q3

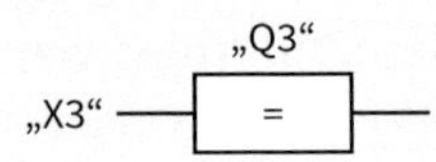

Netzwerk 4: Q4

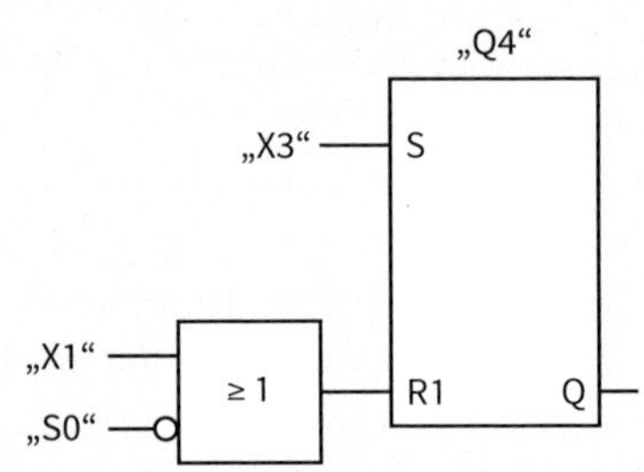

Netzwerk 5: Q5

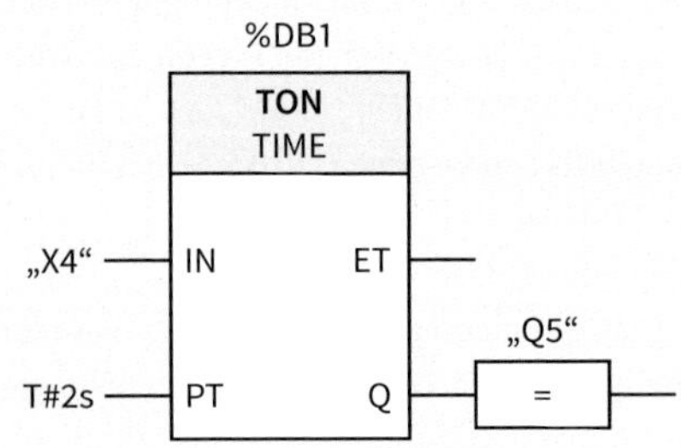

2 Sensoren

Sensoren werden dazu verwendet, um **Prozessinformationen** einer Maschine zu sammeln und in **elektrische Signale** umzuwandeln, damit diese von speicherprogrammierbaren Steuerungen weiterverarbeitet werden können (Abb. 1). Für den technischen Fortschritt in der Automatisierungstechnik sind Sensoren von großer Bedeutung.

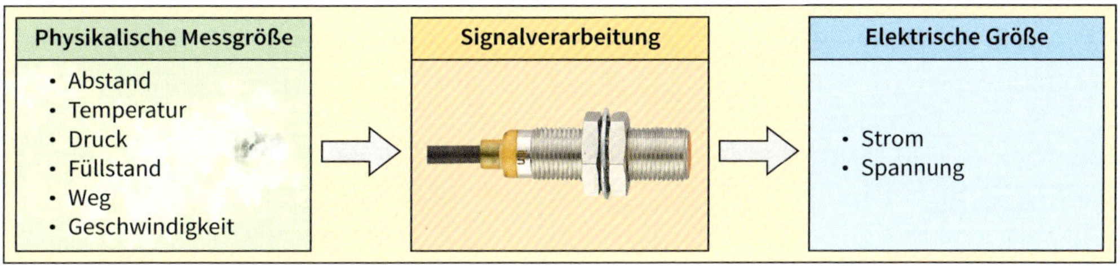

Abb. 1: Funktionsprinzip eines Sensors

2.1 Einteilung von Sensoren

Sensoren können nach unterschiedlichen Kriterien eingeteilt werden. Eine gängige Variante ist die Unterscheidung von **aktiven** und **passiven Sensoren**. Aktive Sensoren erzeugen aus dem Messprozess die Energie, die für die Weitergabe der Information notwendig ist. Bevorzugt sind elektrische Spannungen, da sie sich in der analogen Signaltechnik am leichtesten verarbeiten lassen. Passive Sensoren benötigen demgegenüber eine Hilfsenergie zur Erzeugung eines elektrischen Signals.

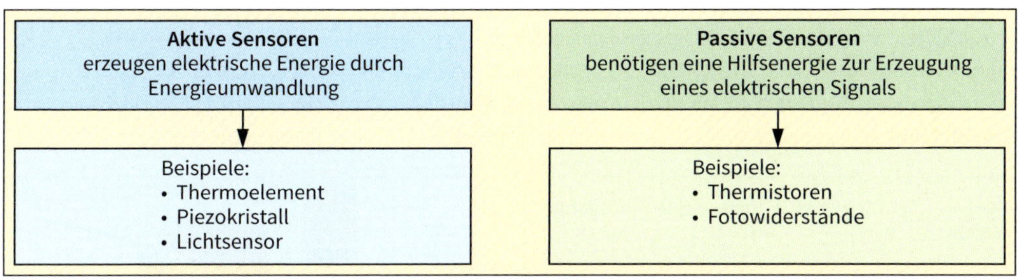

Abb. 2: Aktive und passive Sensoren

Eine weitere Möglichkeit zur Einteilung von Sensoren besteht darin, je nach Art des Ausgangssignals zwischen analogen, binären und digitalen Sensoren zu unterscheiden (Abb. 3).

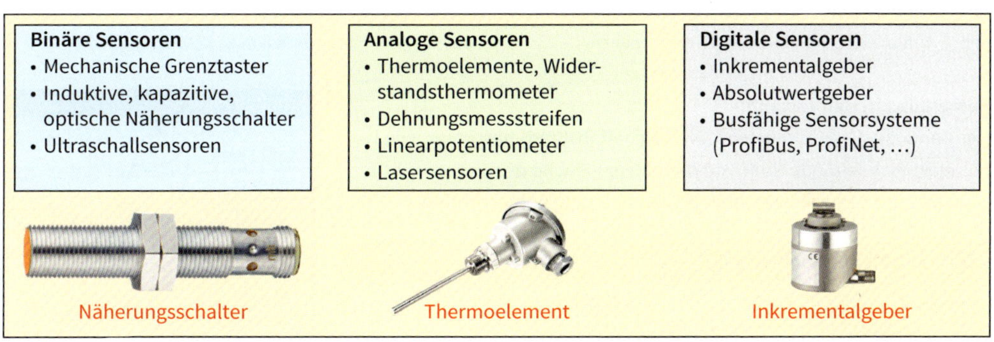

Abb. 3: Binäre, analoge und digitale Sensoren

2.2 Näherungsschalter

Näherungsschalter sind **berührungslos** arbeitende Sensoren, die ein **binäres Signal** liefern. Erreicht ein Objekt den **Schaltabstand** des Sensors, wird der **Ausgang durchgeschaltet**. Näherungsschalter arbeiten berührungslos sowie kontaktlos und sind damit **nahezu verschleißfrei**. Damit sind sie auch gegenüber Umwelteinflüssen meist unempfindlich.

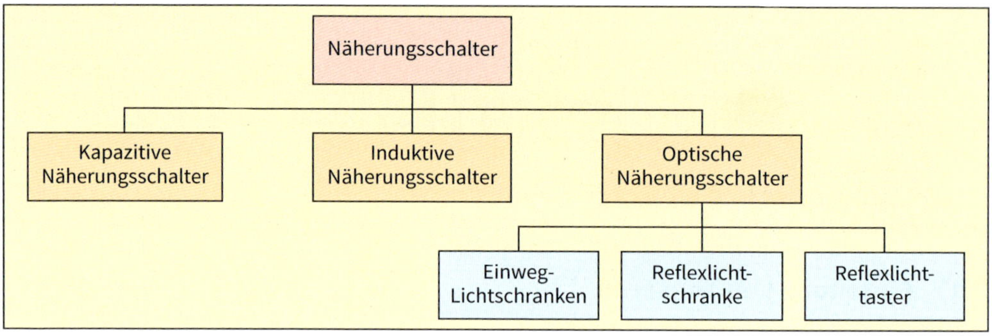

2.2.1 Induktive Sensoren (Näherungsschalter)

Induktive Näherungsschalter (Abb. 3) reagieren bei Annäherung eines **metallischen** Gegenstandes an die Sensorspule. Durch das Metall wird ein mit der Sensorspule gebildeter **Schwingkreis** (Abb. 2) bedämpft. Mit einem nachgeschalteten **Verstärker** und einem elektronischen **Schwellwertschalter** wird ein binares Ausgangssignal gebildet. Diese berührungsfreien Sensoren sind unempfindlich gegen Staub, Schmutz und Erschütterungen. Sie reagieren auf alle metallischen Gegenstände. Die **Schalthäufigkeit** liegt bei ca. 3000 Signalwechsel pro Sekunde.

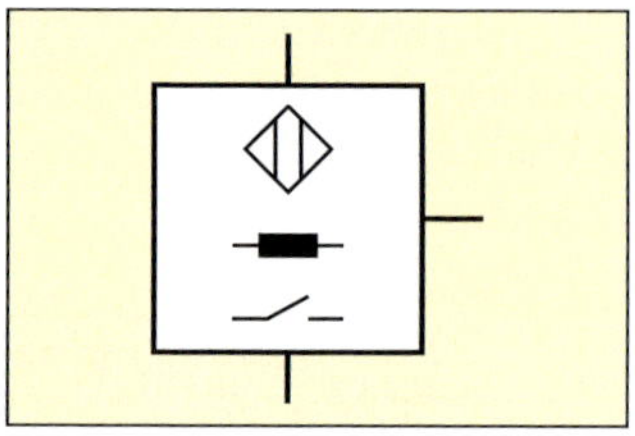

Abb. 1: Schaltzeichen induktiver Näherungsschalter

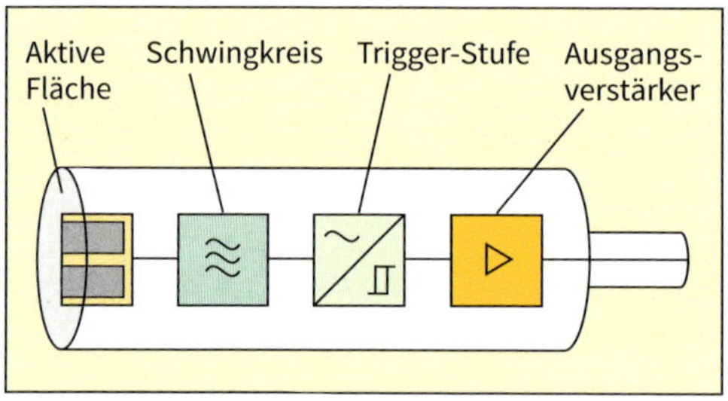

Abb. 2: Aufbau eines induktiven Näherungsschalters

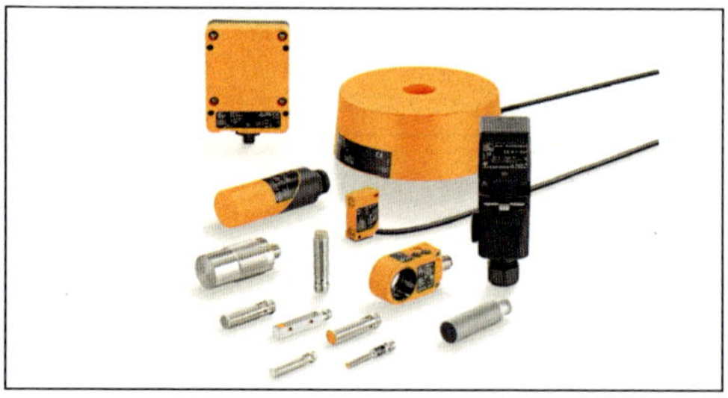

Abb. 3: Bauformen von induktiven Näherungsschaltern

Bemessungsschaltabstand:

Der Bemessungsschaltabstand (Nennschaltabstand) bestimmt, wie weit der elektrisch leitende Stoff von der aktiven Fläche des Sensors entfernt sein darf, um einen einwandfreien Schaltvorgang hervorzurufen.

Beispiele für Materialfaktoren			
Kupfer	0,45	Edelstahl	0,7
Aluminium	0,5	Messing	0,55

Schaltabstand

$$a = k \cdot S_N$$

a: tatsächlicher Schaltabstand

k: Materialfaktor

S_N: Bemessungs-Schaltabstand

Bei der Auswahl und dem Einsatz induktiver Sensoren sind folgende technische Daten zu beachten:

Technische Daten	Bedeutung
Bemessungsschaltabstand S_N	Erfassungsbereich des Sensors. Der Bemessungsschaltabstand berücksichtigt keine Toleranzen und Umgebungsbedingungen.
Realschaltabstand S_r	Der Abstand, der durch den Sensor erfasst werden kann. Der Wert beinhaltet Fertigungstoleranzen und Umgebungsbedingungen. Der Wert liegt ± 10 % über oder unter dem Bemessungsabstand. Er wird bei einer Umgebungstemperatur von 23 °C ± 5 °C ermittelt.
Nutzschaltabstand S_u	Der Nutzschaltabstand berücksichtigt Umgebungstemperaturen von – 25 °C bis + 70 °C und liegt weitere 10 % über bzw. unter dem Realschaltabstand, d. h. bei 81 ... 121 % des Nennschaltabstandes.
Schaltfrequenz	Die Schaltfrequenz ist die maximal mögliche Anzahl der Schaltvorgänge eines Sensors pro Sekunde.
Strombelastbarkeit	Der maximale Strom, der durch den Ausgang fließen darf.
Hysterese H	Unter der Hysterese versteht man den Distanzunterschied zwischen Ein- und Ausschaltpunkt. Sie ist für ein stabiles Schaltverhalten notwendig, wenn die gemessene Distanz um den eingestellten Schaltpunkt schwankt.

2.2.2 Kapazitive Sensoren (Näherungsschalter)

Die Funktion des kapazitiven Näherungsschalters (Abb. 3) beruht auf der Änderung des elektrischen Feldes in der Umgebung vor seiner Sensorelektrode (aktive Zone bzw. aktive Fläche). Mit diesen Sensoren können **metallische und nichtmetallische Materialien** mit höherer Permittivität als Luft erfasst werden.

Unter dem Einfluss von Materialien vor der aktiven Fläche wird die Schwingkreiskapazität verändert. Der Schwingkreis bedämpft die Triggerstufe (Abb. 2).

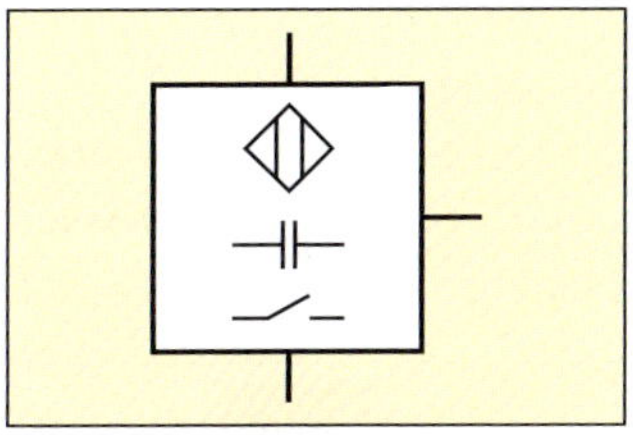

Abb. 1: Schaltzeichen kapazitiver Näherungsschalter

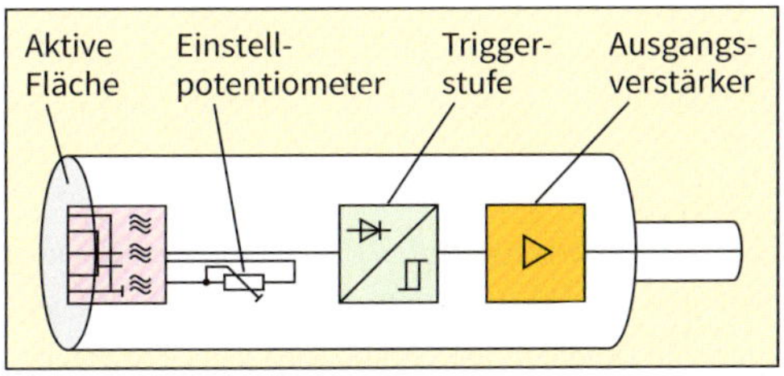

Abb. 2: Aufbau eines kapazitiven Näherungsschalters

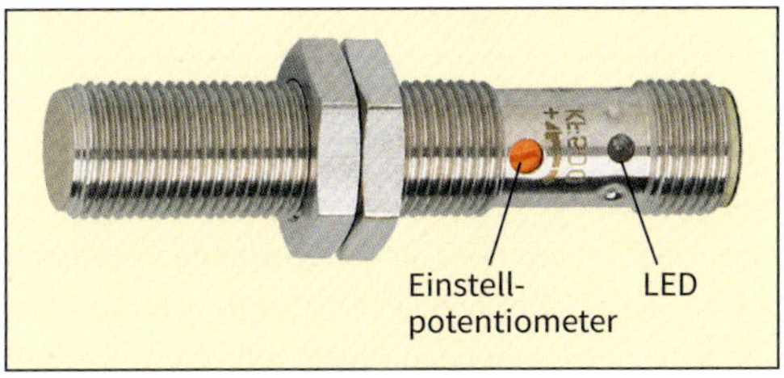

Abb. 3: Kapazitiver Näherungsschalter

Der **Bemessungsschaltabstand** (Nennschaltabstand) eines kapazitiven Sensors wird im Allgemeinen auf eine Wasseroberfläche bezogen. Der Schaltabstand kann mit einem **Potentiometer** eingestellt werden. Er schwankt abhängig vom zu erfassenden Material zwischen ca. 20 mm und 40 mm.

Erfassbare Materialien von kapazitiven Sensoren:

- Metall
- Kunststoffe
- Fette, Öle
- alle wasserhaltigen Stoffe
- alle Alkoholarten, Lösungsmittel
- Glas, Keramik

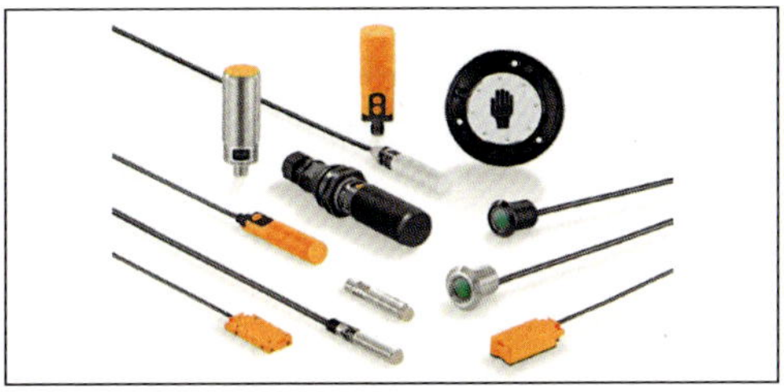

Abb. 4: Bauformen von kapazitiven Näherungsschaltern

2.2.3 Optische Sensoren (Näherungsschalter)

Optoelektronische Sensoren bestehen prinzipiell aus einem **Lichtsender** und einem **Empfänger**. Sie reagieren auf Helligkeitsänderungen des empfangenen Lichts, die durch Objekte im Lichtstrahl hervorgerufen werden. Der Lichtsender überträgt **moduliertes** Licht, um Fremdeinflüsse durch Sonnenlicht und Lichtquellen auszuschließen. Das Schaltzeichen eines optischen Sensors ist in Abb. 3 dargestellt.

Einweg-Lichtschranke

Lichtsender und Lichtempfänger sind in zwei **getrennten Gehäusen** eingebaut. Objekte, die den Lichtstrahl unterbrechen, werden erfasst. Diese Sensoren werden z. B. bei großen Reichweiten verwendet (Abb. 3).

Abb. 1: Einweglichtschranke (Sender und Empfänger)

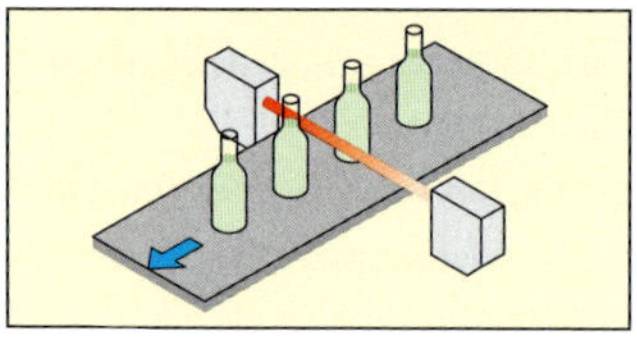

Abb. 2: Einweglichtschranke zur Füllstandsprüfung

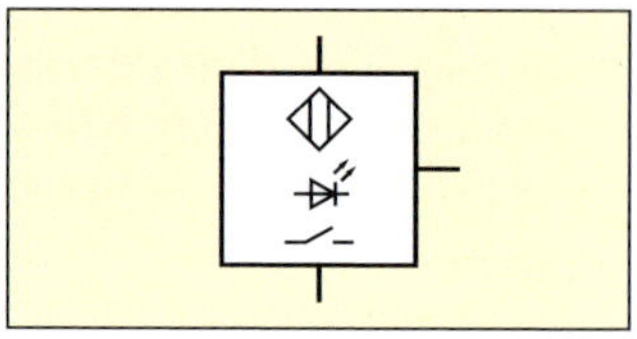

Abb. 3: Schaltzeichen eines optischen Sensors

Reflexlichtschranke

Bei der Reflexlichtschranke (Abb. 4) befinden sich Sender und Empfänger **in einem Gehäuse**. Gegenüber der Lichtschranke wird ein **Reflektor** (Abb. 6) montiert, der den gesendeten Lichtstrahl wieder reflektiert und zum Empfänger schickt (Abb. 5).

Abb. 4: Reflexlichtschranke

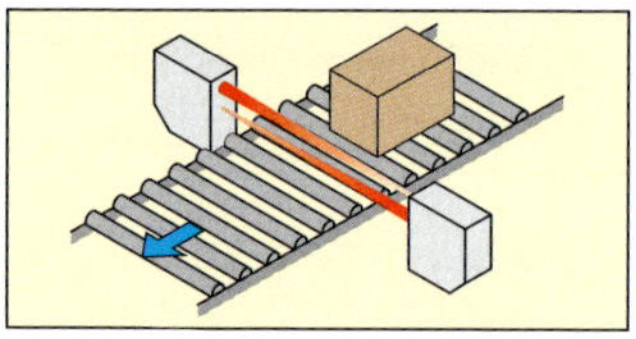

Abb. 5: Objekterfassung mit einer Reflexlichtschranke

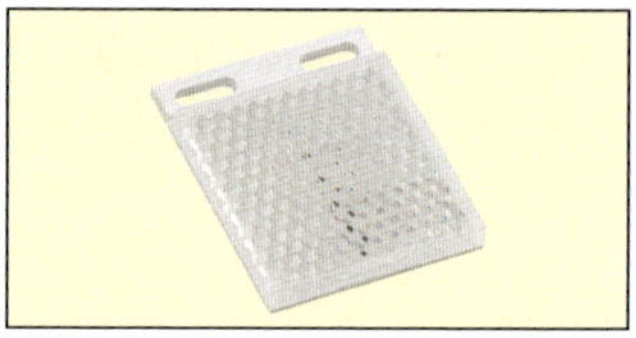

Abb. 6: Reflektor für Reflexlichtschranke

Reflexlichttaster

Eine andere Möglichkeit, um Gegenstände zu erfassen, ist der Reflexlichttaster (Abb. 7). Er funktioniert genauso wie die Reflexlichtschranke, d. h. Sender und Empfänger befinden sich in einem Gehäuse. Die Lichtquelle wird **von dem zu erkennenden Objekt** reflektiert. Bewegt sich nun ein Objekt in den Strahl, wird das Licht von der Objektoberfläche zum Empfänger zurückgeworfen und der Reflexlichttaster gibt ein Schaltsignal aus (Abb. 8). Deshalb sind keine zusätzlichen Funktionskomponenten (wie Reflektoren bei Reflexlichtschranken) für den Betrieb des Reflexlichttasters erforderlich. Der **Erfassungsbereich** beträgt bis zu zwei Meter.

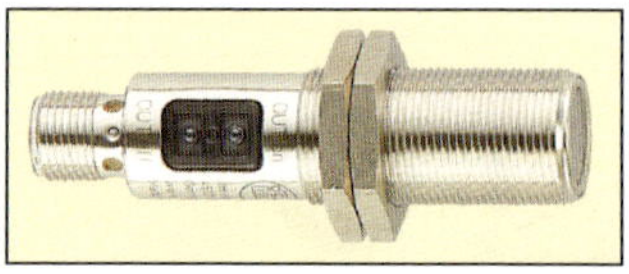

Abb. 7: Reflexlichttaster

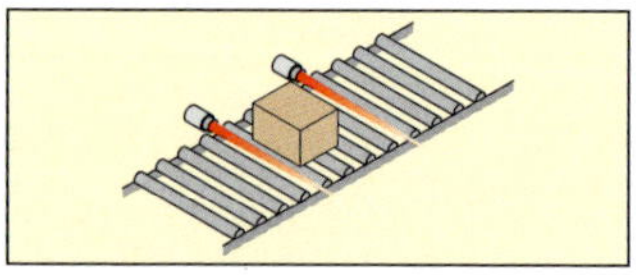

Abb. 8: Längenprüfung mit Reflexlichttastern

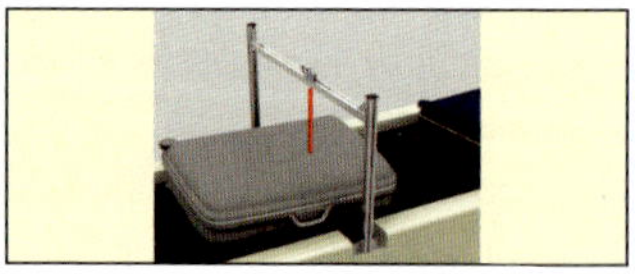

Abb. 9: Hintergrundausblendung

Reflexlichttaster mit Hintergrundausblendung (Abb. 9) verhindern ein ungewolltes Schalten durch eine Reflexion von Objekten hinter dem eigentlichen Messbereich durch die Nutzung von zwei unabhängigen Empfängerelementen.

2.2.4 Magnetfeldsensoren

Anders als induktive oder kapazitive Sensoren reagieren Magnetfeldsensoren auf die Anwesenheit eines **Magnetfelds**. Sie erlauben die **indirekte**, berührungslose Bestimmung der Position bewegter Objekte. Da Magnetfelder alle nicht magnetisierbaren Materialien durchdringen, können diese Sensoren Magnete beispielsweise durch Edelstahl, Aluminium, Kunststoff oder Holz hindurch erkennen (Abb. 1). Weiterhin werden sie dort verwendet, wo **hohe Schaltabstände** benötigt werden. Magnetfeldsensoren zeichnen sich durch eine hohe **Schaltpunktgenauigkeit** aus.

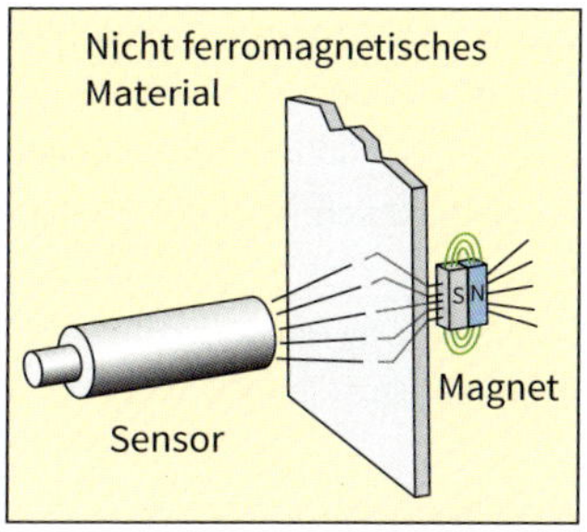

Abb. 1: Erkennung von Magnetfeldern durch nicht magnetische Materialien.

Ein wichtiger Anwendungsbereich von Magnetfeldsensoren ist die **Erfassung der Kolbenposition in pneumatischen Zylindern** (Abb. 2). Die Sensoren werden hierzu direkt auf den Zylinderkörper montiert (Abb. 3). Durch die Gehäusewand aus nicht magnetischem Material lösen sie bei Annäherung des **Dauermagnetrings im Kolben** ein Ausgangssignal aus. Als magnetfeldabhängige Sensoren für die Montage in Pneumatik-Zylindern werden häufig **Reed-Kontakte** verwendet (Abb. 4).

Dabei handelt es sich um elektromechanische Schalter, bestehend aus zwei magnetischen Kontaktzungen, die in einem Glasrohr eingeschmolzen sind.

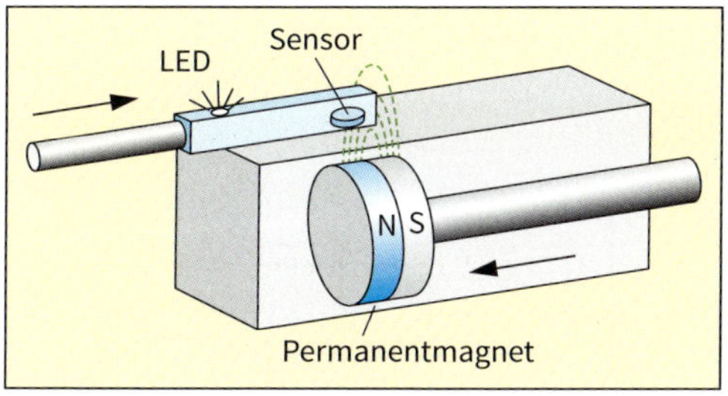

Abb. 2: Abfrage der Kolbenposition in einem Pneumatik-Zylinder.

Abb. 3: Magnetfeldsensor für Zylindermontage

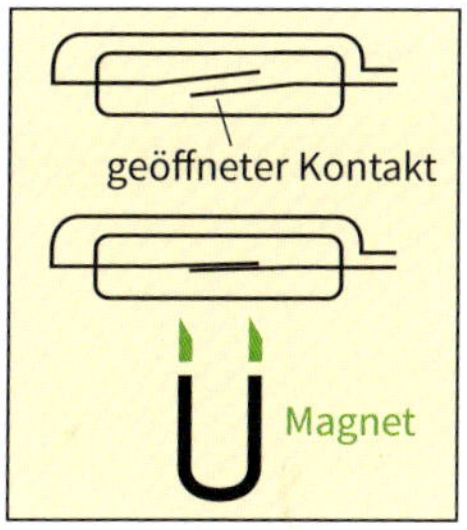

Abb. 4: Reed-Kontakt

2.2.5 Akustische Sensoren (Ultraschallsensoren)

Ultraschallsensoren (Abb. 5) sind in der Lage, Objekte berührungslos zu erkennen und ihre Entfernung zum Sensor zu messen. Sie senden **hochfrequente Schallimpulse** zur Messung aus. Diese breiten sich in der Luft keulenförmig aus und werden reflektiert, sobald sie auf eine Oberfläche treffen. Die Sensoren arbeiten nach dem Prinzip der **Puls-Laufzeit-Messung**. Dabei messen sie die Zeit zwischen dem Aussenden der Schallwellen bis zum Empfang des vom Objekt reflektierten Echos. Auf diese Weise können sowohl Objekte erkannt als auch ihr Abstand zum Sensor ermittelt werden.

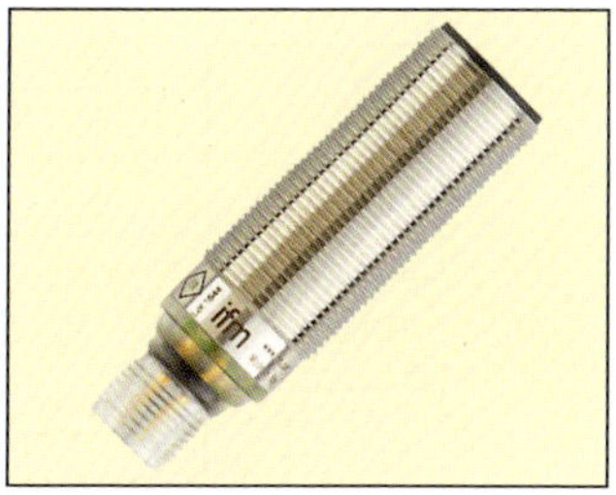

Abb. 5: Ultraschallsensor

Anwendungsbereiche von Ultraschallsensoren:

- Da Ultraschallwellen von Glasoberflächen oder Flüssigkeiten reflektiert werden, können auch durchsichtige Objekte erfasst werden.
- Die Erkennung wird von Staub oder Schmutz nicht beeinträchtigt.
- Die Anwesenheitserkennung ist selbst bei komplexen Objekten und Formen wie Gitterstrukturen oder Federn stabil.

> **Was ist Ultraschall?**
> Unter Ultraschall versteht man eine sehr hohe Tonlage, die für Menschen nicht hörbar ist.
> Je höher die Frequenz ist, desto höher ist der Ton des Schalls. Der für Menschen hörbare Bereich liegt ungefähr zwischen 20 Hz und 20 kHz. Ultraschallwellen haben dementsprechend eine Frequenz von 20 kHz oder mehr.

2.2.6 Spannungsversorgung und Lastanschluss von Näherungsschaltern

Schaltfunktion:

Die Schaltfunktion eines binären Näherungsschalters bestimmt, ob der Sensor bei Erkennen des Objekts den Ausgang schließt oder öffnet oder ob das Verhalten je nach Einsatzzweck frei wählbar ist.

Bei induktiven und kapazitiven Näherungsschaltern unterscheidet man z. B. zwischen Schließer-Funktion NO (Normally Open) und Öffner-Funktion NC (Normally Closed).

Ausführungsformen:

Für den Betrieb an Gleichspannung (DC 10 V bis 30 V) werden Näherungsschalter in der Regel in **Dreidrahtausführung** angeboten. In **Zweidrahtausführung** werden Näherungsschalter meist für den Betrieb an Wechselspannung bis 250 VAC hergestellt.

- Bei der **Zweidrahtausführung** wird die Last in Reihe zum Näherungsschalter geschaltet. Die Wirkung entspricht einem mechanischen Schalter (Öffner oder Schließer).
- Bei der Dreidrahtausführung erhält der Näherungsschalter eine eigene Spannungsversorgung. Abhängig vom verwendeten **Transistortyp** in der Ausgangsschaltung unterscheidet man zwischen **PNP**- und **NPN-Ausführung**.
- Näherungsschalter in Vierdrahtausführung entsprechen Sensoren in Dreidrahttechnik, sie besitzen jedoch einen weiteren Ausgang (Schließer- und Öffner-Funktion).

Zweidrahtausführung AC	
Schließer	Öffner
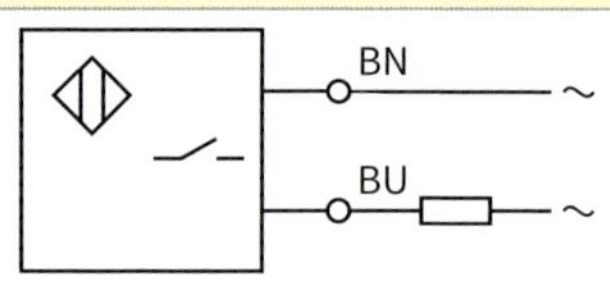	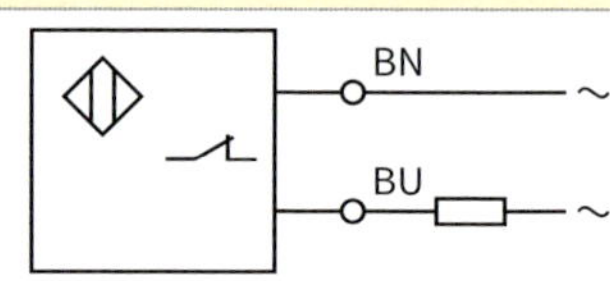

Dreidrahtausführung DC	
Schließer/PNP	Öffner/PNP
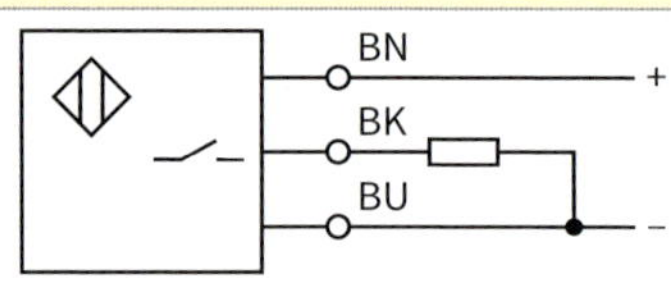	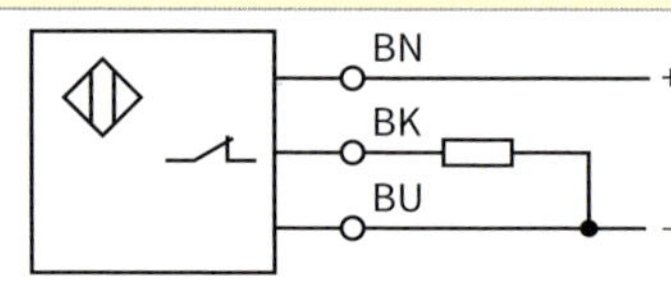
Schließer/NPN	Öffner/NPN
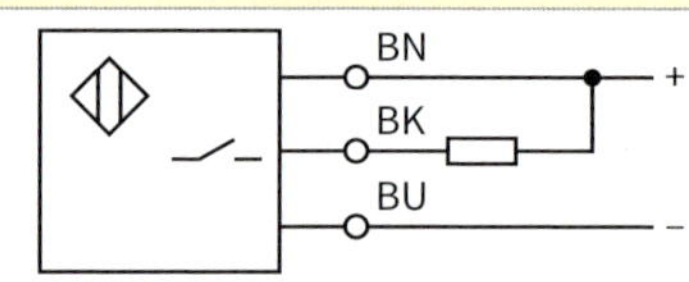	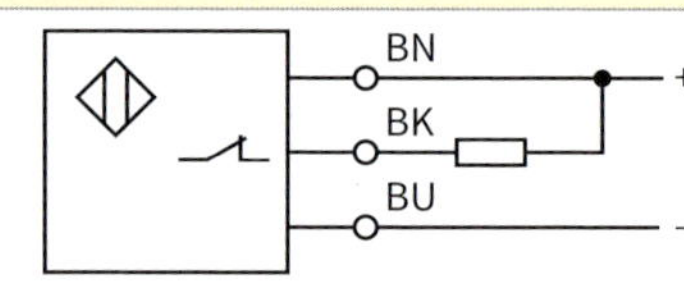

Vierdrahtausführung DC	
PNP	NPN
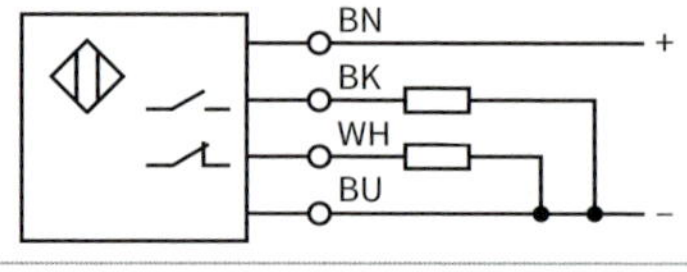	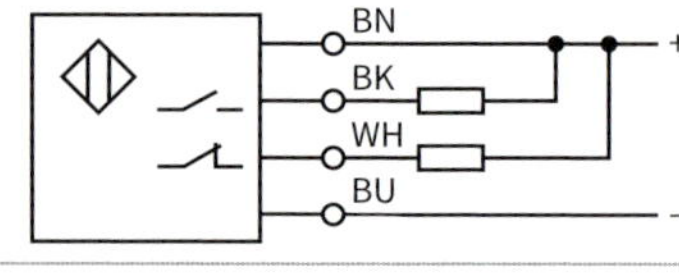

2.3 Analoge Sensoren

2.3.1 Messung von Temperaturen

In der Steuerungstechnik werden Temperaturen mithilfe von **Temperatursensoren** gemessen. Es gibt verschiedene Arten von Temperatursensoren, die jeweils auf unterschiedlichen physikalischen Prinzipien basieren.

Die am häufigsten verwendeten Temperatursensoren in der Steuerungstechnik sind

- **Widerstandsthermometer**,
- **Thermoelemente** und
- **Thermistoren**.

2.3.2 Widerstandsthermometer

Diese Temperatursensoren nutzen den Effekt aus, dass der elektrische Widerstand von Metallen mit steigender Temperatur ebenfalls zunimmt.

Ein häufig verwendeter Temperatursensor ist der **PT100**. Er gehört zur Familie der **PTC-Sensoren** (die Abkürzung PTC stammt aus dem Englischen und steht für **positive temperature coefficient** = positiver Temperaturkoeffizient). Das heißt, dass mit Ansteigen der Temperatur der Widerstandswert zunimmt. Daher heißt dieser Sensor auch Kaltleiter. Dies kann man sehr gut in der unten dargestellten Kennlinie eines PT1000-Sensors erkennen (Abb. 1).

Temperaturabhängigkeit eines PT 100

$$R_\vartheta = R_0 \cdot (1 + \alpha \cdot \Delta\vartheta)$$

R_ϑ: Widerstandswert bei der Temperatur ϑ in Ω

R_0: Widerstandswert bei 0 °C in Ω

α: Temperaturkoeffizient in $\frac{1}{K}$ bzw. $\frac{1}{°C}$, z. B. $\alpha = 3{,}85 \cdot 10^{-3}\,°C^{-1}$

$\Delta\vartheta$: Temperaturdifferenz in °C bzw K, z. B. $\Delta\vartheta = 75\,°C - 0\,°C = 75\,°C$

Das Gegenstück zu den PTC-Temperatursensoren sind die NTC-Temperatursensoren (NTC = engl. **negative temperature coefficient**) oder Heißleiter. Bei den **NTC-Sensoren** fällt der Widerstand mit steigender Temperatur.

Der PT100-Sensor hat bei 0 °C einen Widerstandswert von **100 Ω**. Das **PT** im Namen des Sensortypen steht für **Platin**. In einem PT100-Sensor befindet sich ein **Platindraht**, von dem aus die Anschlussleitungen des Sensors herausgeführt werden.

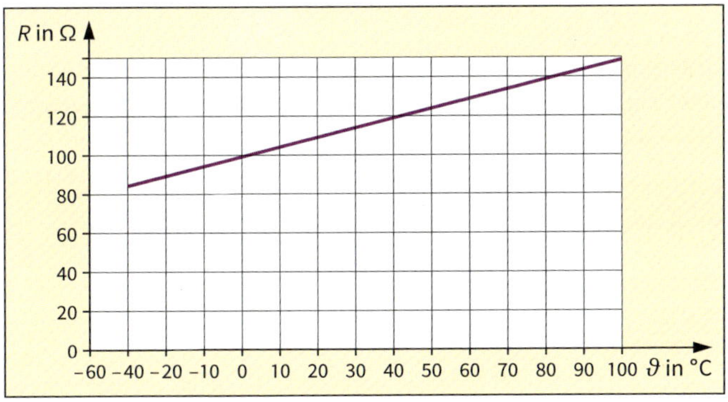

Abb. 1: Kennlinie eines PT100

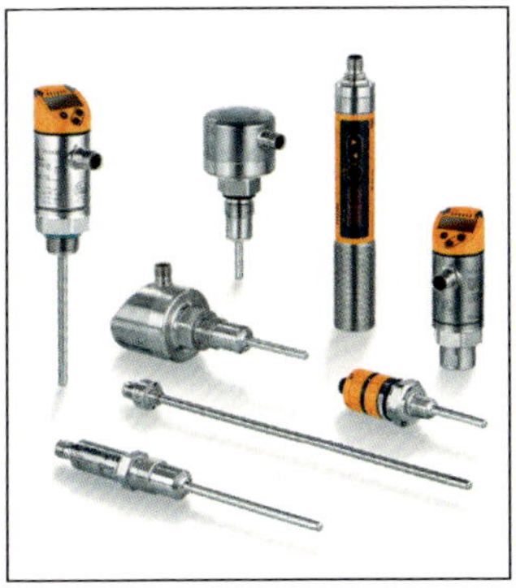

Abb. 2: Bauformen von Temperatursensoren

Widerstandsthermometer zeichnen sich durch einen großen Temperaturbereich von etwa −200 °C bis 650 °C und eine fast lineare Kennlinie aus. Außerdem sind sie unempfindlich gegen chemische Einflüsse.

2.3.3 Thermistoren

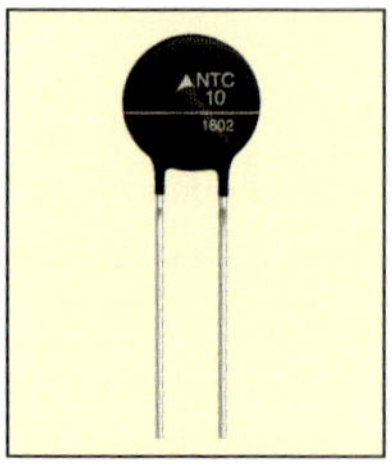

Abb. 1: NTC-Thermistor

Bei Thermistoren (Abb. 1) beruht die Temperaturmessung ebenfalls auf einer temperaturabhängigen Widerstandsänderung. Aufgrund des unterschiedlichen elektrischen Verhaltens wird zwischen **NTC- und PTC-Thermistoren** unterschieden. Bei einem NTC-Thermistor nimmt der Widerstand mit steigender Temperatur **logarithmisch** ab. Dies ist die am häufigsten vorkommende Bauform von Thermistoren.

Thermistoren zählen mit zu den genauesten Temperatursensoren. Nachteilig wirken sich der geringe Temperaturmessbereich sowie die nichtlineare Kennlinie aus.

2.3.4 Thermoelemente

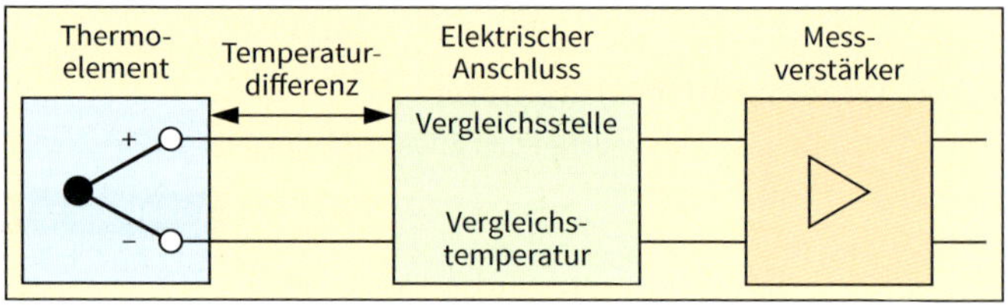

Abb. 2: Messschaltung mit Vergleichsstelle und Verstärker.

Ein Thermoelement besteht aus **zwei Drähten unterschiedlicher Metalle**, die an der Messstelle miteinander verbunden sind (Abb. 3). Bei Erwärmung der Verbindungsstelle tritt eine **Thermospannung** auf, die proportional zur Temperatur ansteigt. Die Höhe dieser Spannung hängt von den verwendeten Metalllegierungen ab. Da die Thermospannung sehr klein ist, z. B. einige $\frac{pV}{K}$, wird sie über einen **Messverstärker** aufbereitet (Abb. 2). Ein Thermoelement misst immer die Differenztemperatur zwischen Messstelle und Anschlussstelle. Für die Bestimmung der absoluten Temperatur an der Messstelle muss deshalb auch die Temperatur an der Vergleichsstelle bekannt sein.

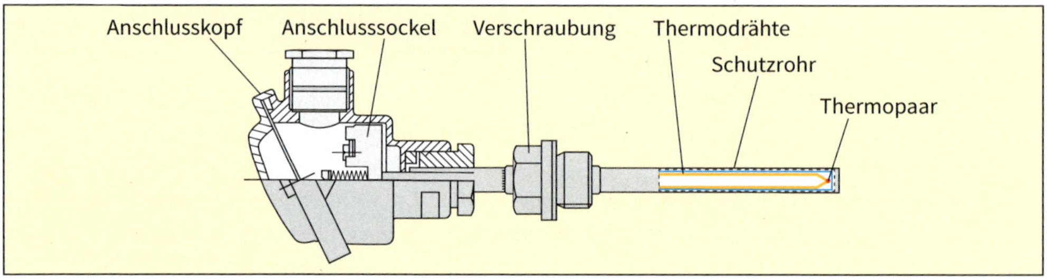

Abb. 3: Thermoelement mit Anschlusskopf

Es gibt verschiedene Arten von Thermoelementen, die aus unterschiedlichen Kombinationen von Leitermaterialien bestehen. Jede Materialkombination hat spezielle Eigenschaften und eignet sich für bestimmte Anwendungsbereiche. Die verschiedenen Typen werden mit Buchstaben benannt.

Thermoelemente nach DIN EN 60584

Typ	Materialkombination	Maximaltemperatur	Plusschenkel	Minusschenkel
J	Fe-CuNi	750 °C	schwarz	weiß
T	Cu-CuNi	350 °C	braun	weiß
K	NiCr-Ni	1200 °C	grün	weiß

Thermoelemente zeichnen sich dadurch aus, dass sie in großen Temperaturbereichen von bis zu 2500 °C eingesetzt werden können. Sie sind unempfindlich gegenüber mechanischer Beanspruchung und ermöglichen im Vergleich zu Widerstandsthermometern eine kurze Ansprechzeit in Bezug auf Temperaturänderungen.

Daher sind sie in nahezu allen Industriezweigen zu finden, unter anderem in der Energieerzeugung, Öl- und Gasindustrie, Nahrungsmittelverarbeitung und Metallindustrie.

2.4 Messung von Kraft, Druck, Dehnung und Drehmoment

Für die Messung von Kraft, Drehmoment, Druck oder Dehnung von Bauteilen werden **Dehnungsmessstreifen (DMS)** verwendet. Der Aufbau eines Dehnungsmessstreifens besteht bei **Folien-DMS** aus einem dünnen Metalldraht oder einer Metallfolie, die auf eine flexible Trägerschicht aufgebracht wird (Abb. 1). Dabei wird versucht, eine möglichst große Leitungslänge kompakt unterzubringen.
Halbleiter-DMS besitzen als Messelement einen Streifen aus **Silicium**. Sie sind viel kleiner als Metall-DMS, haben eine sehr hohe Empfindlichkeit und können dementsprechend auch sehr kleine Dehnungen messen.

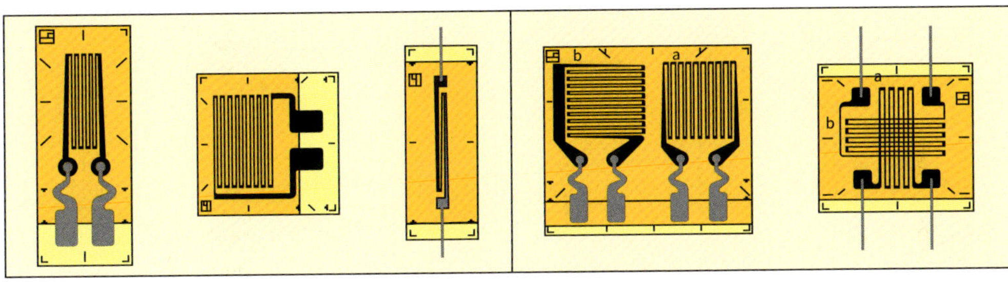

Abb. 1: Bauformen von Dehnungsmessstreifen; Linear-DMS (links) und XY-DMS (rechts).

Wenn der DMS einer Dehnung ausgesetzt ist, nimmt der Widerstand zu, da die Leiterlänge l größer und der Querschnitt A kleiner wird.
Dieser Effekt kann in der Praxis mithilfe einer sogenannten **Brückenschaltung** ausgenutzt und gemessen werden (siehe Tabelle). Dabei wird zunächst eine Speisespannung U (zum Beispiel eine Gleichspannung von 10 V) angelegt.
Die Veränderung des elektrischen Widerstandes kann dann gemessen und elektronisch weiterverarbeitet werden. Dabei sind die reinen elektrischen Größen allein zunächst nicht besonders aussagekräftig, sondern müssen in verwertbare Informationen umgerechnet werden.

Leiterwiderstand R_l in Ω

$$R_l = \frac{l}{\gamma \cdot A}$$

R_l: Leiterwiderstand in Ω
l: Leiterlänge in m
A: Querschnitt in mm^2
γ: elektr. Leifähigkeit in $\frac{m}{\Omega \cdot mm^2}$

Brückenschaltungen mit Dehnungsmessstreifen zur Messung von Kraft und Biegemoment

Beanspruchung	Anwendung	Brückenschaltung
Zug, Druck Kraft F	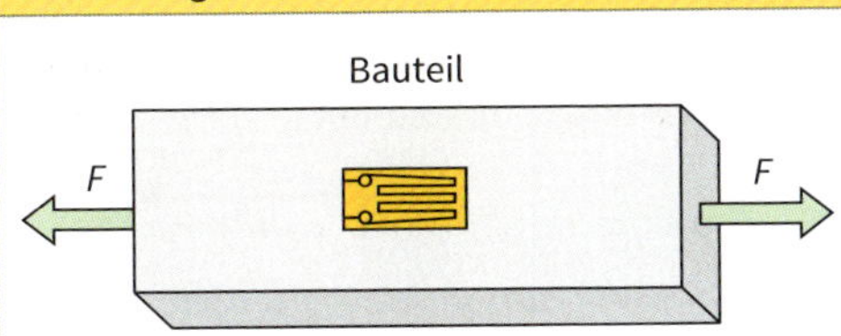	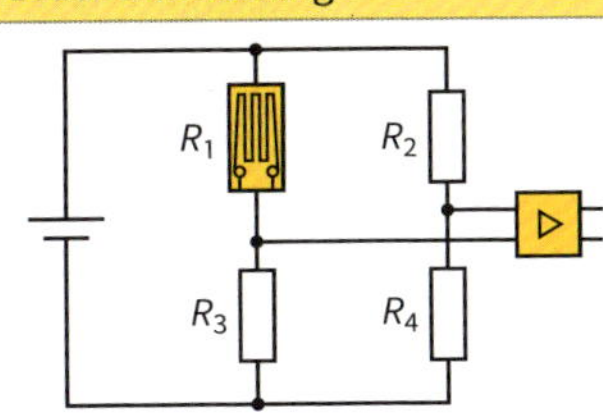
Biegung Biegemoment M_a	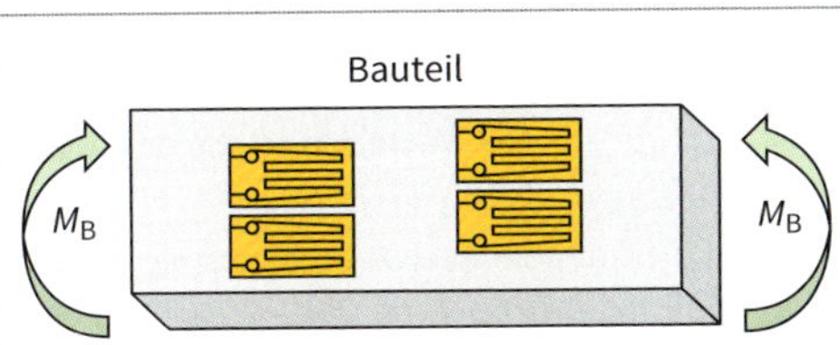	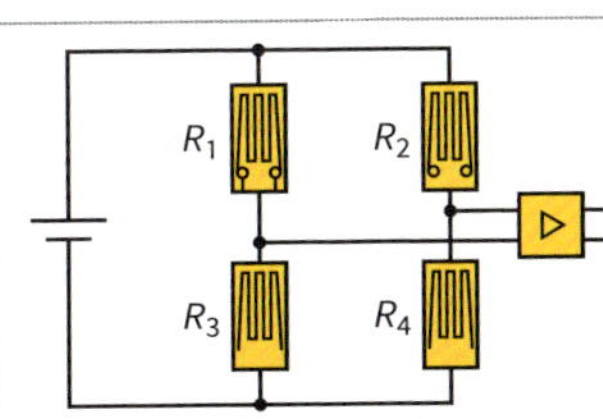

2.5 Analoge und digitale Sensoren zur Weg- und Winkelmessung

2.5.1 Linearpotentiometer

Die einfachste Möglichkeit, eine **Längsbewegung** in eine elektrische Größe umzuwandeln, besteht in der Anwendung eines **Linearpotentiometers.** Dabei handelt es sich um ein **absolut messendes System** mit dem Vorteil, dass nach einem Spannungsausfall die Position des zu messenden Objektes sofort wieder lagerichtig angezeigt wird.

Abb. 1: Linearpotentiometer

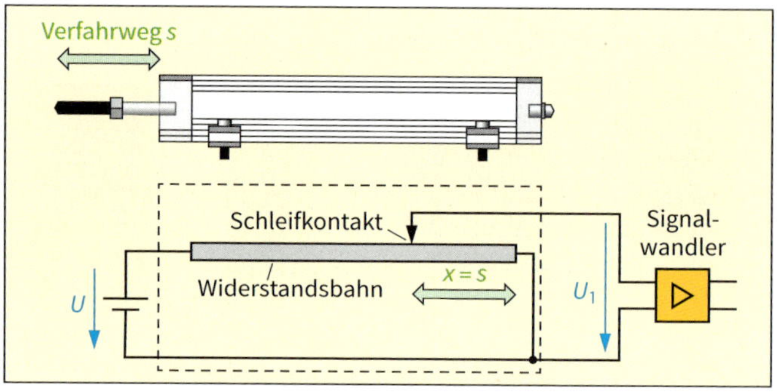

Abb. 2: Messschaltung

Das Potentiometer in Abb. 2 wird von der Spannungsquelle mit der Gleichspannung U versorgt. Der Widerstand wird als **Spannungsteiler** betrieben. Durch das am Sensor montierte Messobjekt wird der **Schleifkontakt** auf der **Widerstandsbahn** bewegt und verändert somit die abgegriffene Teilspannung U_1. Die an dem **Signalwandler** anliegende Spannung verhält sich proportional zur Stellung x des Schleifkontaktes und somit zum Verfahrweg s des Messobjektes.

2.5.2 Drehpotentiometer

Drehpotentiometer (Abb. 3) sind ähnlich aufgebaut wie Linearpotentiometer. Sie dienen der **Drehwinkelerfassung**, so z. B. der Messung von Gelenkwinkeln bei Industrierobotern oder in der Messtechnik.

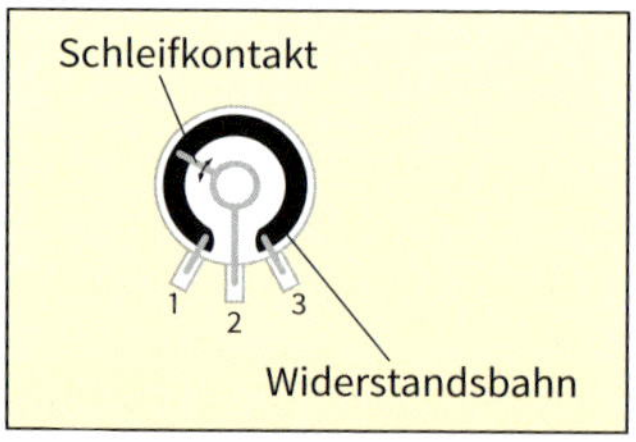

Abb. 3: Drehpotentiometer

2.5.3 Lasersensoren

Lasersensoren sind **optische Sensoren** für eine **berührungslose** und **genaue** Messung von **Abstand, Weg und Position**. Mit einem Lasersensor lassen sich auch über **große Abstände sehr präzise Abstandsmessungen** durchführen. Sie finden überall dort Anwendung, wo kleine Objekte erfasst werden sollen oder wo eine besonders präzise Positionserfassung erforderlich ist. Als Sender dient die **Laserdiode**, die entweder einen Lichtimpuls oder -strahl mit sichtbarem Licht oder Infrarot aussendet. Der Strahl aus dem Laser wird vom zu vermessenden **Gegenstand** oder einem **Reflektor** reflektiert und über eine Optik an den **Empfänger** geleitet. Sender und Empfänger können je nach Ausführung des Senors in einem Gerät oder in zwei separaten Geräten verbaut werden. Es gibt verschiedene technische Lösungen zur Ermittlung der Abstände. Bei dem **Triangulationsverfahren** wird z. B. der Abstand durch eine Winkelberechnung ermittelt (Abb. 4).

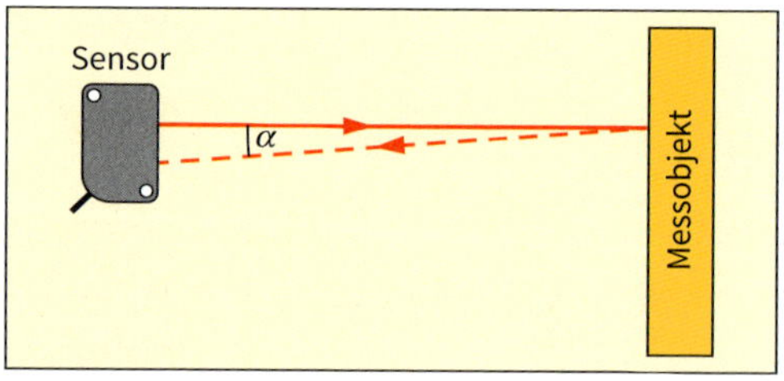

Abb. 4: Funktionsprinzip eines Lasersensors

2.5.4 Inkrementalgeber

Bei der inkrementalen Wegmessung werden beim Abtasten eines **Strichgitters** gleichgroße Messschritte addiert. So kann beispielsweise ein Stellmotor einen Werkzeugschlitten zusammen mit einem Strichgitter bewegen (Abb. 1). Beim Verschieben des Maßstabes unterbricht das Strichraster eine **Lichtschranke**. Die Lichtschranke gibt dabei **elektrische Impulse an einen Zähler** ab. Die Anzahl der Impulse ist ein Maß für den zurückgelegten Weg. Wird die Stromzufuhr unterbrochen, muss der Schlitten nach erneutem Einschalten zunächst zum Startpunkt oder zur Grundstellung zurückkehren und der Zähler zurückgesetzt werden. Diesen Vorgang nennt man **Referenzfahrt**. Für die Winkelmessung werden inkrementale Winkelsensoren verwendet. Dabei werden über eine optische Scheibe (Abb. 3) mit Hilfe von Lichtschranken elektrische Signale (Abb. 4) erzeugt, die von einer Steuerung ausgewertet werden können.Diese Sensoren sind auch für die Wegmessung geeignet, wenn die Vorwärtsbewegung in eine Drehbewegung umgesetzt wird (Abb. 2).

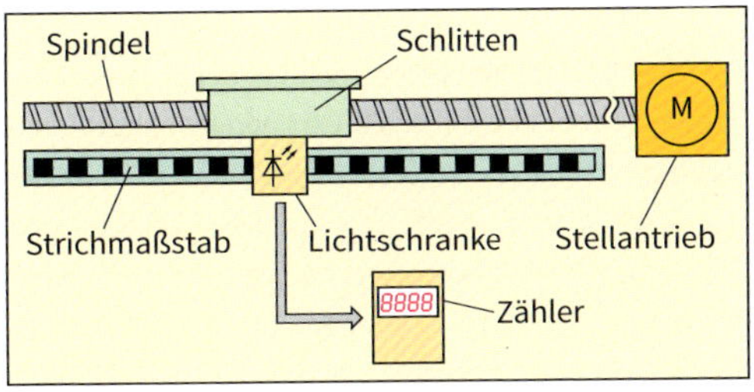

Abb. 1: Wegmessung mit einem Inkrementalgeber

Abb. 2: Inkrementalgeber

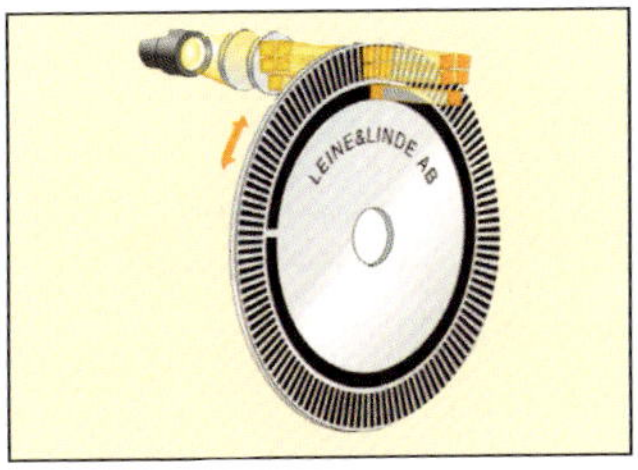

Abb. 3: Optische Scheibe

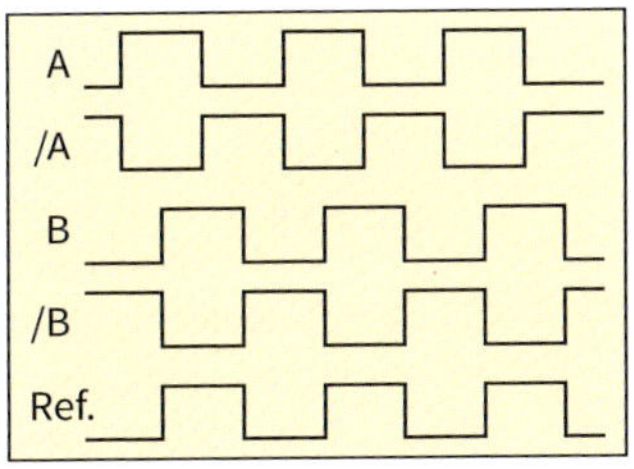

Abb. 4: Ausgangssignal eines Inkrementalgebers

2.5.5 Absolutwertgeber

Bei einem **absoluten Wegmesssystem** ist jedem Teilungsschritt ein exakter Zahlenwert zugeordnet. Bei dem Spindelantrieb in Abb. 1 kann man dazu den Strichmaßstab durch ein **Rasterlineal** (Abb. 5) ersetzen. Durch Auswertung der senkrecht angeordneten Markierungen wird die Stellung des Schlittens ermittelt. Nach einem Spannungsausfall ist somit die aktuelle Position bekannt. Es muss kein Referenzpunkt angefahren werden.

Zur **absoluten Winkelmessung** verwendet man **Winkelscheiben** (Abb. 6). Bei großen Wegen, die über Spindel und Rädergetriebe auf eine Codescheibe übertragen werden, werden aufgrund der Auflösung und der Baugröße mehrere Codescheiben erforderlich, weil sonst die Anzahl der Spuren nicht unterzubringen ist. Die Codescheiben sind dann meist hintereinander angeordnet und jeweils mit untersetzenden Präzisions-Zwischengetrieben miteinander verbunden. Man bezeichnet solche Messsysteme auch als **Multiturn-Drehgeber** (Abb. 7).

Abb. 5: Rasterlineal

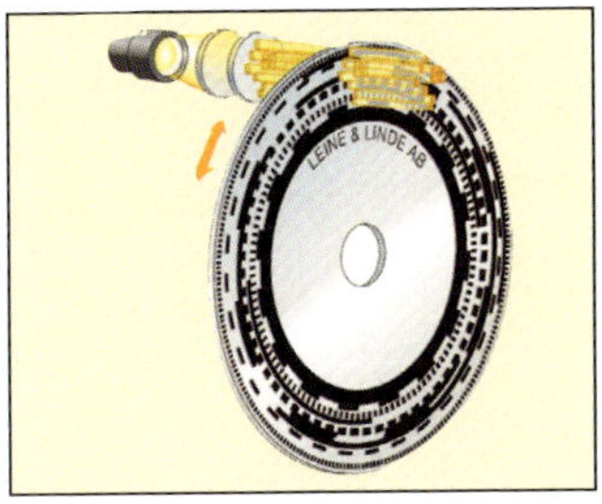

Abb. 6: Optische Scheibe

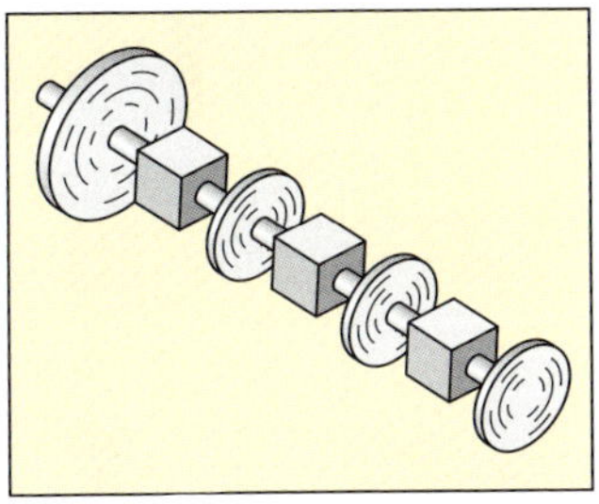
Abb. 7: Aufbau eines Multiturn-Drehgebers

3 Pneumatik

Pneumatik bezeichnet eine Technik, bei der **Druckluft** zur Steuerung von mechanischen Bewegungen und Aufgaben verwendet wird. In der Fertigungsindustrie werden pneumatische Systeme weit verbreitet eingesetzt. Sie steuern Maschinen, Förderbänder, Greifer und andere automatisierte Geräte. Pneumatische Handhabungssysteme werden auch zur Montage und Verpackung von Produkten verwendet.
Die für den Betrieb einer pneumatischen Anlage benötigte Druckluft wird mithilfe eines **Verdichters** bzw. **Kompressors** ① erzeugt. Die erzeugte Druckluft wird in einem **Druckluftbehälter** ② gespeichert. Dieser stabilisiert die Druckluftversorgung und nimmt die Druckstöße des Verdichters auf. Mithilfe eines **Trockners** ③ wird sichergestellt, dass keine Feuchtigkeit in die Verbindungsleitungen gelangt. Die **Wartungseinheit** ④ hat den Zweck, die komprimierte Luft von Verunreinigungen wie Staub, Schmutz, Wasser oder anderen Partikeln zu reinigen (Abb. 1).

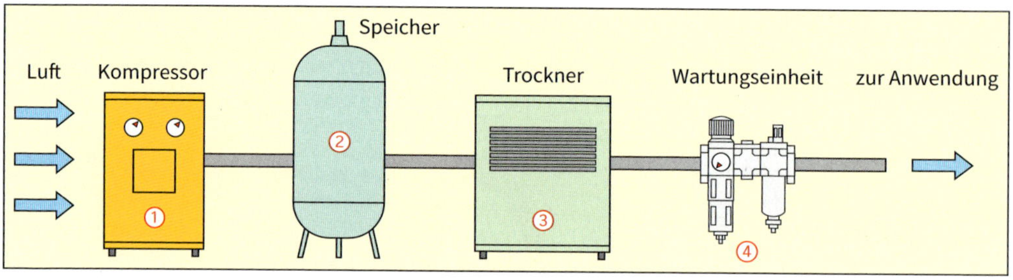

Abb. 1: Der Weg der Druckluft zum Verbraucher.

3.1 Aufbau einer Wartungseinheit

Eine **Wartungseinheit** (Abb. 2) besteht aus einem **Filter**, einem **Wasserabscheider**, einem **Druckregler** mit Manometer und eventuell einem **Öler**. In modernen Anlagen kann in vielen Fällen auf das Ölen der Druckluft verzichtet werden.

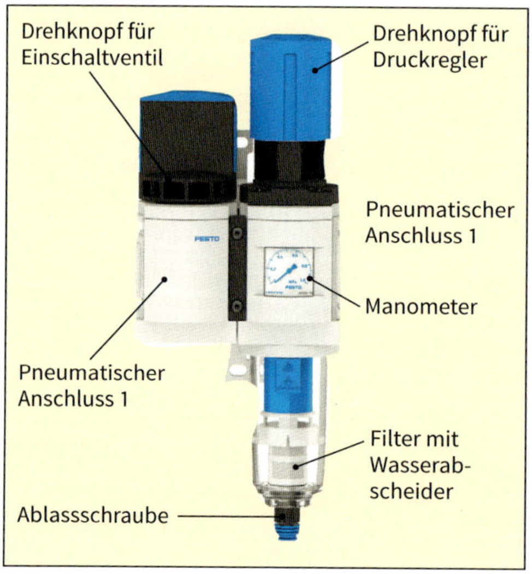

Abb. 2: Der Weg der Druckluft zum Verbraucher.

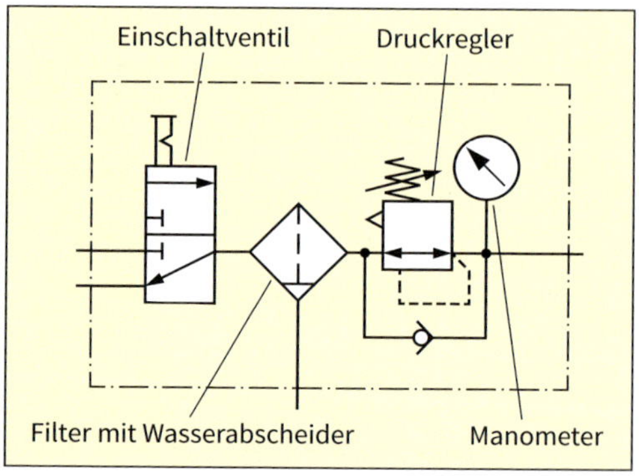

Abb. 3: Schaltzeichen

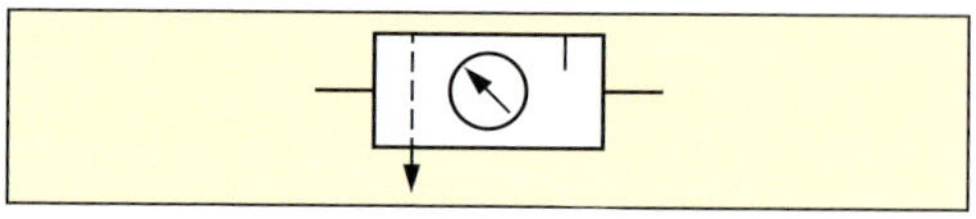

Abb. 4: Schaltzeichen (vereinfachte Darstellung)

3.2 Pneumatische Antriebe

In einem pneumatischen Antrieb wird Druckluft verwendet, um eine Kraft auf einen Zylinderkolben auszuüben und ihn dadurch in eine bestimmte Richtung zu bewegen. Die Bewegung des Kolbens wird in der Regel mithilfe einer Kolbenstange übertragen. Man unterscheidet dabei Antriebe für Linear- und Drehbewegungen (Abb. 1). Typische Anwendungsgebiete sind das Spannen, Heben und Verschieben von Werkstücken.

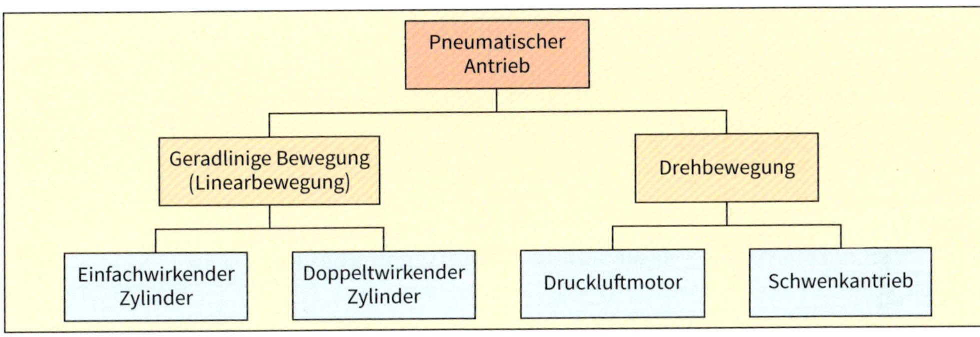

Abb. 1: Einteilung von pneumatischen Antrieben

3.2.1 Aufbau eines Pneumatikzylinders

Für die Erzeugung von Linearbewegungen werden **Pneumatikzylinder** verwendet. Der vereinfachte Aufbau ist in Abb. 2 dargestellt. Im Wesentlichen besteht ein Pneumatikzylinder aus einem **Zylinderrohr** mit **einem Boden- und einem Lagerdeckel**. Im Zylinderrohr befindet sich ein **Kolben** mit einer **Kolbenstange** und verschiedensten **Dichtungen**. Darüber hinaus ist ein Pneumatikzylinder mit **Druckluftanschlüssen** ausgestattet.

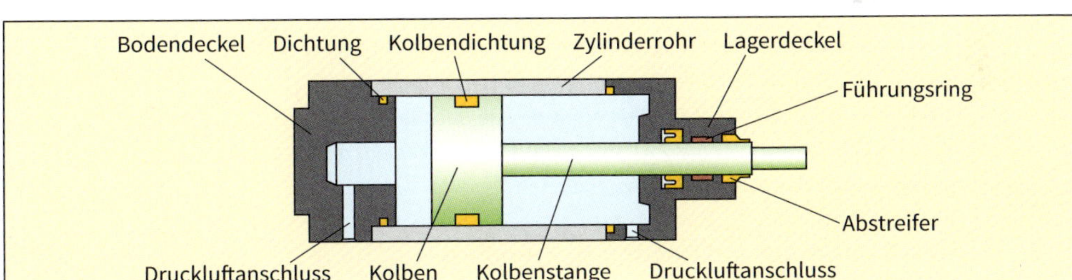

Abb. 2: Vereinfachter Aufbau eines Pneumatikzylinders

3.2.2 Einfachwirkender Zylinder

Ein **einfachwirkender Pneumatikzylinder** besitzt nur **einen** Druckluftanschluss (Abb. 3). Es kann daher lediglich eine Seite mit Druckluft beaufschlagt werden. Dementsprechend verrichtet der Zylinder seine Arbeit immer nur in eine Richtung. Eine **Rückstellfeder** sorgt bei diesen Zylindern für die Rückfahrtbewegung der Kolbenstange.

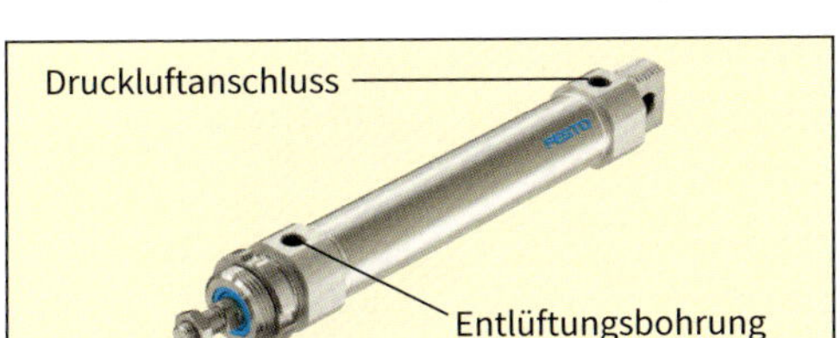

Abb. 3: Einfachwirkender Zylinder

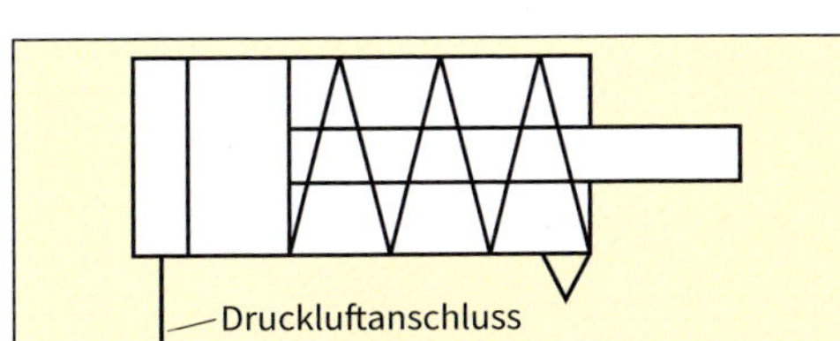

Abb. 4: Schaltzeichen Einfachwirkender Zylinder

3.2.3 Doppeltwirkender Zylinder

Bei einem **doppeltwirkenden Zylinder** sind dagegen **zwei Druckluftanschlüsse** vorhanden (Abb. 1). Je nachdem, welcher der beiden Anschlüsse mit Luft versorgt wird, bewegt sich der Kolben entweder in die eine oder die andere Richtung. Ein doppeltwirkender Pneumatikzylinder kann auf diese Weise in beide Richtungen der Kolbenstange eine Kraft entfalten. Das Schaltzeichen ist in Abb. 4 dargestellt.

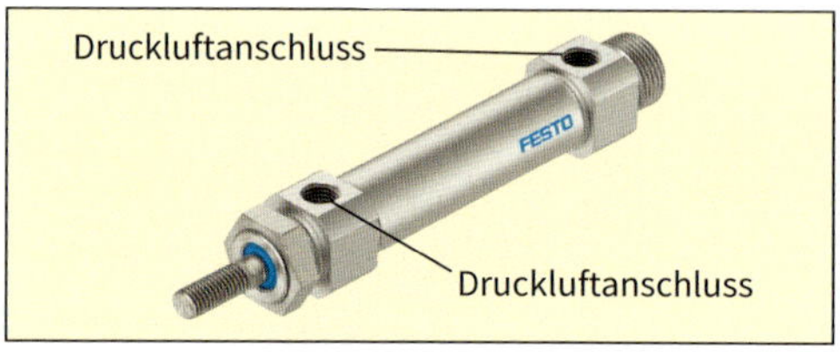

Abb. 1: Doppeltwirkender Zylinder

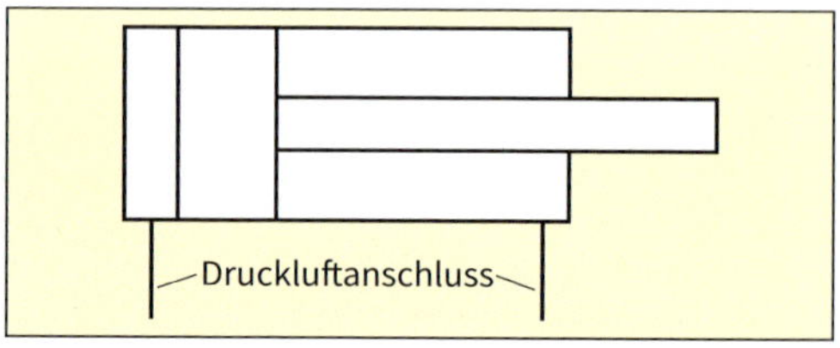

Abb. 2: Schaltzeichen Doppeltwirkender Zylinder

3.2.4 Pneumatikzylinder mit einstellbarer Endlagendämpfung

Durch die in den Zylinder einströmende Druckluft kann der Kolben mit hoher Geschwindigkeit gegen den Zylinderdeckel stoßen. Dieser Stoß belastet die Komponenten des Luftzylinders und verursacht Geräusche. Um das zu verhindern, werden Zylinder mit **Endlagendämpfung** angeboten (Abb. 3). Diese reduziert die Geschwindigkeit des Antriebskolbens, kurz bevor dieser den Zylinderdeckel erreicht.

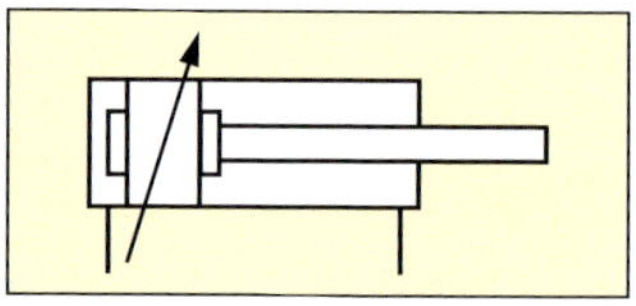

Abb. 3: Zylinder mit Endlagendämpfung

3.2.5 Rückmeldung der Kolbenposition

Für die automatische Steuerung von Maschinen ist es wichtig, die Kolbenposition eines Pneumatikzylinders zu kennen. Hierzu wird im Inneren des Zylinderkörpers am Antriebskolben ein **Magnet** angebracht (Abb. 4). Ein am Gehäuse des Pneumatikzylinders befestigter **Sensor** kann durch **Abfrage des Magnetfelds** die Position des Kolbens ermitteln. Je nachdem, wo der Sensor angebracht ist, kann er das Ausfahren, das Einfahren oder einzelne Positionen entlang des Zylinderkörpers erkennen.

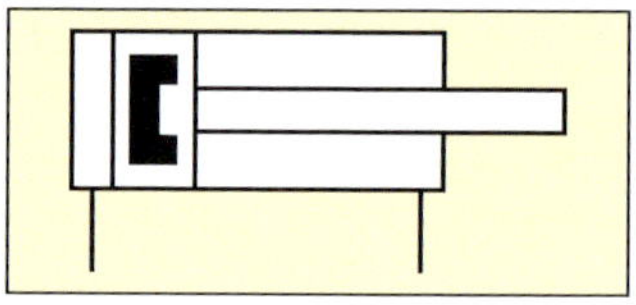

Abb. 4: Zylinder mit Dauermagnet

3.2.6 Weitere Bauformen von Pneumatikzylindern

Bauformen von Pneumatikzylindern		
Zylinder mit durchgehender Kolbenstange	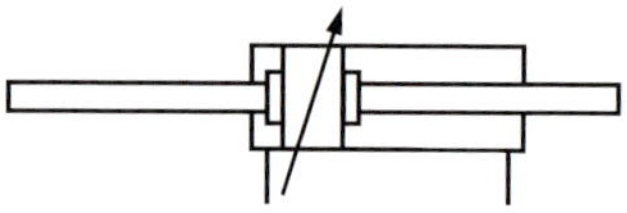	
Schwenkzylinder	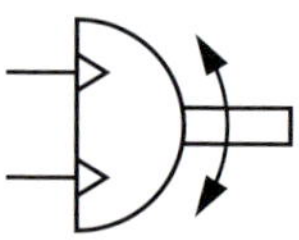	
Pneumatischer Greifer	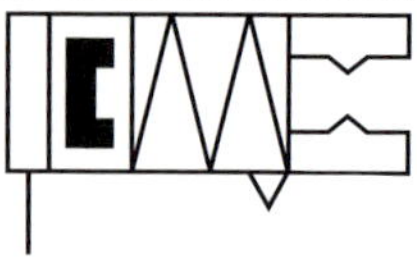	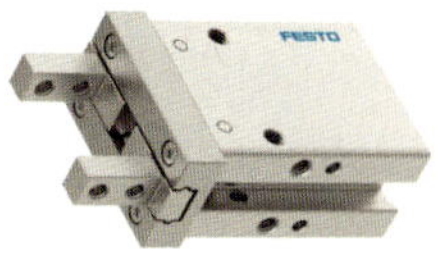

3.3 Pneumatische Ventile

Die Druckluft wird mithilfe von Druckluftleitungen zu den pneumatischen Antrieben transportiert. Um die Kolbenstellung, Kolbengeschwindigkeit oder Kolbenkraft der Zylinder verändern zu können, werden **pneumatische Ventile** verwendet. Je nach Funktionswese werden Wegeventile, Sperrventile, Druckventile und Stromventile unterschieden (Abb. 1).

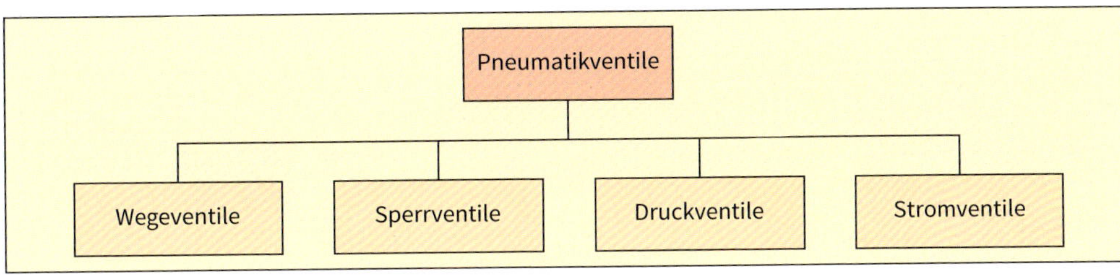

Abb. 1: Einteilung von Pneumatikventilen

3.3.1 Sperr-, Strom- und Druckventile

Sperrventile		
Bezeichnung	Symbol	Beschreibung
Schnellentlüftungsventil	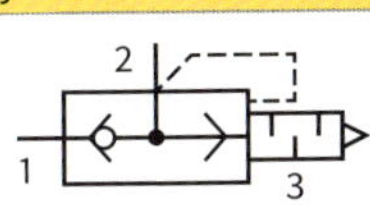	Es wird nahe am Aktor montiert und ermöglicht ein schnelles Entlüften der Druckluftleitungen. Dadurch wird die Geschwindigkeit des Zylinderkolbens erhöht.
Wechselventil, ODER-Funktion	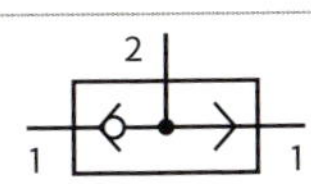	Es wird durch Zuschalten der Druckluft an einen der beiden Eingänge 1 nach Ausgang 2 durchgeschaltet (ODER-Funktion).
Zweidruckventil, UND-Funktion	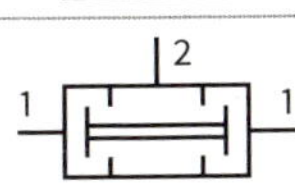	Es wird durch Zuschalten der Druckluft an den beiden Eingängen 1 nach Ausgang 2 durchgeschaltet (UND-Funktion).

Stromventile		
Bezeichnung	Symbol	Beschreibung
Drosselventil		Es wird verwendet, um den Durchfluss von Druckluft zu steuern und zu begrenzen. Der Drosselquerschnitt ist mit einer Regulierschraube einstellbar.
Drosselrückschlagventil	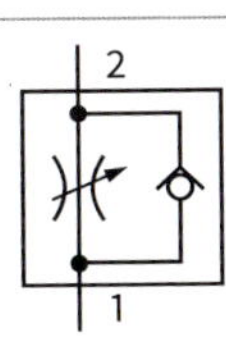	Kombination aus Drosselventil und Rückschlagventil. Das Rückschlagventil drosselt den Durchfluss der Luft in einer Richtung. In Gegenrichtung hat die Luft freien Durchfluss über das Rückschlagventil. Drosselrückschlagventile werden verwendet, um die Bewegungsgeschwindigkeit eines Kolbens zu verändern.

Druckventile		
Bezeichnung	Symbol	Beschreibung
Druckregelventil	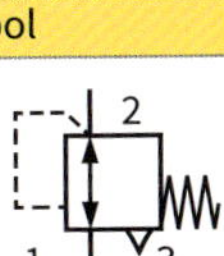	Ein Druckregelventil regelt die zugeführte Druckluft auf den eingestellten Solldruck. Druckregelventile werden u. a. in Wartungseinheiten verwendet.

3.3.2 Wegeventile

Pneumatische **Wegeventile** werden dazu genutzt, die Durchflussrichtung der Druckluft in einer pneumatischen Steuerung zu ändern, zu öffnen oder zu sperren. Die Ventile unterscheiden sich hinsichtlich der Bauart, der Anzahl der Anschlüsse und Schaltstellungen sowie hinsichtlich der jeweiligen Durchflusswege. Es gibt

- mechanisch,
- pneumatisch und
- elektrisch

betätigte Wegeventile.

- Die Anschlüsse eines Wegeventils werden je nach Funktion mit Nummern gekennzeichnet.
  1: Druckluftanschluss
  2, 4: Verbraucheranschlüsse
  3, 5: Abluftanschlüsse
- Die Anzahl der Rechtecke geben die Anzahl der möglichen Schaltstellungen wieder (Abb. 1).
- Die Pfeilrichtungen in den Rechtecken geben den Druckluftweg durch das Ventil vor.

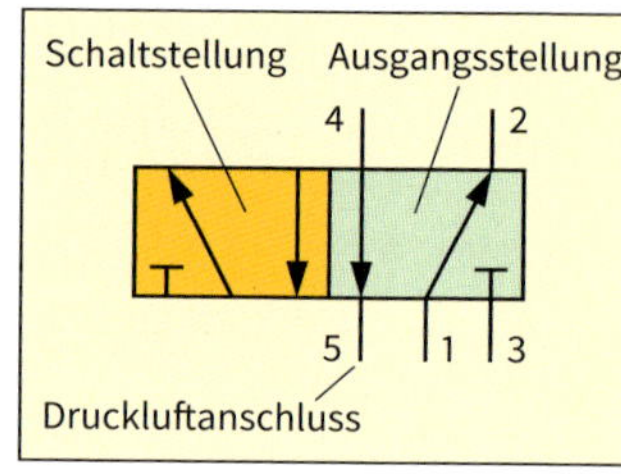

Abb. 1: Anschlüsse und Schaltstellungen eines 5/2-Wege-Ventils

Arten von Wegeventilen			
2/2-Wegeventil	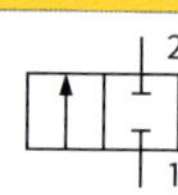	5/2-Wegeventil	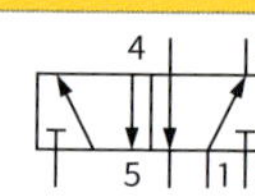
3/2-Wegeventil	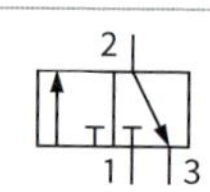	4/3-Wegeventil	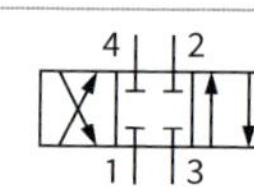
4/2-Wegeventil	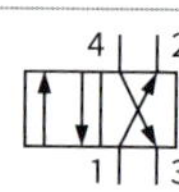	5/3-Wegeventil	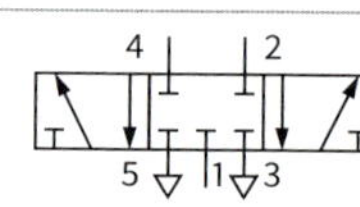

Betätigungsarten von Wegeventilen					
Muskelkraft		Mechanisch betätigt		Pneumatisch betätigt	
Allgemein	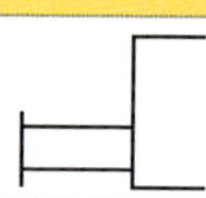	Feder		Direkte Betätigung mit Druckluft	
Drücken ohne Taste	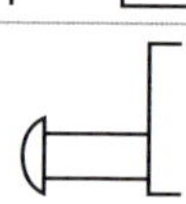	Feder zentriert	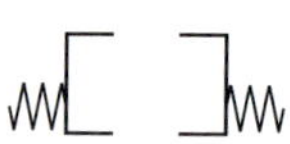	Elektrisch betätigt	
Hebel mit Taste	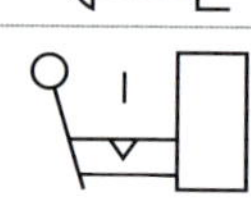	Rolle	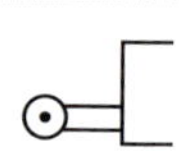	Elektromagnet	
Pedal		Rolle mit Leerrücklauf		Elektromagnet mit Vorsteuerung	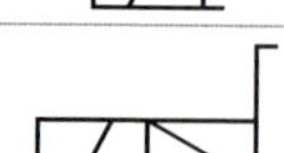
Drücken mit Taste		Stößel		Elektromagnet mit Handhilfsbetätigung	

3.4 Elektropneumatische Grundschaltungen

Mit elektropneumatischen Schaltungen werden Vorrichtungen und Maschinen elektrisch gesteuert und pneumatisch angetrieben. Der Schaltplan besteht daher aus einem pneumatischen und einem elektrischen Teil. Ebenso wie bei der Steuerung elektrischer Antriebe gibt es verschiedene Grundschaltungen, aus denen komplexere Anwendungen abgeleitet werden können. Für den Entwurf dieser Schaltungen muss ein grundlegendes Verständnis über Funktion und Eigenschaften der verwendeten pneumatischen Betriebsmittel vorhanden sein. Die Schaltpläne der Steuerstromkreise in den folgenden Schaltungsbeispielen sind zur besseren Übersicht als verbindungsprogrammierte Steuerungen ausgeführt. In der Praxis werden hierzu in der Regel speicherprogrammierbare Steuerungen verwendet.

3.4.1 Steuerung eines einfachwirkenden Zylinders mit einem 3/2-Wegeventil

Pneumatikplan	**Elektrischer Schaltplan (Steuerstromkreis)**
Zylinder in Grundstellung	
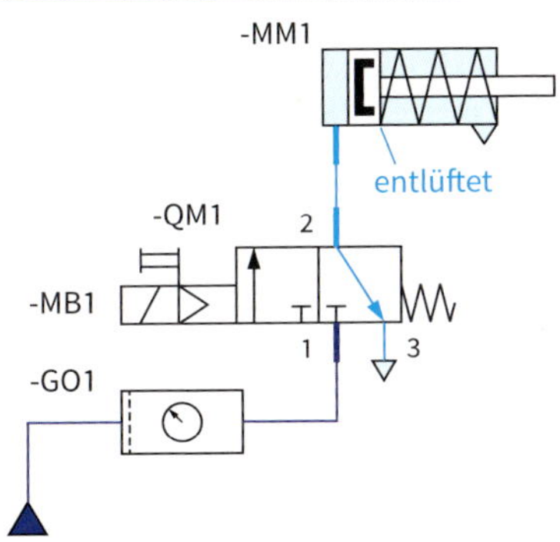	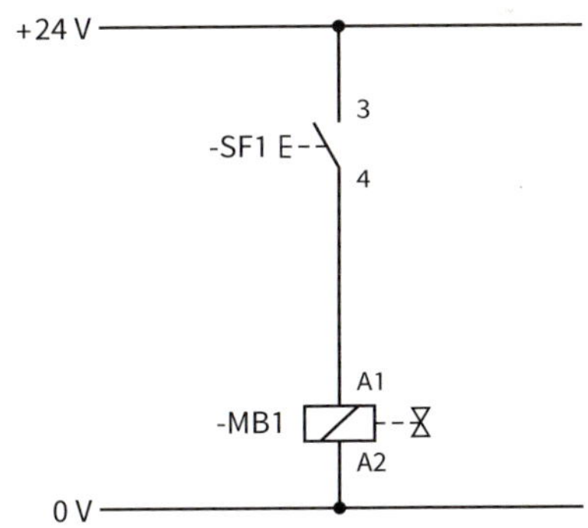
Zylinder bei Betätigung des Tasters -SF1	
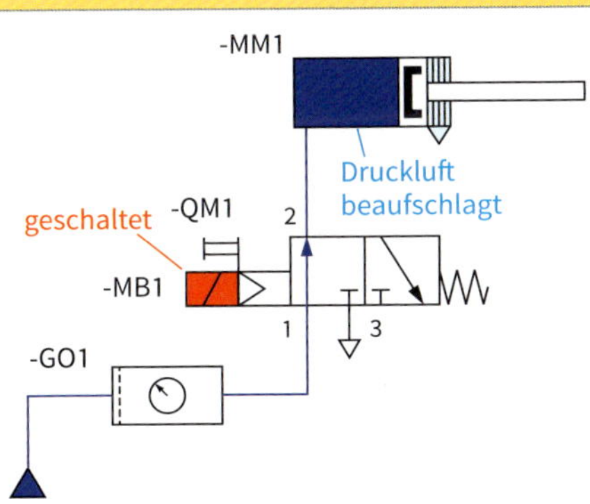	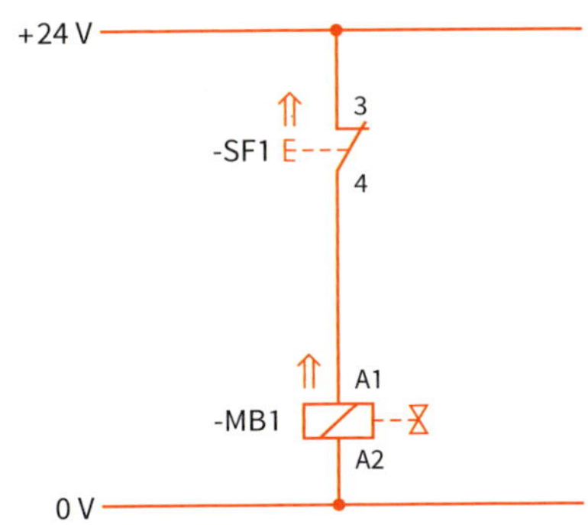

Betätigung des Tasters -SF1:

- Das Magnetventil -MB1 schaltet das 3/2-Wege-Magnetventil -QM1.
- Der Zylinder -MM1 wird mit Druckluft beaufschlagt.
- Der Zylinder fährt aus.

Loslassen des Tasters -SF1:

- Das 3/2-Wege-Ventil stellt sich durch die Feder zurück.
- Der Kolbenraum des Zylinders wird über das Ventil entlüftet.
- Der Antriebskolben des Zylinders fährt durch die Feder in die Grundstellung zurück.

3.4.2 Steuerung eines doppeltwirkenden Zylinders mit einem federrückgestellten 5/2-Wegeventil

Pneumatikplan	**Elektrischer Schaltplan (Steuerstromkreis)**

Zylinder in Grundstellung

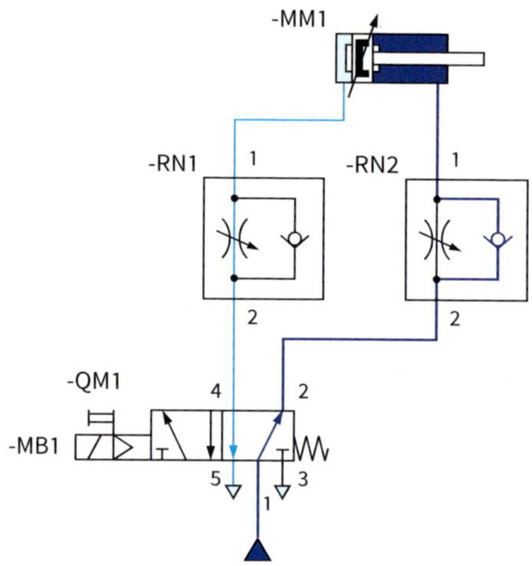

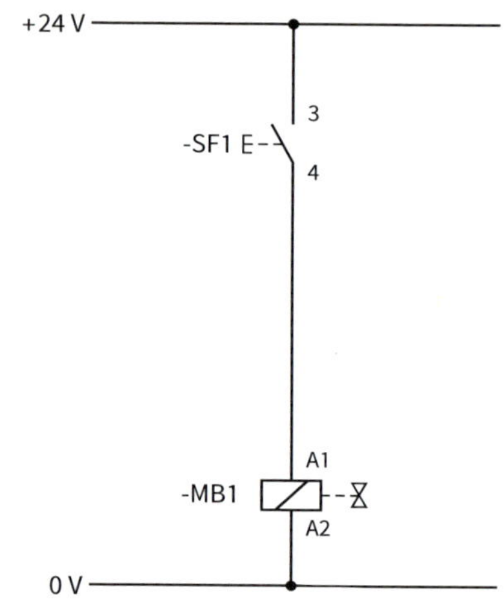

Zylinder bei Betätigung des Tasters -SF1

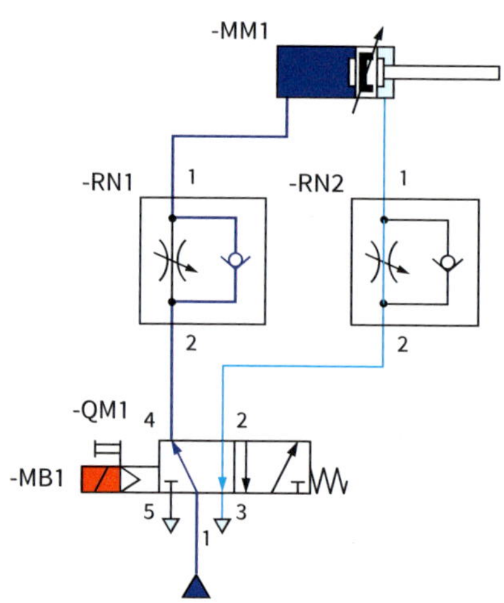

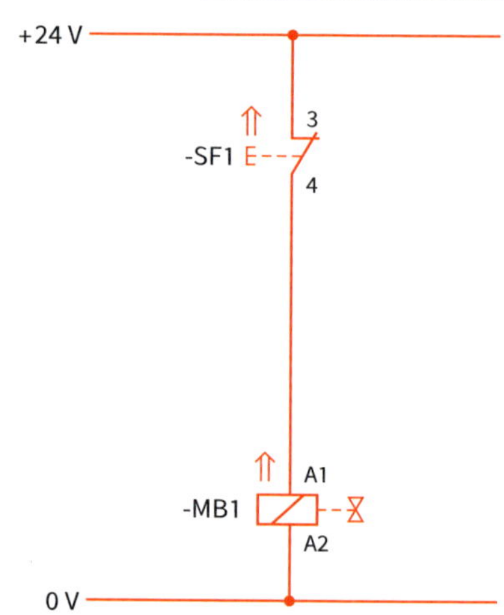

Betätigung des Tasters -SF1:

- Das Magnetventil -MB1 schaltet das 5/2-Wege-Magnetventil -QM1.
- Der Zylinder fährt aus.

Loslassen des Tasters -SF1:

- Das 5/2-Wege-Ventil stellt sich durch die Feder zurück.
- Der Zylinder fährt in die Grundstellung zurück.

Mit dem Drosselrückschlagventil -RN2 wird die Ausfahrgeschwindigkeit des Kolbens eingestellt. Das Drosselrückschlagventil -RN1 dient zu Einstellung der Einfahrgeschwindigkeit. Es wird jeweils die Abluft des Zylinders gedrosselt, um ein ruckfreies Ein- und Ausfahren (Stick-Slip-Effekt) des Antriebskolbens zu gewährleisten.

3.4.3 Steuerung eines doppeltwirkenden Zylinders mit einem 5/2-Wege-Impulsventil

Pneumatikplan

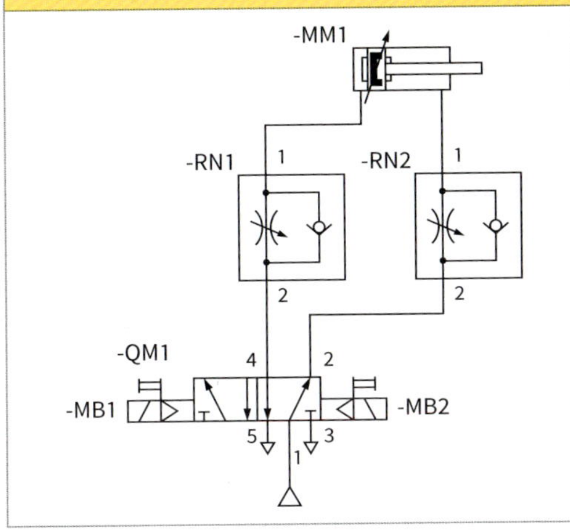

Elektrischer Schaltplan (Steuerstromkreis)

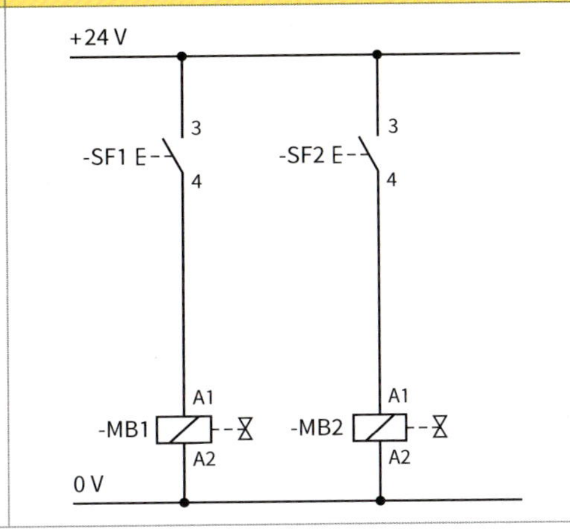

Betätigung des Tasters -SF1:

- Das Magnetventil -MB1 schaltet das 5/2-Wege-Magnetventil -QM1.
- Der Zylinder -MM1 fährt aus.

Betätigung des Tasters -SF2:

- Durch Anziehen des Ventils -MB2 wird das 5/2-Wege-Ventil in die Grundstellung geschaltet.
- Der Zylinder fährt in die Grundstellung zurück.

Für das Ein- und Ausfahren des Zylinders genügt eine kurzzeitige Betätigung der Taster -SF1 und -SF2. Man bezeichnet das dargestellte 5/2-Wegeventil daher auch als Impulsventil. Bei gleichzeitiger Betätigung von -SF1 und -SF2 verharrt das Ventil in seiner Position.

3.4.4 Abfrage der Zylinderposition mit einem Sensor

Pneumatikplan

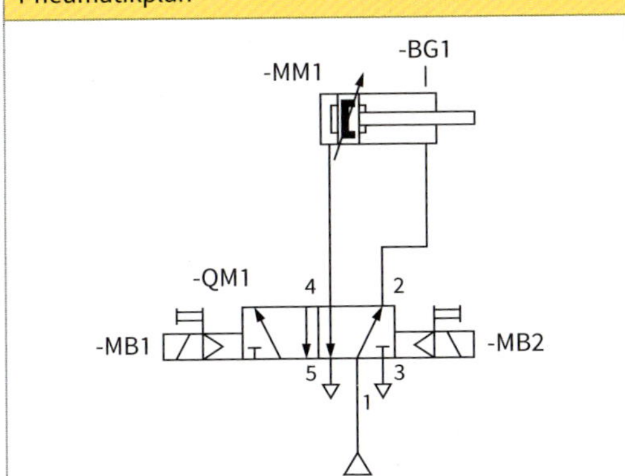

Elektrischer Schaltplan (Steuerstromkreis)

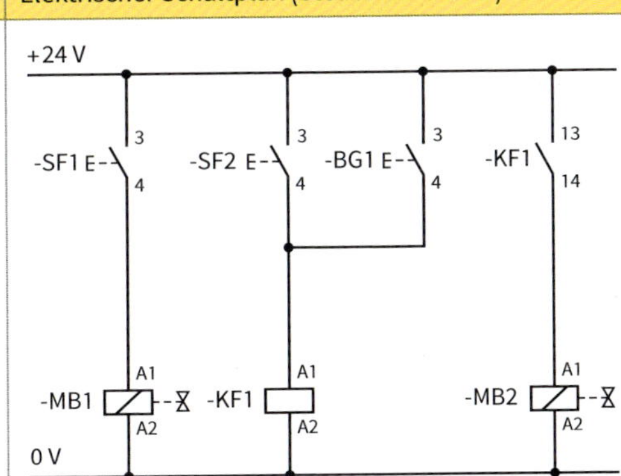

In der oben dargestellten Schaltung fährt der Zylinder entweder durch Drücken des Tasters -SF2 oder bei Betätigung des Sensors -BG1 in die hintere Endlage zurück. Der Sensor -BG1 ist am Gehäuse des Zylinders an der Ausfahrposition montiert. Er spricht an, sobald er das Magnetfeld des am Kolben angebrachten Dauermagneten erkennt.

4 Funktionale Sicherheit von Maschinen

Von den in industriellen Umgebungen verwendeten Fertigungsanlagen können **Gefahren für Mensch, Maschine und Umwelt** ausgehen. Daher wird bereits bei der Herstellung einer Maschine versucht, das Gefährdungsrisiko im Rahmen einer **Risikobeurteilung** durch konstruktive Maßnahmen möglichst vollständig zu vermeiden. In vielen Fällen ist dies jedoch nicht möglich. So besteht beispielsweise bei einem Pressvorgang zwangsläufig eine Unfallgefahr, weil dieser für den eigentlichen Fertigungsprozess notwendig ist.

In solchen Fällen müssen **zusätzliche technische Schutzmaßnahmen** für den Betrieb einer Maschine vorgesehen werden (Abb. 1). Die Anforderungen an die funktionale Sicherheit von Maschinen sind in der Norm EN ISO 13849 festgelegt.

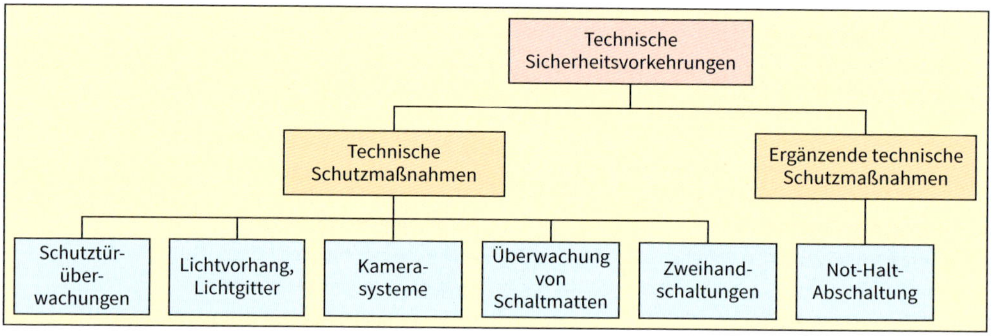

Abb. 1: Übersicht über Schutzmaßnahmen zur funktionalen Sicherheit von Maschinen.

4.1 Not-Halt-Abschaltung mit einem Sicherheitsschaltgerät

Das **Abschalten** einer Maschine oder Anlage **im Notfall** darf nur mithilfe von **bewährten Bauteilen und Sicherheitsprinzipien** erfolgen. Die erforderlichen Eigenschaften der verwendeten Komponenten sind in der Norm 13849 beschrieben. **Eine Abschaltung aus der Anlagensteuerung ist nicht zulässig.** Eine gebräuchliche Form der Not-Halt-Abschaltung ist die Verwendung von **Sicherheitsschaltgeräten**. Ein Beispiel für eine Not-Halt-Abschaltung ist in Abb. 2 dargestellt.

Für das Stillsetzen einer Anlage im Notfall gelten folgende Voraussetzungen:

- Es muss gegenüber allen anderen Funktionen und Betätigungen in allen Betriebsarten Vorrang haben.
- Die Energie zu den Maschinen-Antriebselementen, die Gefahr bringende Zustände verursachen können, muss ohne Erzeugung anderer Gefährdungen so schnell wie möglich abgeschaltet werden.
- Das Rücksetzen darf keinen Wiederanlauf einleiten.

Das Abschalten der sicherheitsrelevanten Stellglieder erfolgt immer über Freigabekontakte im Hauptstromkreis.

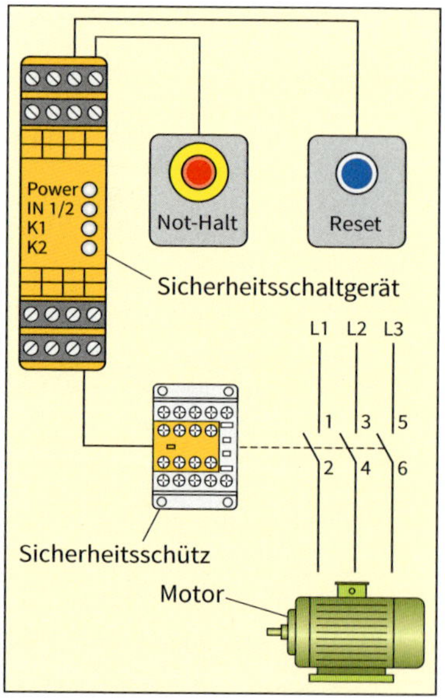

Abb. 2: Prinzipieller Aufbau einer Not-Halt-Abschaltung mit einem Sicherheitsschaltgerät.

Der elektrische Schaltplan des Steuerstromkreises für die Not-Halt-Abschaltung ist in Abb. 1 dargestellt. Über die Anschlüsse A1 und A2 wird die Spannungsversorgung angeschlossen. Beim Betätigen des Tasters -S2 (Reset) wird zunächst über den Öffner-Kontakt von Q1 des Rückführkreises kontrolliert, ob sich das Sicherheitsschütz Q1 in Ruhestellung befindet. Ist dieser Zustand gegeben, ziehen mit der steigenden Flanke die internen Freigaberelais (K1 und K2) an. Die Freigabepfade (Anschluss 13-14, 23-24 und 33-34) sind geschlossen und das Sicherheitsschütz Q1 zieht an.

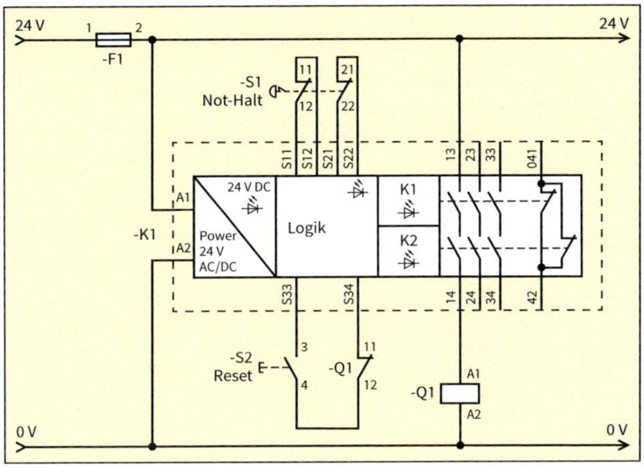

Abb. 1: Schaltplan einer Not-Halt-Abschaltung mit Sicherheitsschaltgerät.

4.2 Sicherheitsmerkmale von Sicherheitsschaltgeräten

- **Redundanter Aufbau:** Bei Redundanz werden mehrere Bauteile für die gleiche Funktion eingesetzt, sodass eine fehlerhafte Funktion eines Bauteils durch das andere Bauteil bzw. durch die anderen Bauteile ersetzt wird. So sind bei dem Sicherheitsschaltgerät in Abb. 1 die Relais (K1, K2) zweifach vorhanden.
- **Querschlusssicherheit:** Unter Querschlusssicherheit versteht man die Fähigkeit von Sicherheitsschaltgeräten, Fehler (durch Kabelquetschungen, Erdschlüsse usw.) in der zu überwachenden Anlage zu erkennen und die Freigabe der Sicherheitskreise so lange zu unterbrechen, bis die externen Fehler behoben worden sind.
- **Zwangsgeführte Kontakte:** Bei einer Komponente mit zwangsgeführten Kontakten ist garantiert, dass die Öffner- und Schließer-Kontakte niemals gleichzeitig geschlossen sind.
- **Rückführkreis:** Ein Rückführkreis dient der Überwachung angesteuerter Aktoren mit zwangsgeführten Kontakten. Die Ausgänge können nur bei geschlossenem Rückführkreis aktiviert werden.

Für die Automatisierung von komplexen Fertigungsanlagen werden anstelle von Sicherheitsschaltgeräten zunehmend sogenannte fehlersichere Steuerungen eingesetzt. In diesen Geräten werden Sicherheits- und Standardbaugruppen kombiniert. Dadurch sinkt der Verdrahtungsaufwand im Vergleich zu externen, fest verdrahteten Sicherheitsschaltgeräten.

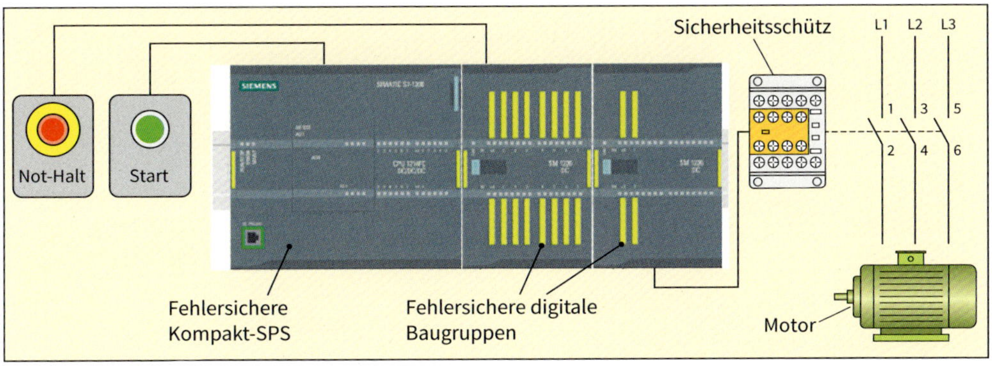

Abb. 2: Prinzipieller Aufbau einer Not-Halt-Abschaltung mit einer fehlersicheren Siemens CPU Simatic S7-1214 FC.

LERNFELD 8

Antriebssysteme auswählen und integrieren

Handlungskompetenzen

- Aufträge für Antriebssysteme analysieren
- Technische Realisierung von Antrieben planen
- Baugruppen und Schutzeinrichtungen auswählen
- Betriebswerte messen und dokumentieren

1 Elektrische Maschinen

Elektrische Maschinen sind Energiewandler: Sie dienen zur Erzeugung, Umwandlung oder Nutzung elektrischer Energie. Sie nutzen hierzu die Eigenschaften des magnetischen Feldes.

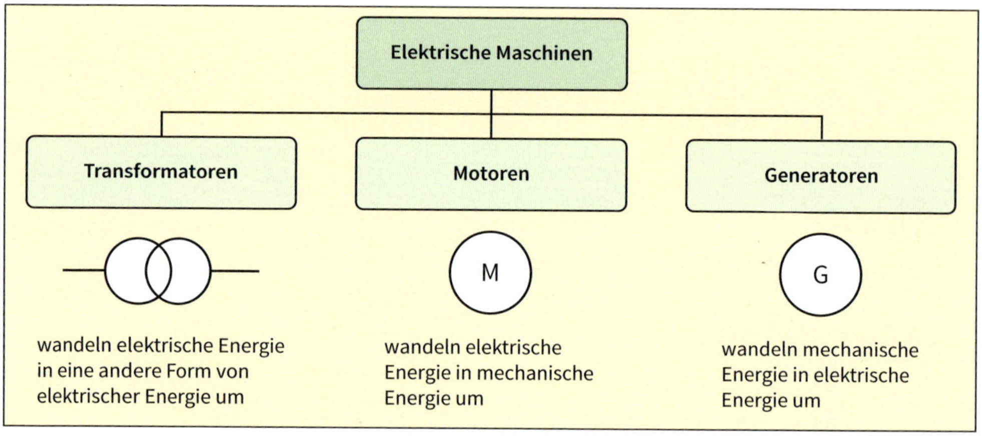

1.1 Physikalische Grundlagen

1.1.1 Strom und Magnetfeld

Ein stromdurchflossener Leiter erzeugt immer ein Magnetfeld. Dieses wird durch **Feldlinien** dargestellt (Abb. 1). Magnetische Felder haben eine Kraftwirkung auf eisenhaltige Materialien (ferromagnetische Materialien). Viele elektrische Betriebsmittel funktionieren nur mithilfe dieser Kraftwirkung (z. B. Schütze und LS-Schalter).

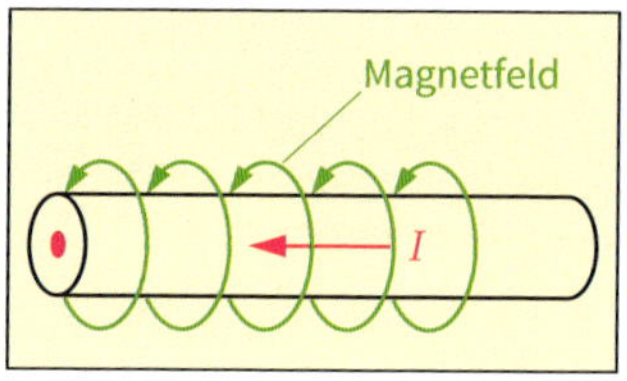

Abb. 1: Feldlinien am stromdurchflossenen Leiter

Gleichstrom erzeugt ein gleichförmiges Magnetfeld, das sich nicht ändert.

Wechselstrom dagegen erzeugt ein **magnetisches Wechselfeld**, das seine Richtung und Stärke mit der Frequenz des Wechselstroms ändert. Leiter werden zu **Spulen** aufgewickelt, um die magnetische Wirkung zu verstärken (Abb. 2 und Abb. 3).

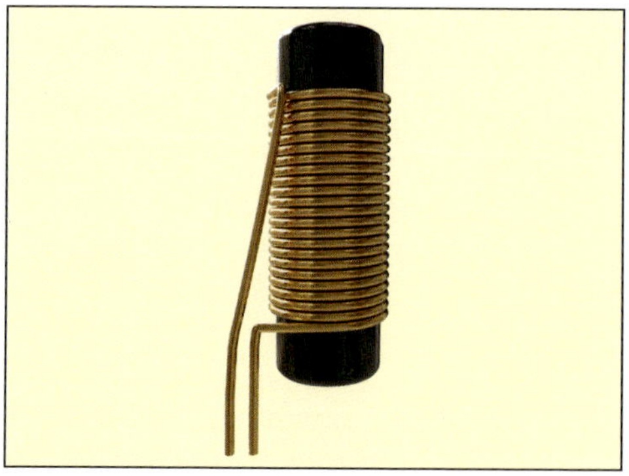

Abb. 2: Spule auf Eisenkern gewickelt

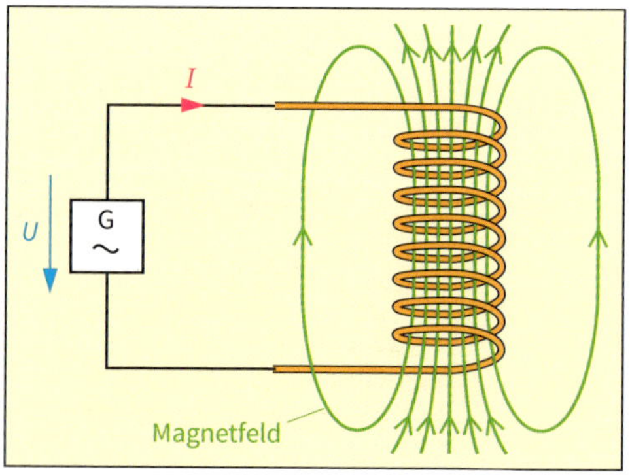

Abb. 3: Feldlinien an einer stromdurchflossenen Spule

1.1.2 Magnetfeld und Induktion

Induktion
(= Erzeugen von Spannung mithilfe eines Magnetfeldes)

- Induktion der Bewegung
- Induktion der Ruhe

Induktion der Bewegung (Generatorprinzip)

Wenn ein **Leiter durch ein Magnetfeld bewegt** wird, entsteht eine elektrische Spannung. Der Grund dafür ist, dass auf die Elektronen im Leiter eine Kraft wirkt, wenn sie im Magnetfeld bewegt werden (Lorentzkraft). Diese Kraftwirkung führt zu einer Verschiebung der Elektronen und damit zu einem Elektronenüberschuss an einer Seite des Leiters (Abb. 1).

- Die Richtung der Spannung hängt von der Bewegungsrichtung des Leiters ab.
- Die Höhe der Spannung nimmt mit der Bewegungsgeschwindigkeit zu (siehe Formel).

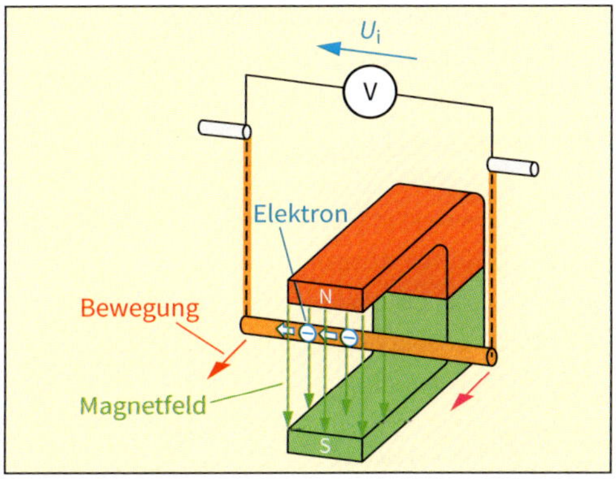

Abb. 1: Generatorprinzip

Induzierte Spannung (Bewegungsinduktion)

$$u_i = B \cdot l \cdot v \cdot z$$

u_i: induzierte Spannung in V
B: magnetische Flussdichte in Tesla (T)
l: Leiterlänge im Magnetfeld in m
v: Geschwindigkeit des Leiters in $\frac{m}{s}$
z: Anzahl der Leiter

Induktion der Ruhe (Transformatorprinzip)

Wenn sich **das Magnetfeld innerhalb einer Spule ändert**, entsteht eine elektrische Spannung. In Abb. 2 erzeugt der Wechselstrom in der linken Spule ein magnetisches Wechselfeld. Das Feld durchsetzt auch die rechte Spule. Dort entsteht eine Induktionsspannung U_{ind}, da sich das Magnetfeld innerhalb der Spule ändert. Die Höhe der Spannung U_{ind} hängt von folgenden Faktoren ab:

- Der Änderungsgeschwindigkeit des Magnetfeldes (Frequenz),
- der Anzahl der Spulenwindungen,
- der Stärke des Magnetfeldes.

Für sinusförmige Größen wird dies durch die Transformatorenhauptgleichung beschrieben.

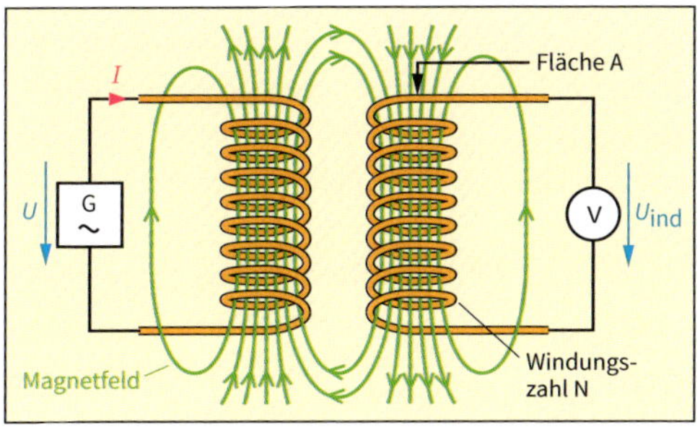

Abb. 2: Transformatorprinzip

Transformatorhauptgleichung

$$U_{ind} = 4{,}44 \cdot \hat{B} \cdot A \cdot f \cdot N$$

U_{ind}: induzierte Spannung in V (Effektivwert)
$\hat{B}$: magnetische Flussdichte in T (Tesla)
A: von der Spule umschlossene Fläche in m^2
f: Frequenz
N: Windungszahl

Lenzsche Regel:
Der durch die Induktionsspannung erzeugte Strom ist immer so gerichtet, dass er der Ursache der Induktion entgegenwirkt.

1.2 Transformator

Ein Transformator wandelt eine Wechselspannung einer bestimmten Größe in eine andere Wechselspannung um (z. B. 230 V in 12 V). Die Frequenz der Wechselspannung bleibt dabei unverändert. Die Funktionsweise eines Transformators beruht auf dem **Prinzip der elektromagnetischen Induktion**.

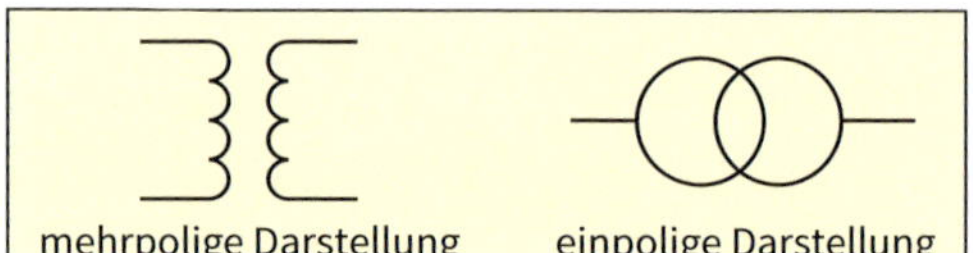

Abb. 1: Schaltzeichen Transformator

1.2.1 Einphasentransformator

Der Transformator besteht grundsätzlich aus zwei Spulen aus Kupferdraht (Wicklungen), die sich auf einem gemeinsamen Eisenkern befinden (Abb. 2).

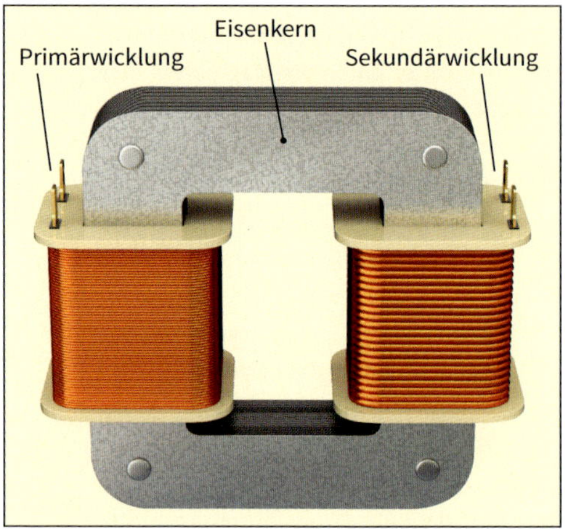

Abb. 2: Einphasentransformator

Die Eingangswicklung bezeichnet man als **Primärwicklung** und die Ausgangswicklung als **Sekundärwicklung**. Es besteht keine elektrisch leitende Verbindung zwischen den Spulen. Dies bezeichnet man als **galvanische Trennung**.

Funktionsweise (Abb. 3):

- Eine Wechselspannung U_1 am Eingang erzeugt einen Wechselstrom I_1 in der Primärwicklung.
- Der Wechselstrom erzeugt ein **magnetisches Wechselfeld**.
- Das Magnetfeld wird durch den **Eisenkern** verstärkt und zur Sekundärwicklung geführt.
- Wenn das magnetische Wechselfeld die Sekundärwicklung durchsetzt, entsteht dort durch **Induktion** eine Wechselspannung U_2 (Ausgangsspannung).

Die Ausgangsspannung (Sekundärspannung) hat die gleiche Frequenz wie die Eingangsspannung (Primärspannung). Die Größe der Spannung richtet sich nach dem Verhältnis der **Windungszahlen N_1/N_2**.

Für den angeschlossenen Laststromkreis wirkt der Transformator wie eine **Spannungsquelle**.

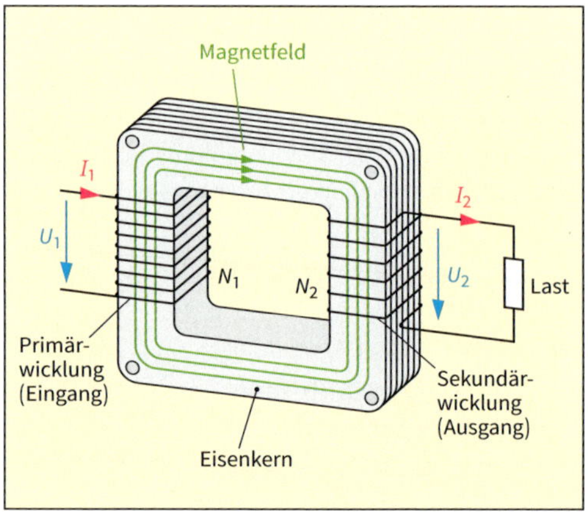

Abb. 3: Funktion des Einphasentransformators

Wirkungskette des Transformators

Wechselspannung 1 → Wechselstrom → Magnetfeld → Induktion → Wechselspannung 2

Eisenkern

Die magnetische Wirkung einer Spule hängt von dem Material im Inneren der Spule ab.

Ferromagnetische Stoffe wie z. B. Eisen haben gute magnetische Eigenschaften, da sie auf atomarer Ebene aus kleinen **Elementarmagneten** bestehen (Weisssche Bezirke). Diese sind normalerweise ungeordnet, sodass sie nach außen kein wirksames Magnetfeld erzeugen Abb. 1a).

Legt man jedoch ein äußeres Magnetfeld an, so richten sich die Elementarmagnete gleichmäßig aus und die Miniaturmagnetfelder addieren sich zu einem resultierenden Magnetfeld (inneres Magnetfeld) (Abb. 1b). Das Material ist jetzt **magnetisiert** und verstärkt das äußere Magnetfeld um ein Vielfaches.

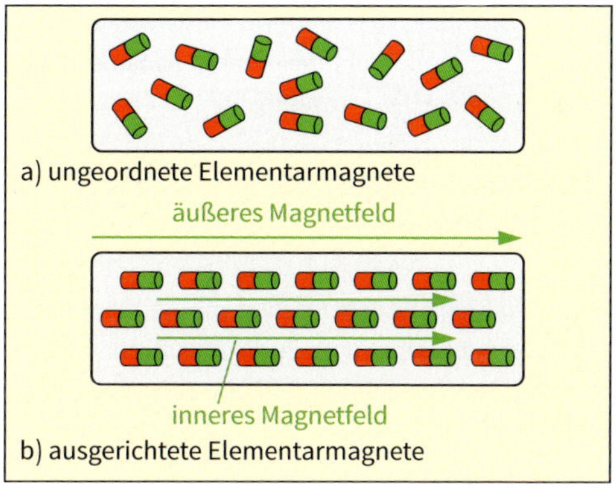

Abb. 1a) und b): Elementarmagnete im Eisenkern

> Ein Eisenkern verstärkt die magnetische Wirkung einer Spule.

Hysterese

Ein magnetisierter Eisenkern bleibt nach Abschalten des äußeren Feldes teilweise magnetisch, da ein Teil der Elementarmagnete ihre Ausrichtung beibehalten. Man nennt diesen Zustand auch **Remanenz**. Im Transformator wird der Eisenkern durch das magnetische Wechselfeld immer wieder ummagnetisiert. Dabei wird der magnetisch neutrale Zustand des Materials aber nicht mehr erreicht. Dies kann an der Ummagnetisierungskennline (**Hysteresekurve** Abb. 2) gezeigt werden. Das äußere Magnetfeld wird durch die **magnetische Feldstärke H** beschrieben, während die Wirkung der Elementarmagnete durch die **magnetische Flussdichte B** beschrieben wird. Die **Neukurve** zeigt den Verlauf der ersten Magnetisierung vom neutralen Zustand aus. Die magnetische **Sättigung** beschreibt den Zustand, an dem alle Elementarmagnete ausgerichtet sind. Der Eisenkern ist dann vollständig magnetisiert.

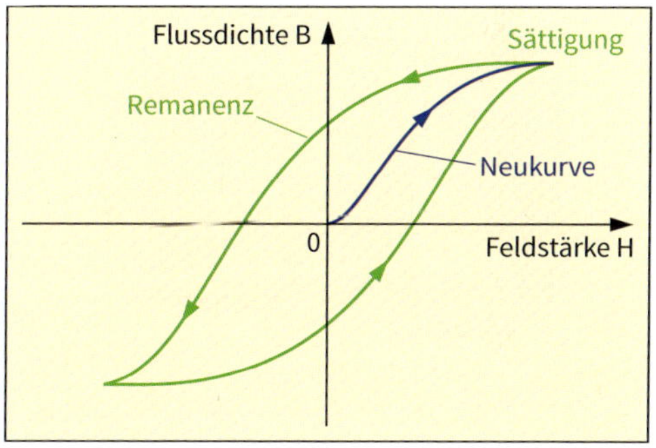

Abb. 2: Ummagnetisierungskennlinie eines Eisenkerns

Streufluss und magnetische Kopplung

Das Magnetfeld wird durch Feldlinien dargestellt. Die Gesamtheit der magnetischen Feldlinien wird als **magnetischer Fluss Φ („Phi")** bezeichnet. Beim realen Transformator erreichen nicht alle Feldlinien der Primärspule auch die Sekundärspule. Der Teil, der außerhalb des Eisenkerns durch die Luft verläuft, wird als **Streufluss** bezeichnet. Als **Koppelfluss** bezeichnet man den Teil, der die Sekundärspule erreicht.

Wenn der gesamte erzeugte magnetische Fluss die Ausgangswicklung durchsetzt (Streufluss = 0), erreicht man eine **100%ige magnetische Kopplung** der beiden Spulen. Dies ist jedoch nur ein theoretischer Fall beim sogenannten **idealen Transformator**.

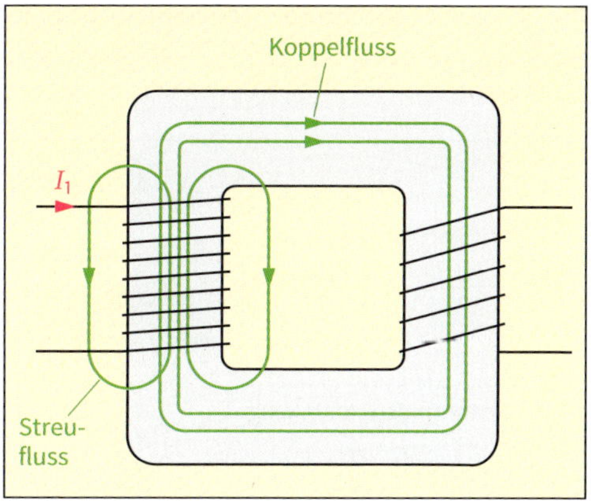

Abb. 3: Magnetischer Fluss im Eisenkern

Bauformen von Einphasentransformatoren

Um den Streufluss zu verringern, werden die Wicklungen des Transformators meist nicht nebeneinander, sondern übereinander angebracht.

Üblich ist der Aufbau als Zylinderwicklung oder Scheibenwicklung (Abb. 1).

Der Aufbau des Eisenkerns und die Anordnung der Wicklungen beeinflusst auch die elektrischen Eigenschaften des Transformators (z. B. Kurzschlussspannung Kap. 1.2.3):

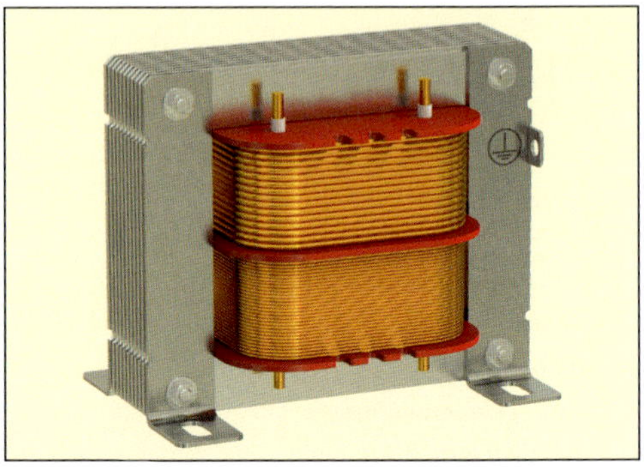

Abb. 1: Transformator mit Scheibenwicklungen

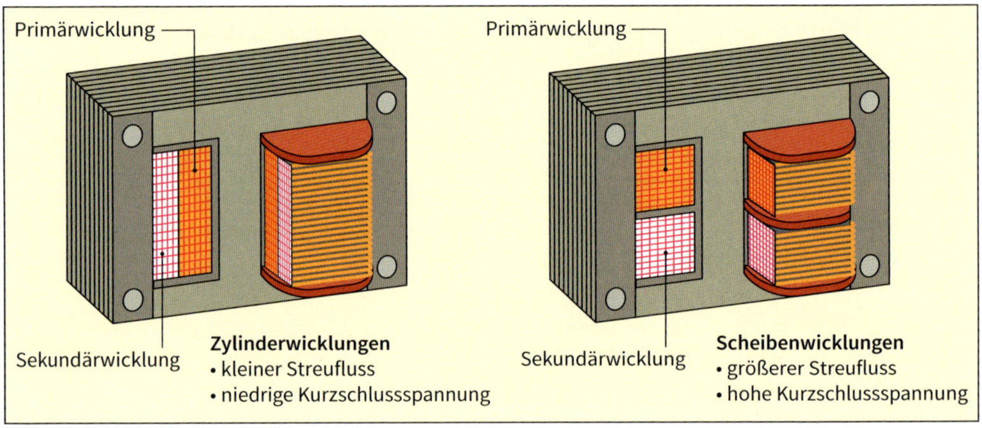

Abb. 2: Bauformen und elektrische Eigenschaften von Einphasentransformatoren.

> Je kleiner der Streufluss ist, desto besser ist die magnetische Kopplung und desto kleiner ist die Kurzschlussspannung des Transformators.

1.2.2 Übersetzungsverhältnis

Das Übersetzungsverhältnis $ü$ (Übersetzung) bezeichnet das Verhältnis von **Eingangsspannung zur Ausgangsspannung.** Außerdem sind auch noch die Stromübersetzung und die Widerstandsübersetzung am Transformator definiert.

Übersetzung

$$ü = \frac{U_1}{U_2}$$

Spannungsübersetzung	**Stromübersetzung**	**Widerstandsübersetzung**
$\frac{U_1}{U_2} = \frac{N_1}{N_2}$	$\frac{I_1}{I_2} = \frac{N_2}{N_1}$	$\frac{Z_1}{Z_2} = \left(\frac{N_1}{N_2}\right)^2$

Idealer Transformator:
Transformator ohne Verluste und mit vollständiger magnetischer Kopplung.

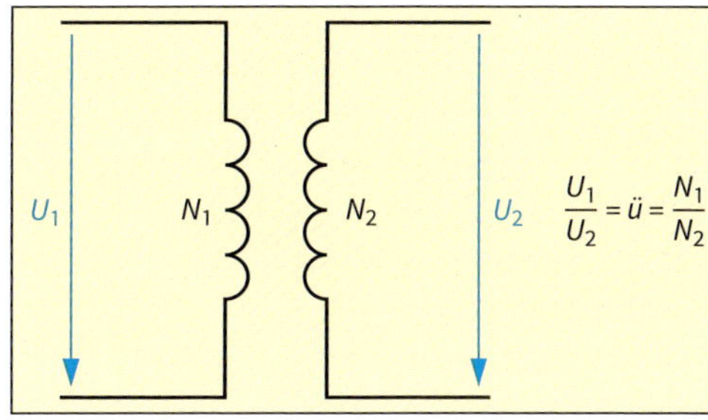

Abb. 1: Spannungsübersetzung am idealen Trafo

Spannungsübersetzung

Beim idealen Transformator entspricht *ü* dem **Verhältnis der Windungszahlen N_1/N_2** (Abb. 1).
Die höhere Spannung liegt also immer an der Seite mit der größeren Windungszahl an.

Stromübersetzung

Beim idealen Transformator ist die **Eingangsleistung gleich der Ausgangsleistung** ($P_{zu} = P_{ab}$). Wenn also z. B. die Ausgangsspannung U_2 kleiner ist als die Eingangsspannung U_1, muss der Ausgangsstrom I_2 größer sein als der Eingangsstrom I_1:

$$U_1 \cdot I_1 = U_2 \cdot I_2 \rightarrow \frac{U_1}{U_2} = \frac{I_2}{I_1}$$

Die Ströme verhalten sich umgekehrt zu den Spannungen. Daher verhalten sich die **Ströme umgekehrt zu den Windungszahlen** (Abb. 2).
Der größere Strom fließt also auf der Seite mit der kleineren Windungszahl.

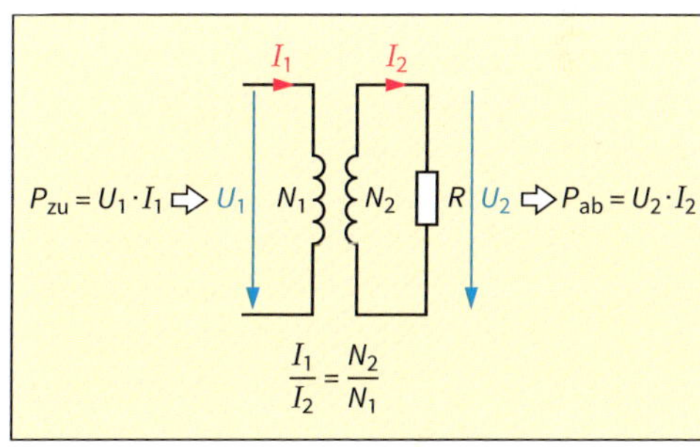

Abb. 2: Stromübersetzung am idealen Trafo

Widerstandsübersetzung

Da der Widerstand der Transformatorspulen aus einem ohmschen Wirkanteil und einem induktiven Blindanteil besteht, betrachtet man den **Scheinwiderstand *Z* (Impedanz)**.
Die Impedanzen verhalten sich wie das **Quadrat des Übersetzungsverhältnisses**.

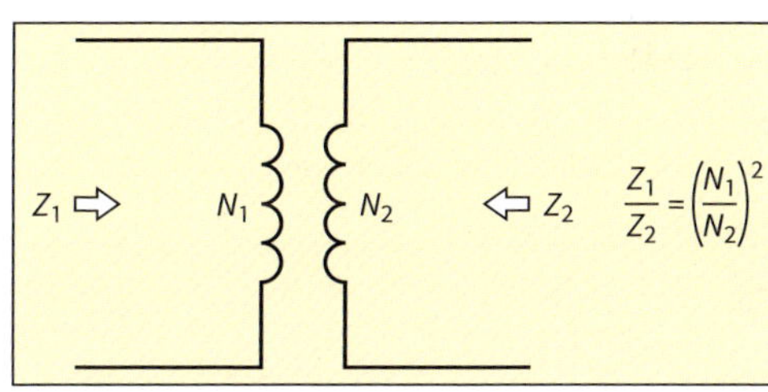

Abb. 3: Widerstandsübersetzung am idealen Trafo

Transformatoren werden z. B. in der Kommunikationstechnik auch benutzt, um den Widerstand eines Verbrauchers an den Widerstand der Spannungsquelle anzupassen (z. B. Leistungsanpassung).
Die Transformatoren werden dann auch als **Übertrager** bezeichnet.

Formeln für den idealen Transformator

Spannungen:

$$\frac{U_1}{U_2} = \frac{N_1}{N_2} \qquad ü = \frac{U_1}{U_2}$$

U_1: Eingangsspannung in V
U_2: Ausgangsspannung in V
N_1: Windungszahl der Eingangswicklung
N_2: Windungszahl der Ausgangswicklung

Ströme:

$$\frac{I_1}{I_2} = \frac{N_2}{N_1} \qquad ü = \frac{I_2}{I_1}$$

ü: Übersetzungsverhältnis
I_1: Eingangstrom in A
I_2: Ausgangstrom in A

Impedanzen:

$$\frac{Z_1}{Z_2} = \left(\frac{N_1}{N_2}\right)^2 \qquad ü = \sqrt{\frac{Z_1}{Z_2}}$$

Z_1: Eingangsimpedanz in Ω
Z_2: Ausgangsimpedanz in Ω

1.2.3 Transformator Kenngrößen

Die wichtigsten Kenngrößen des Transformators sind auf dem Leistungsschild zu finden (Abb. 1):

① Die Bemessungsleistung ist die **abgegebene Scheinleistung** S in VA. Die Aufteilung der Leistung in Wirkleistung P und Blindleistung Q hängt von der Art der Belastung ab.

② Bemessungsspannung und Bemessungsstrom für die Primärseite

③ Bemessungsspannung und Bemessungsstrom für die Sekundärseite

④ Betriebsart (hier: S1 = Dauerbetrieb)

⑤ Kurzschlussstrom I_{kd}: Maximaler Strom, den der Transformator erzeugen kann.

⑥ Relative Kurzschlussspannung u_k: Sie beschreibt das Verhalten des Transformators bei Belastung.

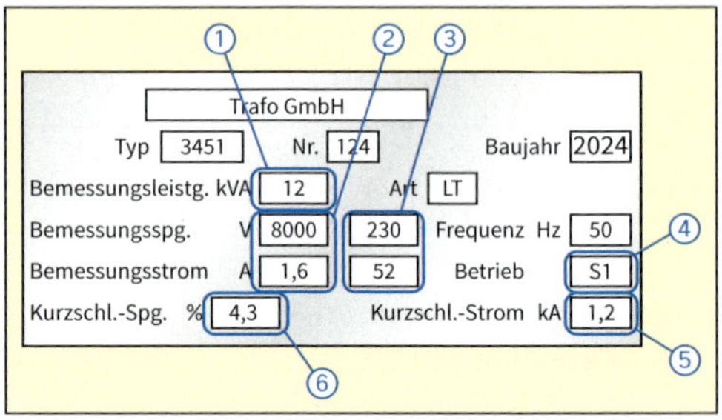

Abb. 1: Leistungsschild eines Einphasentransformators

Die **relative Kurzschlussspannung u_k** ist ein Maß für den Innenwiderstand des Transformators. Je kleiner u_k ist, desto spannungssteifer ist der Transformator, d. h. seine Ausgangsspannung sinkt bei Belastung wenig ab.

Die relative Kurzschlussspannung wird im **Kurzschlussversuch** ermittelt (Abb. 2): Bei kurzgeschlossener Ausgangswicklung wird die Eingangsspannung so lange erhöht, bis der Nennstrom I_{1N} fließt. Die dabei anliegende Eingangsspannung ist die Kurzschlussspannung U_k. Die relative Kurzschlussspannung u_k ist das Verhältnis von Kurzschlussspannung zu Bemessungsspanung in %.

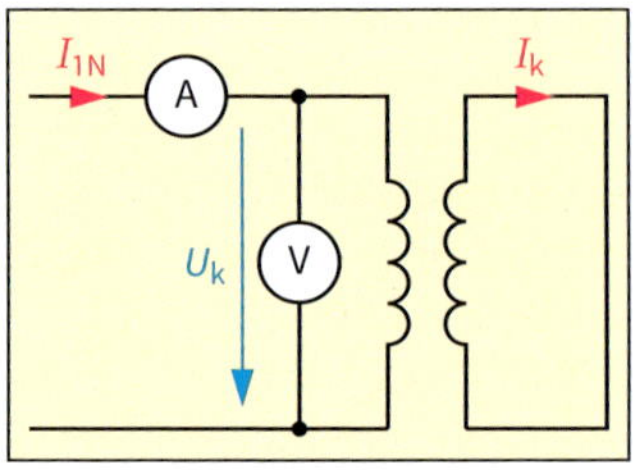

Abb. 2: Kurzschlussversuch

Die Kurzschlussfestigkeit des Transformators ist ein wichtiger Kennwert.
Der Wert des Kurzschlussstromes (**Dauerkurzschlussstroms I_{kd}**) kann mithilfe der relativen Kurzschlussspannung berechnet werden. Im Augenblick des Kurzschlusses kann der Strom jedoch kurzzeitig noch wesentlich größer sein (**Stoßkurzschlussstrom**).

> Transformatoren mit kleiner **Kurzschlussspannung u_k** sind **spannungssteif**.
> Sie haben einen kleinen Innenwiderstand und deshalb einen **großen Kurzschlussstrom.**

relative Kurzschlussspannung

$$u_k = \frac{U_k}{U_{1N}} \cdot 100\,\%$$

u_k: relative Kurzschlussspannung in %
U_k: gemessene Kurzschlussspannung in V
U_{1N}: Transformator-Bemessungsspannung in V

Dauerkurzschlussstrom

$$I_{kd} = \frac{I_N}{u_k} \cdot 100\,\%$$

I_{kd}: Dauerkurzschlussstrom in A
I_N: Bemessungsstrom in A
u_k: relative Kurzschlussspannung in %

> **Einschaltströme**
> Beim Einschalten eines Transformators kann der Strom auf der Eingangsseite bis zum 10-fachen des Bemessungsstromes ansteigen. Die Stromstärke hängt von der Vormagnetisierung des Kernes im Schaltaugenblick ab und kann auch bei unbelastetem Transformator sehr hoch sein.

1.2.4 Verluste und Wirkungsgrad (Realer Transformator)

Der reale Transformator unterscheidet sich vom idealen Transformator dadurch, dass die magnetische Kopplung nicht vollständig ist und dass im Betrieb Verluste entstehen, die als Verlustwärme in Erscheinung treten.

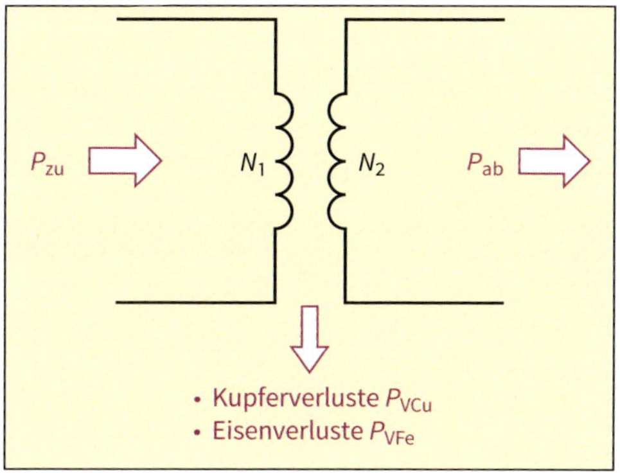

Abb. 1: Verluste beim realen Trafo

Die gesamte **Verlustleistung** P_V setzt sich aus zwei Teilen zusammen (Abb. 1):

$$P_V = P_{VCu} + P_{VFe}$$

Kupferverluste P_{VCu} (Wicklungsverluste):
Der ohmsche Widerstand der Kupferwicklungen verursacht in Eingangs- und Ausgangswicklung Wärmeverluste, die von der Größe des Laststromes abhängig sind. Beim unbelasteten Transformator sind sie vernachlässigbar klein. Die Größe der Kupferverluste kann bei kurzgeschlossener Ausgangswicklung bestimmt werden (Kurzschlussversuch Kap. 1.2.3).

Eisenverluste P_{VFe}:
Sie werden durch das Magnetfeld im Eisenkern verursacht und sind unabhängig von der Belastung des Transformators. Diese Verluste können bei unbelastetem Transformator direkt gemessen werden (Leerlaufversuch).

Die Eisenverluste bestehen wiederum aus zwei Teilen:

- **Hystereseverluste** (Ummagnetisierungsverluste): Der Eisenkern wird durch das magnetische Wechselfeld ständig ummagnetisiert. Die dafür erforderliche Energie ist ein Verlustanteil, der sich nicht vermeiden lässt.
- **Wirbelstromverluste:** Induktion kann in jedem elektrischen Leiter stattfinden. Daher wird nicht nur in den Spulen, sondern auch im Eisenkern eine Spannung induziert.
  Dadurch entstehen im Eisenkern **kreisförmige Ströme** (Wirbelströme), welche wiederum Wärmeverluste verursachen (Abb. 2a). Diese Verluste lassen sich verringern, wenn man den Eisenkern aus vielen **Schichten isolierter Bleche** herstellt. Die entstehenden Wirbelströme sind dann wesentlich kleiner (Abb. 2b) und die Verluste sinken stark.
  Daher wird der Eisenkern von Transformatoren immer aus vielen Schichten dünner Bleche hergestellt.

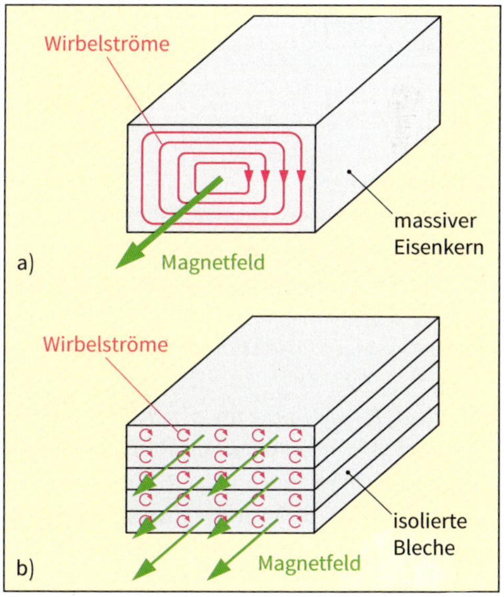

Abb. 2: Wirbelströme beim
a) massiven Eisenkern
b) geblechten Eisenkern

Eisenkerne werden aus dünnen, gegeneinander isolierten, Blechen hergestellt, um die Wirbelstromverluste zu verringern.

Wirkungsgrad η

Der Wirkungsgrad η („Eta") eines Transformators hängt stark von der **Größe und der Art der Belastung** ab. Der Wirkungsgrad ist wegen der Eisenverluste bei kleiner Last am schlechtesten. Je besser der Leistungsfaktor ($\cos\varphi$) der angeschlossenen Verbraucher ist, desto besser ist auch der Wirkungsgrad. Den **höchsten Wirkungsgrad** hat ein Transformator, wenn Eisen- und Kupferverluste gleich groß sind. Dies ist meist der Fall, wenn der Transformator nur mit **halber Nennleistung** betrieben wird (Abb. 1).

Transformatorwirkungsgrad und Verlustarten

$$\eta = \frac{P_{ab}}{P_{zu}} \qquad P_V = P_{zu} - P_{ab} \qquad P_V = P_{VFe} + P_{VCu}$$

$$P_{zu} = P_{ab} + P_{VFe} + P_{VCu} \qquad P_{ab} = U_2 \cdot I_2 \cdot \cos\varphi$$

η: Wirkungsgrad
P_{ab}: abgegeben Leistung
P_{zu}: zugeführte Leistung
P_{VFe}: Eisenverlustleistung
P_{VCu}: Kupferverlustleistung
P_V: Verlustleistung

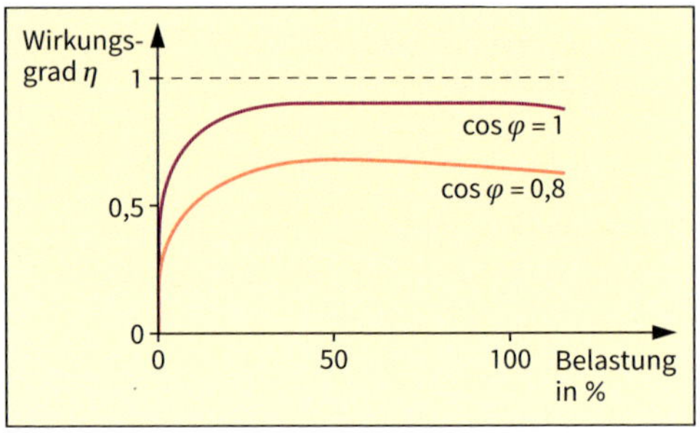

Abb. 1: Wirkungsgrad bei Belastung (Beispiel)

1.2.5 Sondertransformatoren

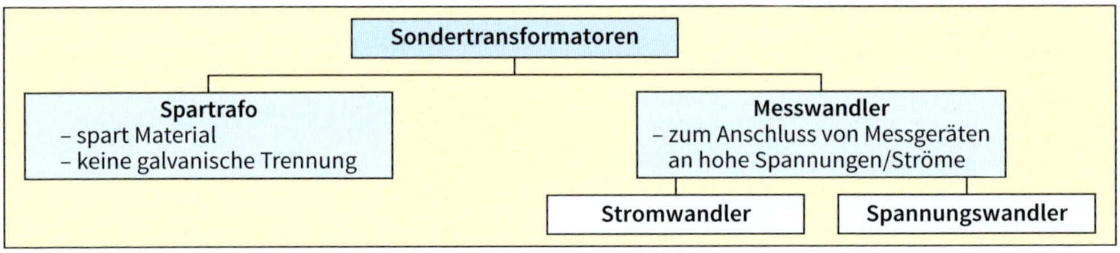

Spartransformator

- besitzt nur eine Wicklung mit drei Anschlüssen,
- spart Material für Eisenkern und Wicklung,
- ist nicht für Schutzkleinspannung zugelassen, da keine galvanische Trennung existiert,
- hat bei niedrigen Übersetzungen einen guten Wirkungsgrad.

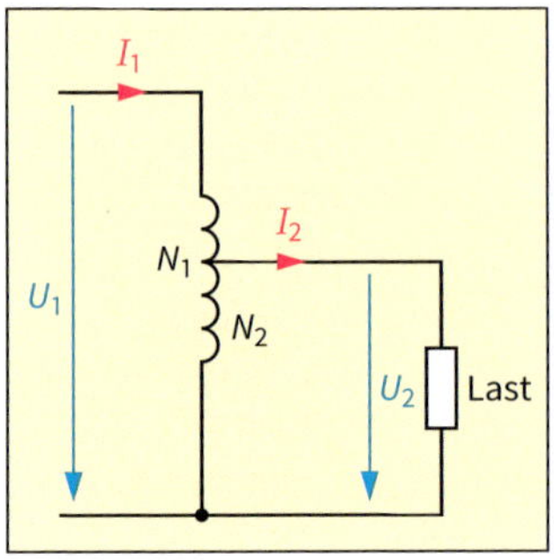

Abb. 2: Spartransformator mit Last

Die Formeln für das Übersetzungsverhältnis des idealen Transformators gelten auch für den Spartransformator. Die Leistung wird beim Spartransformator sowohl elektrisch als auch magnetisch übertragen. Der durch Induktion übertragene Anteil heißt **Bauleistung S_B**. Die gesamte übertragene Leistung nennt man **Durchgangsleistung S_D**.

Bauleistung und Durchgangsleistung

$$U_1 > U_2: S_B = \frac{U_1 - U_2}{U_1} \cdot S_D$$

S_B: Bauleistung
S_D: Durchgangsleistung
U_1: Eingangsspannung
U_2: Ausgangsspannung

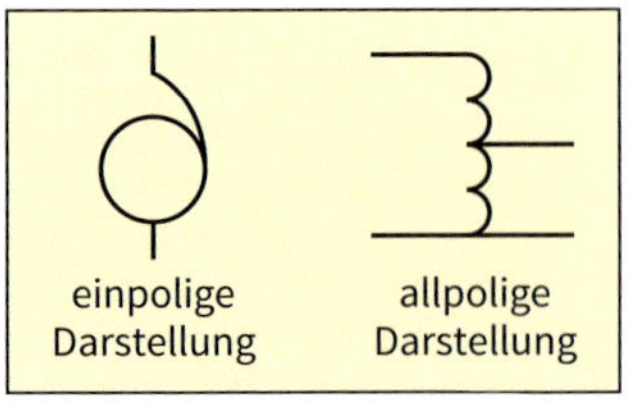

Abb. 3: Schaltzeichen Spartransformator

Stromwandler

In Energieverteilungen fließen am Einspeisepunkt oft sehr große Ströme. Wenn die Stromstärken den Messbereich der Messgeräte übersteigen, werden Stromwandler eingesetzt. Diese ermöglichen den Anschluss der Messgeräte (Strommesser oder Zähler) an große Ströme.

> Stromwandler dürfen nicht im Leerlauf betrieben werden!
> - Sekundärseitig nicht absichern!
> - Vor dem Auswechseln des Messgeräts muss eine Kurzschlussbrücke auf der Sekundärseite gesetzt werden!

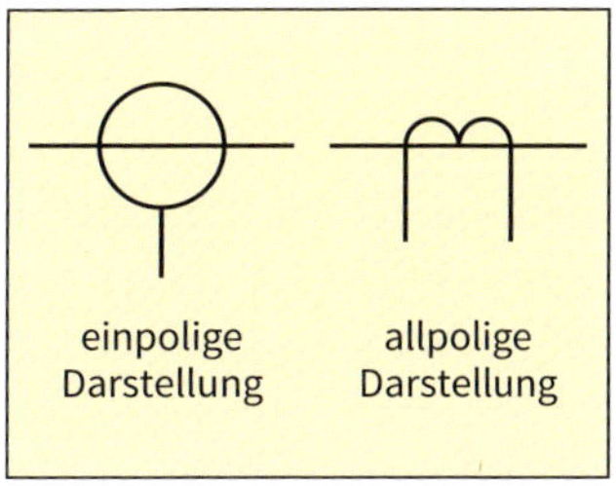

Abb. 1: Schaltzeichen Stromwandler

Abb. 2: Durchsteckstromwandler

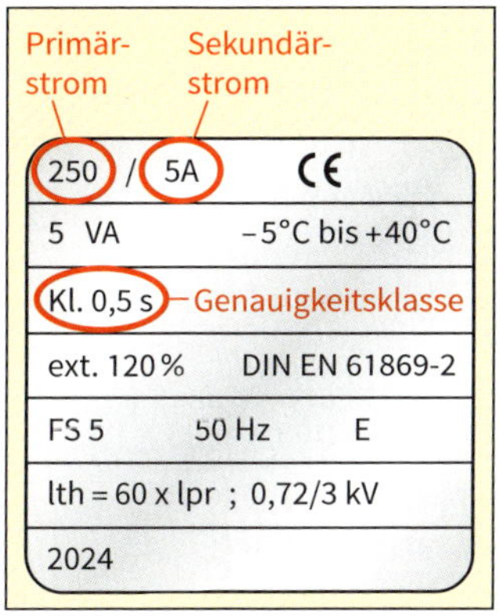

Abb. 3: Leistungsschild

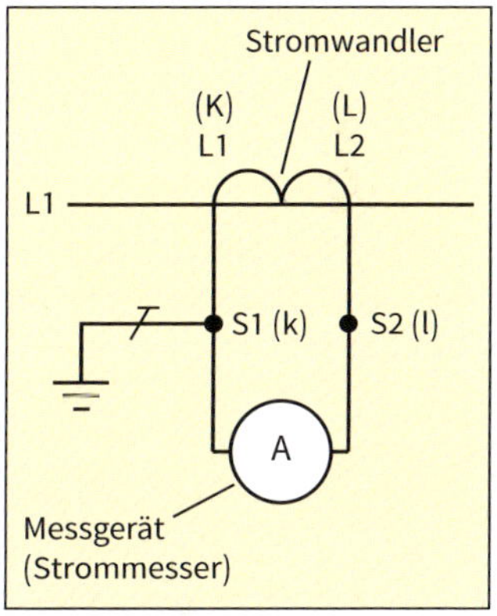

Abb. 4: Stromwandler mit Messgerät (alte Klemmenbezeichnung in Klammern)

Spannungswandler

Spannungswandler ermöglichen den Anschluss von Messgeräten an hohe Spannungen. Sie werden z. B. in Mittelspannungsanlagen eingesetzt.

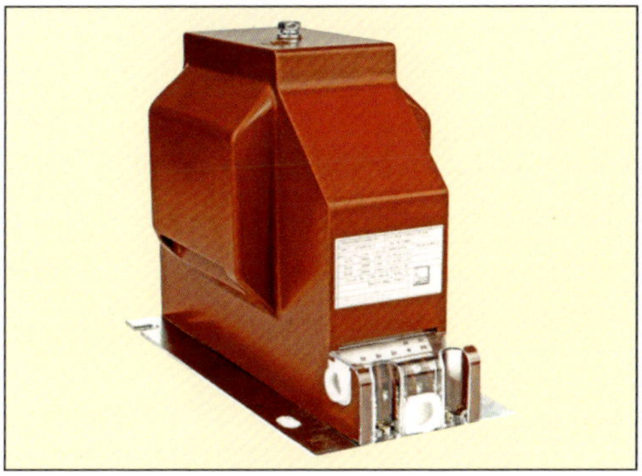

Abb. 5: Spannungswandler für Mittelspannung

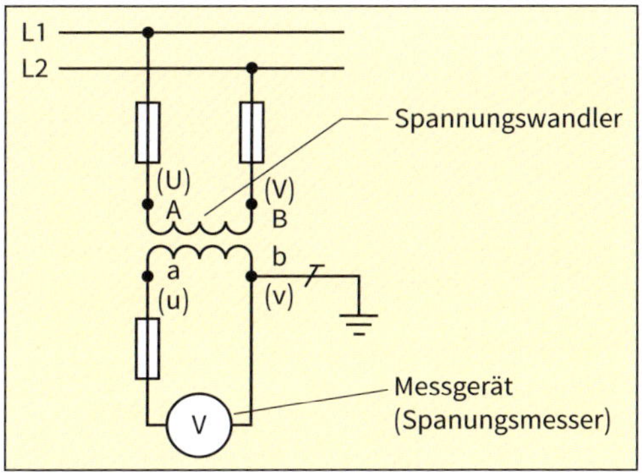

Abb. 6: Spannungswandler mit Messgerät (alte Klemmenbezeichnung in Klammern)

> Spannungswandler dürfen nur mit kleiner Last oder im Leerlauf betrieben werden.

1.2.6 Kleintransformatoren

Als Kleintransformatoren gelten Transformatoren mit einer Bemessungsleistung bis 16 kVA und einer Eingangsspannung bis 1000 V.

Bei Kleintransformatoren gelten die Spannungsangaben auf dem Leistungsschild für den Betrieb unter Last (bei Bemessungsleistung) und $\cos \varphi = 1$ (ohmscher Verbraucher). Im Leerlauf ist die Ausgangsspannung jedoch bis zu 20 % höher.

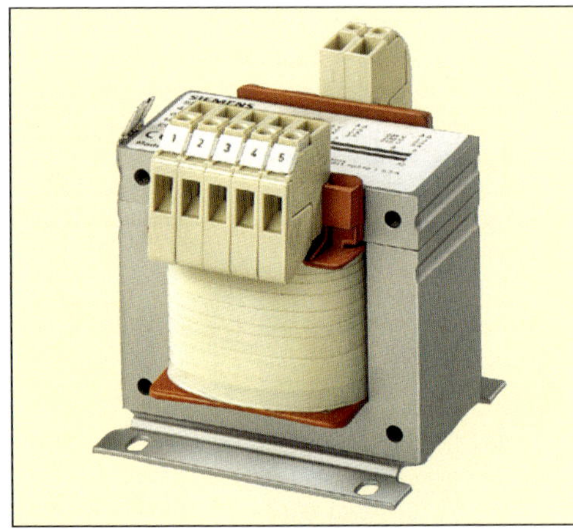

Abb. 1: Steuertransformator

Steuertransformatoren

Steuertransformatoren dienen zur Speisung von Steuerstromkreisen. Nach DIN EN 60204-1 (VDE 0113) sind für Hilfsstromkreise immer Steuertransformatoren zu verwenden. Eine Ausnahme bilden sehr kleinen Steuerungen, die nur einen Motorstarter oder zwei Steuergeräte enthalten (siehe auch Kap. 1.9.3).

Sicherheitstransformatoren

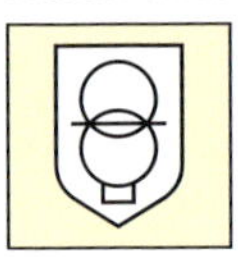

Sicherheitstransformatoren (Schutztransformatoren) dienen der Versorgung von SELV- und PELV-Stromkreisen (Schutzmaßnahme **Schutzkleinspannung**). Sie besitzen eine besonders starke Isolierung zwischen Eingangs- und Ausgangswicklung und sind kurzschlussfest (Abb. 2).

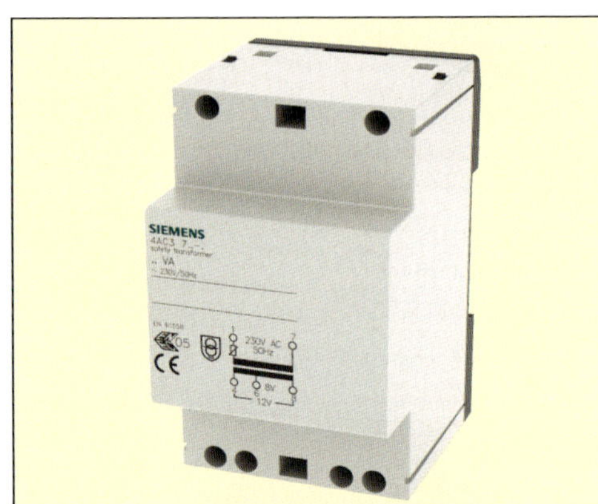

Abb. 2: Sicherheitstransformator

Bildzeichen Kurzschlussfestigkeit

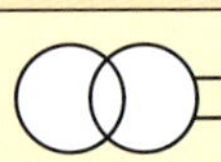

nicht kurzschlussfest

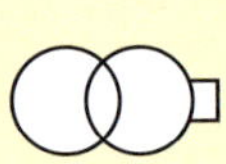

kurzschlussfest

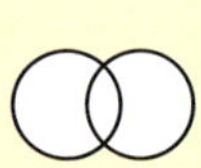

Fail Safe
(schaltet sich bei Fehler ab)

Trenntransformatoren

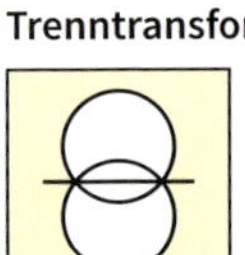

Trenntransformatoren sind für die Schutzmaßnahme **Schutztrennung** erforderlich. Die Spulen sind besonders stark gegeneinander isoliert. Trenntransformatoren werden z. B. in Laboren und Werkstätten benutzt.

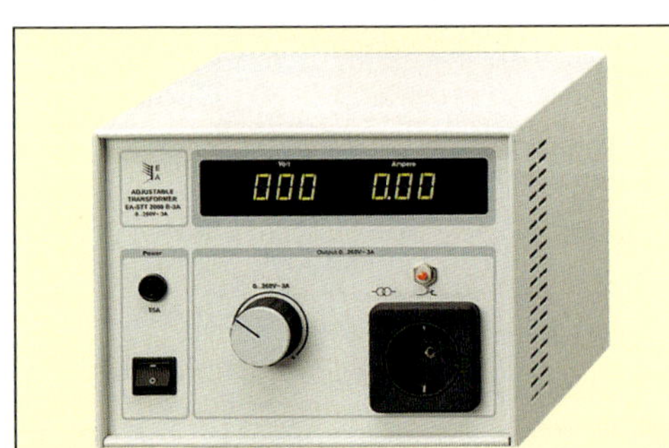

Abb. 3: Trenntransformator

1.3 Grundlagen elektrischer Antriebe

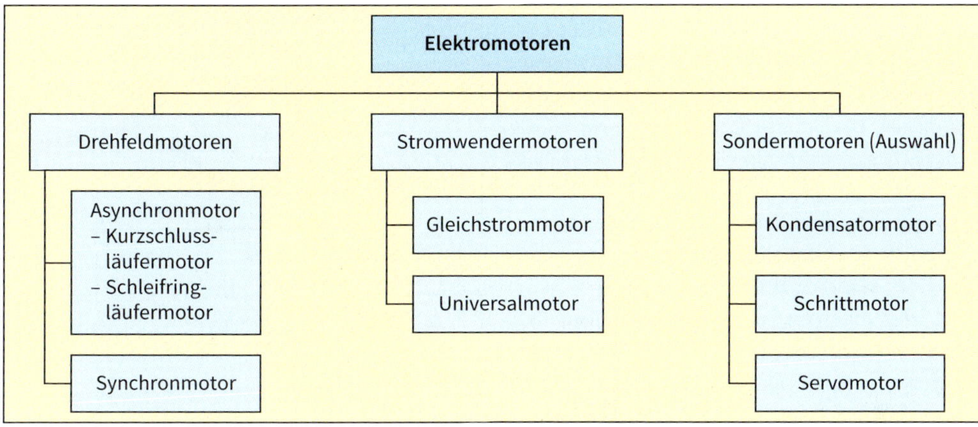

1.3.1 Physikalische Grundlagen

In Elektromotoren wird die Eigenschaft magnetischer Felder genutzt, sich anzuziehen oder abzustoßen. Abb. 1 zeigt das Funktionsprinzip eines Gleichstrommotors (**Stromwendermotor**).

- Eine stromdurchflossene Spule erzeugt ein Magnetfeld im beweglich gelagerten **Läufer**.
- Der Läufer wird von einem feststehenden Dauermagneten (**Ständer**) umgeben.
- Das Abstoßen gleichnamiger Magnetpole und das Anziehen ungleichnamiger Pole führt zu einer Rotationsbewegung.
- Damit nach einer halben Umdrehung die Rotation nicht aufhört, wird der Stromfluss durch Schleifkontakte im **Stromwender** umgekehrt. Die Abstoßung bzw. Anziehung findet dann erneut statt.

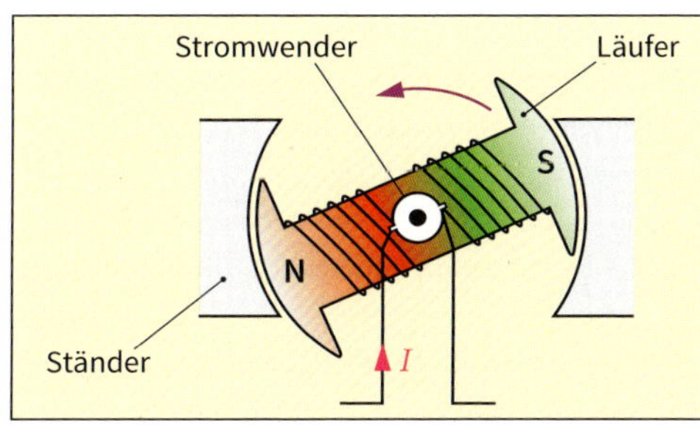

Abb. 1: Funktionsprinzip Gleichstrommotor

Im **Drehstrommotor** (Abb. 2) ist kein Stromwender erforderlich.

- Das äußere Magnetfeld im Ständer wird durch drei Spulen erzeugt.
- Der Läufer ist ein Dauermagnet oder eine stromdurchflossene Spule

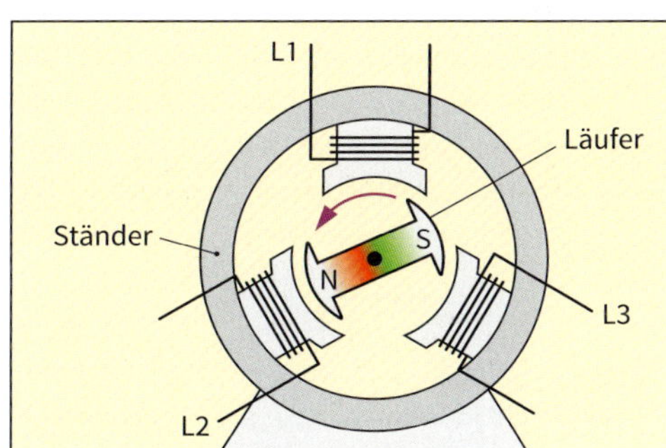

Abb. 2: Funktionsprinzip Drehstrommotor

- Beim Anschluss der drei Ständerwicklungen an **phasenverschobene Wechselspannungen** (Drehstrom) überlagern sich die Magnetfelder der drei Spulen zu einem sich um die Mittelachse drehenden Magnetfeld (**Drehfeld**).
- Dieses Drehfeld wirkt dann auf den Läufer und führt zu einer gleichmäßigen Drehbewegung. Bei größeren Motoren wird als Läufer immer eine stromdurchflossene Spule verwendet.

Definition Drehfeld: Ein sich um die eigene Achse drehendes Magnetfeld.

1.3.2 Leistung und Drehmoment

Elektromotoren werden benutzt, um Arbeitsmaschinen anzutreiben (z. B. Pumpen, Lüfter…). Der Leistungsbedarf einer Maschine wird durch das erforderliche **Drehmoment** M und die gewünschte **Drehzahl** n beschrieben. Das erforderliche Drehmoment an der Antriebswelle kann über die wirkende Kraft berechnet werden: $M = F \cdot I$ (Abb. 1).

Die Arbeitsmaschine kann nur betrieben werden, wenn das Motordrehmoment größer ist als das Lastmoment M_L der Arbeitsmaschine.

Abb. 2 zeigt das Beispiel einer **Hochlaufkennlinie** eines Motors. Der genaue Verlauf der Kennlinie hängt von der Art des Motors ab.

- Beim Einschalten startet der Motor mit Drehzahl $n = 0$ und dem **Anlaufmoment** M_A.
- Wenn der Motor beschleunigt, steigt das Drehmoment mit der Drehzahl an bis es das sogenannte **Kippmoment** M_K erreicht. Dann sinkt das Drehmoment wieder.
- Wenn der Motor unbelastet ist, beschleunigt er weiter bis zur **Leerlaufdrehzahl** n_0. Dort ist das Drehmoment fast Null.
- Das **Bemessungsmoment** M_N ist das Moment, das für den Betrieb unter Last vorgesehen ist.

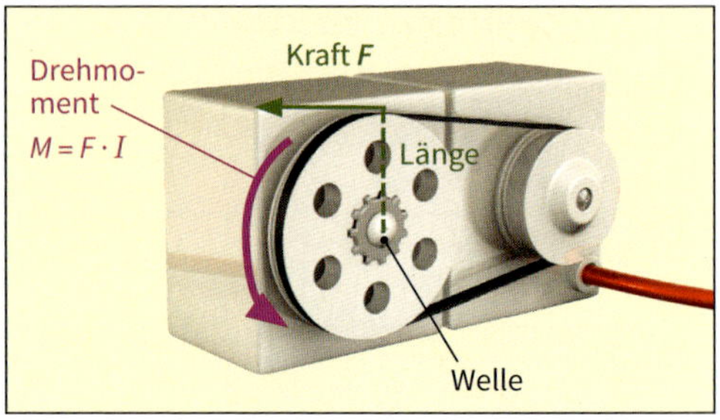

Abb. 1: Kraft und Drehmoment

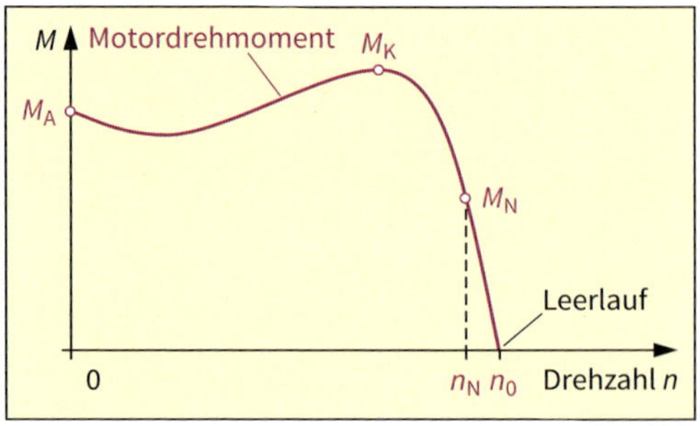

Abb. 2: Hochlaufkennlinie eines Drehstromasynchronmotors

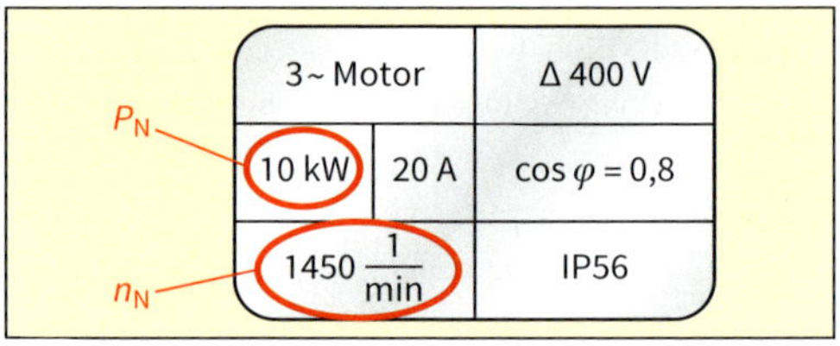

Abb. 3: Leistungsschild eines Drehstrommotors

Auf dem **Leistungsschild** eines Motors sind immer die Bemessungsdrehzahl n_N und die Bemessungsleistung P_N angegeben (Abb. 3). Bei P_N handelt es sich um die abgegebene **mechanische Leistung** (P_{ab}) und nicht um die zugeführte elektrische Leistung (Abb. 4). Das **Bemessungsmoment** M_N kann berechnet werden mit:

$$M_N = \frac{P_N \cdot 60\ \mathrm{s}}{2 \cdot \pi \cdot n_n}$$

(Der Faktor 60 ergibt sich, da die Drehzahl auf dem Leistungsschild in Umdrehungen pro Minute angegeben ist.)

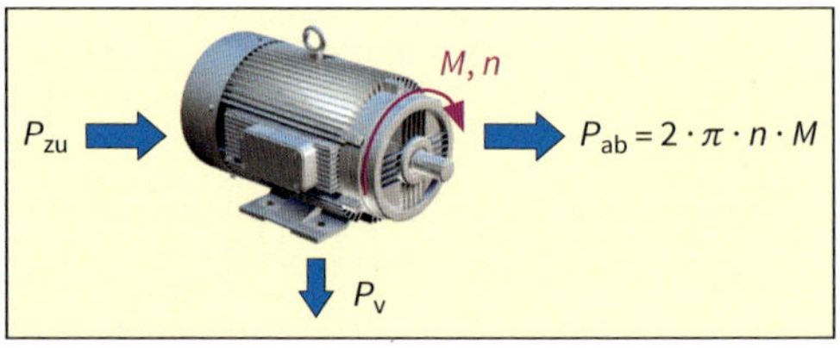

Abb. 4: Leistung und Drehmoment

Leistung und Drehmoment

Mechanische Leistung

$$P_{ab} = 2 \cdot \pi \cdot n \cdot M$$

Drehmoment

$$M = \frac{P_{ab}}{2 \cdot \pi \cdot n}$$

Drehmoment allgemein

$$M = F \cdot l$$

Winkelgeschwindigkeit

$$\omega = 2 \cdot \pi \cdot n$$

P_{ab}: mechanische Leistung in W
M: Drehmoment in Nm
n: Drehzahl (Läuferdrehzahl) in 1/s
l: Länge des Hebelarms in m

Bemessungsleistung P_N: Abgegebene mechanische Leistung bei Bemessungsdrehzahl n_N und Bemessungsstrom I_N.

1.3.3 Betrieb eines Motors mit Last

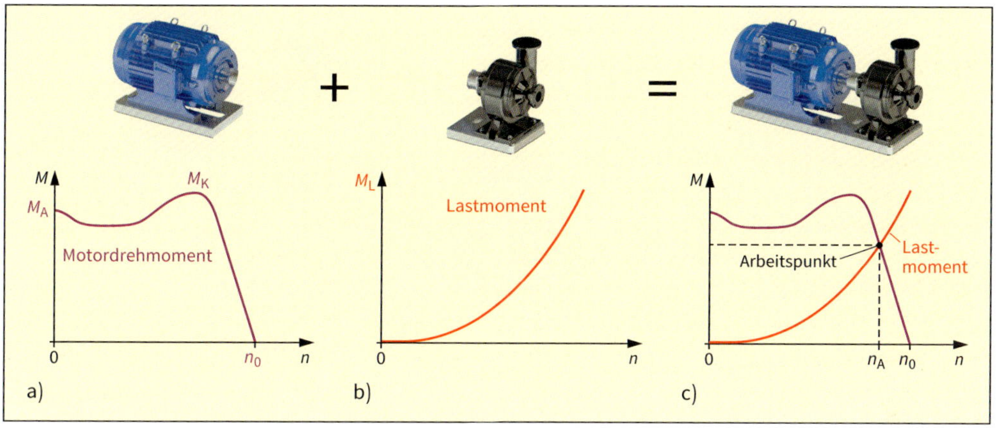

Abb. 1: Arbeitspunkt eines Motors mit Last

Die Drehzahl eines Motors hängt von der Belastung ab. Das erforderliche Drehmoment zum Betrieb einer Arbeitsmaschine wird in einer **Lastkennlinie** dargestellt. Abb. 1a zeigt die Drehmomentkennlinie eines Motors. Abb. 1 b zeigt die Lastkennlinie einer Zentrifugalpumpe. Legt man beide Kennlinien übereinander, so erhält man den **Arbeitspunkt** des Motors mit Last (Abb. 1c).

Dort kann man die Drehzahl n_A des Motors im Arbeitspunkt ablesen. Idealerweise sollte die erreichte Drehzahl der Bemessungsdrehzahl n_n des Motors entsprechen.

Die **Lastkennlinien** unterscheiden sich stark, je nachdem welche **Art von Arbeitsmaschine** angetrieben werden soll.

Abb. 2 zeigt zwei Beispiele für typische Lastkennlinien. Das höhere Anlaufmoment in Abb. 2b entsteht durch die höhere Haftreibung der Lager beim Stillstand der Arbeitsmaschine.

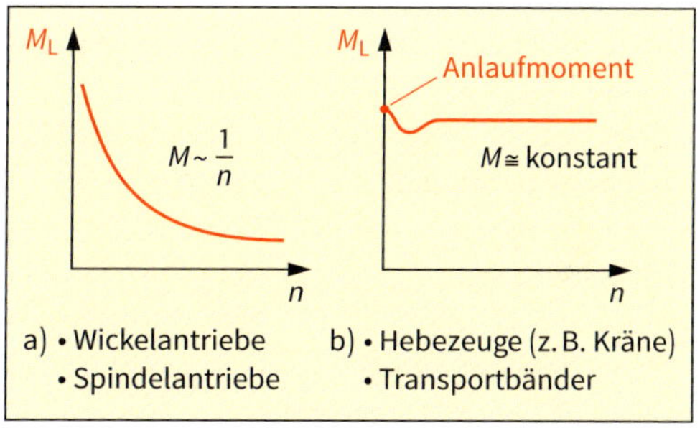

Abb. 2: Typische Lastkennlinien verschiedener Anwendungen

Anlaufprobleme

Der gewünschte Arbeitspunkt kann nur erreicht werden, wenn das Motormoment während des ganzen Anlaufvorgangs größer als das Lastmoment ist.

Abb. 3 zeigt die Kennline eines Motors, der ein Transportband antreiben soll. Der Motor hat ein stark ausgeprägtes **Sattelmoment M_S**.

Dies führt dazu, dass der Motor nicht bis zum Arbeitspunkt hochlaufen kann. Er beibt bei der **Schleichdrehzahl n_{Schl}** „hängen"!

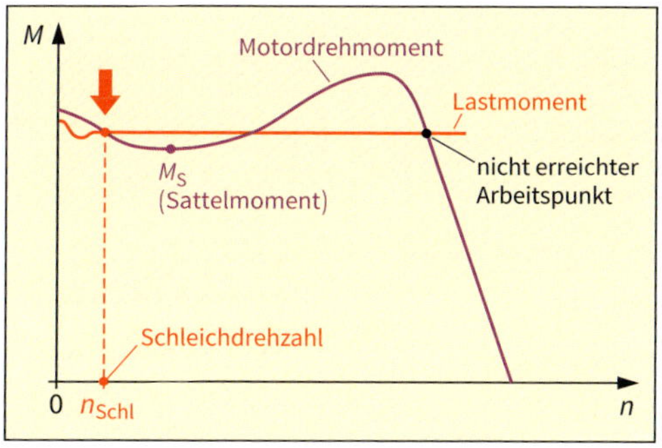

Abb. 3: Anlaufproblem durch zu kleines Motormoment

Ein Motor kann nur bis zur Nenndrehzahl hochlaufen, wenn die Motorkennlinie über der Lastkennlinie liegt und die Kennlinien sich vor dem Erreichen der Nenndrehzahl nicht schneiden.

1.3.4 Verluste und Wirkungsgrad

Genau wie beim Transformator werden in Elektromotoren Eisenbleche verwendet, um die magnetische Wirkung der Motorwicklungen zu verstärken. Die in Kap. 1.2.4 erläuterten Verlustarten (Kupferverluste und Eisenverluste) sind daher identisch. Hinzu kommen noch Verluste, die durch Reibung in Lagern oder durch den Antrieb des Ventilators entstehen (Abb. 1).

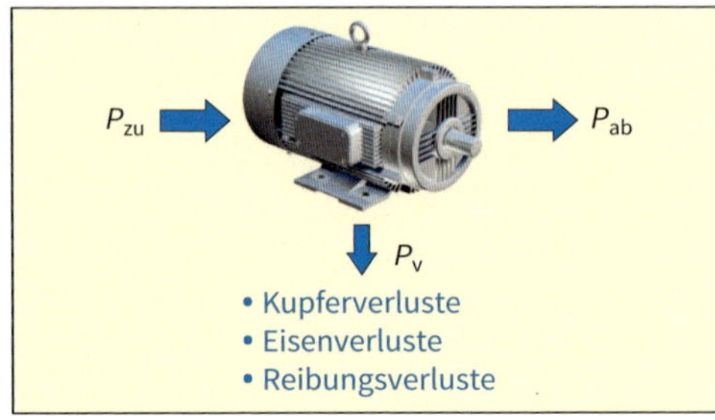

Abb. 1: Verluste am Elektromotor

Die Größe der **Verlustleistung P_V** lässt sich ermitteln, indem man die auf dem Leistungsschild angegebene Bemessungsleistung mit der elektrisch zugeführten Leistung vergleicht. Es gilt:

$$P_v = P_{zu} - P_{ab} = P_{elektrisch} - P_{mechanisch}$$

Die elektrische Leistung kann man anhand des Leistungsschilds des Motors durch die bekannten Formeln mit Spannung und Stromstärke berechnen.

> Der Wirkungsgrad ist im Teillastbetrieb meist schlechter als im Bemessungsbetrieb!

Der Wirkungsgrad kann dann mit $\eta = \frac{P_{ab}}{P_{zu}}$ berechnet werden. Gute Elektromotoren erreichen einen Wirkungsgrad von über 90 %. Dieser Wert gilt jedoch nur für den Bemessungsbetrieb (Bemessungsleistung P_N bei Bemessungsdrehzahl n_N). Bei Teillast ist der Wirkungsgrad meist schlechter.

Motoren werden nach ihrem Wirkungsgrad in **Effizienzklassen** (**IE: International Efficiency**) eingeteilt.

Die Anforderungen in der EU werden ständig verschärft. Seit Juli 2023 müssen viele Motoren über 0,75 kW je nach Leistung mindestens die Klasse IE3 oder IE4 erreichen (Abb. 2).

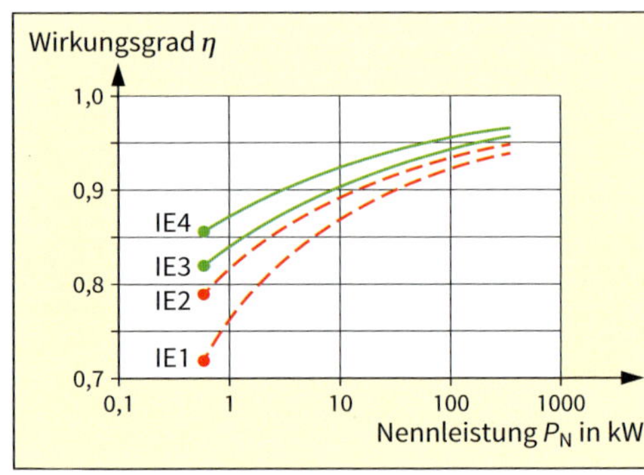

Abb. 2: Wirkungsgrade 4-poliger Drehstrommotoren

z.B. Ermitteln sie die Verlustleistung und den Wirkungsgrad des Motors anhand des Leistungschildes.

$P_{zu} = P_{elektrisch} = \sqrt{3} \cdot U \cdot I \cdot \cos\varphi = \sqrt{3} \cdot 400\ V \cdot 20\ A \cdot 0{,}8 = 11085\ W$

$P_{ab} = 10\ kW = 10000\ W$

$P_V = P_{zu} - P_{ab} = 11085\ W - 10000\ W = \mathbf{1085\ W}$

$$\eta = \frac{P_{ab}}{P_{zu}} = \frac{10000\ W}{11085\ W} = 0{,}902 = \mathbf{90{,}2\ \%}$$

3~ Motor		Δ 400 V
10 kW	20 A	$\cos\varphi = 0{,}8$
$1450\ \frac{1}{min}$		IP54

Gesamtwirkungsgrad

Wird eine Arbeitsmaschine an einen Motor angeschlossen, so multiplizieren sich die einzelnen Wirkungsgrade zum Gesamtwirkungsgrad:

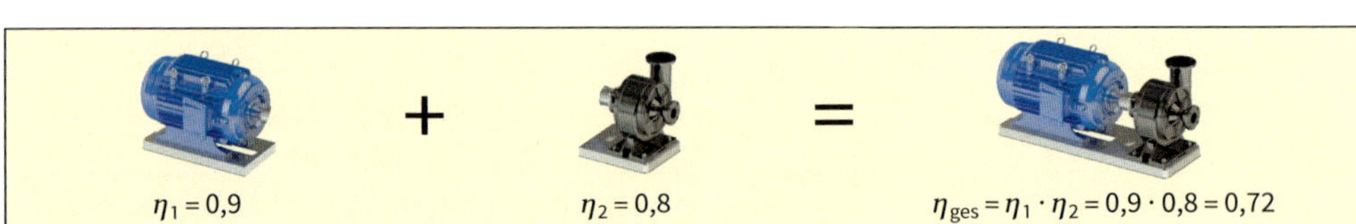

Abb. 3: Ermittlung des Gesamtwirkungsgrades

1.3.5 Bauformen und Baugrößen

Motoren werden anhand von genormten Bauformen und Baugrößen unterschieden.

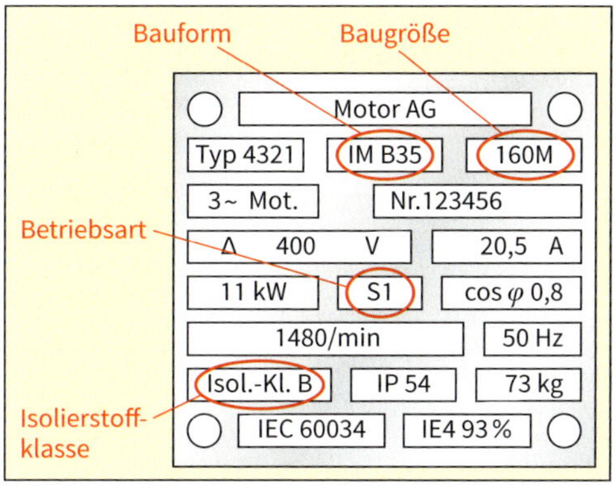

Abb. 1: Leistungsschild eines Motors

Die **Bauform** legt folgende Eigenschaften fest:

- Betriebslage (waagerecht oder senkrecht)
- Befestigungsart (z. B. mit oder ohne Füße)
- Lageranordnung (z. B. Schildlager oder Stehlager)
- Art der Motorwelle (z. B. offenes Wellenende oder ohne Welle)

Nach DIN EN 60034-7 existieren für die Bauform zwei Arten der Kennzeichnung (**IM-Codes** = International Mounting Codes):

- Code I: Alphanumerischer Code (Buchstaben und Zahlen, z. B. IMB5), nur für einfache Bauformen verfügbar.
- Code II: Reine Nummernfolge für (z. B. IM3001). Für alle Bauformen geeignet.

Beispiel Code I

IM B35
- Welle waagerecht
- Fußanbau
- Flanschanbau
- 2 Schildlager

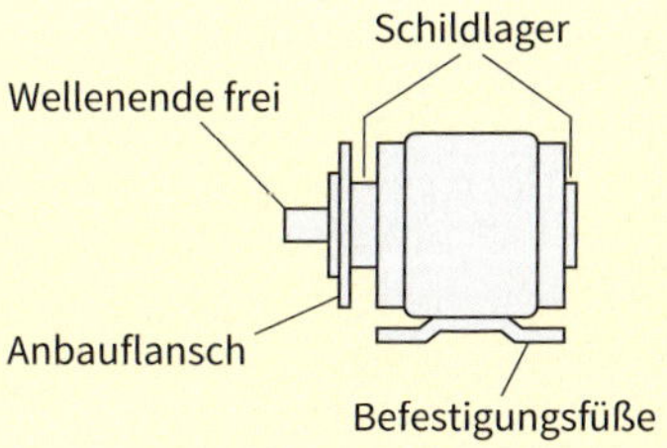

Beispiel Code II

IM 6010
- Welle waagerecht, mit Grundplatte
- 2 Schildlager
- 1 Stehlager

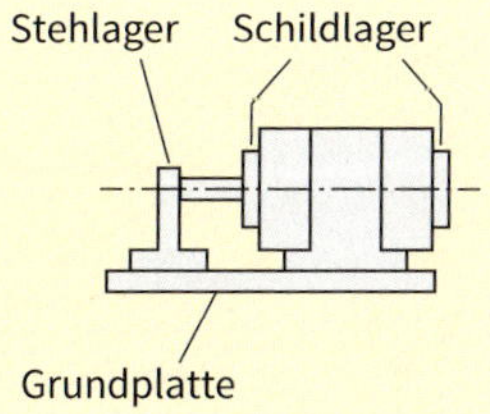

Durch die **Baugröße** werden die Gehäuseabmessungen festgelegt.

Hier eine Beispieltabelle für Standard-Baugrößen von Drehstrom-Asynchronmotoren mit Füßen (DIN EN 50374). Die Zahl in der Baugröße gibt immer die Achshöhe *H* an (Höhe der Welle).

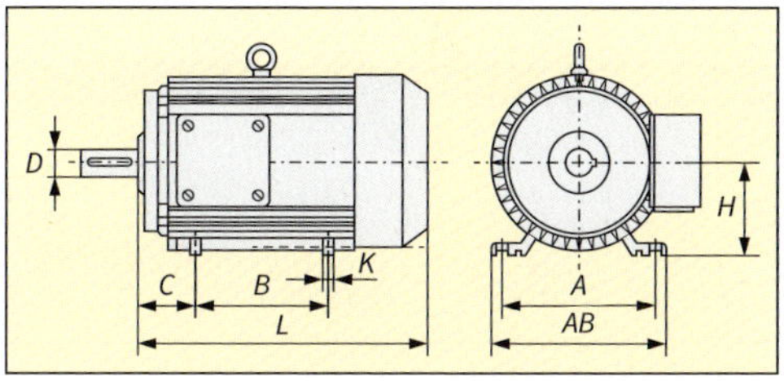

Baugröße	*A* [mm]	*AB* [mm]	*H* [mm]	*B* [mm]	*C* [mm]	*D* [mm]	*L* [mm]	*K* [mm]
90S	140	175	90	100	56	24	286	10
90L	140	175	90	125	56	24	298	10
132S	216	262	132	140	89	38	406	12
132M	216	262	132	178	89	38	440	12
160M	254	320	160	210	108	42	542	14,5
160L	254	320	160	254	108	42	562	14,5

S (short): kurze Baugröße M (medium): mittlere Baugröße L (large): lange Baugröße

Normmotoren:

Bei gleicher Bauform und gleicher Baugröße können Motoren verschiedener Hersteller gegeneinander ausgetauscht werden (siehe Normtabelle in Kap. 1.11).

1.3.6 Betriebsarten

Elektromotoren dürfen im Betrieb nicht zu heiß werden. Nicht alle Motoren sind für Dauerbetrieb ausgelegt. Motoren, die nur für Kurzzeitbetrieb ausgelegt sind, überhitzen bei Dauerbetrieb. Nach DIN EN 60034-1 (VDE 0530-1) sind die Betriebsarten S1 bis S10 definiert:

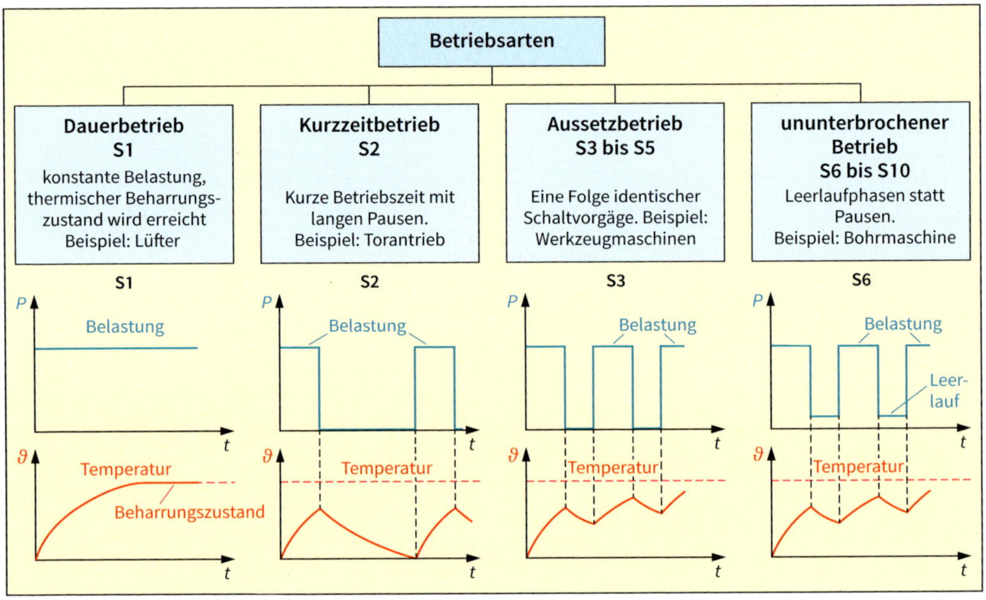

Für die Betriebsarten S3-S5 (Aussetzbetrieb) ist die **Einschaltdauer *ED*** (relative Einschaltdauer) als Verhältnis von Betriebszeit zu Spieldauer definiert. Sie wird auf dem Leistungsschild als Prozentwert angegeben, z. B. S3 40 %.

Einschaltdauer *ED* in %

$$ED = \frac{\Delta t_p}{T_c} \cdot 100\,\%$$

Δt_p: Betriebszeit T_c: Spieldauer

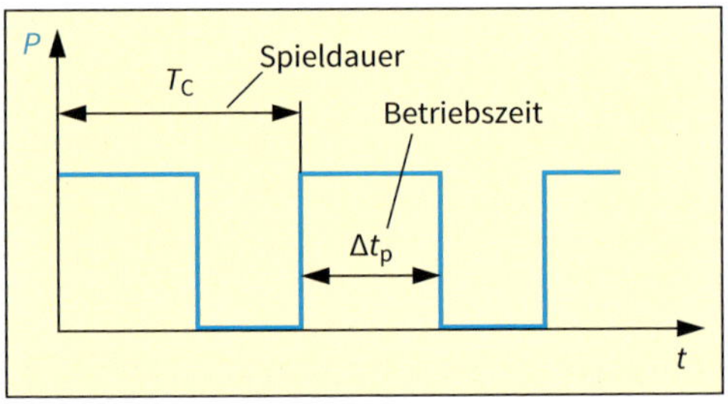

Abb. 1: Spieldauer und Betriebszeit

Ein Wert von $ED = 50\,\%$ bedeutet z. B., dass Betriebszeit und Pause gleich lang sind.

Umrechnung der Einschaltdauer im Aussetzbetrieb

Motoren der Betriebsart S3-S5 können bei reduzierter Last auch mit längerer Einschaltdauer *ED* genutzt werden. Die neue Leistung wird wie folgt berechnet:

Leistung bei längerer Einschaltdauer

$$P_2 = P_1 \cdot \sqrt{\frac{ED_1}{ED_2}}$$

P_1: Leistung bei kurzer Einschaltdauer
P_2: Leistung bei längerer Einschaltdauer
ED_1: kurze Einschaltdauer
ED_2: längere Einschaltdauer

z. B. Ein 10 kW-Motor mit der Betriebsart S3 40 % soll bei 60 % Einschaltdauer genutzt werden. Mit welcher Leistung darf er betrieben werden?

Lösung:

$$P_2 = P_1 \cdot \sqrt{\frac{ED_1}{ED_2}} = 10\text{ kW} \cdot \sqrt{\frac{40\,\%}{60\,\%}} = 8{,}16\text{ kW}$$

1.3.7 Kühlung und Isolierstoffklassen

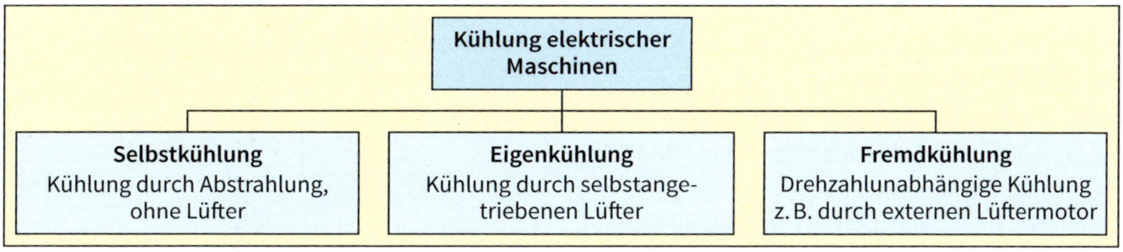

Kühlung

Die Eigenkühlung ist die häufigste Kühlungsart. Diese wird meist als **Oberflächenkühlung** realisiert. Der Lüfter leitet dabei die Luft über die Kühlrippen des Motors (Abb. 1). Dies hat den Vorteil, dass das Motorgehäuse geschlossen ist und eine hohe IP-Schutzart ermöglicht (üblich ist IP55). Im Gegensatz dazu sind bei der **Innenkühlung** Öffnungen im Motor nötig, damit die Luft durch das Motorgehäuse strömen kann (Abb. 3).

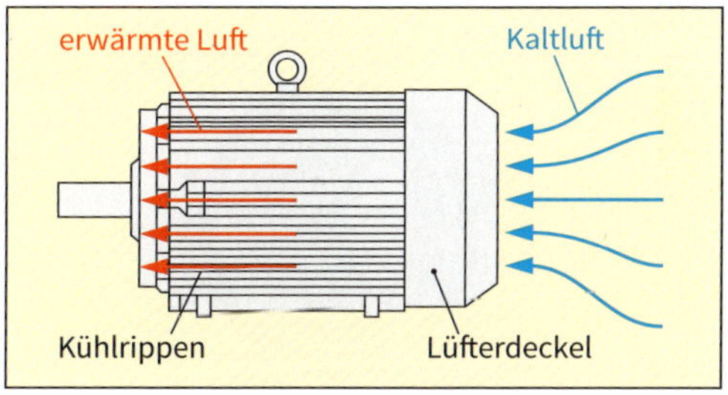

Abb. 1: Oberflächenkühlung

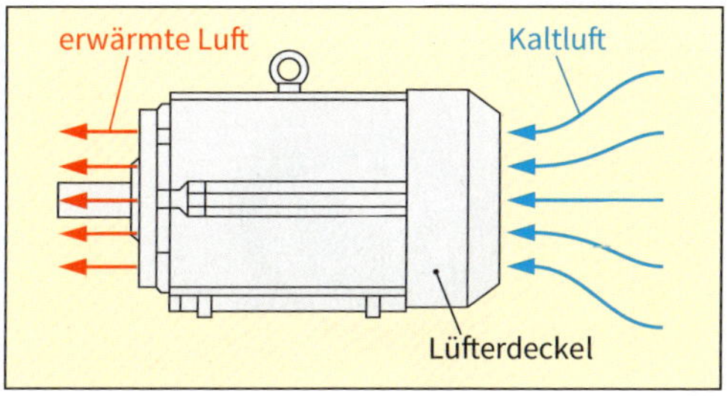

Abb. 2: Innenkühlung

Der **IC-Code** (International Cooling; DIN EN 60034-6, VDE 0530-6) unterscheidet die Kühlarten nach Kriterien wie Kühlmittelart und Kühlkreisanordnung.
Beispiele:
IC410: Selbstkühlung ohne Lüfter
IC411: Eigenkühlung mit Lüfter außen (Abb. 1)

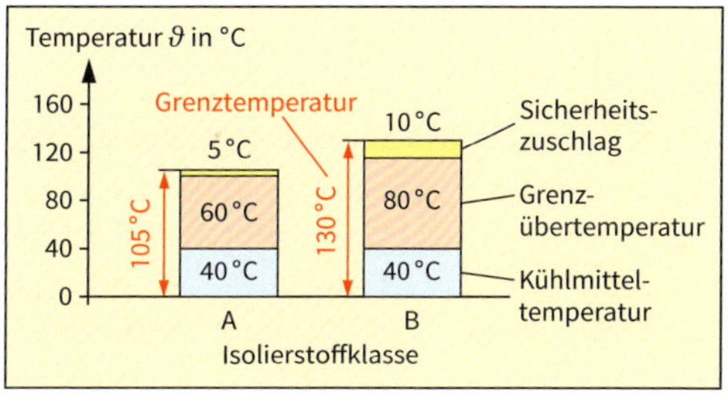

Abb. 3: Ermittlung der Grenztemperatur nach VDE 0530-1

Isolierstoffklassen

Die Isolation der Motorwicklungen darf nur bis zu einer bestimmten **Grenztemperatur** belastet werden.
Höhere Temperaturen würden die Isolation beschädigen und einen Kurzschluss oder Wicklungsschluss verursachen. Nach DIN VDE 0530-1 wird 40° als Raumtemperatur (= Temperatur der Luft als Kühlmittel) angenommen. Die zulässige Temperaturzunahme wird als **Grenzübertemperatur** bezeichnet (Abb. 3)

Isolierstoffklassen (Thermische Klassen nach DIN EN 60085)		
Klasse	**Grenztemperatur**	**Beispiele für Isolierstoffe**
Y	90 °C	Baumwolle, Seide, Papier, PVC
A	105 °C	Baumwolle, Seide, PA, Textilien
E	120 °C	PC-Folie, PTA-Folie, vernetzte PE-Harze, Drahtlacke
B	130 °C	Glasfaser, Drahtlacke
F	155 °C	Glasfaser, cellulosefreie Verbundstoffe
H	180 °C	Glasfaser
N	200 °C	Porzellan, Glas, Quarz

1.4 Drehstrommotoren

1.4.1 Funktionsprinzip eines Drehstrommotors (Drehfeldmotor)

Drei um 120° versetzte Spulen (**Strangwicklungen**) im Ständer werden an Drehstrom angeschlossen.

Sie erzeugen ein drehendes Magnetfeld (**Drehfeld**), das auf den Läufer wirkt (Abb. 1).

Wenn der Läufer ebenfalls ein Magnetfeld erzeugt, entsteht durch die Kraftwirkung der Magnetfelder ein Drehmoment, das auf den Läufer wirkt.

Reale Drehfeldmotoren sind etwas kompakter als in Abb. 1 aufgebaut. Meist werden die Strangwicklungen noch unterteilt und **in Nuten im Ständerblechpaket** eingelegt (Abb. 2 und Abb. 3). Das Funktionsprinzip bleibt jedoch unverändert.

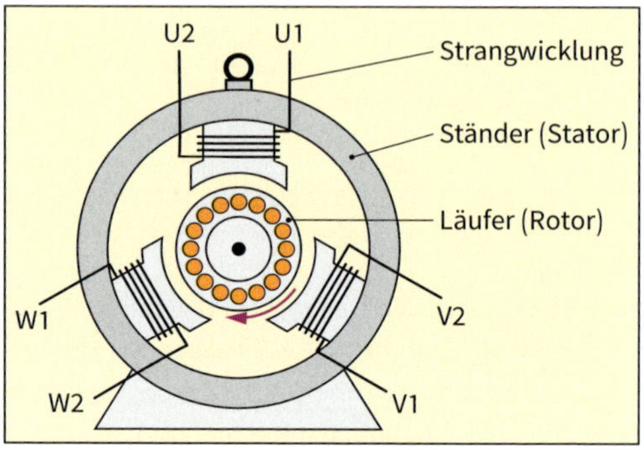

Abb. 1: Funktionsprinzip Drehstrommotor

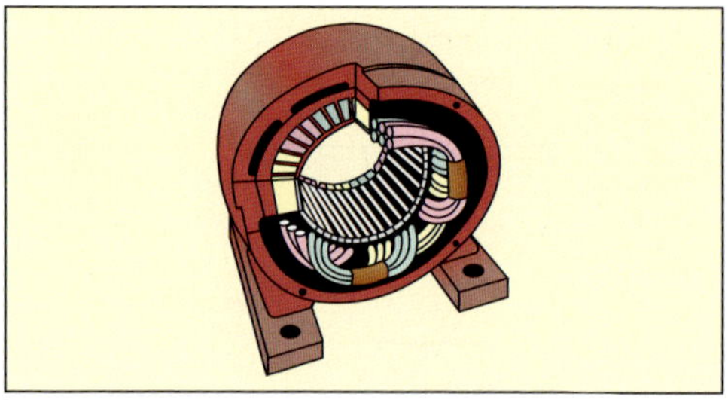

Abb. 2: Wicklungsaufteilung im Ständer

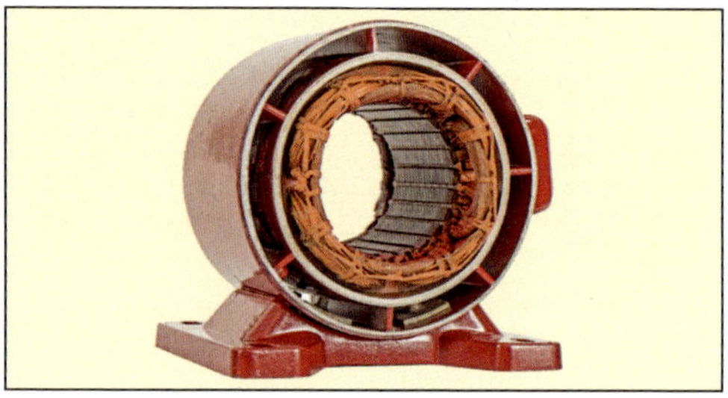

Abb. 3: Ständer eines Drehstrommotors

Drehfeld

- Ein Drehfeld ist ein sich um die **eigene Achse** drehendes Magnetfeld.
- Es entsteht durch die Überlagerung der Magnetfelder der Ständerwicklungen.
- Die **Drehfelddrehzahl** hängt von der Aufteilung der Wicklungen (**Polpaarzahl** p) und der Netzfrequenz f ab.

Abb. 4 zeigt ein Beispiel zum Drehfeld: Drei Ständerwicklungen ergeben ein Drehfeld mit einem Nord- und Südpol (Polpaarzahl $p = 1$). Die Richtungsänderung der Ströme im Ständer erzeugt ein Magnetfeld, das sich während einer Halbperiode um 180° dreht.

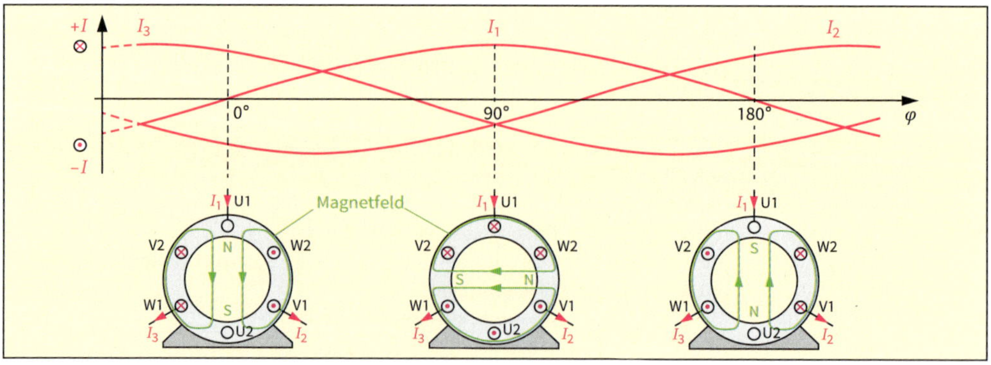

Abb. 4: Stromrichtungen im Ständer und Richtung des Magnetfeldes

Werden statt drei nun sechs Ständerwicklungen eingesetzt, verdoppelt sich die Anzahl der Nord- und Südpole (Polpaarzahl $p = 2$). Das Drehfeld dreht dann nur noch halb so schnell (Abb. 1).

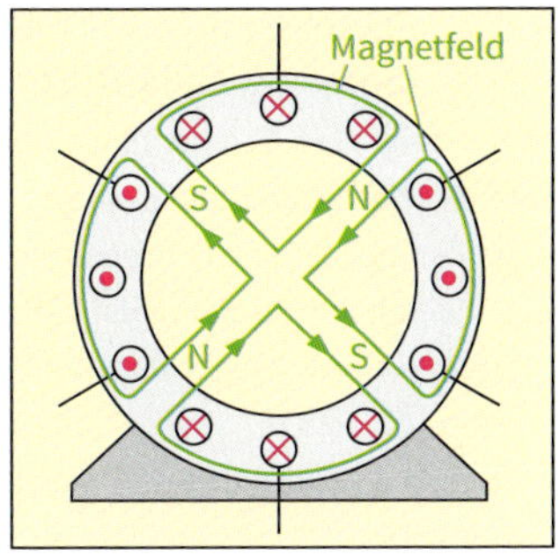

Abb. 1: Drehfeld bei $p = 2$

Drehfelddrehzahl

Drehfelddrehzahl in 1/s

$$n_s = \frac{f}{p}$$

Drehfelddrehzahl in 1/min

$$n_s = \frac{f}{p} \cdot 60$$

n_s: Drehfelddrehzahl (synchrone Drehzahl)
f: Netzfrequenz
p: Polpaarzahl

Drehzahlen des Drehfeldes bei $f = 50$ Hz

p	n_s in 1/min
1	3000
2	1500
3	1000
4	750

Die Drehzahl eines Drehfeldes hängt nur von der Poolpaarzahl und der Netzfrequenz ab!

Drehrichtung des Drehstrommotors

Rechtslauf: Im Uhrzeigersinn beim Blick auf die Antriebswelle.

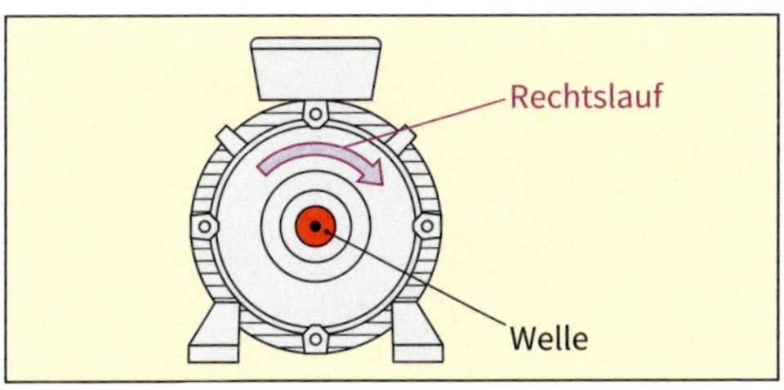

Anschluss am Klemmbrett: Richtungsänderung durch Vertauschen zweier Außenleiter.

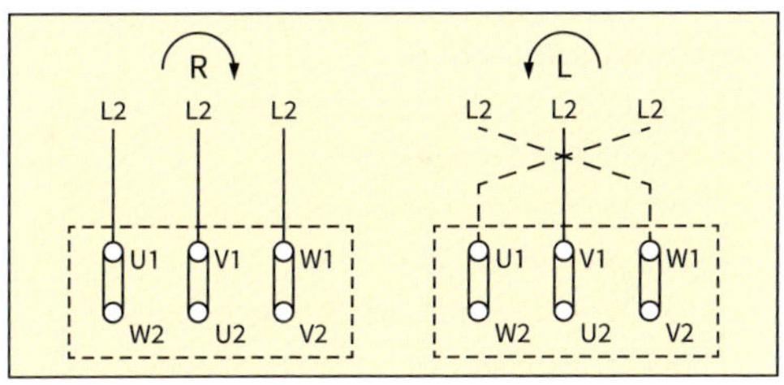

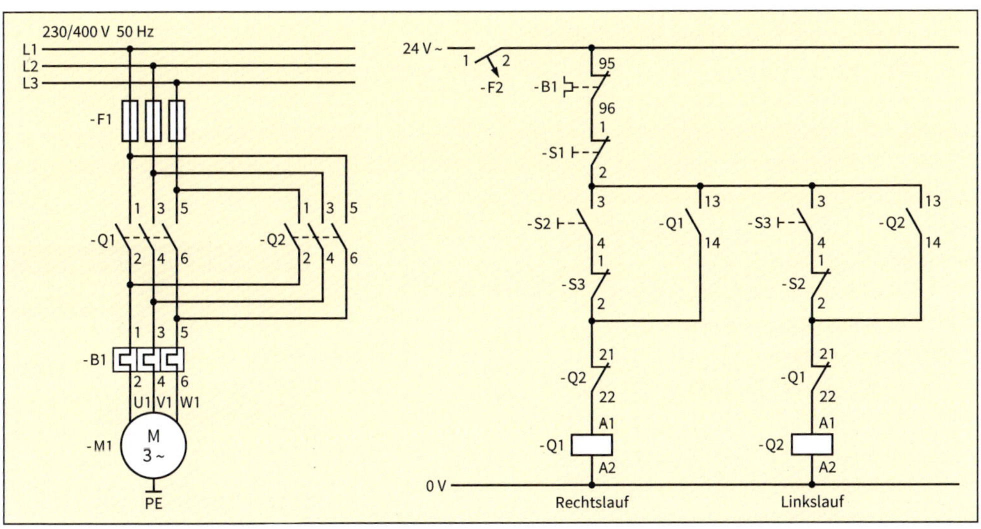

Abb. 2: Wendeschützschaltung zur Drehrichtungsumkehr

1.4.2 Asynchronmotor mit Kurzschlussläufer (Käfigläufermotor)

Abb. 1 zeigt den Schnitt eines Kurzschlussläufermotors. Der Kurzschlussläufermotor

- ist der meistgenutzte Drehstrommotor,
- verwendet als Läufer einen Käfig aus Metallstäben, der wie eine kurzgeschlossene Wicklung wirkt (Abb. 2),
- nutzt das Prinzip der Induktion (**Induktionsmotor**),
- hat eine Läuferdrehzahl, die immer kleiner ist als die Drehfelddrehzahl (**Schlupf**).

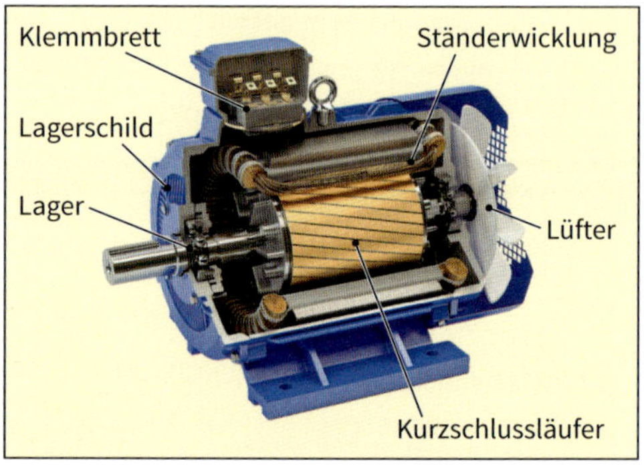

Abb. 1: Kurzschlussläufermotor

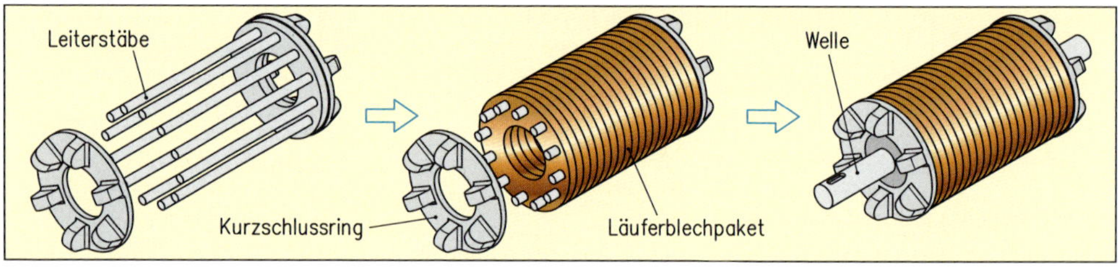

Abb. 2: Prinzipieller Aufbau eines Kurzschlussläufers (Käfigläufer)

Funktionsprinzip (Abb. 3)

- Der Stromfluss in den Strangwicklungen erzeugt ein Magnetfeld (Drehfeld).
- Das Magnetfeld erzeugt im Läufer eine Spannung durch Induktion.
- In der Läuferwicklung entsteht ein Strom, der wiederum ein zweites Magnetfeld erzeugt.
- Beide Magnetfelder wirken aufeinander (Kraftwirkung zwischen den Feldern) und ein Drehmoment entsteht.

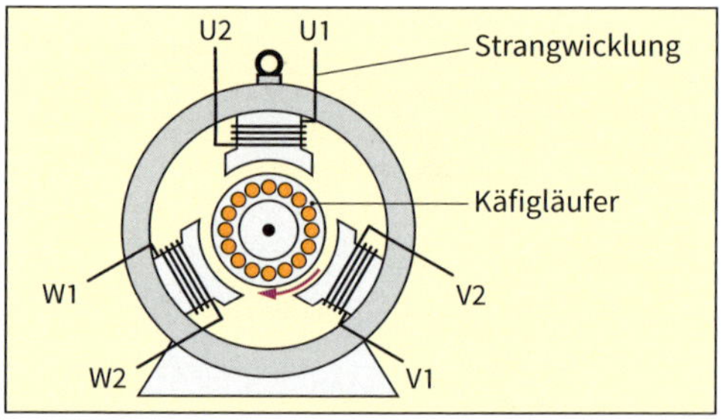

Abb. 3: Aufbau des Kurzschlussläufermotors

Durch den Anschluss der Ständerwicklungen an phasenverschobene Spannungen (Drehstrom) wirkt ein Drehfeld auf den Läufer. Dadurch entsteht eine gleichmäßige Drehbewegung. Die Läuferdrehzahl ist jedoch immer kleiner als die Drehfelddrehzahl – der Motor läuft also **asynchron** zum Drehfeld.

Schlupf *s*

- Schlupf *s* bezeichnet die Differenz zwischen Läuferdrehzahl (= Motordrehzahl) und Drehfelddrehzahl in Prozent.
- Der Schlupf ist erforderlich, damit Induktion im Läufer stattfinden kann.
- Er beträgt bei Asynchronmotoren ca. 3 % bis 6 %.

Würde der Läufer die gleiche Drehzahl des Drehfeldes erreichen, dann würde keine Spannung im Läufer induziert. Im Läufer würde kein Strom fließen, um das Läufermagnetfeld zu erzeugen und es gäbe kein Drehmoment.

Schlupf *s* und Läuferdrehzahl *n*

Schlupf *s* in %:

$$s = \frac{n_s - n}{n_s} \cdot 100\,\%$$

Läuferdrehzahl *n*:

$$n = n_s - \frac{s \cdot n_s}{100\,\%}$$

n: Läuferdrehzahl
n_s: Drehfelddrehzahl

Die **Läuferdrehzahl** ***n*** ist daher immer kleiner als die Drehfelddrehzahl n_s, Die beiden Drehzahlen verhalten sich also asynchron.
Die Differenz wird als **Schlupfdrehzahl** $\boldsymbol{\Delta n}$ bezeichnet. Der Schlupf *s* gibt den Wert in Prozent der Drehfelddrehzal an.
Durch den Schlupf ist die Bemessungsdrehzahl (Läuferdrehzahl) eines Asynchronmotors immer etwas kleiner als die durch die Polpaarzahl berechnete Drehfelddrehzahl (z. B. n = 1470 U/min statt 1500 U/min). Die Drehfelddrehzahl n_s wird auch als synchrone Drehzahl bezeichnet.

Schlupfdrehzahl $\boldsymbol{\Delta n}$

$$\Delta n = n_s - n$$

n: Läuferdrehzahl
n_s: Drehfelddrehzahl (synchrone Drehzahl)

Bauformen von Asynchronmotoren

Die Eigenschaften eines Asynchronmotors hängen im Wesentlichen von der **Bauart des Läufers** ab. Wünschenswert ist ein hohes Anlaufmoment bei kleinem Anlaufstrom.

Abb. 1 zeigt die Anlaufkennlinien für verschiedene Läufervarianten. Der Unterschied zwischen Anlaufmoment und Kippmoment ist verschieden stark ausgeprägt. Ein Sattelmoment (Kap. 1.3.3) ist bei Hochnutläufer und Tiefnutläufer nicht mehr erkennbar.

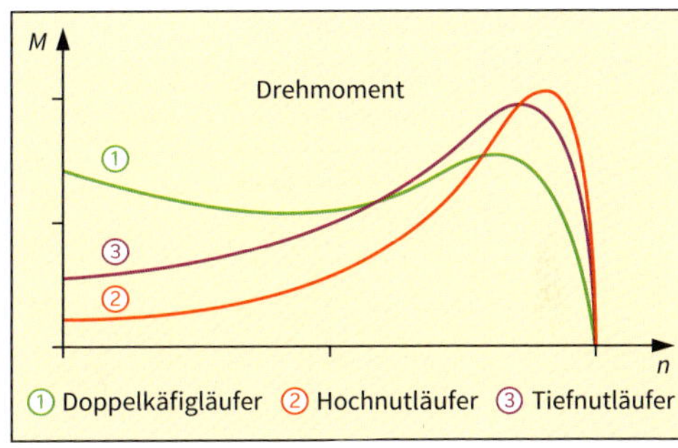

Abb. 1: Hochlaufkennlinien verschiedener Läufer im Vergleich

1.4.3 Anlassverfahren

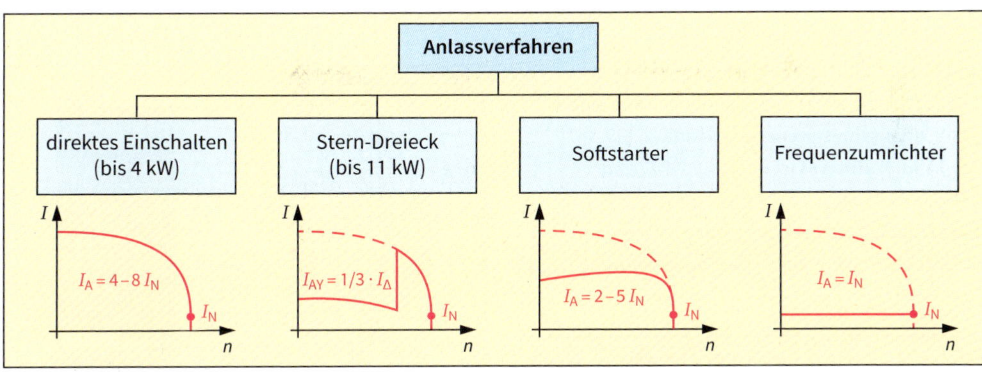

Abb. 2: Anlassverfahren und Stromverläufe

Der Anlaufstrom eines Motors kann bis zum Zehnfachen des Bemessungsstroms betragen. Üblich sind **Anlaufströme von 4 – 8 ·** $\boldsymbol{I_N}$.

Da hohe Einschaltströme das Netz belasten, ist direktes Einschalten von Motoren nach den technischen Anschlussbedingungen der Netzbetreiber (TAB, VDE-AR-N 4001) nur zulässig bis zu einem Anlaufstrom von

- $I_A \leq 60$ A bei gelegentlichem Anlauf (maximal 2 Anläufe pro Tag) und
- $I_A \leq 30$ A bei häufigem Anlauf (mehr als 2 Anläufe pro Tag).

Daher ist bei Drehstrommotoren ab einer Leistung von $P_{ab} = 4$ kW meist ein besonderes Anlassverfahren erforderlich. Durch Anlauf mit verringerter Spannung reduziert sich der **Anlaufstrom**. Der Nachteil ist, dass sich auch das **Anlaufmoment** stark verringert ($\boldsymbol{M \sim U^2}$).

Stern-Dreieck-Anlauf

- Anlauf in Sternschaltung mit reduzierter Wicklungsspannung: $U_Y = 0{,}58 \cdot U_\Delta \rightarrow$ (230 V statt 400 V), dann Umschalten auf Dreieck.
- Anlaufstrom und Anlaufmoment werden **auf ein Drittel reduziert**:
  $I_{AY} = {}^1/_3 \cdot I_{A\Delta}$
  $M_{AY} = {}^1/_3 \cdot M_{A\Delta}$
- Umschaltung auf Dreieck bei ca. 80 – 90 % der Nenndrehzahl.
- Im Umschaltaugenblick sprunghafter Stromanstieg (**Stromspitze**) und starke **mechanische Belastung**.
- Gut geeignet für Pumpen und Lüfter.
- Achtung: bei Schaltung nach Abb. 1 (Normalanlauf) muss der Auslösestrom des Motorschutzes angepasst werden $I = 0{,}58\ I_N$.

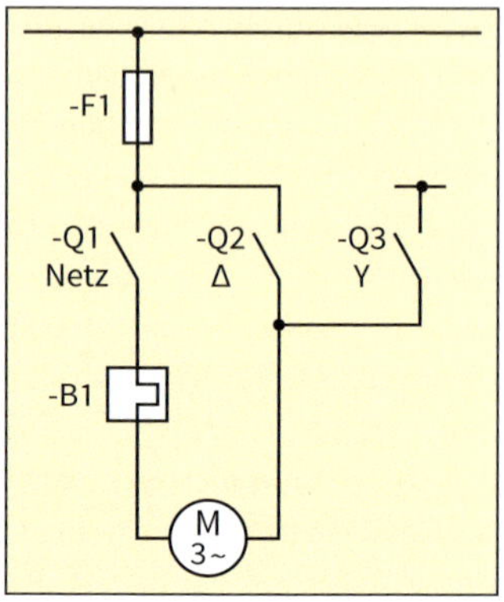

Abb. 1: Stern-Dreieck-Schaltung, einpolige Darstellung

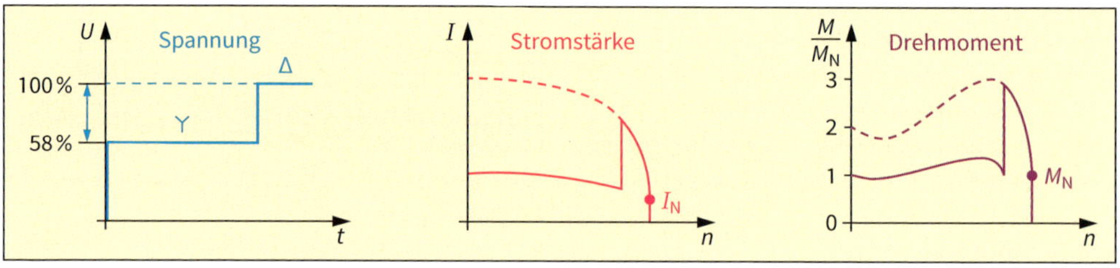

Abb. 2: Kennlinien bei Stern-Dreieck-Anlauf (gestrichelte Linien zeigen Direktanlauf zum Vergleich)

Sanftstarter (Sanftanlaufgerät, Softstarter)

- Reduziert die Wicklungsspannung durch eine **Phasenanschnittsteuerung** (siehe LF 6).
- **Stoßfreier Motorstart** mit $I_A = 2 - 5\ I_N$ und $M_A = 0{,}15 - 1\ M_N$
- Die Anlaufstromstärke und das Startmoment werden durch Einstellen der **Startspannung U_{Start}** gesteuert.

Die **Startspannung** lässt sich berechnen, wenn das gewünschte Startmoment M_{Start} und das Anlaufmoment M_A des Motors bekannt sind:

$$U_{Start} = U_N \sqrt{\frac{M_{Start}}{M_A}}$$

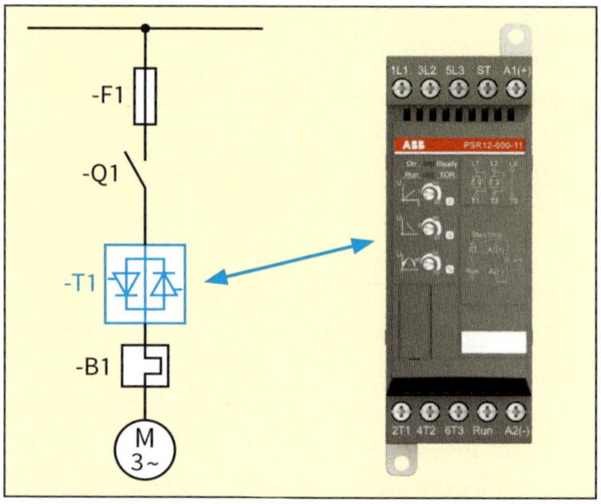

Abb. 3: Sanftstarter: Schaltzeichen und Gerät (ABB)

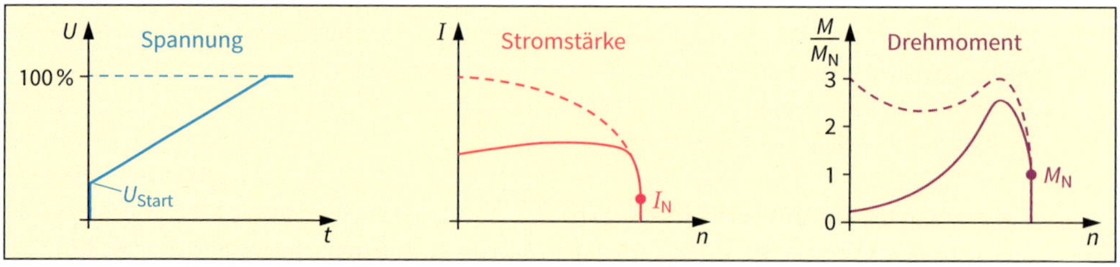

Abb. 4: Kennlinien eines Sanftstarters

Anschlussarten des Sanftstarters

Reihenschaltung (Direct Online, DOL)	Wurzel-3-Schaltung (Delta-Schaltung)
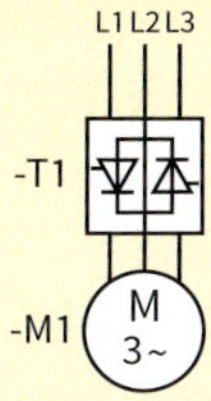	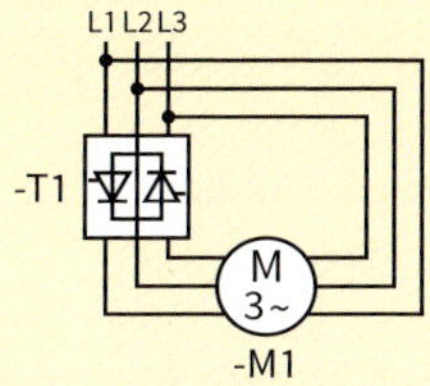
• Standardanschluss • Bemessungsstrom des Softstarters muss größer oder gleich Motornennstrom I_n sein.	• Kleinrer Softstarter ausreichend, da der Bemessungsstrom nur 0,58 · I_n ist (wie bei Stern-Dreieckschaltung).

Einstellparameter am Softstarter

- Rampenzeit für den Start ①
  Sollte nicht zu lang gewählt werden, um unnötige Erwärmung des Motors zu vermeiden.
- Rampenzeit für den Auslauf ②
  Nur einstellen, falls sanfter Auslauf gewünscht wird. Der Wert 0 bedeutet freies Auslaufen des Motors.
- Anfangsspannung U_{Start} ③
  Regelt das Anlaufmoment des Motors (da $M \sim U^2$). Motor läuft nicht an, wenn U_{Start} zu klein gewählt ist.

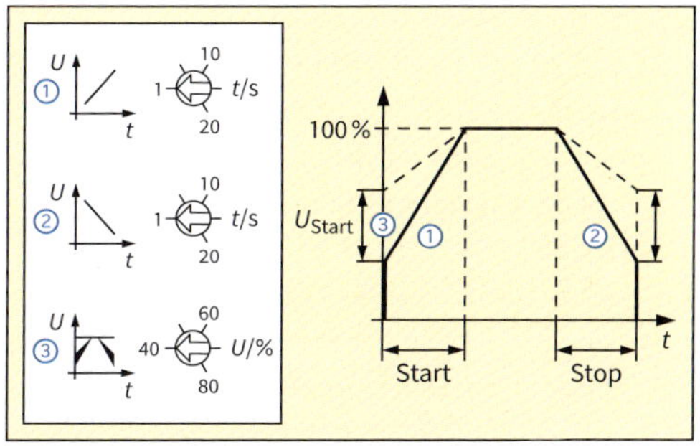

Abb. 1: Einstellparameter eines Sanftstarters

Frequenzumrichter

- Er steuert zusätzlich zur Spannung auch die Frequenz.
- Das **Verhältnis *U* zu *f*** wird konstant gehalten.
- Eine stufenlose Drehzahlsteuerung und Drehrichtungsumkehr ist möglich.
- Durch höhere Spannung beim Anlauf (**Boostspannung U_{Boost}**) wird der ohmsche Widerstand der Wicklung kompensiert und ein höheres Drehmoment erreicht.
- Integrierter Motorschutz.
- Geschirmte Leitungen wegen EMV erforderlich.
- Betrieb über Bemessungsdrehzahl möglich.

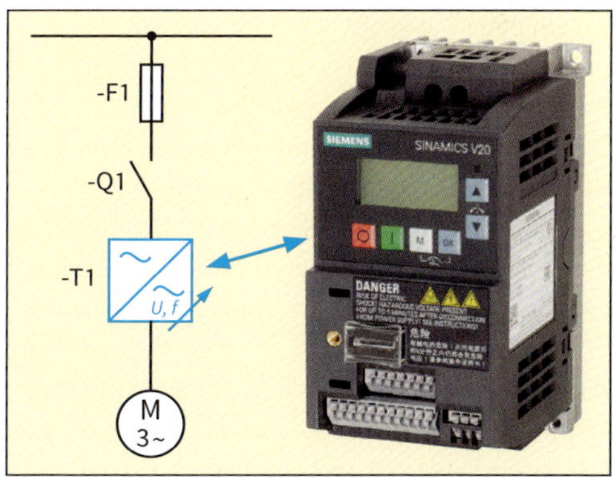

Abb. 2: Frequenzumrichter: Schaltzeichen und Gerät

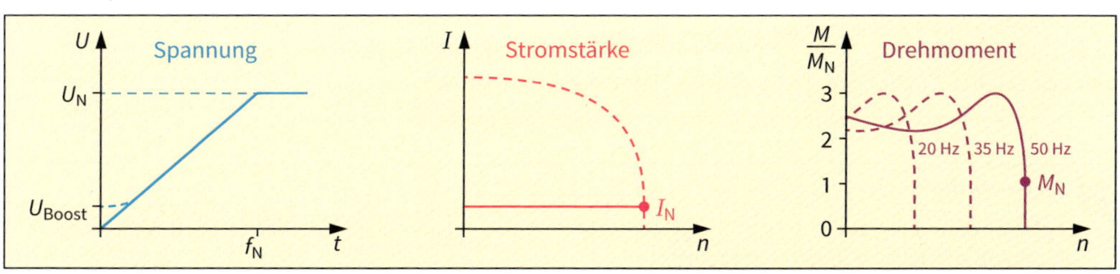

Abb. 3: Kennlinien eines Frequenzumrichters

Weit verbreitet sind Frequenzumrichter mit **Gleichspannungszwischenkreis (U-Umrichter)** (Abb. 1).

Funktionsweise

- Der Gleichrichter erzeugt eine Gleichspannung, die im **Zwischenkreiskondensator** geglättet und gespeichert wird.
- Der Wechselrichter erzeugt eine Wechselspannung mit anderer Frequenz nach dem Prinzip der **Pulsweitenmodulation** (**PWM,** Abb. 2).
- Der **Bremschopper** ist ein Widerstand, der im Falle des Bremsbetriebs die vom Motor rückgespeiste Energie in Wärme umwandelt, damit die Zwischenkreisspannung nicht zu hoch wird.
- Der Widerstand des Motors wird durch die Wicklungen bestimmt und ist somit hauptsächlich ein frequenzabhängiger Blindwiderstand ($X_L = 2 \cdot \pi \cdot f \cdot L$). Damit die Stromstärke $I = \frac{U}{X_L}$ während des Anlaufs konstant bleibt, wird die Spannung proportional zur Frequenz geändert. Das **Verhältnis** $\frac{U}{f}$ wird also konstant gehalten.

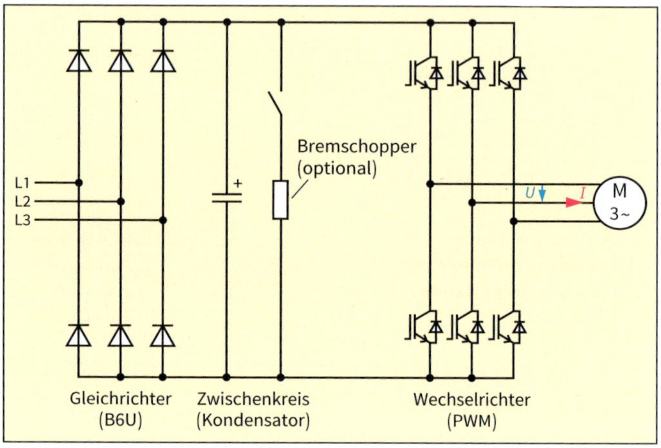

Abb. 1: Baugruppen eines Frequenzumrichters (U-Umrichter)

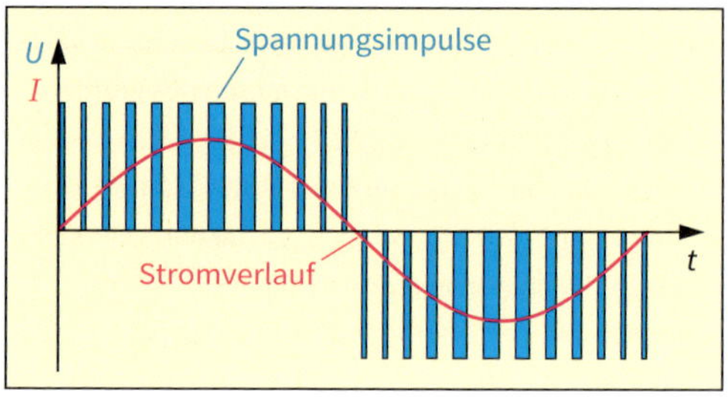

Abb. 2: Pulsweitenmodulation (PWM)

Parameter beim Frequenzumrichter

Zwei Parameter müssen immer eingestellt werden:

- Motornennspannung und
- Nennfrequenz (Eckfrequenz).

Der Motor kann dann bis zur Eckfrequenz auch mit erhöhtem Drehmoment (fast Kippmoment) anlaufen.

Höhere Drehzahlen lassen sich meist über die Einstellung n_{max} angeben. Dann arbeitet der Motor jedoch im Feldschwächebereich mit kleinerem Drehmoment (Abb. 3).

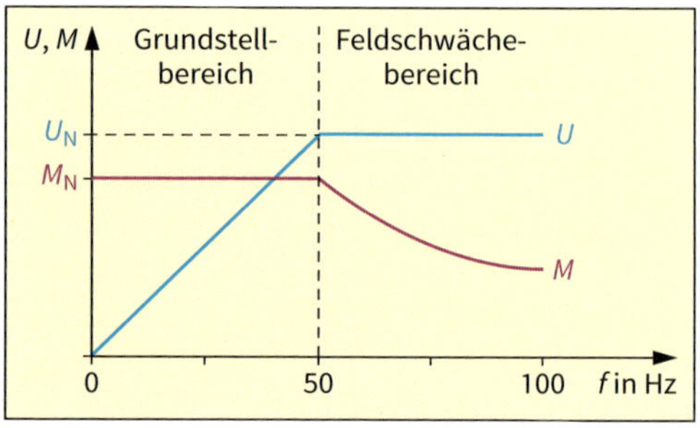

Abb. 3: Drehmomentverlauf bei erhöhter Drehzahl

87-Hz-Betrieb: Geeignete Motoren können auch bis zur Eckfrequenz $\sqrt{3} \cdot 50\ \text{Hz} = 87\ \text{Hz}$ mit Bemessungsmoment betrieben werden. Dazu wird die Spannung über die eingestellte Nennspannung hinaus erhöht. Dies ist natürlich nur möglich, wenn der Motor für höhere Spannungen geeignet ist.

Netzqualität:

Softstarter und Frequenzumrichter sind elektronische Betriebsmittel, die die Netzqualität verschlechtern, da sie Oberschwingungen erzeugen.

1.4.4 Schleifringläufermotor

Der Läufer besteht aus drei Wicklungen an denen **Anlasswiderstände** über Schleifringe angeschlossen sind. Dadurch wird der Anlaufstrom reduziert. Der Ständer ist wie beim Kurzschlussläufermotor aufgebaut.

Abb. 2 zeigt ein Beispiel zur Schaltung der Anlasswiderstände (zweistufiger Anlasser).

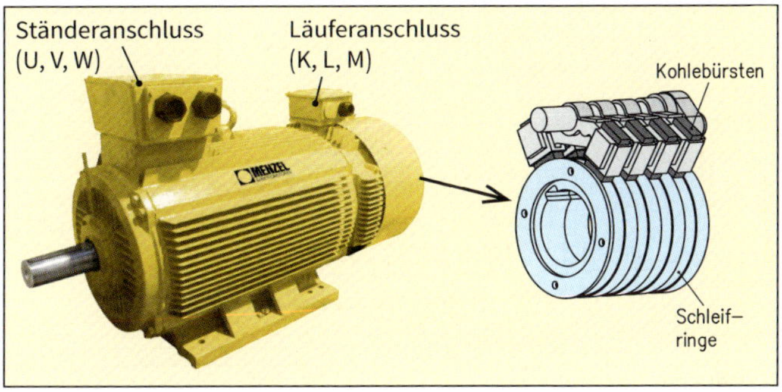

Abb. 1: Anschlüsse am Schleifringmotor

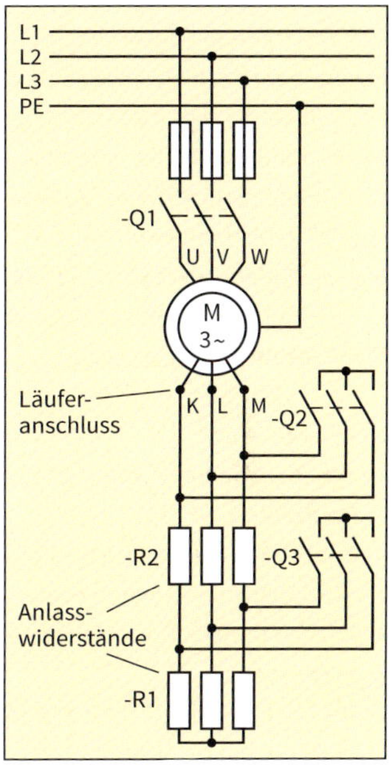

Abb. 2: Anschluss der Anlasswiderstände am Läufer.

Schleifringläufermotoren zeichnen sich durch folgende Eigenschaften aus:

- Niedrige Anlaufstromstärke, hohes Anlaufdrehmoment.
- Drehzahlsteuerung über die Widerstände möglich.
- Verhält sich nach dem Anlauf wie ein Kurzschlussläufermotor.
- Besonders für Schweranlauf geeignet.
- Anwendung bei sehr großen Motoren (z. B. Pumpen, Mühlen).

Anlaufvorgang

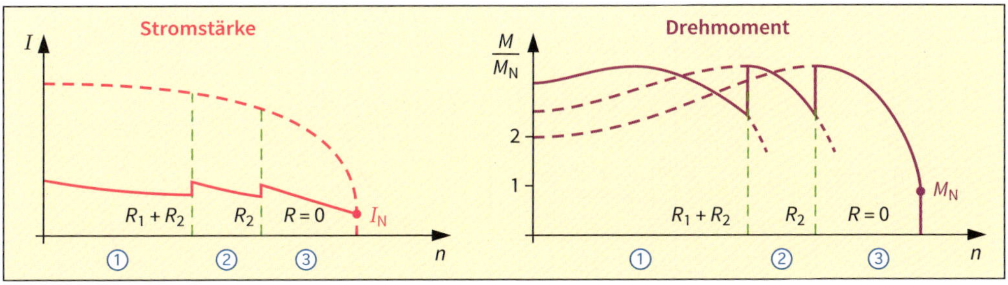

Abb. 3: Verhalten beim Anlaufvorgang

Abb. 3 zeigt das Verhalten von Stromstärke und Drehmoment beim Anlaufvorgang.

Ablauf des Anlaufvorgangs (Abb. 2 und 3):

① Schütz Q1 zieht an: Motor läuft mit Widerständen R_1 und R_2 an.

② Zuschalten von Q3: R_1 wird kurzgeschlossen → Weiterer Hochlauf nur mit R_2.

③ Zuschalten von Q2: Läufer wird kurzgeschlossen → Motor erreicht Nenndrehzahl wie Kurzschlussläufermotor.

> Ein Schleifringläufermotor benötigt nur einen sehr kleinen Anlaufstrom, um mit maximalem Drehmoment (Kippmoment) anzulaufen.

1.4.5 Drehzahlsteuerung von Drehstromotoren

Die Drehzahl eines Drehstrommotors hängt nur von der **Netzfrequenz** und der **Polzahl** ab.
Polumschaltbare Motoren ermöglichen mehrere **feste Drehzahlen**. Dazu muss für jede Drehzahl eine extra Ständerwicklung vorhanden sein oder eine unterteilte Ständerwicklung (Dahlandermotor).
Eine stufenlose Drehzahlsteuerung ist bei Drehstrommotoren nur mit Frequenzumrichtern möglich.

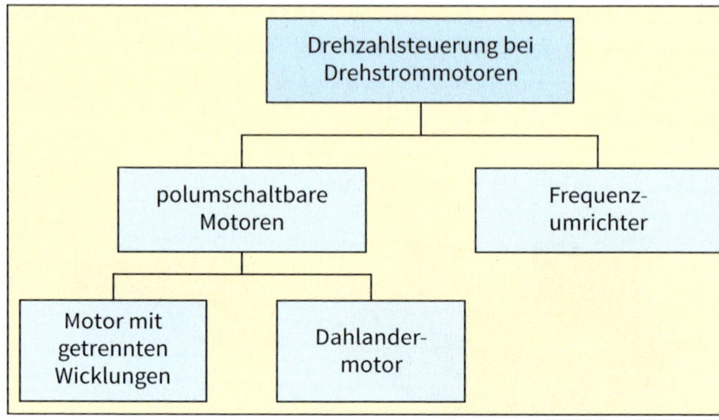

Dahlandermotor

- Geteilte Ständerwicklung ermöglicht **zwei Drehzahlen**.
- Durch Umschalten wird die Polzahl halbiert → **doppelte Geschwindigkeit**.
- Meist in **Dreieck-Doppelstern-Schaltung** (ΔYY, Abb. 3)
- Die Leistung erhöht sich bei doppelter Drehzahl in YY nur um ca. 30 %.

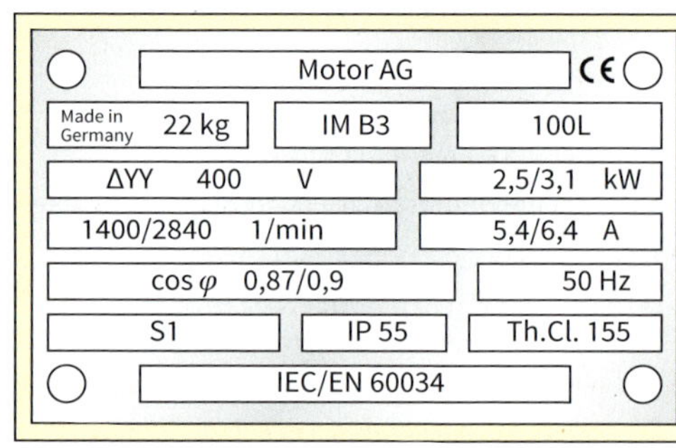

Abb. 1: Leistungsschild Dahlandermotor

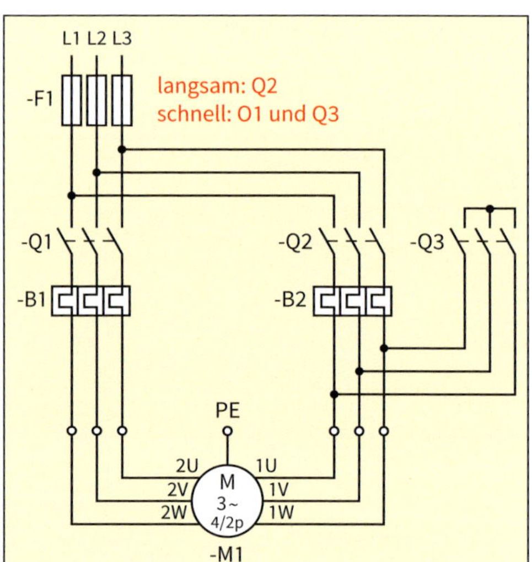

Abb. 2: Dahlanderschaltung

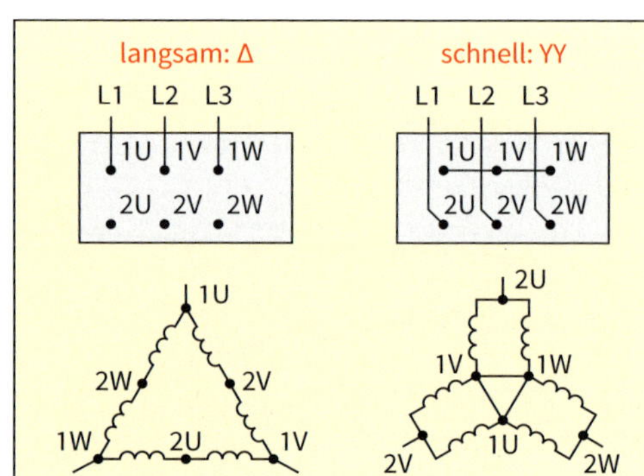

Abb. 3: Klemmbrett und Wicklungsaufteilung bei Dreieck-Doppelstern.

Motor mit getrennten Wicklungen

Im Gegensatz zur Dahlanderschaltung sind hier beliebige Drehzahlverhältnisse möglich. Üblich ist z. B. das Drehzahlverhältnis 1000/1500, was durch die Polzahlen 6 und 4 erreicht wird (Abb. 4).

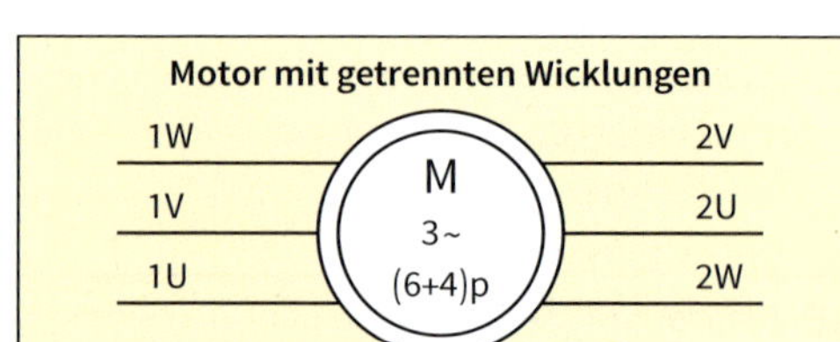

Abb. 4: Schaltzeichen

1.5 Kondensatormotor (Wechselstrommotor)

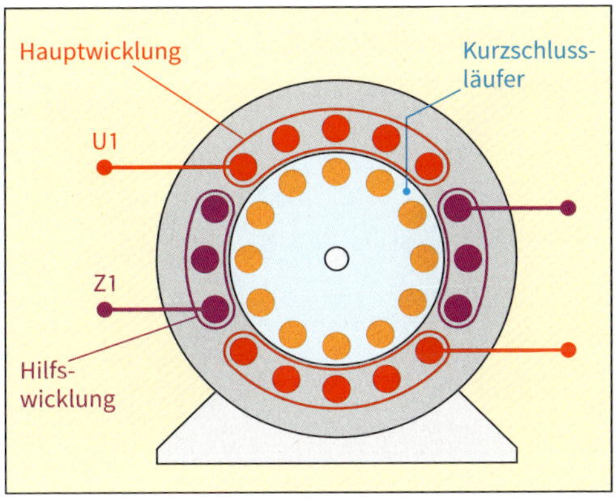

Abb. 1: Aufbau eines Kondensatormotors

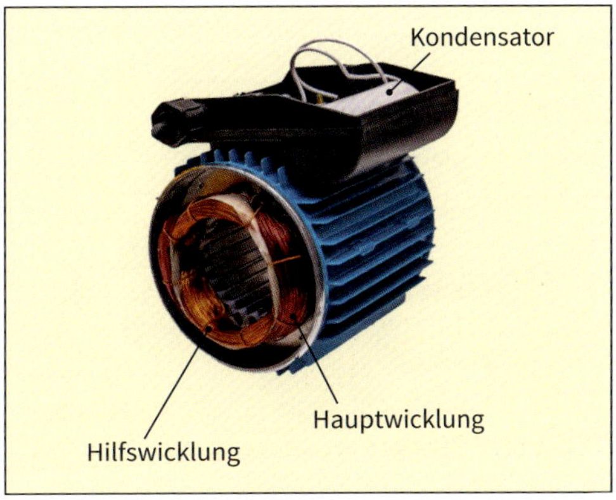

Abb. 2: Ständer eines Kondensatormotors

Aufbau (Abb. 1)

- Drehfeldmotor mit Kurzschlussläufer.
- Das Drehfeld wird mit nur zwei Phasen erzeugt.
- Zwei Ständerwicklungen: Hauptwicklung und Hilfswicklung.

Funktion (Abb. 3)

- Der **Betriebskondensator** C_B an der Hilfswicklung erzeugt einen phasenverschobenen Strom in der Hilfswicklung.
- Die Phasenverschiebung beträgt daher 90° (Abb. 4).
- Das geringe Anlaufmoment kann durch einen **Anlasskondensator** C_A erhöht werden.
- Der Anlasskondensator wird nach dem Anlauf z. B. durch einen Fliehkraftregler abgeschaltet, damit die Hilfswicklung durch den hohen Strom nicht überhitzt.
- Änderung der Drehrichtung durch Umpolen der Hilfswicklung.

Näherungsformeln für die Kondensatoren

$C_B = \frac{Q_{CB}}{2 \cdot \pi \cdot f \cdot U^2}$	Richtwert für Q_{CB}: 1,35 kvar pro 1 kW Motorleistung
$C_A \approx 3 \cdot C_B$	

Eigenschaften:

- Geringes Anlaufmoment,
- hohe Laufruhe,
- hohe Lebensdauer.
- Eingesetzt wird der Kondensatormotor hauptsächlich bei kleinen Leistungen, in Werkzeugmaschinen und Hausgeräten (z. B. Kühlschrank).

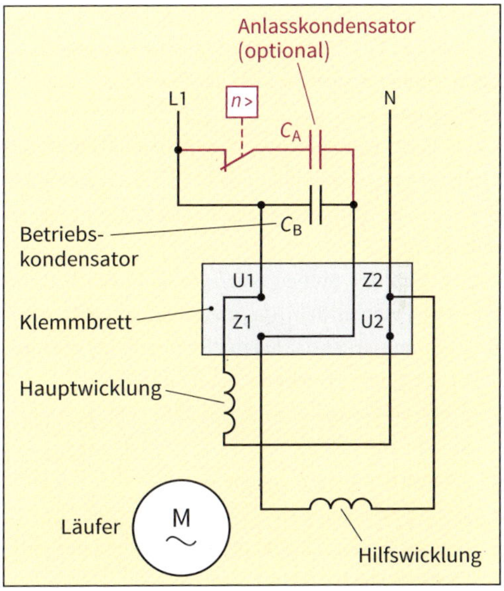

Abb. 3: Schaltplan des Kondensatormotors (im Rechtslauf)

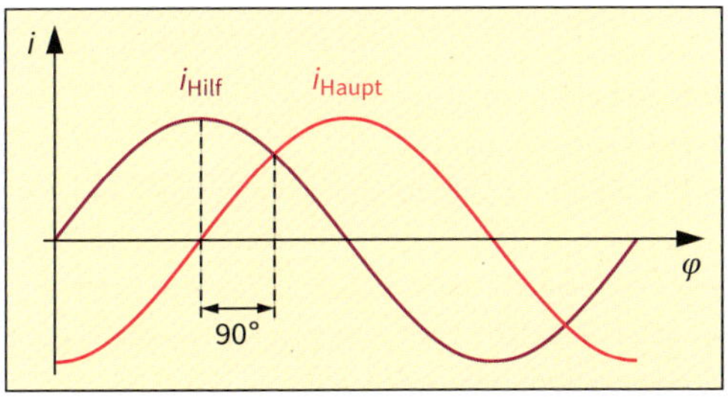

Abb. 4: Phasenverschiebung zwischen Haupt- und Hilfswicklung

1.6 Gleichstrommotor

Ein Gleichstrommotor funktioniert nach dem Prinzip des Stromwendermotors (Kap. 1.3.1).

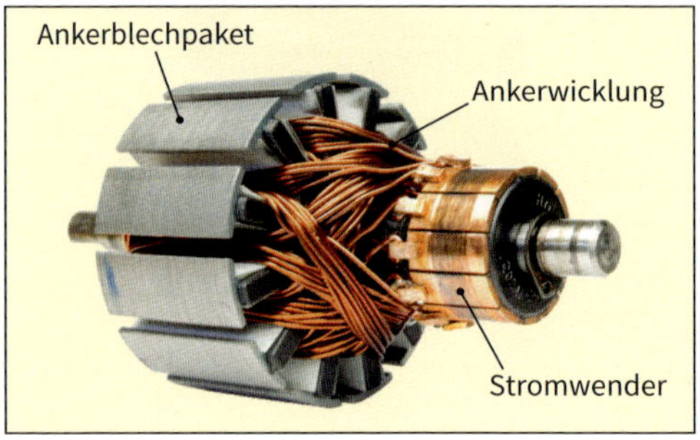

Abb. 1: Anker eines Gleichstrommotors

Abb. 2: Kohlebürsten

Abb. 1 zeigt den **Anker** (Läufer) eines Gleichstrommotors. Der **Stromwender (Kommutator)** dient zur Umpolung der Stromrichtung.

Der Kontakt zum Stromwender wird durch **Schleifkontakte** (**Kohlebürsten**, Abb. 2) hergestellt. Je nach Belastung entstehen Funken (**Bürstenfeuer**) an den Kontaktstellen zwischen den Kohlebürsten und dem Stromwender. Die Kohlebürsten sind Verschleißteile, die nach längerer Betriebszeit gewechselt werden müssen.

Abb. 4 zeigt den Aufbau einer größeren Geichstrommaschine. Neben den Hauptwicklungen werden zur Verringerung störender magnetischer Effekte noch **zusätzliche Hilfswicklungen** eingebaut:

- Erregerwicklung – erzeugt das äußere Magnetfeld (Ständer).
- Ankerwicklung – erzeugt das Magnetfeld des Läufers.
- Wendepolwicklung – Hilfswicklung zur Reduzierung der Ankerrückwirkung (Verringerung des Bürstenfeuers).
- Kompensationswicklung – Hilfswicklung zur Verringerung von Verzerrungen im Erregerfeld.

Abb. 3: Gleichstrommotor mit Fremdlüfter

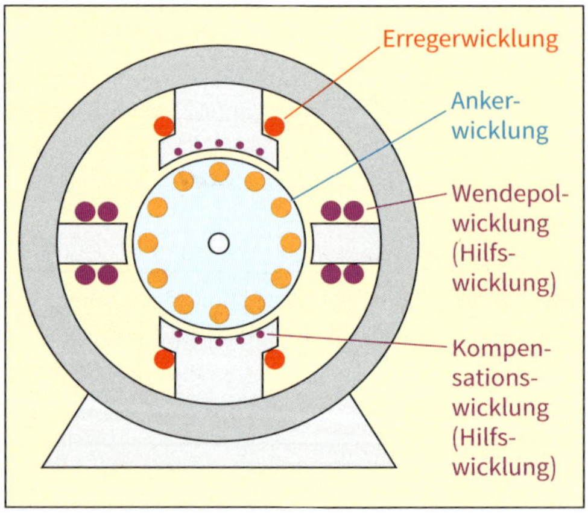

Abb. 4: Aufbau eines Gleichstrommotors

Eigenschaften von Gleichstrommotoren:

- Hohes Anlaufmoment,
- Drehzahlsteuerung durch Spannungsänderung im Anker- oder Erregerkreis möglich,
- kleine Baugröße im Vergleich zu Drehstrommotoren,
- hoher Anlaufstrom erfordert oft Anlasswiderstände oder elektronische Anlasser,
- Drehrichtungsumkehr durch Umpolen von Anker- oder Erregerwicklung.

Ursachen für starkes Bürstenfeuer sind
- schlechte Einstellung der Kohlebürsten,
- Verschleiß an Bürsten oder Stromwender,
- mechanische Überlastung des Motors.

Betriebsverhalten von Gleichstrommotoren

Das Betriebsverhalten eines Gleichstrommotors hängt davon ab, wie die Anker- und die Erregerwicklung verschaltet werden. Die **Schaltungsart** ist an der **Klemmenbezeichnung** der Erregerwicklung zu erkennen, z. B. F1-F2: fremderrregter Motor; E1-E2: Nebenschlussmotor.

<table>
<tr><th colspan="3">Schaltungsarten (Beispiele für Rechtslauf) und Betriebsverhalten von DC-Motoren</th></tr>
<tr><td>Fremderregter Motor</td><td>Nebenschlussmotor</td><td>Reihenschlussmotor</td></tr>
<tr><td>Erregerwicklung an eigener Stromquelle angeschlossen</td><td>Anker- und Erregerwicklung parallel geschaltet</td><td>Anker- und Erregerwicklung in Reihe geschaltet</td></tr>
<tr><td>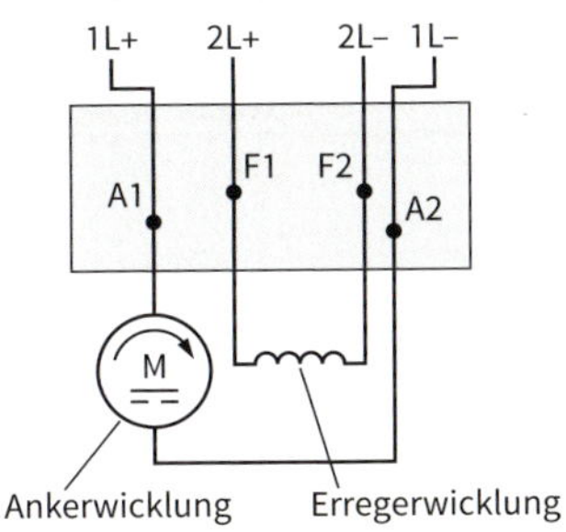
</td><td>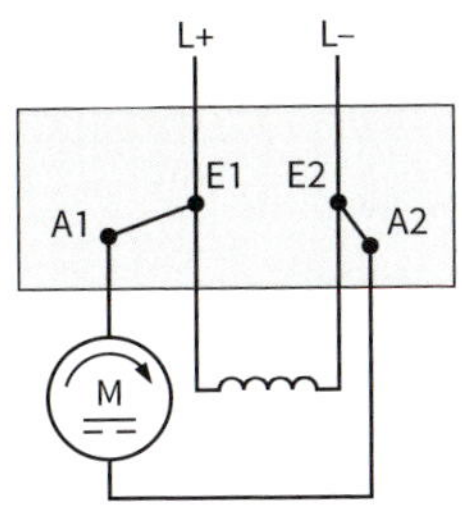
</td><td>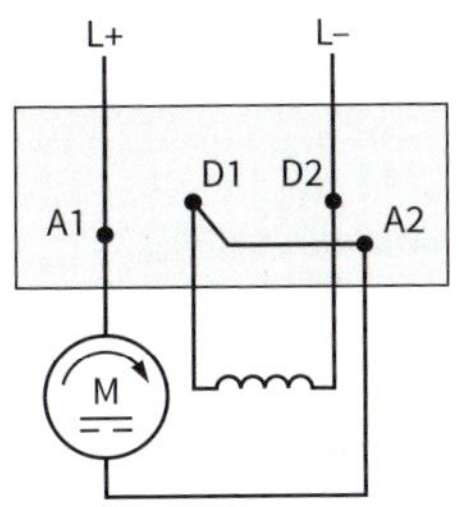
</td></tr>
<tr><td colspan="3">Drehzahl-Drehmomentverhalten</td></tr>
<tr><td>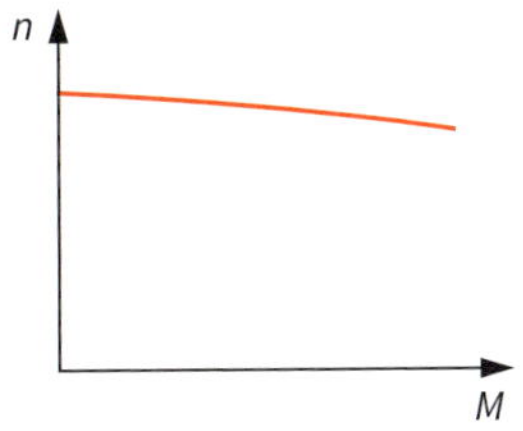
</td><td>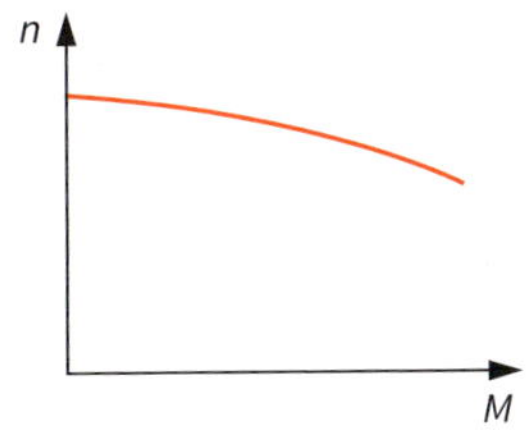
</td><td>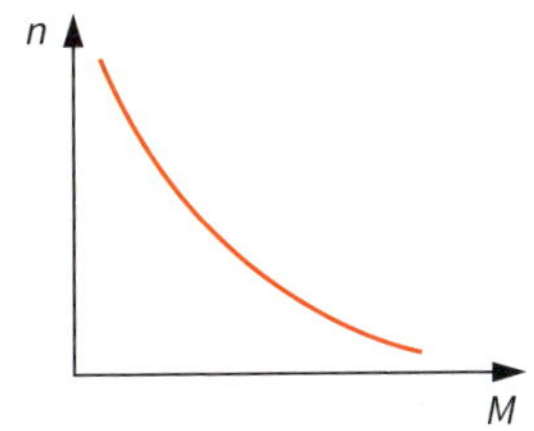
</td></tr>
<tr><td colspan="2">Geringfügige Drehzahländerung bei Belastung (Nebenschlussverhalten)</td><td>Drehzahl stark lastabhängig (Reihenschlussverhalten)</td></tr>
</table>

Der Reihenschlussmotor entwickelt ein besonders großes Anlaufmoment. Er darf jedoch nie ohne Last betrieben werden, da sonst die Drehzahl stark ansteigt (Motor geht im Leerlauf durch!).

1.6.1 Universalmotor

Ein Reihenschlussmotor kann auch an **Wechselspannung** betrieben werden.

Bei der Umpolung der Spannung werden aufgrund der Reihenschaltung der Wicklungen die Magnetfelder in Anker- und Erregerwicklung gleichzeitig umgepolt. Die Drehrichtung bleibt dann gleich.

Durch den bei Wechselspannung entstehenden induktiven Blindwiderstand sind Stromstärke und Drehmoment bei Wechselspannung kleiner als bei Gleichspannung.

Dieser Motortyp wird als Universalmotor in Elektrowerkzeugen oder Haushaltsgeräten verwendet (z. B. Bohrmaschine, Waschmaschine).

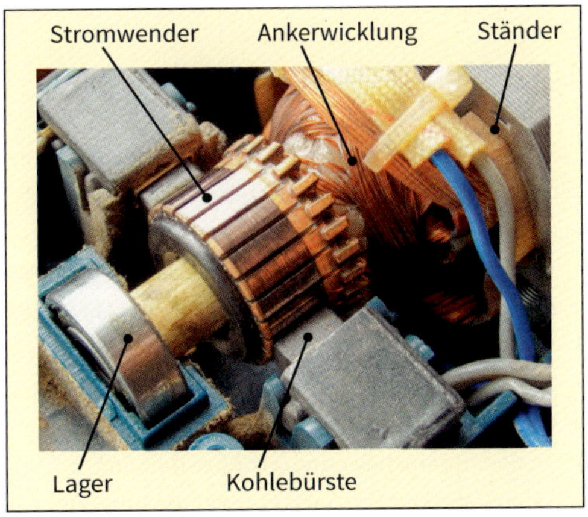

Abb. 1: Universalmotor in einer Handbohrmaschine

1.7 Bremsverfahren

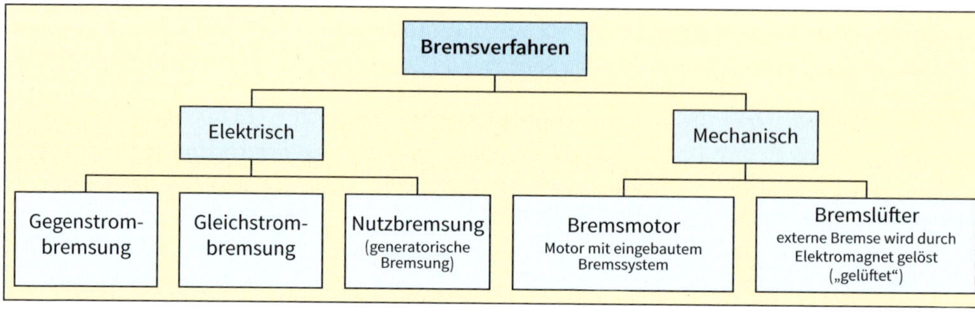

Gegenstrombremsung:

- Zum Bremsen wird die Drehrichtung umgeschaltet (Vertauschen zweier Außenleiter bei Drehstrom).
- Sehr hohe Stromstärke und thermische Belastung beim Bremsen.
- Nach Stillstand muss abgeschaltet werden (sonst dreht Motor rückwärts).
- Keine Haltbremsung (kein Festhalten der Welle bei Stillstand.

Gleichstrombremsung:

- Gleichspannung wird auf die Ständerwicklung geschaltet.
- Gleichstrom erzeugt ein feststehendes Magnetfeld.
- Durch die Wechselwirkung der Magnetfelder wird der Motor gebremst.
- Keine Haltbremsung (kein Festhalten der Welle bei Stillstand).
- Geeignet nur für Wechsel- und Drehstrommotoren.

Beispiel Abb. 1: Zum Bremsen des Motors wird Q1 geöffnet und Q2 geschlossen, sodass der Gleichstrom durch den Motor fließt.

Nutzbremsung:

- Der Motor arbeitet beim Bremsen als Generator, der von der Last angetrieben wird.
- Erfordert einen rückspeisefähigen Frequenzumrichter.

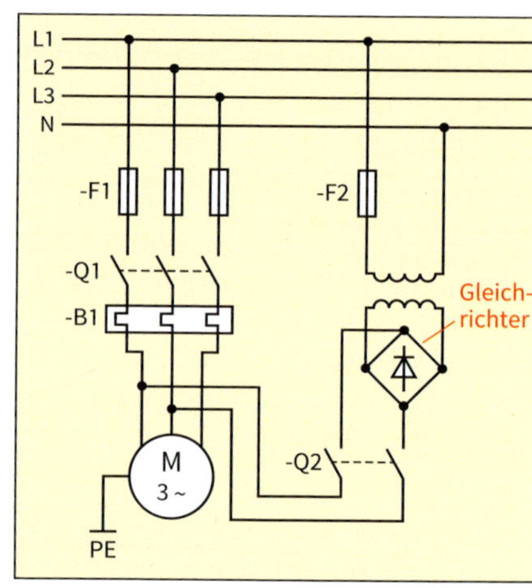

Abb. 1: Gleichstrombremsung

1.8 Motorschutz

Zu hohe Temperaturen im Motor lassen die Isolierung der Wicklung zu schnell altern. Sehr hohe Temperaturen zerstören die Isolation und führen direkt zu einem Motorschaden.

Mögliche Ursachen für Übertemperatur:

- **Überlast:** Zu starke mechanische Belastung des Motors führt zu erhöhter Stromaufnahme (Überstrom).
- **Kurzschluss:** Ein Isolationsfehler fürt zu sehr hohem Stromfluss.
- **Phasenausfall:** Fällt bei einem Drehstrommotor eine Außenleiter aus, kann der Motor mit kleinerem Drehmoment weiterlaufen. Der Strom in den anderen beiden Außenleitern wird jedoch wesentlich größer.
- Häufiges Ein- und Ausschalten.
- Temperaturanstieg durch **erhöhte Reibung**, z. B. bei einem Lagerschaden.
- Temperaturanstieg durch **mangelnde Kühlung**, z. B. bei einer Blockierung des Luftstromes oder bei Betrieb unter Nenndrehzahl bei Eigenkühlung.

Motorschutzgeräte

Motorschutzgeräte überwachen die Temperatur entweder **direkt** durch Temperaturmessung an den Motorwicklungen oder **indirekt** über die Stromaufnahme des Motors.

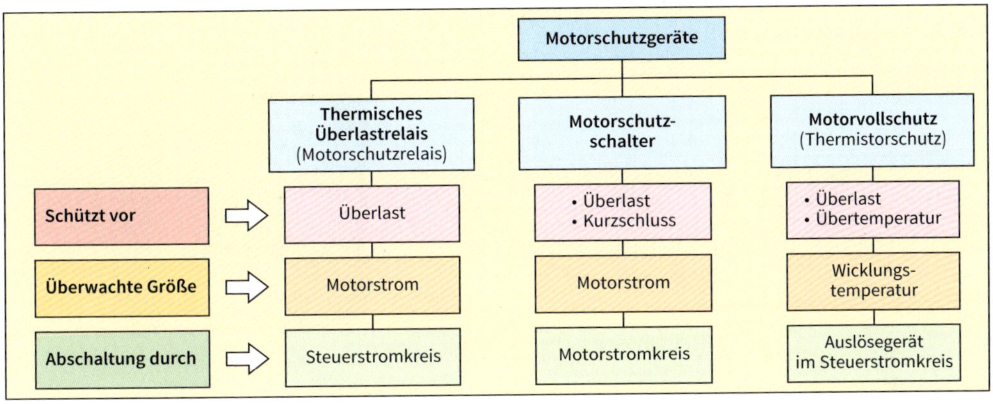

1.8.1 Thermisches Überlastrelais (Motorschutzrelais)

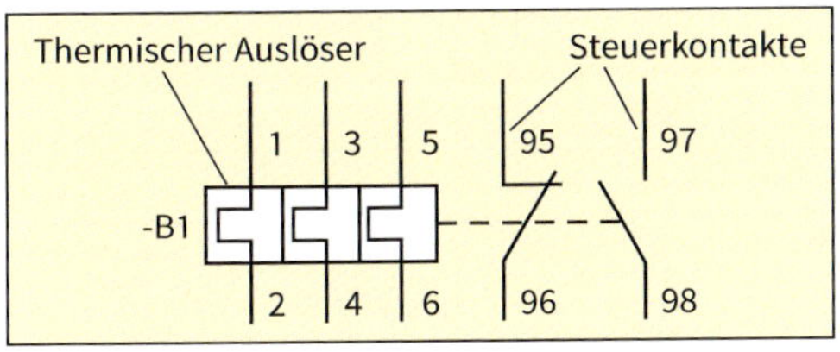

Abb. 1: Schaltzeichen thermisches Überlastrelais

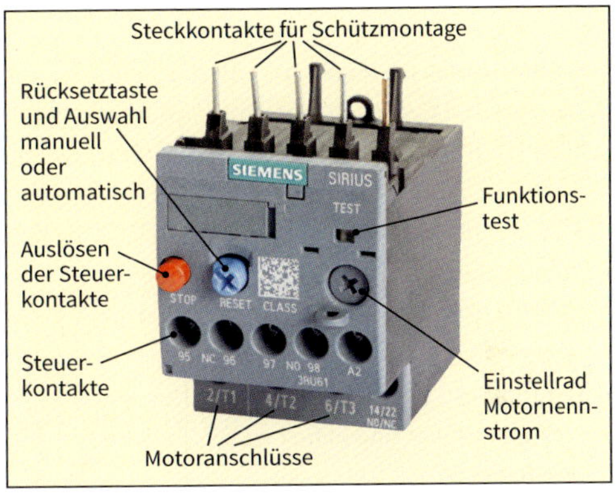

Abb. 2: Thermisches Überlastrelais für Schützmontage

Funktionsweise des thermischen Überlastrelais

(Abb. 3):

- Der Motorstrom erwärmt drei Bimetallstreifen ①.
- Bei zu hoher Stromstärke verbiegen sich die Bimetalle und lösen die Steuerkontakte aus.
- Über die Kontakte 95-96 wird dann das Motorschütz über den Steuerstromkreis abgeschaltet ②.
- Über die Kontakte 97-98 kann z. B. eine Meldeleuchte geschaltet werden ③.
  Die Abschaltung über die Bimetalle erfolgt zeitverzögert. Daher schützt das Überlastrelais **nicht gegen Kurzschluss**. Ein Kurzschlussschutz ist immer zusätzlich vorzusehen (z. B. Schmelzsicherung ④).

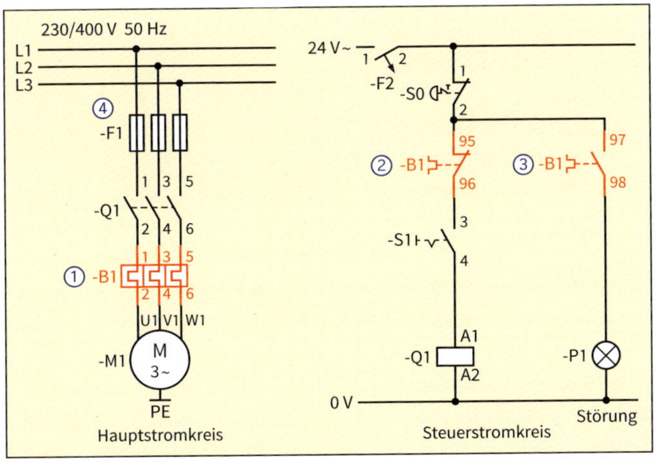

Abb. 3: Funktion des thermischen Überlastrelais

Nach Abkühlen der Bimetalle kann das Relais sich selbst zurücksetzen (Betriebsart **Automatik**). Falls durch das selbsttätige Anlaufen der Maschine z. B. Gefahren entstehen können, muss jedoch die Betriebsart **Manuell** gewählt werden). Dann muss zum Wiederanlauf die Resettaste per Hand betätigt werden.

1.8.2 Motorschutzschalter

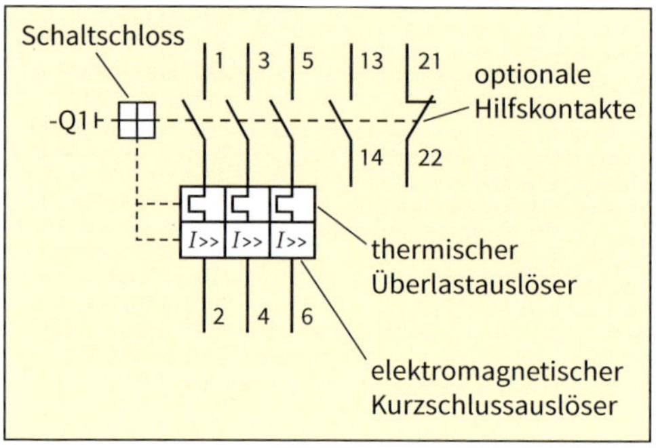

Abb. 1: Schaltzeichen Motorschutzschalter

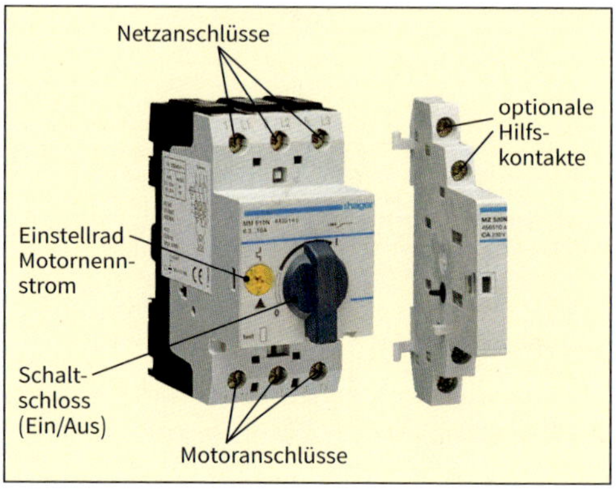

Abb. 2: Motorschutzschalter mit optionalen Hilfskontakten

Der Aufbau und die Funktion entsprechen dem Leitungsschutzschalter (LS-Schalter). Neben dem Bimetall (**Überlastschutz**) enthält der Motorschutzschalter auch einen elektromagnetischen Schnellauslöser (**Kurzschlussschutz**).

Funktion (Abb. 3):

- Zum Motorstart muss das Schaltschloss von Hand betätigt werden ①.
- Der Überlast- und der Kurzschlussauslöser sind in Reihe geschaltet ②.
- Bei Überstrom reagieren entweder das Bimetall zeitverzögert, oder der Schnellauslöser sofort und trennen den Hauptstromkreis ③.
- Die zusätzlichen Hilfskontakte ④ können im Steuerstromkreis verwendet werden, haben jedoch keine Schutzfunktion.

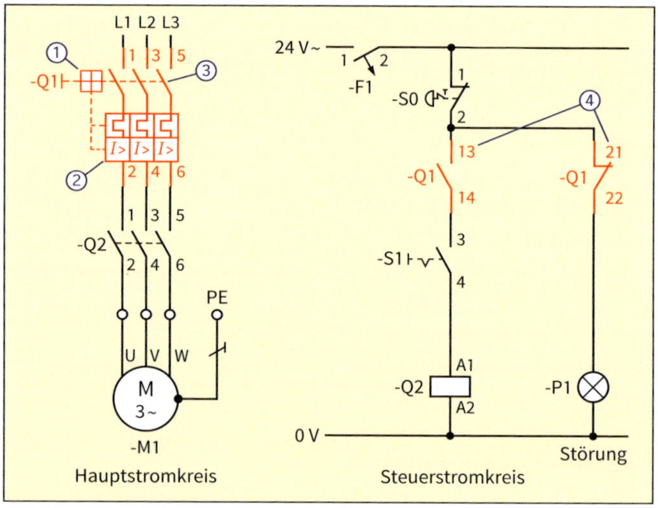

Abb. 3: Funktion Motorschchalter

Da der Motorschutzschalter sowohl eine **Schaltfunktion** als auch eine **Schutzfunktion** hat, kann er entweder mit dem Kennbuchstaben -Q oder mit -F bezeichnet werden.

Viele Motorschutzschalter sind **eigensicher**, d. h. sie können auch den größten möglichen Kurzschlussstrom sicher schalten. Daher können sie auch den Leitungsschutz übernehmen. Dazu müssen sie jedoch am Anfang der Motorzuleitung angebracht werden. Schmelzsicherungen sind dann in diesem Stromkreis nicht mehr nötig.

1.8.3 Motorvollschutz (Thermistorschutz)

Die Motortemperatur wird mithilfe von **temperaturabhängingen Widerständen (Thermistoren)** direkt an den Motorwicklungen erfasst. Üblicherweise werden dazu PTC-Widerstände (Kaltleiter) verwendet. Ein Auslösegerät (**Thermistor-Relais**) überwacht die Widerstandsänderung bei Temperaturanstieg.

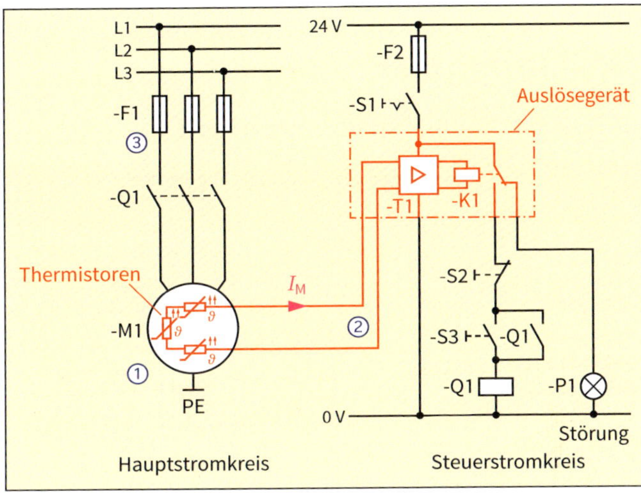

Abb. 1: Funktion Motorvollschutz

Funktionsweise (Abb. 2):

- Der Schalter S1 aktiviert den Steuerstromkreis.
- Die Thermistoren ① sind über eine Sensorleitung ② an das Auslösegerät angeschlossen. Im fehlerfreien Zustand fließt ein Messstrom I_M über den Verstärker T1 und das Relais K1 zieht an.
- Nun kann der Motor mit S3 gestartet werden (Q1 zieht an).
- Bei Übertemperatur steigt der Widerstand der Thermistoren und der Strom I_M im Sensorkreis wird so klein, dass das Relais K1 abfällt.
- Das Schütz Q1 fällt dann ebenfalls ab und der Motor stoppt. Gleichzeitig wird die Störungsleuchte P1 aktiviert.

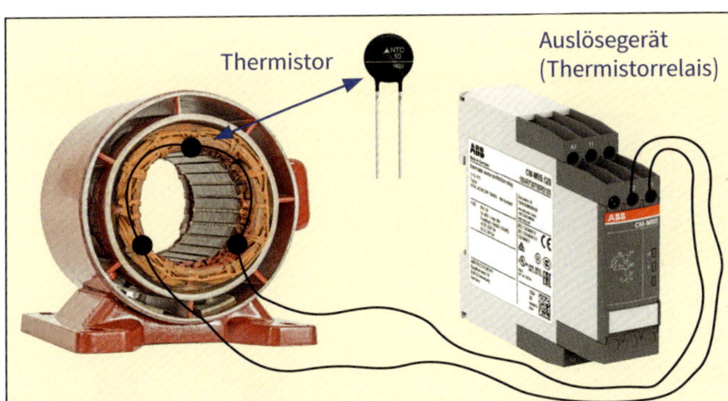

Abb. 2: Prinzipielle Anordnung der Thermistoren mit Thermistor-Relais (ABB)

Die Abschaltung über die Thermistoren ist ein **Übertemperaturschutz**, der zeitverzögert reagiert.
Ein **Kurzschlussschutz** ist auch hier immer **zusätzlich** erforderlich (z. B. Schmelzsicherung ③).

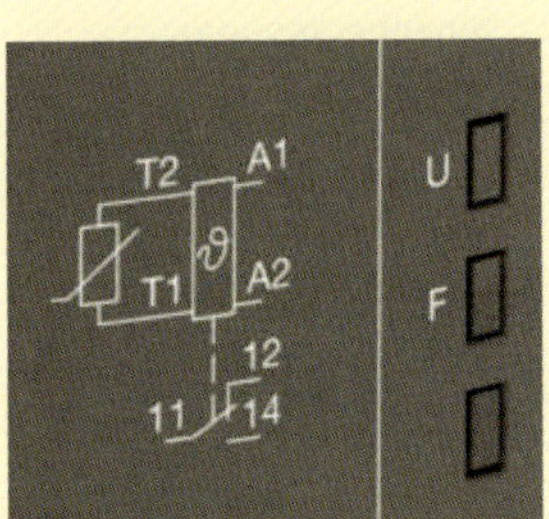

Betriebszustand	**U: LED grün**	**F: LED rot**	**R: LED gelb**
Fehlende Steuerspeisespannung	AUS	AUS	AUS
Interner Fehler	AUS	⎍⎍	⎍⎍
Interner Fehler	⎍⎍⎍⎍	⎍⎍⎍⎍	⎍⎍⎍⎍
Steuerspeisespannun außerhalb des Toleranzbereichs	⎍⎍⎍⎍	⎍	AUS
Leitungsbruch	⎍	⎍⎍⎍⎍	AUS
Übertemperatur	⎍	⎍	AUS
Kein Fehler	⎍	AUS	⎍

Abb. 3: Anschlussplan und Zustandsanzeige eines Thermistor-Relais (ABB)

1.9 Elektrische Ausrüstung von Maschinen

Um die Sicherheit elektrischer Maschinen zu gewährleisten, müssen alle elektrischen Maschinen den Anforderungen der DIN EN 60204-1 (VDE 0113) entsprechen.

1.9.1 Querschnitte, Farben und Symbole

Mindestquerschnitte für die Verdrahtung von Maschinen in mm²

		Leitungsart (Kupferleiter)				
		einadrig		mehradrig		
Einbauort	Anwendung	flexibel	massiv oder mehradrig	zweiadrig, geschirmt	zweiadrig, nicht geschirmt	drei- oder mehradrig
Verdrahtung außerhalb von Gehäusen	Hauptstromkreise	1,0	1,5 (nicht bewegt)	0,75	0,75	0,75
	Steuerstromkreise	1,0	1,0	0,2	0,5	0,2
Verdrahtung innerhalb von Gehäusen	Hauptstromkreise (nicht bewegt)	0,75	0,75	0,75	0,75	0,75
	Steuerstromkreise	0,2	0,2	0,2	0,2	0,2

Aderfarben (nur Empfehlung)

Kennfarbe	**Stromkreisart**
Schwarz	Hauptstromkreise
Rot	Steuerstromkreis AC
Blau (Dunkelblau)	Steuerstromkreis DC
Orange	Stromkreise mit externer Stromversorgung

Stromkreise mit **externer Stromversorgung** (Kennfarbe orange) führen auch Spannung, wenn die Maschine freigeschaltet wurde (z. B. durch Not-Aus).

Farben für Leuchtmelder und Taster

Die Reihenfolge von links nach rechts gibt die Dringlichkeit der Anzeigen wieder.

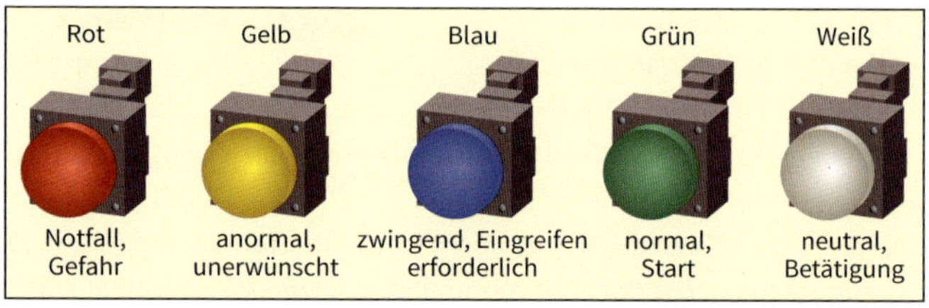

Abb. 1: Farben für Leuchtmelder und Taster nach DIN EN 60204-1

Symbole für Bedienteile (z. B. Taster)

Die Bedienteile müssen zusätzlich mit Farben gekennzeichnet werden. Dabei sind für die **normale Bedienung** (z. B. Ein/Aus vorzugsweise die Farben **Weiß, Grau und Schwarz** zu benutzen.

Symbole für Bedienteile (Maschinenbedienung)			
START	STOPP	Befehlseinrichtung mit selbsttätiger Rückstellung	STOPP
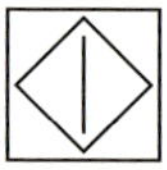		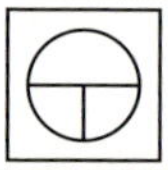	
Drehzahl-Drehmomentverhalten			
EIN	AUS	EIN/AUS	EIN (mit selbsttätiger Rückstellung)
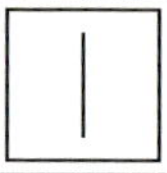	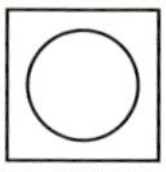	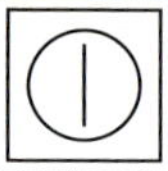	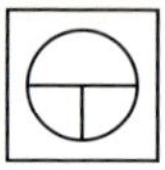

1.9.2 Not-Halt und Stopp-Kategorien

Die Abschaltung einer Maschine kann mit oder ohne vollständige **Unterbrechung der Energiezufuhr** erfolgen. Für das sichere Stillsetzten sind drei Stopp-Kategorien definiert.

Stopp-Kategorien			Beispiel
0	Ungesteuertes Stillsetzen	Sofortiges Unterbrechen der Energiezufuhr	Der Antrieb läuft frei aus oder bremst mechanisch.
1	Gesteuertes Stillsetzen	Die Energiezufuhr wird nach dem Stillsetzen abgeschaltet.	Der Antrieb wird z. B. durch einen Frequenzumrichter kontrolliert heruntergefahren.
2	Gesteuertes Stillsetzen	Die Maschine wird stillgesetzt, aber die Energiezufuhr bleibt eingeschaltet.	Der Antrieb wird kontrolliert heruntergefahren, bleibt aber in Positionsregelung.

Abb. 1: Not-Halt-Taster und Schaltzeichen

Daraus ergeben sich für die Not-Halt Funktion folgende Zuordnungen:

- **Not-Aus:** Immer Stopp-Kategorie 0.
- **Not-Halt:** Stopp-Kategorie 0 oder 1; um zusätzliche Risiken zu vermeiden darf auch Kategorie 2 verwendet werden.

> Maschinen dürfen nicht selbsttätig wieder anlaufen, wenn der Not-Halt oder Not-Aus zurückgesetzt wird!

1.9.3 Schutz von Steuerstromkreisen

Steuerstromkreise müssen über einen **Steuertransformator** ans Netz angeschlossen werden (Ausnahme: kleine Steuerungen mit direktem Motorstart oder maximal zwei Steuergeräten). Um zu verhindern, dass es bei mehrfachen Isolationsfehlern zu einem unbeabsichtigten Anlauf kommt, sind besondere Maßnahmen erforderlich. Dazu gehören nach DIN EN 60204-1 z. B. die **direkte Erdung** der Ausgangsseite des Transformators (Abb. 2a) oder die Überwachung durch ein **Isolationsüberwachungsgerät** (Abb. 2 b).

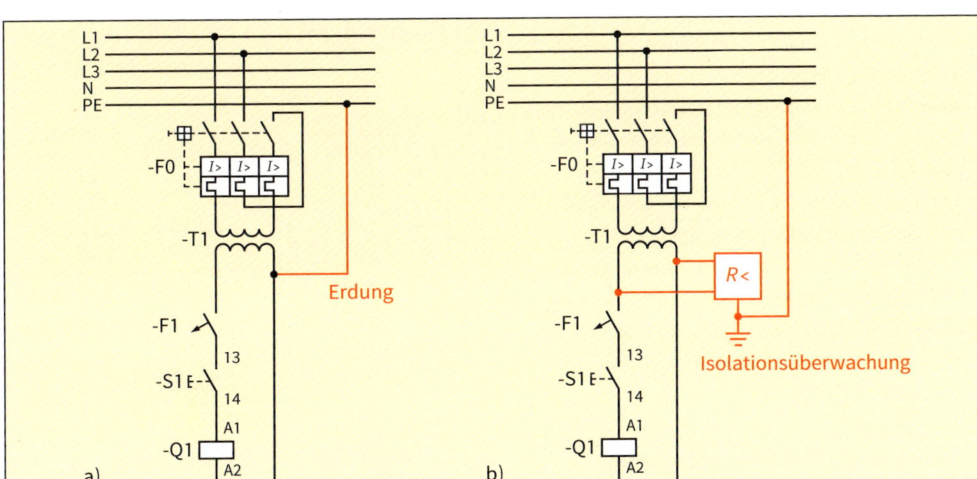

Abb. 2: Schutzmaßnahmen im Steuerstromkreis mit Steuertransformator

1.10 Betriebsstörungen

Elektromotoren sind im Allgemeinen sehr zuverlässig. Einige mögliche Fehler bei Asynchronmotoren sind nachfolgend aufgeführt. Bei Schleifringmotoren und Stromwendermotoren gibt es zusätzliche Fehlermöglichkeiten, z. B. durch falsch eingestellte oder abgenutzte Kohlebürsten und verschmutzte oder abgenutzte Stromwender.

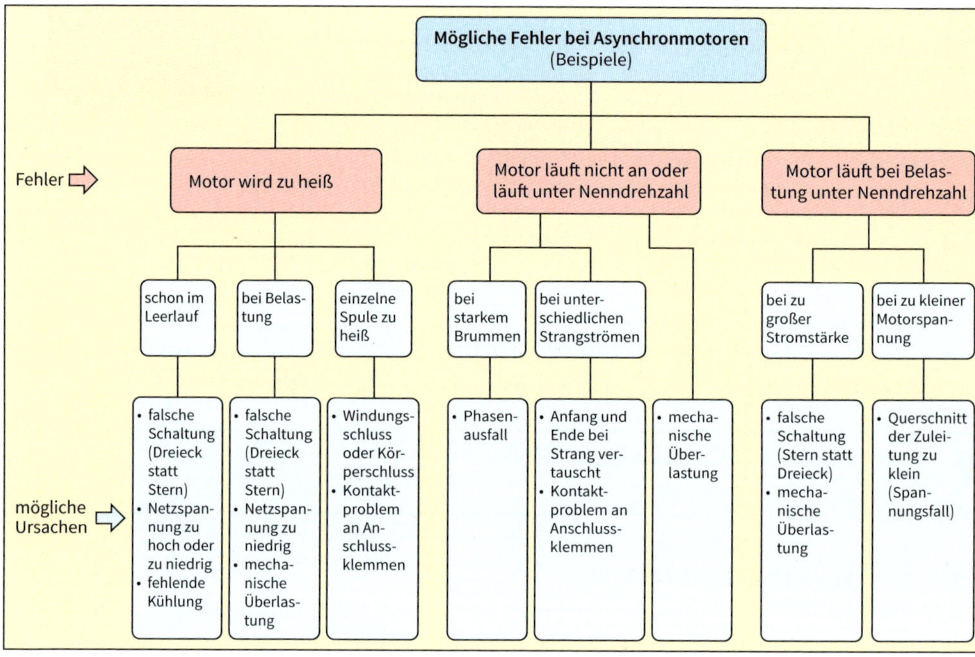

1.11 Antriebsauslegung

Ein Antrieb kann nach verschiedenen Gesichtspunkten ausgelegt werden:

- **Statisch:** Das Motormoment muss im gesamten Drehzahlbereich über dem Lastmoment liegen (Kap. 1.3.3).
- **Dynamisch:** Der Motor soll in einer bestimmten Zeit auf die gewünschte Drehzahl kommen (Trägheitsmomente und Beschleunigung müssen berücksichtigt werden).
- **Thermisch:** Der Motor darf sich über die gesamte Betriebszeit nicht über die zulässige Temperatur erwärmen.

Abb. 1 zeigt beispielhaft eine **Motorauswahl**.

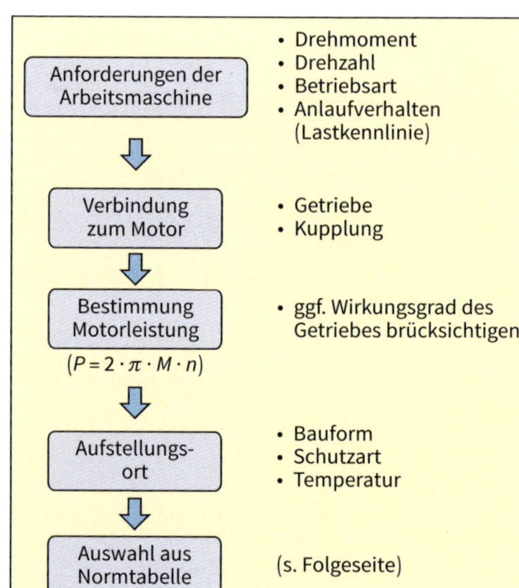

Abb. 1: Motorauswahl

Normtabelle Drehstrommotoren

Beispieltabelle für Kurzschlussläufer-Normmotoren. Nach DIN EN 60034-30 sind nur die **Baugröße** und die **Nennleistung** genormt. Alle anderen Werte sind Herstellerkatalogen entnommen und können variieren.

Kurzschlussläufermotoren IE4 nach DIN EN 60034-30, 400 V, 50 Hz, Grauguss Eigengekühlt (IC411), Schutzart IP55, Bauform IMB3, Isolierung: Thermische Klasse 155									
P_N in kW	Baugröße	n_N in min^{-1}	I_N in A	η in %	$\cos\varphi$	M_N in Nm	$\frac{M_A}{M_N}$	$\frac{I_A}{I_N}$	m in kg
2-polig, 3000 min^{-1} bei 50 Hz									
3	100L	2920	5,7	89,1	0,86	9,8	3,7	9	37
4	112M	2950	7,2	90	0,89	12,9	2,6	8,8	43
5,5	132S	2960	10,4	90,9	0,84	17,7	2,1	8,6	50
7,5	132S	2955	13	91,7	0,91	24	2,2	8,6	75
11	160M	2955	19,1	92,6	0,9	35,5	2,8	8,6	111
15	160M	2955	26	93,3	0,9	48,5	3,1	9	130
18,5	160L	2955	31,5	93,7	0,91	60	3,1	8,9	131
22	180M	2950	38	94	0,89	71	2,8	8,9	175
30	200L	2955	54	94,5	0,85	97	2,8	7,9	220
4-polig, 1500 min^{-1} bei 50 Hz									
2,2	100L	1465	4,5	89,5	0,79	14,3	3,3	8,5	40
3	100L	1460	5,9	90,4	0,81	19,6	3,5	8,8	52
4	112M	1465	7,8	91,1	0,81	26	3,1	8,3	60
5,5	132S	1470	10,4	91,9	0,83	35,5	2,6	8,3	84
7,5	132M	1470	14,4	92,6	0,81	48,5	3	7,7	82
11	160M	1480	20,5	93,3	0,82	71	2,9	8,1	127
15	160L	1480	29	93,9	0,8	97	3,7	7,8	137
18,5	180M	1470	35	94,2	0,81	120	2,7	7,9	187
22	180L	1475	41,5	94,5	0,81	142	2,9	7,7	192
30	200L	1475	56	94,9	0,81	194	3,2	7,3	258
Polumschaltbare Motoren (Dahlandermotoren) für konstantes Lastmoment, Aluminium 4-/2-polig, 1500/3000 min^{-1}, Eigengekühlt (IC411), Schutzart IP55, Isolierung: Thermische Klasse 155									
2,5 3,1	100L	1400 2840	5,4 6,4	76,3 77,3	0,87 0,9	17,1 10,4	1,9 2,1	5,2 5,2	22
3,7 4,4	112M	1420 2885	7,8 8,5	79,9 80,8	0,86 0,92	25 14,6	1,8 2,1	4,9 6,4	27
4,7 5,9	1325	1440 2875	9,8 12,0	82 80	0,84 0,89	31 19,6	1,6 1,8	5,6 5,6	38
6,5 8,0	132M	1435 2880	13,3 15,3	82 82	0,86 0,92	43,5 26,5	1,7 1,8	5,4 6,3	44
9,3 11,5	160M	1440 2870	18,3 22,0	84,5 82	0,87 0,92	62 38,3	1,7 1,8	5,7 6	62

Verlegearten			**DIN VDE 0298-4: 2013-06**
Referenz-verlegeart	**Darstellung**	**Beschreibung**	**Leitungs-beispiele**
A1	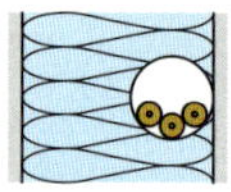	Aderleitungen in wärmegedämmten Wänden ▪ Aderleitungen – im Installationsrohr – in Formteilen ▪ ein- oder mehradrige Mantelleitungen/Kabel – in Türfüllungen	H07V-U/-R(-K, H07V3-U/-UR/-K
A2	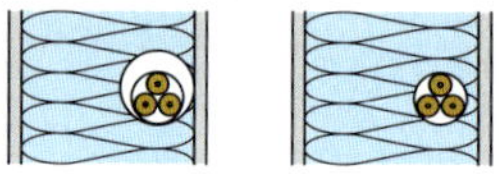	mehradrige Mantelleitungen/Kabel in wärmegedämmten Wänden ▪ im Installationsrohr ▪ direkt in der Wand	NYM, NYMZ, NYMT, NYBUY, NYY
B1		Aderleitungen im Installationsrohr ▪ unter Putz ▪ in der Wand ▪ auf der Wand ▪ im Kabelkanal auf der Wand ▪ im Kabelkanal im Fußboden (Unterflurverlegung)	H07V-U/-R(-K, H07V3-U/-UR/-K
B2		mehradrige Mantelleitungen/Kabel im Installationsrohr ▪ unter Putz ▪ in der Wand ▪ auf der Wand ▪ im Kabelkanal auf der Wand ▪ im Kabelkanal im Fußboden (Unterflurverlegung)	NYM, NYMZ, NYMT, NYBUY, NYY
C	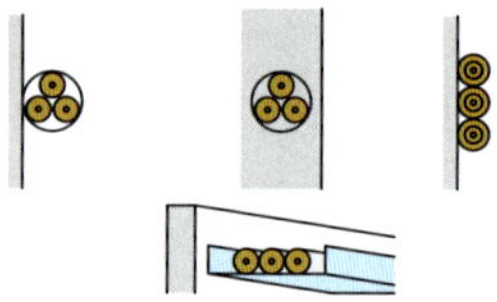	ein- oder mehradrige Mantelleitungen/Kabel auf der Wand ▪ auf der Wand ▪ im Mauerwerk ▪ im Beton ▪ unter der Decke ▪ auf nicht gelochter Kabelwanne ▪ im und unter Putz (Stegleitung)	NYM, NYMZ, NYMT, NYIF, NYIFY, NYDY, NYBUY, NYY
D	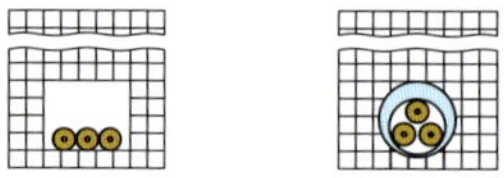	mehradrige Mantelleitungen/Kabel im Erdboden ▪ im Kabelschacht ▪ im Installationsrohr	NYY, NYCWY, NYCY, NYKY
E	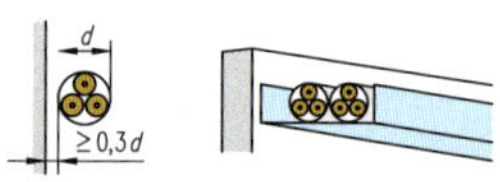	mehradrige Mantelleitungen/Kabel frei in der Luft ▪ mit Abstand (≥ 0,3 d) zur Wand ▪ auf gelochten Kabelrinnen ▪ auf Kabelpritschen ▪ auf Kabelkonsolen	NYM, NYMZ, NYMT, NYIF, NYIFY, NYDY, NYBUY, NYY
F	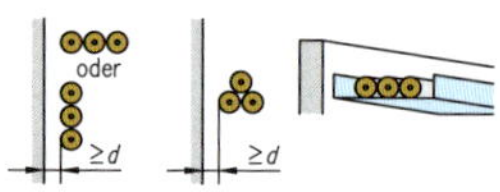	einadrige Mantelleitungen/Kabel frei in der Luft ▪ mit großem Abstand (≥ d) zur Wand ▪ auf gelochten Kabelrinnen ▪ auf Kabelpritschen ▪ auf Kabelkonsolen	NYY
G	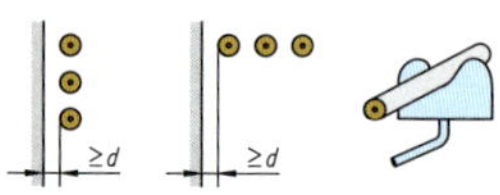	einadrige Mantelleitungen/Kabel frei in der Luft ▪ mit großem Abstand (≥ d) zueinander und zur Wand ▪ blanke Leiter auf Isolatoren	NYY

Strombelastbarkeit von Leitungen ($\vartheta_U = 25\,°C$) — DIN VDE 0298-4: 2013-06

- Umgebungstemperatur $\vartheta_U = 25\,°C$
- Kupferleiter mit zulässiger Betriebstemperatur $\vartheta_B \leq 70\,°C$
- feste Verlegung
- Bedingung für Überstromschutz: $I_2 \leq 1{,}45 \cdot I_n$

25 °C

Querschnitt A in mm²	Strombelastbarkeit I_r der Leitung in A / Bemessungsstrom in der Überstromschutzeinrichtung in A															
	Verlegeart															
	A1		A2		B1		B2		C		E		F		G	
	Anzahl belasteter Adern															
	2	3	2	3	2	3	2	3	2	3	2	3	2	3	3n	3ü
1,5	16,5	14,5	16,5	14	18,5	16,5	17,5	16	21	18,5	23	19,5	–	–	–	–
	16	13	16	13	16	16	16	16	20	16	20	16	–	–	–	–
2,5	21	19	19,5	18,5	25	22	24	21	29	25	32	27	–	–	–	–
	20	16	16	16	25	20	20	20	25	25	32	25	–	–	–	–
4	28	25	27	24	34	30	32	29	38	34	42	36	–	–	–	–
	25	25	25	20	32	25	32	25	35	32	40	35	–	–	–	–
6	36	33	34	31	43	38	40	36	49	43	54	46	–	–	–	–
	35	32	32	25	40	35	40	35	40	40	50	40	–	–	–	–
10	49	45	46	41	60	53	55	49	67	60	74	64	–	–	–	–
	40	40	40	40	50	50	50	40	63	50	63	63	–	–	–	–
16	65	59	60	55	81	72	73	66	90	81	100	85	–	–	–	–
	63	50	50	50	80	63	63	63	80	80	100	80	–	–	–	–
25	85	77	80	72	107	94	95	85	119	102	126	107	139	117	155	138
	80	63	80	63	100	80	80	80	100	100	125	100	125	100	125	125
35	105	94	98	88	133	117	118	105	146	126	157	134	172	145	192	172
	100	80	80	80	125	100	100	100	125	125	125	125	160	125	160	160
50	126	114	117	105	160	142	141	125	178	153	191	162	208	177	232	209
	125	100	100	100	160	125	125	125	160	125	160	160	200	160	224	200

Faktor f_1: von 25 °C abweichende Umgebungstemperatur

Umrechnungsfaktoren bei Umgebungstemperatur ϑ_U in °C											
10	15	20	25	30	35	40	45	50	55	60	65
1,15	1,1	1,06	1,0	0,94	0,89	0,82	0,75	0,67	0,58	0,47	0,33

Faktor f_2: gehäufte Leitungsverlegung

Verlegeart	Anzahl der Stromkreise oder mehradriger Leitungen						
	2	3	4	6	8	10	20
in Rohr oder Kanal (B1, B2)	0,8	0,7	0,65	0,57	0,52	0,48	0,38
einlagig auf Wand oder Fußboden	0,85	0,79	0,75	0,72	0,71	0,7	0,7
einlagig unter der Decke	0,81	0,27	0,68	0,64	0,62	0,61	0,61
einlagig auf ungelochter Kabelrinne	0,84	0,75	0,75	0,71	0,69	–	–
einlagig auf gelochter Kabelrinne	0,88	0,82	0,79	0,76	0,74	–	–
einlagig auf Kabelpritsche	0,87	0,82	0,80	0,79	0,78	–	–

Faktor f_3: erhöhte Anzahl belasteter Adern (für Querschnitte ≤ 10 mm², Verlegung in Luft)

Faktor nach Anzahl stromführender Adern			
5	7	10	14
0,75	0,65	0,55	0,50
19	24	40	
0,45	0,40	0,35	

Schaltzeichen					
Schutzgeräte					**DIN EN 60617-7: 1997-08**
	Sicherung allgemein, Schmelzsicherung		LS-Schalter		RCD, Fehlerstromschutzschalter
	Schmelzsicherung, dreipolig		LS-Schalter, dreipolig	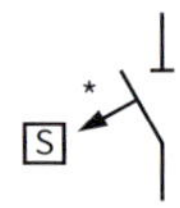	selektiver Hauptleitungsschutzschalter
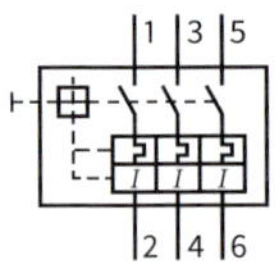	Motorschutzschalter	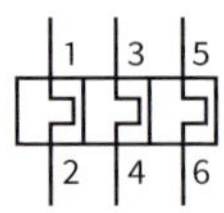	thermisches Überlastrelais, Motorschutzrelais	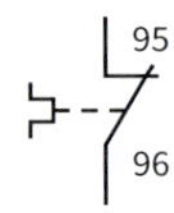	thermisches Überlastrelais, Motorschutzrelais (Steuerstromkreis)
Leitungen					**DIN EN 60617-3: 1997-08**
	Neutralleiter (N)	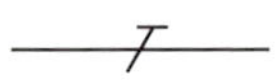	Schutzleiter (PE)	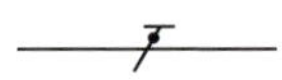	Neutralleiter mit Schutzleiterfunktion (PEN)
	auf Putz		im Putz	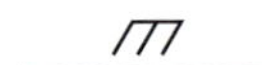	unter Putz
Schalter					**DIN EN 60617-7, 11: 1997-08**
 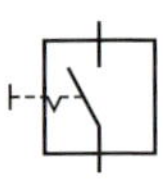	Ausschalter zusammenhängende Darstellung	 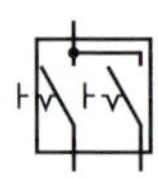	Serienschalter zusammenhängende Darstellung	 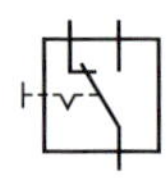	Wechselschalter zusammenhängende Darstellung
 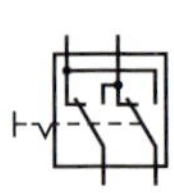	Kreuzschalter zusammenhängende Darstellung	 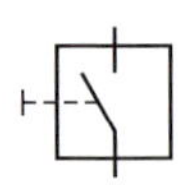	Taster, Eintaster zusammenhängende Darstellung		Dimmer
Messgeräte					**DIN EN 60617-8, 11: 1997-08**
	Voltmeter, Spannungsmessgerät		Amperemeter, Strommessgerät		Ohmmeter, Widerstandsmessgerät

Schaltzeichen					
Hausinstallation					**DIN EN 60617-3: 1997-08**
	Steckdose mit Schutzkontakt		Zweifachsteckdose		Mehrfachsteckdose
	Leuchte, allgemein		Leuchtenauslass		Leuchte für Leuchtstofflampe (für Leuchtstoffröhre, LED-Röhre)
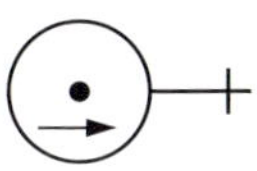	Durchlauferhitzer	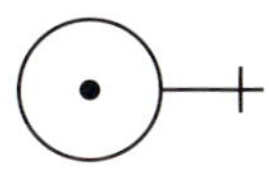	Heißwasserspeicher, Boiler	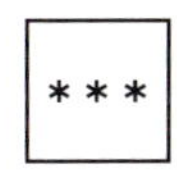	Gefriergerät, Tiefkühltruhe
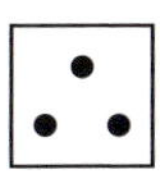	Elektroherd	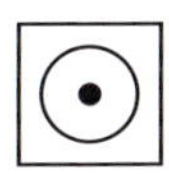	Waschmaschine		Wäschetrockner
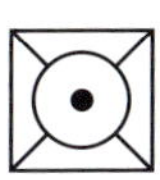	Geschirrspüler		Mikrowellenherd	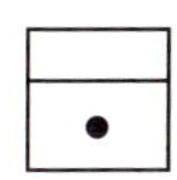	Backofen
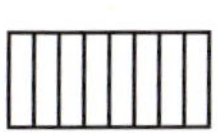	Heizung, allgemein	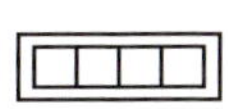	Speicherheizgerät	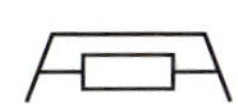	Infrarotstrahler
Schaltgeräte und Sensoren					**DIN EN 60617-2, 7: 1997-08**
	Not-Aus	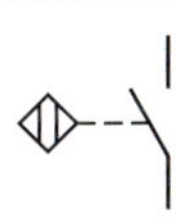	Näherungsschalter		Endschalter, Grenzschalter
	weitere Darstellung	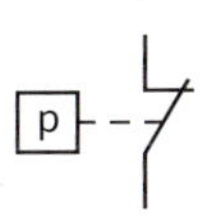	Drucksensor, auch Druckleiste	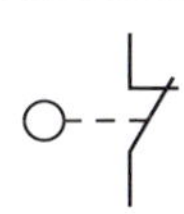	Endschalter (rollenbetätigt)
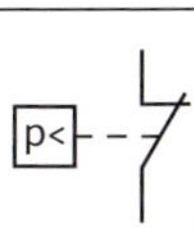	Druckwächter	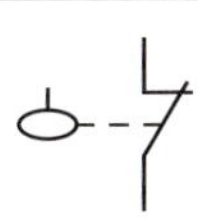	Schwimmerschalter	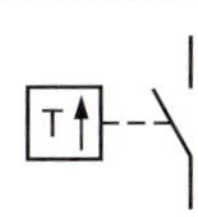	temperaturempfindlicher Schalter (Buchstabe T oder ϑ)
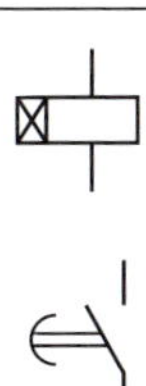	Zeitrelais, anzugsverzögert		Zeitrelais, rückfallverzögert		Zeitrelais, anzugs- und rückfallverzögert

Sicherheit am Arbeitsplatz					
Gestaltungsmerkmale von Sicherheitszeichen					**DIN ISO 3864-1: 2012-06**
Kategorie	E Rettungszeichen (Safe condition sign)	F Brandschutzzeichen (Fire safety sign)	M Gebotszeichen (Mandatory action sign)	P Verbotszeichen (Prohibition sign)	W Warnzeichen (Warning sign)
Geometrische Form	Quadrat oder Rechteck 	Quadrat oder Rechteck 	Kreis 	Kreis mit Diagonalbalken 	Gleichseitiges Dreieck 
Sicherheitsfarbe	Grün (RAL 6032)	Rot (RAL 3001)	Blau (RAL 5005)	Rot (RAL 3001)	Gelb (RAL 1003)
Sicherheitszeichen (Beispiele)					**DIN ISO 7010**
Kategorie Rettungszeichen (E)					
Notausgang 	Augenspüleinrichtung 	Sammelstelle 	Arzt 	Erste Hilfe 	Notruftelefon 
Kategorie Brandschutzzeichen (F)					
Feuerlöscher 	Brandmelder 	Brandmeldetelefon 	Mittel und Geräte zur Brandbekämpfung 	Feuerleiter 	Löschschlauch 
Sicherheitszeichen (Beispiele)					**DIN EN ISO 7010: 2012-10**
Kategorie Gebotszeichen (M)					
Kopfschutz benutzen 	Gehörschutz benutzen 	Augenschutz benutzen 	Fußschutz benutzen 	Handschutz benutzen 	Schutzkleidung benutzen 
Kategorie Verbotszeichen (P)					
Feuer, offenes Licht, Rauchen verboten 	Berühren verboten 	Essen und Trinken verboten 	Für Fußgänger verboten 	Kein Trinkwasser 	Für Flurförderzeuge verboten 
Kategorie Warnzeichen (W)					
Warnung vor elektrischer Spannung 	Warnung vor feuergefährlichen Stoffen 	Warnung vor ätzenden Stoffen 	Warnung vor explosionsgefährlichen Stoffen 	Warnung vor giftigen Stoffen 	Warnung vor schwebender Last 

Kennzeichnung von Bauelementen

E-Reihen für Widerstände und Kondensatoren

E6	1,0				1,5				2,2				3,3				4,7				6,8			
E12	1,0		1,2		1,5		1,8		2,2		2,7		3,3		3,9		4,7		5,6		6,8		8,2	
E24	1,0	1,1	1,2	1,3	1,5	1,6	1,8	2,0	2,2	2,4	2,7	3,0	3,3	3,6	3,9	4,3	4,7	5,1	5,6	6,2	6,8	7,5	8,2	9,1

Widerstandsbeispiele aus der E12-Reihe:
1,0 Ω, 1,2 Ω … 8,2 Ω; 100 Ω, 120 Ω … 820 Ω; 1,0 kΩ, 1,2 kΩ … 8,2 kΩ; 10 kΩ, 12 kΩ … 82 kΩ

Alphanumerische Kennzeichnung von Widerständen und Kondensatoren

Widerstände	R22	2R2	22R	K22	2K2	22K	M22	2M2	22M
	0,22 Ω	2,2 Ω	22 Ω	0,22 kΩ	2,2 kΩ	22 kΩ	0,22 MΩ	2,2 MΩ	22 MΩ
Kondensatoren	4p7	47p	n47	4n7	47n	µ47	4µ7	47µ	m47
	4,7 pF	47 pF	0,47 nF	4,7 nF	47 nF	0,47 µF	4,7 µF	47 µF	0,47 mF

Normungsgremien der Elektrotechnik (Auswahl)

National	Europäisch	International
DKE Deutsche Kommission Elektrotechnik Elektronik Informationstechnik im DIN und VDE	**CENELEC** Comité Européen de Normalisation Electrotechnique	**IEC** International Electrotechnical Commission
DIN Deutsches Institut für Normung	**VDE** Verband der Elektrotechnik Elektronik Informationstechnik	**ISO** International Organization for Standardization

Gültigkeitsbereiche von Normen

DIN	deutsche Norm
DIN EN	deutsche und europäische Norm (EN)
DIN EN ISO	deutsche, europäische und internationale Norm
DIN IEC und DIN ISO	deutsche und internationale Norm
VDE	Norm nach VDE-Klassifizierung
DIN VDE	deutsche Norm nach VDE-Klassifizierung

Aufbau und Struktur der VDE-Vorschriften

Kennzeichnung: Herausgeber Inkrafttreten

DIN VDE 0 1 00 – 410 : 2018-10

Blindnull ← 0
Gruppe ← 1
Nummer innerhalb der Gruppe ← 00
410 → Teil-Nummerierung
2018-10 → Jahr des Inkrafttretens

VDE

Gruppe	Beschreibung		Beispiel
0	00xx	allgemeine Grundsätze	DIN VDE 0050-1: 2010-11 (Risikomanagement)
1	01xx	Energieanlagen	DIN VDE 0100-520: 2013-06 (Leitungsverlegung)
2	02xx	Energieleiter	DIN VDE 0293-1: 2006-10 (Kennzeichnung)
3	03xx	Isolierstoffe	DIN VDE 0320-1: 2003-06 (Isolierstoffe)
4	04xx	Messen, Prüfen	DIN VDE 0413-2: 2022-12 (Isolationswiderstand)
5	05xx	Maschinen, Batterieanlagen	DIN VDE 0550-3: 1969-12 (Kleintransformatoren)
6	06xx	Installationsmaterial, Schaltgeräte	DIN VDE 0620-2-1: 2016-01(Stecker, Steckdosen)
7	07xx	Sicherheit elektrischer Geräte	DIN VDE 0701: 2021-02 (Geräteprüfung)
8	08xx	Informations- und Kommunikationstechnik	DIN VDE 0875-14-2: 2016-01 (EMV)

|ABB, Friedberg: 177.4, 177.6. |ABB STOTZ-KONTAKT GmbH, Heidelberg: 166.4. |Beckhoff Automation GmbH & Co. KG, Verl: 100.4. |BENDER GmbH & Co. KG, Grünberg: 39.2. |Benning Elektrotechnik und Elektronik GmbH & Co. KG, Bocholt: Vogel, Robert 49.2, 49.6, 50.3, 52.1, 53.5, 54.2, 54.4, 56.1, 56.2. |Di Gaspare, Michele (Bild und Technik Agentur für technische Grafik und Visualisierung), Bergheim: 40.1, 93.1, 95.2, 124.2, 124.5, 124.8, 164.2, 169.3, 182.1, 182.2, 182.3, 182.4, 182.5, 182.6, 182.7, 182.8, 182.9, 225.2, 225.5. |DIN Media GmbH, Berlin: 186.6, 186.7, 186.8, 186.9, 186.10, 186.11, 186.12, 186.13, 186.14, 186.15, 186.16, 186.17, 186.18, 186.19, 186.20, 186.21, 186.22, 186.23, 186.24, 186.25, 186.26, 186.27, 186.28, 186.29, 186.30, 186.31, 186.32, 186.33, 186.34, 186.35. |Druwe & Polastri, Cremlingen/Weddel: 60.4, 60.5, 60.6, 65.1. |EA Elektro-Automatik GmbH & Co. KG, Viersen: 154.6. |Eaton Industries GmbH, Bonn: 15.5, 100.1. |Festo Didactic SE, Denkendorf: 132.2. |Festo SE & Co. KG, Esslingen: 133.3, 134.1, 134.6, 134.8, 134.10. |FRAKO Kondensatoren- und Anlagenbau GmbH, Teningen: 32.5. |Gossen Metrawatt GmbH, Nürnberg: 51.3. |hager.de, Blieskastel: 42.1, 42.3, 176.2, 176.3, 203.1. |ifm electronic gmbh, Essen: 98.4, 121.2, 121.5, 121.7, 122.4, 123.3, 123.4, 124.1, 124.4, 124.6, 124.7, 125.5, 127.2, 225.1, 225.4, 225.6. |Kampen, Holger, Hennef (Sieg): 101.4, 141.3. |Klaue, Jürgen, Bad Kreuznach: 41.1, 201.1. |Kosaca, Gabriele, Hagen: 70.1, 72.1, 87.1. |Leine & Linde AB, Strängnäs: 131.2, 131.3, 131.6. |Lithos, Wolfenbüttel: 12.1, 12.2, 13.1, 14.1, 14.3, 14.4, 15.1, 15.2, 15.3, 15.4, 15.6, 16.1, 16.2, 16.4, 16.5, 17.1, 17.2, 17.3, 18.1, 18.2, 18.3, 18.4, 19.1, 19.2, 20.1, 20.2, 20.3, 20.4, 20.5, 20.6, 20.7, 20.8, 20.9, 20.10, 21.1, 21.2, 21.3, 21.4, 21.5, 21.6, 21.7, 21.8, 21.9, 21.10, 22.1, 22.2, 22.3, 22.4, 22.5, 22.6, 22.7, 22.8, 23.1, 23.2, 23.3, 23.4, 23.5, 24.1, 24.3, 24.4, 24.5, 24.6, 24.7, 24.8, 25.2, 25.3, 25.4, 26.1, 26.2, 26.4, 27.1, 27.2, 27.3, 27.4, 28.1, 28.2, 28.3, 29.1, 29.2, 29.3, 29.4, 29.5, 30.1, 30.2, 30.3, 30.4, 30.5, 30.6, 30.7, 30.8, 30.9, 30.10, 30.11, 31.1, 31.2, 32.1, 32.2, 32.3, 32.4, 33.1, 33.2, 33.3, 34.1, 35.1, 35.2, 36.1, 36.2, 36.3, 36.4, 36.5, 37.1, 38.1, 39.1, 39.3, 40.2, 41.2, 41.3, 41.4, 41.5, 42.2, 43.1, 44.1, 44.2, 45.1, 45.2, 47.1, 48.1, 49.1, 49.3, 50.1, 51.1, 51.2, 53.1, 53.2, 53.3, 55.1, 60.1, 60.2, 60.3, 61.1, 61.2, 61.3, 61.4, 61.5, 61.6, 61.7, 61.8, 62.1, 62.2, 62.3, 63.1, 63.3, 63.4, 63.5, 64.1, 64.2, 64.3, 64.4, 65.2, 65.3, 65.4, 65.5, 66.1, 66.2, 66.3, 67.2, 67.3, 67.4, 67.5, 68.1, 68.2, 68.3, 69.1, 69.2, 69.3, 70.2, 70.3, 70.4, 70.5, 71.1, 72.2, 72.3, 72.4, 72.5, 73.1, 73.2, 73.3, 73.4, 73.5, 73.6, 73.7, 74.1, 74.2, 74.4, 75.1, 75.2, 75.3, 75.5, 75.6, 76.1, 76.2, 76.3, 76.4, 76.5, 76.6, 77.1, 77.2, 77.3, 77.4, 78.2, 78.3, 78.4, 78.5, 78.6, 78.7, 79.1, 79.2, 79.3, 79.5, 80.1, 80.2, 80.3, 81.1, 81.2, 81.3, 81.4, 82.1, 82.2, 82.3, 82.4, 83.1, 83.2, 83.3, 83.4, 84.1, 84.2, 84.3, 84.4, 85.1, 85.2, 85.3, 85.4, 85.5, 86.1, 86.2, 86.3, 87.2, 87.3, 88.1, 88.2, 88.3, 88.4, 88.5, 88.6, 88.7, 89.1, 89.3, 89.4, 90.1, 90.2, 90.3, 91.1, 91.2, 91.3, 91.4, 91.5, 91.6, 91.7, 91.8, 91.9, 92.2, 92.3, 92.4, 93.2, 94.1, 94.2, 94.3, 94.4, 95.1, 98.1, 98.2, 98.6, 99.1, 99.2, 99.3, 101.1, 101.2, 101.3, 102.1, 102.2, 103.1, 104.1, 104.2, 104.3, 104.4, 104.5, 104.6, 104.7, 104.8, 104.9, 105.1, 105.2, 105.3, 105.4, 105.5, 105.6, 105.7, 105.8, 105.9, 106.1, 106.2, 106.3, 106.4, 106.5, 106.6, 106.7, 106.8, 106.9, 106.10, 106.11, 107.1, 107.2, 107.3, 107.4, 107.5, 107.6, 107.7, 107.8, 108.1, 108.2, 108.3, 108.4, 108.5, 108.6, 108.7, 108.8, 108.9, 108.10, 109.1, 109.2, 109.3, 109.4, 109.5, 109.6, 110.1, 111.1, 111.2, 111.3, 112.1, 113.1, 113.2, 113.3, 113.4, 113.5, 113.6, 114.1, 114.2, 114.3, 114.4, 114.5, 114.6, 114.7, 114.8, 114.9, 115.1, 115.2, 115.3, 115.4, 115.5, 115.6, 115.7, 115.8, 115.9, 116.1, 116.2, 116.3, 116.4, 116.5, 116.6, 116.7, 117.1, 117.2, 118.1, 118.2, 119.1, 119.2, 120.1, 121.1, 121.3, 121.4, 122.1, 122.2, 122.3, 123.1, 123.2, 124.3, 125.1, 125.2, 125.4, 126.1, 126.2, 126.3, 126.4, 126.5, 126.6, 126.7, 126.8, 127.1, 128.2, 128.3, 129.1, 129.2, 129.3, 129.4, 129.5, 130.2, 130.3, 130.4, 131.1, 131.4, 131.5, 131.7, 132.1, 132.3, 132.4, 133.1, 133.2, 133.4, 134.2, 134.3, 134.4, 134.5, 134.7, 134.9, 135.1, 135.2, 135.3, 135.4, 135.5, 135.6, 135.7, 136.1, 136.2, 136.3, 136.4, 136.5, 136.6, 136.7, 136.8, 136.9, 136.10, 136.11, 136.12, 136.13, 136.14, 136.15, 136.16, 136.17, 136.18, 136.19, 136.20, 136.21, 137.1, 137.2, 137.3, 137.4, 138.1, 138.2, 138.3, 138.4, 139.1, 139.2, 139.3, 139.4, 140.1, 140.2, 141.1, 141.2, 144.1, 144.2, 144.4, 145.1, 145.2, 145.3, 146.1, 146.3, 146.4, 147.1, 147.2, 147.3, 148.2, 148.3, 149.1, 149.2, 149.3, 150.1, 150.2, 151.1, 151.2, 152.1, 152.2, 152.3, 152.4, 153.1, 153.3, 153.4, 153.6, 154.2, 154.3, 154.5, 154.7, 155.1, 155.2, 155.3, 156.2, 156.3, 157.4, 157.5, 157.6, 157.7, 157.8, 158.2, 158.3, 159.1, 159.2, 159.3, 160.1, 160.2, 161.1, 161.2, 161.3, 161.4, 162.1, 162.2, 162.4, 163.1, 163.2, 163.3, 163.4, 164.3, 165.1, 165.2, 166.1, 166.2, 166.3, 166.5, 167.1, 167.2, 167.3, 167.4, 167.6, 168.1, 168.2, 168.3, 169.1, 169.4, 170.1, 170.2, 170.3, 170.4, 170.5, 171.1, 171.3, 171.4, 172.4, 173.1, 173.2, 173.3, 173.4, 173.5, 173.6, 174.1, 174.2, 175.1, 175.3, 175.4, 176.1, 176.4, 177.1, 177.5, 178.1, 178.2, 178.3, 178.4, 178.5, 178.6, 178.7, 178.8, 178.9, 179.2, 179.3, 180.1, 180.2, 184.1, 184.2, 184.3, 184.4, 184.5, 184.6, 184.7, 184.8, 184.9, 184.10, 184.11, 184.12, 184.13, 184.14, 184.15, 184.16, 184.17, 184.18, 184.19, 184.20, 184.21, 184.22, 184.23, 184.24, 184.25, 184.26, 184.27, 184.28, 184.29, 185.1, 185.2, 185.3, 185.4, 185.5, 185.6, 185.7, 185.8, 185.9, 185.10, 185.11, 185.12, 185.13, 185.14, 185.15, 185.16, 185.17, 185.18, 185.19, 185.20, 185.21, 185.22, 185.23, 185.24, 185.25, 185.26, 185.27, 185.28, 185.29, 185.30, 185.31, 185.32, 185.33, 186.1, 186.2, 186.3, 186.4, 186.5, 197.1, 197.2, 197.3, 197.4, 197.5, 197.6, 197.7, 197.8, 197.9, 197.10, 197.11, 197.12, 198.1, 198.2, 198.3, 198.4, 198.5, 199.1, 201.2, 201.3, 201.4, 206.1, 206.2, 209.1, 210.1, 210.2, 210.3, 225.3, 225.7, 225.8, 225.9, 232.1, 232.3, 232.4. |MBS AG, Sulzbach-Laufen: 153.2, 153.5. |Menzel Elektromotoren GmbH, Hennigsdorf: 169.2, 172.3. |Müller, Detlev, Hennef (Sieg): 46.1, 57.1, 60.7, 74.3, 79.4, 87.4, 89.2, 92.1, 172.2. |Shutterstock.com, New York: A_stockphoto 11.1; aquatarkus 78.1; Gumbariya 59.1; Khotenko, Vladymyr 75.4; Kuzmin, Sergiy 67.1; panuwat phimpha 97.1; Party people studio 143.1. |SICK AG, Waldkirch: 124.9. |Siemens AG: 16.3, 49.4, 49.5, 50.2, 98.3, 98.5, 100.2, 100.3, 154.1, 154.4, 167.5, 175.2, 179.1. |SMA Solar Technology AG, Niestetal: 85.6. |StandexMeder

Electronics GmbH, Engen-Welschingen: 125.3. |stock.adobe.com, Dublin: alexlmx 148.1; Alexlmx 157.1, 157.2, 157.3, 158.4, 158.5, 158.6; beermedia 26.3; Dehlzeit, Markus 156.1; Ivasenko, Alexander 48.3; jamesteohart Titel, Titel; janvier 48.2, 54.1, 54.3, 209.2; KirillLutz 172.1; Kostiuchenko, Oleksandr 162.3, 177.3; mipan 146.2; mrdeeds 48.4, 209.3; Natascha 25.1; Pakin 47.2; pgottschalk 28.4, 156.4, 158.1; Serhii 171.2, 232.2; Trik 173.7; Uzzal, Arifur Rahman 144.3; Wongsakorn 63.2; Yemelyanov, Maksym 164.1; Yuli 53.4. |TDK Electronics AG, München: 128.1, 177.2. |Tektronix GmbH, Köln: 14.2, 24.2. |TiTEC Temperaturmesstechnik GmbH, Bräunlingen: 121.6. |WayCon Positionsmesstechnik GmbH, Brühl: 130.1.Electronics GmbH, Engen-Welschingen: 125.3. |stock.adobe.com, Dublin: alexlmx 148.1; Alexlmx 157.1, 157.2, 157.3, 158.4, 158.5, 158.6; beermedia 26.3; Dehlzeit, Markus 156.1; Ivasenko, Alexander 48.3; jamesteohart Titel, Titel; janvier 48.2, 54.1, 54.3, 209.2; KirillLutz 172.1; Kostiuchenko, Oleksandr 162.3, 177.3; mipan 146.2; mrdeeds 48.4, 209.3; Natascha 25.1; Pakin 47.2; pgottschalk 28.4, 156.4, 158.1; Serhii 171.2, 232.2; Trik 173.7; Uzzal, Arifur Rahman 144.3; Wongsakorn 63.2; Yemelyanov, Maksym 164.1; Yuli 53.4. |TDK Electronics AG, München: 128.1, 177.2. |Tektronix GmbH, Köln: 14.2, 24.2. |TiTEC Temperaturmesstechnik GmbH, Bräunlingen: 121.6. |WayCon Positionsmesstechnik GmbH, Brühl: 130.1.